KB183007

알파 세대를 위한
공학 하는 교실

상상력이 풍부한 사람의 눈에, 자연은 상상력 그 자체이다.
—윌리엄 블레이크William Blake, 1799년

알파 세대를 위한 공학 하는 교실

자연을 통해
혁신을 배우는
새로운 STEM 교육

새뮤얼 코드 스티어 지음 윤소영 옮김

모든 곳에 있는 선생님들과 청소년들

그리고 자연에 대한 올바른 인식이 빌

일러두기
• 이 책의 옮긴이주는 각주로 표시하였습니다.

『마이크로그라피아*Micrographia*』에 나오는 벼룩.[1]

차례

박식한 천문가의 강연을 듣던 그때,

눈앞에 수많은 증거와 수치가 길게 나열되고,

많은 표와 도식이 붙고, 나눠지고, 판정되는 것을 보며

강연장에 앉은 채 갈채 받는 천문학자의 말을 듣던 그때,

나는 어쩐지 금세 싫증이 나고 지겨워져

그곳을 빠져나와 설렁설렁 혼자 걷기 시작했습니다.

신비롭고 촉촉한 밤공기에 싸여 문득문득

온전한 고요 속에 별들을 올려다보았습니다.[2]

—월트 휘트먼Walt Whitman

신의 야생성에 세계의 희망이 있다.[3]

—존 뮤어John Muir

머리말
상어 밥이 되지 않는 슬기로운 방법

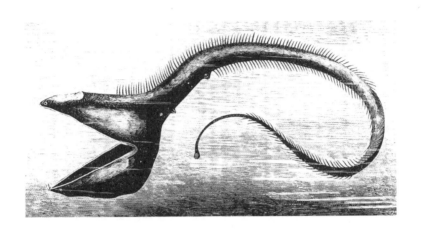

투박하게 표현하면, 상어는 가끔 서핑하는 사람을 먹는다. 사람들은 불안에 떨고 싶지 않아, 그 일을 우발사고로 여긴다. 하지만 상어는 종종 서프보드의 거무스름한 윤곽을 수면에 떠 있는 바다표범으로 착각한다. 분명 상어의 눈에는 서핑하는 사람이 탐스러운 먹잇감이다.[4]

이것을 〈문제〉라 하자.

몇몇 바다 동물은 신기한 능력이 있다. 빛을 아래쪽으로 내보내서 제 몸과 위쪽 하늘이 잘 구분되지 않도록 하는 것이다. 이 깔끔한 위장술은 몸의 윤곽을 희미하게 만들어 아래쪽에 잠복한 포식자의 눈을 피하게 하는 효과가 있다. 매오징어*Watasenia scintillans*(반디오징어라고도 함)와 하와이짧은꼬리오징어*Euprymna scolopes*가 이런 재주를 부린다. 몇몇 문어, 어류, 갑각류도 마찬가지다. 벨벳벨리

랜턴상어*Etmopterus spinax*(누가 이 상어의 벨벳 같은 배를 만져 봤는지 몰라도…… 동물치고 정말 멋진 이름이다)는 같은 방법으로 먹잇감에 몰래 다가간다. 〈쿠키커터〉라는 기분 나쁜 별명의 검목상어 *Isistius brasiliensis*도 같은 일을 할 수 있다.[5]

생물학자들은 이렇게 빛을 이용해서 하늘과 같아 보이도록 하는 능력을 카운터일루미네이션counterillumination, 즉 〈반대 조명〉이라고 한다. 얼핏 계산대를 밝히는 방식처럼 들리지만, 이는 해양 동물에게 큰 도움이 된다. 연구자들은 반대 조명으로 위장하는 포리키티스 *Porichthys*속 물고기는 반대 조명을 하지 않은 종에 비해 반만 잡아먹힌다는 사실을 알아냈다.[6] 이런 위장 능력이 있는 생물은 위에 있는 하늘과 빛의 세기를 맞출 뿐만 아니라, 주위 바닷물 색에 빛의 파장을 맞추기도 한다. 이 놀라운 재주를 부리는 방법은 몇 가지가 있다. 어떤 것들은 스스로 빛을 만들어 낸다. 해양판 반딧불이라 할 수 있다. 또 어떤 것들은 제 몸속에서 생물 발광하는 세균과 같이 산다(아마 이들은 생존이란 같은 목적을 위해 협력했을 것이다).

반대 조명을 대자연의 수많은 경이로운 능력 중 하나라고 하자. 그리고 이제 잠시 책을 내려놓고, 서핑하는 사람들이 상어의 공격을 받는 문제를 어떻게 해결할지, 자연에서 새 아이디어를 끄집어내 보라…….

바로 지금 여러분 머릿속에서 일어난 일이 이 책의 주제이다. 반대 조명을 단 서프보드는 멋진 아이디어인 동시에, 자연에서 영감을 받은 공학의 표본이다. 자연에서 영감을 받은 공학은 생물학의 영향을 받은 혁신 기술, 생물 모방, 또는 생체 모방 기술로도 알려져 있다. 그리고 오늘날 점점 더 많은 공학, 디자인, 건축 전문가 들이 이 유망하고 매력적인 접근법을 활용해서 더 나은 세상을 구상하고 신기술을 내놓는다. 자연에서 영감을 받은 공학 기술의 다른 예로는 어린이

알파 세대를 위한 공학 하는 교실

의 성장에 맞춰 자라는 신발, 파여 나간 곳을 스스로 복구하는 도로, 인체 면역계를 조절해 종양을 제거하는 기술, 폐가 몸에서 이산화탄소를 내보내는 방법을 활용해 기후 변화의 심각한 위협에 대응하는 기술 등이 있다. 그 기본 개념은 대자연이 어떻게 —시인 윌리엄 블레이크가 상상력 그 자체라고 묘사했던 바람을 타고 여행하는 씨앗, 노래하는 고래, 벌레 먹는 식물, 공중을 나는 뱀과 더불어— 우리 자신이라는 창의적인 종을 자극하여 인류가 직면한 수많은 도전 과제에 맞설 획기적 기술 발전을 이루고, 아직 손대지 못하고 남겨 둔 많은 기회를 붙잡아 생활을 개선할 수 있는지다. 이 책은 이렇듯 유망하고 매력적인 접근법을 활용해서 청소년에게 공학과 혁신을 가르치는 일에 초점을 맞춘다.

여러분이 STEM/STEAM[과학, 기술, 공학, (예술), 수학의 약자] 융합 교육으로 학생의 진학과 진로 준비를 돕고자 하는, 또는 교육을 통해 학생들이 자연과 다시 친해지기를 바라는 교육자라면, 이 책은 바로 여러분을 위한 것이다.

1장
왜 자연에서 영감을 얻는가?

21세기의 가장 큰 혁신은 생물학과 기술이 교차하는 곳에서 이루어질 것이다.[7]

— 스티브 잡스Steve Jobs

청소년에게 어떻게 공학을 가르칠까?

이는 어느 때보다도 지금 가장 큰 의미가 있는 질문이다. 유치원부터 초·중·고등 교육을 주제로 한 영화를 상영하는 극장이 있다면, 그 극장 입구 전광판에는 일 년 열두 달 내내 이 질문이 번쩍거리고 있을 것이다. 우선, 미국의 새 교육 기준은 역사상 처음으로 공교육에 공학을 포함하고 있다. 그리고 현재 다른 많은 나라에도 비슷한 교육기준이 세워져 있다. 한편, 메이커 운동*이 꾸준히 인기를 끌고, 선생

* 일상에서 창의적인 만들기를 실천하고 경험을 공유하는 문화적 경향.

님들은 공학 설계의 기본 원리를 포함한 학습 활동이 필요함을 깨달았다. 그런데 아예 새로운 과목이 읽기, 쓰기, 수학, 그리고 비교적 최근의 과학 같은 공교육 주요 교과에 들어가는 일은 거의 없다. 따라서 유치원 및 초·중·고교에 이르는 큰 범위에서 새 교육 기준에 따라 공학을 가르친다는 다소 갑작스러운 처방은 필연적으로 현행 교육 과정 관련 논의의 최전선에 어떻게라는 질문을 던질 수밖에 없게 만들었다.

다행히, 이 질문에는 매우 훌륭한 답이 있다.

이 책은 자연에서 영감을 받은 접근법으로 청소년에게 공학을 가르치는 일을 다룬다. 자연에서 영감을 받은 공학이란 생물의 세계에서 아이디어를 얻어 설계 과제를 다루고 기회를 포착한다는 뜻이다. 생물학의 영향을 받은 공학, 생물 모방, 생체 모방 기술, 자연 모사 등 다양한 용어로 알려진, 자연에서 영감을 받은 공학은 현재 전문적인 공학 실무 영역의 최첨단에 있다. 뉴스에서 크게 다뤄지는 상당수의 중요한 기술 발전은 물론, 현대 세계를 정의하는 수많은 기술을 책임지기도 한다. 자연에서 영감을 받은 공학의 접근법은 유력한 회사들이 원하는 인재를 배출하기 위해서 전 세계 명문 공과 대학들이 채택한 교육 방식이기도 하다. 또한 이 접근법은 많은 부모가 자녀들이 자연과 멀어진다고 걱정하는 시대에 다시 학생들을 생물의 세계에 가까워지게 할 강력한 수단이 될 것이다. 학생들이 매일 교실이나 학교 운동장을 벗어날 수 없는 상황에서조차 그렇다. 자연에서 영감을 받은 공학의 접근법은 미국 멤피스에서부터 인도 뭄바이, 농어촌에서 대도시에 이르기까지, 이미 그 방식을 채택한 많은 교육자가 모든 배경의 청소년을 참여시켜 성공적으로 이끈 기록이 있다. 마지막으로 덧붙일 중요한 말은, 〈자연에서 영감을 받은 공학〉의 흥미진진한 접근법을 배운 선생님들은 교실 수업에서 활기를 되찾고 애초에 그들이 교직을 택한 이유를 되새긴다는 것이다. 이와 같은 많은 이유로 자연에서 영감을 받은 공학은 계속 널리 퍼져 많은 지지자를 끌어들이고 있다. 그만큼 교육적으로 활용하기 좋은 수단이라는 뜻이다.

자연에서 영감을 받은 공학 교육이라는 말을 처음 접하면, 이상스러운 것까지는 아니어도 좀 놀라운 느낌이 들 것이다. 누군가 이렇게 말할 수도 있다. 어쨌거나, 인간을 자연과 구별해 주는 것은 공학 기술 아닌가? 이런 시각에서, 자연에서 영감을 받은 공학은 모순 어법으로 느껴진다. 하지만 이런 느낌은 공학과 생명 활동이 얼마나 비슷한지 모르기 때문에 생기는 것이다. 우선, 공학과 생명 활동은 모두 개선할 기회를 잡는 설계를 활용한다. 우리 조상이 처음 나뭇가지를 다듬고 돌을 쪼아 도구를 만든 이래, 인류는 우리 생활을 개선해 주는 것들을 설계해 왔다. 엔지니어가 하는 일, 설계상의 난제에 어떻게든 효과적인 해결책을 찾아내려 하는 일이 바로 그것이다. 인류 이전의 자연도 수십억 년 동안 거의 비슷한 일을 해 왔다. 대지 위로 날아오른 갈매기는 하늘을 나는 문제를 어떻게 해결했는지 생생히 보여 준다. 덩굴 식물을 보면 다른 식물을 이용해 빛을 받는 전략에 감탄을 금할 수 없다. 지금 이 책을 들고 있는 여러분의 손은 능수능란하게 물체를 다루는 도구의 표본이 아닌가? 엔지니어는 인지 과정을 이용해서 설계 과제를 해결하며, 자연의 공학은 더할 나위 없이 창의적이고, 적절하며, 쉴 새 없이 이루어지는 진화 과정을 통해 완성된다.[8] 수단은 다르나 결과는 같다. 살면서 부딪치는 어려움과 개선 가능성에 대해 효과적인 해답을 얻어 내는 것이다. 자연은 쉽게 눈에 띄지 않는 질문에 대한 해답으로 가득하다. 주변의 산호를 모방해서 피부 무늬를 바꾸는 문어의 놀라운 위장 능력이나 전투기 조종사도 부러워할 만한 집파리의 곡예비행은 우리가 이미 대단한 공학적 성취를 거둔 세계에서 살고 있음을 보여 준다. 그리고 바로 그것이 엔지니어들이

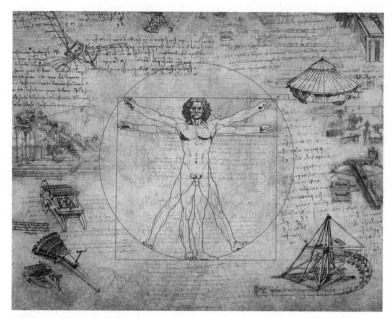

세계적으로 유명한 엔지니어.
레오나르도 다빈치(1452-1519)는 훌륭한 자연 관찰자로서, 생물의 세계에서 아이디어를 빌려와 수많은 작품을 설계했다. 다빈치는 과학과 예술의 통합에 성공한 사람으로도 알려져 있다.

배울 점이다.

그러므로 유사 이래 세계적으로 유명한 엔지니어, 건축가, 예술가 들이 생물의 세계에서 작품 활동의 영감을 얻은 것은 전혀 놀랄 일이 아니다. 서구에서 가장 널리 알려진 엔지니어, 레오나르도 다빈치 Leonardo da Vinci는 예리한 눈으로 자연을 관찰하고 그 결과를 발명품과 예술 작품에 투영했다. 다빈치의 사람 심장 해부도는 지금도 수많은 외과의와 의학도에게 영감을 주고 있다.[9] 새와 박쥐 날개 구조를 기초로 한 15세기의 날틀 그림은 생물에서 영감을 받은 공학의 첫 사례로 여겨진다.

자연에서 설계의 영감을 얻으려는 시도는 19세기에 더욱 활기를 띠었다. 우리가 익히 알고 있듯이, 귀의 구조와 기능에 매료된 알렉산더 그레이엄 벨Alexander Graham Bell은 현대적 통신 수단에 대변혁을 일으켰다.[10] 1874년, 그는 죽은 사람의 귀를 가지고 실험하다가 전화기의 기본 구조를 생각해냈다. 벨은 고막이 기계 자극을 통해 가운데귀의 귓속뼈들을 움직이는 것을 보고 이렇게 썼다. 〈화장지처럼 얇은 막으로 그보다 훨씬 더 크고 무거운 뼈의 진동을 조절할 수 있다면, 더 크고 두꺼운 막으로 전자석 앞에 놓인 쇳조각을 진동시킬 수도 있지 않을까 하는 생각이 떠올랐다.〉 사람 귀의 구조에서 영감을 받아 처음으로 현대적인 전화기의 청사진을 펼친 것이다. 벨은 자신이 제대로 방향을 잡았다고 확신하고 공책에 이렇게 휘갈겨 썼다. 〈사람의 귀 모형을 본뜬 송신 장치를 만든다. (……) 자연의 비유를 따른다.〉 오늘날 휴대 전화 속에서 스피커와 마이크에 전기 신호를 발생시키는 진동판과 자석은 벨이 포유류 귀의 구조와 기능을 제대로 이해한 데서 연원을 찾을 수 있다. 벨은 자신이 관찰하고 이해한 내용을 정리해서 금속과 전선 등 다양한 소재로 모형을 만들었다. 지금 우리가 휴대 전화를 쓸 수 있는 것은 그 안에 포유류의 가운데귀에서 추출한 모형이 들어 있기 때문이다. 자연에서 영감을 받은 공학은 이렇듯 우리 주머니 속에도 있다.

우리는 비행기를 타고 날아다닐 때도 자연에서 영감을 받은 공학의 열매를 맛본다. 사람들은 약 천 년 동안, 날겠다는 열망에 사로잡혀 깃털로 덮은 물체를 손발에 묶고 새처럼 날갯짓하며 몸을 던져 죽기까지 했다. 그러던 중 19세기 영국 남작 조지 케일리George Cayley는 사람이 날기 위해서는 날갯짓을 할 것이 아니라

활공하는 새처럼 날개를 넓게 펼쳐야 한다는 것을 알아냈다. 라이트 형제Wright brothers는 케일리의 연구를 이어받아 새들을 관찰하고 항공기 기울기 제어의 비밀을 발견했다. 실용적인 비행기 제작 과정의 마지막 장애물을 뛰어넘은 것이다. 예를 들어, 대형 조류인 터키콘도르는 날개를 비틀어 자유자재로 몸을 기울인다. 라이트 형제는 이런 특징을 그대로 모방한 〈날개 비틀기〉 기술을 이용했다. 오늘날의 항공기는 주익 뒷면에 붙어서 움직이는 보조익이라는 작은 날개를 이용해서 자연과 같은 원리로 기체의 기울기를 제어한다. 새들은 처음에는 우리에게 비행을 꿈꾸도록 했고, 그다음에는 할 수 있는 수단을 보여 주었다.

  항공기의 자동 항법 장치를 구동하고 인터넷으로 항공권을 예매할 수 있도록 해주는 컴퓨터도 자연에서 영감을 받은 공학의 산물이다. 컴퓨터의 핵심 부품인 중앙 처리 장치Central Processing Unit, CPU나 휴대 전화의 핵심 부품은 모두 생명 활동을 모방한 것이다. 1930년대에 미시간 대학교를 졸업한 대학원생 클로드 섀넌Claude Shannon은 계전기 스위치(현재의 실리콘 트랜지스터 스위치에 해당하는 부품)가 사람의 논리적 추론 과정을 본떠 순차적으로 배열될 수 있다는 놀라운 사실을 발견했다. 역사상 가장 영향력 있는 석사 연구 과제라고 평가받는, 섀넌의 학위 논문에 상세히 기술된 이 창의적인 아이디어는, 6일 후 비가 올 확률을 알아내는 것부터 문서 작성 프로그램으로 책을 쓰는 것에 이르기까지, 컴퓨터가 일상적으로 수행하는 복잡한 자동화 〈사고 작용〉의 문을 열어놓았다. 섀넌의 번뜩이는 천재성은 컴퓨터 중앙 처리 장치의 전기 배선을 문자 그대로 논리 회로라고 한다는 데서 다시 확인할 수 있다. 한 대학원생이 사람의 추론 과정과 전기 회로 사이에서 놀라운 유사성을 찾아낸 결과, 컴퓨터 작업을 위한 논리 연산이 가능해진 것이다.

자연에서 영감을 받은 공학의 또 다른 기념비적 사례는 1928년 알렉산더 플레밍Alexander Fleming이 발견한 항생제와 관련이 있다.[11] 휴가를 마치고 지저분한 실험실로 돌아온 플레밍이, 세균을 배양하던 페트리 접시에 자라난 곰팡이를 가지고 항생제를 만들었다는 일화는 모두가 알 정도로 전설적인 이야기다. 하지만 플레밍이 기사 작위와 노벨상을 받을 수 있었던 것은 단순히 연구 시료에서 반갑지 않은 곰팡이가 자란 것을 알아차렸기 때문만은 아니다(우리 집 냉장고 구석을 살필 때마다 나도 같은 발견을 한다). 플레밍의 업적은 페트리 접시에 자라난 곰팡이가 세균이 퍼져 나가지 못하도록 한 것처럼 보인다는 사실이 얼마나 중요한지 알아보았다는 데 있다. 바로 거기서 세계 최초의 인공 항생 물질 페니실린이 만들어졌고, 그 의학 혁명을 통해 수많은 사람이 목숨을 구할 수 있었다. 독자 여러분 중에도 자연에서 영감을 받은 이 혁신 기술에 목숨을 빚진 사람이 많을 것이다. 언젠가 본인 또는 직계 조상이 목숨을 살리는 항생제를 복용한 적이 있을 테니 말이다.

물론, 지금까지 말한 것은 역사적으로 의미가 큰 사례들이다. 그러나 자연에서 영감을 받은 혁신이 결코 과거에 있었던 일만은 아니다. 오늘날 과학 기술과 관련하여 눈에 띄는 많은 기사 역시 자연에서 영감을 받은 공학의 산물이다. 지금도 계속 혁신과 성장이 일어나는 분야로는, 숙주 DNA를 변형하는 바이러스에서 영감을 받은 유전 공학, 사람 신경 세포의 정보 처리 구조를 본뜬, 기계 학습(머신 러닝), 〈신경망〉이라고도 하는 인공 지능 기술, 그리고 기계 장치와 센서, 제어 시스템의 상당 부분을 코끼리, 덩굴 식물, 도마뱀붙이,* 메뚜기 등 다양한 생물 모형에서 가져온 로봇 공학 등이 있다. 중요하지만 널리 알려지지 않은 기술 중에도 자연계에서 영감을 받은 것들이 있다. 캐드Computer Aided Design, CAD, 즉 컴퓨터 이용 설계 프로그램은 전

* 도마뱀의 한 종류로 흔히 게코 도마뱀이라고 함.

여러 분야의 혁신가들이 자연에서 영감을 구한다.

자연이 준 영감은 과학 기술 연구는 물론 교육에도 영향을 미친다. 왼쪽 위: 프랭크 피시 박사Dr. Frank Fish(웨스트 체스터 대학교 생물학과)는 해양 생물을 연구하여 혹등고래의 유체 역학 구조에 기반한, 완전히 새로운 에너지 절약형 로터리 날을 개발했다. 가운데 위: 폴라 해먼드 박사 Dr. Paula Hammond[매사추세츠 공과 대학교(MIT) 화학 공학과]는 사람 세포의 미세 구조에서 영감을 받아 항암 물질을 개발한다. 왼쪽 위에서 두 번째: 제넌 바오 박사Dr. Zhenan Bao(스탠퍼드 대학교 화학 공학과)는 생분해되는 전자 장치를 개발한다. 가운데: 네덜란드 디자이너 릴리안 반 달Lilian van Daal은 변화무쌍한 섬유소에서 영감을 받아 재활용할 수 있는 가구를 디자인한다. 오른쪽: 존 다비리 박사Dr. John Dabiri(스탠퍼드 대학교 기계 공학과)는 물고기 무리에서 영감을 받아 풍력 발전용 터빈 몇 개를 함께 배열해서 효율을 높일 수 있다는 것을 발견했다. 아래: 카이창 리 박사Dr. Kaichang Li(오리건 주립 대학교 공과 대학)는 홍합이 족사를 분비해서 철썩이는 파도 속에서도 바위에 붙어 있는 것을 보고 합판에 사용되는 무독성 접착제를 개발했다.

문 설계사와 엔지니어가 아이디어를 모형화할 때 사용하는 핵심 도구로, 뼈의 성장 과정에서 영감을 받은 알고리즘을 포함하고 있다. 이 소프트웨어 덕에 엔지니어들은 안전을 희생하지 않고 가장 적은 재료로 비행기부터 스케이트보드에 이르는 다양한 제품을 설계할 수 있다. 뼈에서 영감을 얻은 경량화 소프트웨어를 이용하여 일상생활 용품을 재설계하면 기업에서는 수백만 달러의 비용을 절약할 수 있으며, 매년 수억 킬로그램의 소재를 절감하여 항공 우주 산업 부문에서만 연간 이산화탄소 발생량을 거의 백만 톤이나 줄일 수 있다(4장 참고).

에어버스Airbus, 제너럴 모터스General Motors, GM, 버라이즌Verizon, 애플Apple, 페이스북Facebook, 구글Google, 뉴욕 증권 거래소New York Stock Exchange, 미국 항공 우주국National Aeronautics and Space Administration, NASA 같은 유수의 기업과 기관들이 자연에서 영감을 받은 공학을 활용하고 있다. 이에 따라 여러 대학이 이런 추세를 따르는 것은 물론 이런 흐름을 형성하는 데 한몫 거들고 있다. 지난 몇십 년 동안, 수많은 명문 고등 교육 기관이 자연에서 영감을 받은 접근법에 따라 공학, 건축학, 디자인 전공 대학생과 대학원생 들을 교육하기 시작했다. 예를 들면 하버드 대학교의 비스 생물학 영감 공학 연구소, 조지아 공과 대학교의 생물학 영감 설계 연구소, 임페리얼 칼리지 런던의 생물학 영감 공학 센터 같은 곳이다. 현재 미국 모든 주에는 자연에서 영감을 받은 혁신 기술을 교육이나 연구 과정에 포함한 대학이 한 곳 이상 있다. 오늘날 미국 전역, 그리고 전 세계의 국공립 대학교와 사립 대학교에서 대학생과 미래의 전문가들이 자연에서 영감을 얻는 공학 교육을 받고 있다.

공학과 설계에 대한 이런 접근법은 역사적으로 중요하고, 시대성을 잘 드러내며, 현재 여러 대학에 널리 퍼져 있으므로, 유치원 및 초·중·고교 교육에서 이 접근법을 사용하면 학생들의 진학과 진로에 분명 도움이 될 것이다. 한 경제 영향 연구에 따르면 생물학에서 영감을 받은 혁신 기술로 미국에서만 200만에 가까운 일자리가 생기고 GDP가 1조 달러 증가할 것이라고 한다. 사실 지금은 자연에서 영감을 받은 혁신이 너무 확고히 자리 잡고 있어서, 자연에서 영감을 받은 공학 교육을 받지 않은 학생들이 뒤처질 수 있다는 것을 입증하는 편이 더 쉬울지도 모른다.

학생과 선생님들을 모두 사로잡는 접근법

이 모든 이야기도, 학생들이 자연에서 영감을 받은 공학에 매료되지 않는다면 큰 의미가 없을 것이다. 하지만 이 교육은 학생들의 흥미를 끈다. 자연에서 영감을 받은 접근법으로 공학을 가르친 교육자들은 오래전부터 이 사실을 알고 있었다. 일례로 캘리포니아주의 한 공립

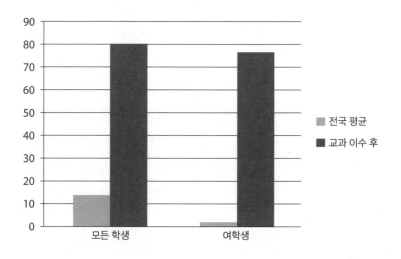

공학에 흥미를 느낀다고 답한 고등학생의 비율.[12]

고등학교 학생들을 대상으로 한 선행 연구가 있다. 연구자들은 자연에서 영감을 받은 공학 교과를 이수한 학생들에게 공학 분야에 흥미를 느끼느냐고 물었다. 미국 전체 평균 약 14퍼센트의 고등학생만이 공학에 흥미가 있다고 답하며, 여학생은 2퍼센트만 그렇다고 답한다. 하지만 자연에서 영감을 받은 공학 과정을 이수한 학생들은 80퍼센트가 공학에 흥미를 갖게 되었다고 답했다. 이는 전국 평균의 다섯 배에 이른다. 여학생들은 훨씬 더 극적인 변화를 보여서, 전국 평균의 서른여덟 배나 되는 77퍼센트가 그렇게 답했다.

이 숫자보다 더 인상적인 것은 자연에서 영감을 받은 공학을 체험한 학생들이 들려주는 이야기이다. 수많은 사례 중에서 고등학교 2학년 학생 애슐린Ashlynn의 이야기를 들어 보자.

이 교과는 확실히, 내가 지금까지 학교생활을 하는 동안 가장 좋아하게 된 과목입니다![13] 수학처럼 1년 내내 이 과목을 배우면 좋겠습니다. 수업은 믿을 수 없을 만큼 흥미로웠습니다! 수많은 경이로운 생명체를 알게 되고 몇 가지 물건이 어떻게 작동하는지 배울 수 있어서 너무 좋았습니다. 나는 우리가 사용하는 제품과 기술에 대해, 인공물과 자연물이 작동하는 방식에 대해 더 잘 인식하게 되었습니다. 전반적으로, 수업은 굉장히 즐거웠고 그 시간 동안 많은 것을 얻을 수 있었습니다.

고등학생들이 수업에 이토록 열띤 반응을 보이는 것이 얼마나 자주 있는 일일까?

교사의 시각에서 볼 때, 자연에서 영감을 받은 공학은 STEM/STEAM 융합 교육의 든든한 배경이 되어 줄 수 있다. 이는 교과 통합 교육의 가치와 중요성뿐만 아니라, 실질적인 시간 제약 문제를 생각할 때도 중요한 고려 사항이다. 앞으로 상세히 다루겠지만, 생명 과학은 자연에서 영감을 받은 공학의 접근법을 뒷받침하는 주요 교과이다. 생물의 기능을 이해하는 데 도움이 되는 화학과 물리학도 관계가 있다. 수학은 모든 과학 분야를 묘사하고 탐구할 때 사용되는 언어이다. 공학과 기술은 직접적인 관계가 있다. 그리고 레오나르도 다빈치의 사례만 보아도 공학과 예술이 밀접하게 연관되어 있음을 알 수 있다. 결론은 STEM/STEAM의 모든 요소, 즉 과학과 기술, 공학, 예술, 수학을 융합하고 통합하는 방법으로서 자연에서 영감을 받은 공학보다 더 적당한 교과목은 없다는 것이다.

내 수업에 이 교육 과정을 통합하고 얼마나 신이 났는지 말할 수 없을 정도입니다…….[14] 이 과정과 관련해 확인 표시를 할 수 있는 체크 박스는 비판적 사고, 프로젝트 활동, 공학 설계, 창의성, 교과 통합, STEM/STEAM, 지속 가능한 환경, 시제품 만들기 등 너무 많습니다. 이 과정은 21세기 교육의 완벽한 본보기입니다.

— 브라이언 후버Brian Hoover,
몬태나주 미줄라 카운티 헬게이트 고등학교 기술 설계 교사

호감과 희망의 원천

학생과 선생님 모두 자연에서 영감을 받은 공학에 이토록 큰 호감을 품는 데에는 두 가지 중요한 이유가 있다. 첫째, 자연에서 영감을 받은 공학 교육에는 자연사와 과학 기술의 압도적 발전이 독특한 방식으로 혼재한다. 도마뱀붙이에서 영감을 받아 사람이 수직 유리 벽을

올라갈 수 있도록 만든 신소재(2장 참고)부터 나무에서 영감을 받아 대기 중의 이산화탄소로 만든 플라스틱(6장 참고)에 이르기까지, 자연에서 영감을 받은 과학 기술은 매혹적인 자연사 이야기와 사람의 창의성 이야기를 결합해서 자연과 사람의 설계를 눈부신 과학 기술로 융합하는 결과를 낳는다. 나무랄 데 없는 조합이다.

둘째, 이 과학 기술은 희망을 준다. 우리 미래에 관한 가상 시나리오는 대체로 그리 낙관적이지 않다. 「터미네이터」, 「매트릭스」 같은 영화나 요즘 젊은 층이 좋아하는 디스토피아 소설들을 생각해 보면 쉽게 알 수 있다. 현대 사회를 사는 우리는 불편한 논리적 결말로 이끄는 추세가 있음을 느낀다. 예술은 그 문제에 대한 복잡한 감정을 처리하는 수단인지도 모른다. 하지만 자연에서 영감을 받은 공학은 기저에 깔린 이런 우려를 불식시키는 힘이 있다. 산호초에서 영감을 받아 자동차 배기가스로 탄소 네거티브 시멘트를 만들거나(6장 참고), 자연 상태의 식물 군집에서 영감을 받아 퍼머컬처와 같은 생산적이고도 지속 가능한 영농 시스템을 조성하거나, 개미에게 영감을 받은 도시 계획 전략(6장 참고)으로 생물 다양성이나 자연과의 접점을 늘리면서 수십억 인류가 지구에서 살아갈 방법을 달리 어떤 접근법으로 찾을 수 있겠는가? 인류 사회는 도탄에 빠져 덧없이 자멸할 운명이라고 볼 수도 있다. 하지만 지금도 우리를 둘러싼 세계에는 오염 물질을 만들지 않고 수십억 년 동안 번성해 온 수백, 수천만의 다채로운 생물 개체군이 존재한다.

이런 세계에서 영감을 얻고 대자연을 멘토 삼아 우리의 과학 기술을 재해석하고 재창조함으로써, 우리는 자연 세계처럼 제대로 기능하는 인간 세계, 독성도 파멸도 빈곤도 없는 세계를 일별이라도 할 수 있을 것이다. 사실 미래는 미리 정해져 있지 않다. 그것은 우리가 상상하는 것처럼 끔찍할 수도 있고, 우리가 꿈꾸던 것 이상으로 대단할 수도 있다. 우리가 어떤 미래를 추구하는가에 따라 우리가 맞닥뜨릴 미래가 달라진다는 것만큼은 분명하다. 지금은 너무 많은 청년이 자기 자신 또는 이 세상에 많은 기회가 있다고 생각하지 않는다. 최근 미국 전역의 학생 백만 명을 대상으로 한 대규모 연구에서는 미래를 낙관하는 학생의 비율이 절반도 안 된다는 사실이 밝혀졌다.[15] 청년들이 마음을 열 만한 미래 비전을 제공하면, 그들이 가능하다고 생각하는 것이 달라지고, 그들의 포부가 커지며, 결국 그들의 삶에서 성취하는 것이 창대하게 변할 수 있다. 자연에서 영감을 받은 공학은 우리 모두 진심으로 바라고 필요로 하는, 해법에 집중하는 희망찬 미래 비전일 수 있다.

자연계와의 접점

자연에서 영감을 받은 공학은 또 다른 방법으로도 학생들을 변화시킨다. 우리 주위의 생물계와 유대를 강화하는 것이다. 오늘날 많은 청소년이 이런 유대 관계를 형성하지 못한다. 최근 연구에 따르면, 요즘 청소년보다는 감옥에 갇힌 사람들이 밖에서 보내는 시간이 더 많다 — 농담이 아니다.[16] — 자연을 빼앗긴 존재로 살면서 우리 아이들이 어떻게 살아 있다는 것의 의미를 제대로 체감할 수 있겠는가? 이런 접점이 없으면 청소년들은 생명 현상을 충분히 체험할 수 없을 뿐만 아니라, 사는 동안 선택권이 심각하게 제한받는다. 어떤 상품을 살지 말지, 어떤 정치 지도자를 뽑을지, 살면서 어떤 활동을 할지 같은 것들이다. 자연에서 영감을 받은 공학의 핵심은 우리 주변의 수많은 생물이 지닌 최상의 능력이므로, 자연에서 영감을 받은 공학에 깊이 관여하면 할수록 자연을 더욱 존중하고 사랑하게 된다.

청소년의 야외 활동은 장려할 목표이기는 하나 실천이 쉽지 않다. 일부 청소년은 주변에 야외 활동을 체험할 만한 곳이 많지 않다.

현재 미국 청소년 대다수는 도시에서 살고 있다. 그리고 이는 세계적인 추세다. 이런 상황에서 더 많은 청소년이 더 자주 밖으로 나가게 만들고 학교와 도시를 환경친화적으로 만들기 위한 노력을 할 수 있을까? 이 질문에 대한 답은 〈그렇다〉이다. 그 과정이 아무리 느리고 비용이 든다 해도 그렇게 할 수 있다. 그동안 전 세계에서 대다수 아동이 손쉽게 자연과 다시 친해지도록 할 수 있는 재원과 필수 기반 시설을 확보해 놓았다. 바로 학교다. 수많은 청소년이 성격 형성에 가장 큰 영향을 미치는 10여 년 동안 하루 7시간 이상을 학교에서 지낸다. 빠진 것은 자연을 지향하는 교육 과정과 그것을 시행할 준비된 선생님뿐이다. 공학은 청소년과 자연 사이의 골을 메우고 미래에 희망을 불어넣는 과정을 시작하기에 더할 나위 없이 좋은 교과가 될 수 있다.

새 기준에 부합하는 접근법

자연에서 영감을 받은 접근법은 공학 교육을 우선시하는 새 교육 기준에 부합하는가? 이 질문에 답하기 위해 우선 미국 정부가 채택한 교육 기준을 살펴보자. 〈표 1.1〉은 미국 차세대 과학 기준Next Generation Science Standards, NGSS이 유치원 및 초·중·고교 학생들에게 기대하는, 공학 역량을 입증하기 위해 할 수 있는 일들을 요약한 것이다. NGSS의 용어로 표현하면 〈수행 기대〉, 즉 공학을 배운 학생들을 최종 평가하기 위한 척도다. 따라서 기본 실습, 교과목의 핵심 내용, 그 바탕이 되는 개념들과는 거리가 멀다.

NGSS 공학 기준은 학생들이 무엇을 할 수 있어야 한다고 말하는가?

후유! 〈표 1.1〉은 읽을 게 많다. 그리고 할 것은 훨씬 더 많다. 하지만

〈표 1.1〉 미국 차세대 과학 기준의 공학 수행 기대: 유치원부터 고등학교까지[17]

유치원~초등학교 2학년

사람들이 바꾸고 싶어 하는 상황에 관해 질문, 관찰하고 정보를 수집하여, 새롭거나 개선된 사물, 또는 도구를 만들어 해결할 수 있는 간단한 문제를 정의할 수 있다.

간단한 그림을 그리거나 물리적 모형을 만들어서 사물의 형태가 문제 해결을 위해 필요한 기능에 어떤 도움을 주는지 설명할 수 있다.

같은 문제를 해결하도록 설계된 두 사물을[의] 시험한[삭제 의견] 자료를 분석해서 각 사물이 작동하는 방식의 강점과 약점을 비교할 수 있다.

초등학교 3~5학년

명확한 성공 기준, 재료, 시간, 비용상의 제약 조건을 포함하여 요구 사항을 반영한 간단한 설계 문제를 정의할 수 있다.

주어진 문제의 성공 기준과 제약 조건에 얼마나 부합하는가를 근거로 몇 가지 가능한 해법을 내놓고 비교할 수 있다.

변인을 통제하고 어디까지를 실패로 볼 것인가를 고려한 가운데, 공정한 시험을 계획하고 시행하여 모형이나 시제품의 개선 가능한 측면을 확인할 수 있다.

중학교*

과학 원리, 제한 요소가 될 수 있는 사람과 자연환경에 미치는 영향을 고려하여, 설계 문제의 기준과 제약 조건을 충실하고 정확하게 정의하여 성공적인 해법을 확인할 수 있다.

경합하는 해법들이 주어진 설계 문제의 기준과 제약 조건에 얼마나 잘 부합하는가를 확인하는 체계적인 과정을 이용해서 해법들을 평가할 수 있다.

다양한 설계 문제에 대한 해법의 공통점과 차이점을 확인하는 시험에서 얻은 자료를 분석하여, 성공 기준에 더 잘 맞는 해법을 만들어 낼 수 있는 최상의 특징들을 찾을 수 있다.

모형을 개발하여 반복 시험하고 제시된 사물, 도구, 과정을 변경하여 최적 설계를 가능케 하는 자료를 생성할 수 있다.

고등학교**

전 지구적으로 중요한 도전 과제를 분석하여 사회적 필요와 욕구를 처리하는 해법의 질적, 양적 기준과 제약 조건을 구체적으로 명시할 수 있다.

현실의 복잡한 문제를, 공학으로 해결할 수 있는 작고 쉬운 문제들로 나누어서 해법을 설계할 수 있다.

비용, 안전, 신뢰성, 심미 요소는 물론, 사회, 문화, 환경에의 영향 등 다양한 제약 조건을 처리하는 우선순위의 기준과 균형 감각을 바탕으로 하여, 복잡한 현실 문제에 대한 해법을 평가할 수 있다.

연관된 시스템 내부, 그리고 시스템 간의 상호 작용과 관련하여 수많은 기준과 제약 조건을 수반한 복잡한 현실 문제에 대하여 제안된 해법이 끼칠 영향을 컴퓨터 시뮬레이션을 활용한 모형으로 나타낼 수 있다.

* 초등학교 6학년~중학교 2학년에 해당함.

** 중학교 3학년~고등학교 3학년에 해당함.

기억하라. 그 내용은 학생들이 13년 동안 배워서 성취해야 할 것들이다. 그 내용을 조금 나누어 보자. 다행히 몇몇 주제는 바로 내용을 알수 있어서, 핵심만 간추려 내고 나머지(대부분)는 무시해도 된다. 공학 기준을 죽 훑어보면 다음 모티프들이 눈에 띌 것이다.

- 일정 형식으로 **설계 과제를 정의하기**가 모든 학년 군의 기준에 포함되어 있다. 유치원부터 초등학교 2학년 학생들은 〈사람들이 바꾸고 싶어 하는 상황에 관해 정보를 수집〉한다. 그 위의 초등학생들은 〈요구 사항을 반영한 간단한 설계 문제를 정의〉한다. 중학생들은 설계 문제를 이해해서 〈기준과 제약 조건들을 정의〉해야 한다. 그리고 고등학생들은 〈전 지구적으로 중요한 도전 과제를 분석〉한다. 이 모든 변형은 같은 주제를 반영한다. 이는 공학을 통해 도전 과제를 확인하고 서술하기를 다루려는 시도와 관련이 있다.
- **해법을 내놓고 표현하기**도 모든 학년 군 기준에 포함되어 있다. 해법이 어떻게 기능하는지 그림으로 나타내고(유치원~초등학교 2학년), 해법을 내놓고 비교하고(초등학교 3~5학년), 해법의 모형을 개발하고(중학교), 해법을 설계하고 평가하는(고등학교) 등의 모든 활동을 관통하는 개념은 학생들이 해결을 지향하는 무언가를 창조하는 것이다.
- 마지막으로, **가능한 해법을 시험하기**도 모든 학년 군 기준에 포함되어 있다. 유치원부터 초등학교 2학년, 그리고 중학생에게는 이것이 〈시험에서 얻은 자료 분석〉하기를 뜻하며, 초등학교 3~5학년 학생에게는 〈공정한 시험을 계획하고 시행〉하는 것이며, 고등학생에게는 컴퓨터를 활용하여 그 영향을 시뮬레이션함으로써 가능한 해법들을 시험하는 것이다.

주목할 것은 유치원 및 초·중·고교로 이어지는 이런 모티프는 수가 적으며 연속성이 있다는 점이다. 나는 가끔 이 모티프들로 돌아간다. 이것들이 NGSS 공학 기준을 관통하는 뼈대이기 때문이다. 명백히, NGSS 공학 기준의 존재 이유라고도 할 수 있다. 이것들은 학생들이 학습할 다양한 능력을 대표한다. 이와 같은 각 학교급 수행 기대 개요는 자칫 지나치게 장황할 수 있는 NGSS 내용을 간결하게 만들어서 그 본질을 파악하는 데 도움을 줄 수 있다.

NGSS 공학 기준은 무엇을 말하지 않는가?

〈표 1.1〉에서는 다른 유용한 측면들도 강조하고 있다. 하지만 강조하지 않는 것들도 있다. 따라서 이 수행 기대에 빠진 것에도 중요한 의미가 있다. 어쩌면 훨씬 더 중요할 수도 있다. 첫째로 이 기준이 그 어떤 특정한 공학 관련 지식도 언급하지 않는다는 데에 주목하라. 예컨대 기계 공학이나 전기 공학, 건축학, 컴퓨터 과학의 고유 개념은 하나도 등장하지 않는다. 이는 분명히 드러났을 때도 특정한 공학 관련 지식을 교육 과정에 도입하지 말라는 뜻이 아니라(이 내용은 뒤에 다시 다룰 것이다), 단순히 NGSS 공학 기준에 그럴 권한이 없다는 뜻이다. 어떤 특수한 공학 유형도 다른 것들보다 우선되지 않는다.

둘째, 공학 예비 과정을 생각할 때 흔히 떠올리는 수학이나 물리학 영역의 특수 지식에 관한 언급도 전혀 없다. NGSS 공학 기준은 공학 예비 교육을 위한 것이 아니다. 문제 정의, 해법 창출, 아이디어 시험에 대한 강조는 결국 설계 과정을 더욱 강조하는 기준으로 귀결된다. 엔지니어들은 많은 일을 한다. 그리고 NGSS가 그 모든 것을 포괄할 수는 없다. 사실, 이 기준은 공학 기준으로 불리지도 않는다. 대신 그 내용에 명시된 것처럼 공학 설계 기준으로 지칭된다. 그 기준에 있는 것과 없는 것들을 세심하게 살펴보면 이유가 분명히 드러난다. 청소년들이 문제를 이해하고, 그 해결 수단을 만들고, 만든 것을 시험하기를 기대한다는 것이다. 결론은 NGSS가 설계를 지향하는 공학 기준이라는 것이다.

그렇게 보면 이해하기 쉽다. 앞서 언급했듯이 공학에는 하위 분야가 너무 많아 교육 기준에서 다 다룰 수가 없다. 하지만 여기서 중점적으로 다룬 측면들, 즉 도전 과제를 정의하고, 해법을 내놓고, 그것을 시험하는 것은 모든 분야의 거의 모든 엔지니어가 하는 일이다. 공학 기준은 이 지점에서 확실히 커다란 지혜를 보여 준다. 유치원 및 초·중·고교 교육 과정에서 공학을 다루고자 한다면, 학생들이 가능한 많은 공학 분야에 걸쳐 가장 기본이 되는 것을 습득하기를 바랄 것이다. 이는 토머스 영Thomas Young의 탄성률이 재료 공학의 주요 개념이 아니라는 뜻이 아니다. 단지 모든 종류의 공학 관련 교과가 영의 탄성률을 다룰 필요는 없다는 것이다. 하지만 무엇을 고치려고 하는지 이해하고, 고칠 수 있는 해법을 제시하고, 그 해법이 괜찮은지 시험하는 것은, 어떤 하위 분야든 상관없이, 모든 형태의 공학과 관련이 있다. 따라서 이 기준은, 한 학생이 어떤 엔지니어가 될 것인가와 관계없이 중요한 의미가 있는, 어렵고 필수적인 일에 성공했다. 공학의 정수를 포착한 것이다.

모든 학생을 위한 접근법

물론, 그리고 이것이 핵심인데, 어떤 학생들은 결코 엔지니어가 되지 않을 것이다. 사실, 대다수가 그렇다. 그래도 공학 기준이 모든 학생에게 의미가 있을까? 물론 그렇다! 이것이 상당수 유치원 및 초·중·고교 공학 교육 과정이 실패하는 지점이다. 학생들이 엔지니어가 될 것이라는, 또는 되어야 한다는 가정하에 교육 과정이 설계되기 때문이다. 따라서 그 과정은 〈모든 엔지니어는 무엇을 알아야 하는가?〉라는 질문에 기초하여 개발된다. 여기에 유치원부터 고등학교까지라는 정황이 더해져, 공학 예비 과정 같은 것이 된다.

하지만 이는 말이 안 된다. 우리는 모든 학생이 수학자가 되어야 한다고 생각해서 학생들에게 수학을 가르치는 것도, 모든 학생이 예술가가 되어야 한다고 생각해서 예술을 가르치는 것도 아니다. 우리가 청소년에게 이런 교과를 가르치는 것은 학생들이 어떤 진로를 택하든 상관없이 그것이 소중하다고 생각하기 때문이다. 문제를 정의하고, 이에 대한 해법을 마련하고, 그 해법을 시험하는 것은 엔지니어의 일에서만 중요한 의미를 갖는 것이 아니다. 이는 모든 사람에게 중요한 능력이다. 그리고 이런 능력을 얻는 과정은 온갖 주제를 탐구하고 학습하는 소중한 교육 기회이다.

현명한 고등학교 2학년 학생, 소냐 딩그라Sonia Dhingra는 최근 『사이언티픽 아메리칸Scientific American』지에 기고한 글에서 이렇게 말했다.[18]

같은 나이대 친구들은 엔지니어가 될 생각이 아니라면 공학 활동을 할 까닭이 무어냐고 묻는다. (……) 나는 그림 그리는 것을 정말 좋아하지만, 전업 화가가 될 생각은 없다. 피아노를 치는 것도 피아니스트가 되겠다는 생각에서가 아니다. 나는 즐길 수 있고 긴장을 푸는 데 도움이 되기 때문에 이런 활동을 한다. 그 활동들은 나를 쉬게 하고, 평가 없이 다양한 일을 맘껏 해볼 수 있는 곳으로 데려다준다. 공학이라고 안 될 이유가 무엇인가? 공학도 창작이다.

유치원 및 초·중·고교 공학 기준이 진로와 무관하게 모든 학생에게 의미가 있어야 한다는 원칙은 매우 타당한 교육 철학으로, NGSS의 문장에 잘 표현되어 있다. 그리고 교사들이 공학 교육과 관련해서 어떤 이유로 특정 교육 과정의 접근법을 선택하는가를 생각하면, 학생들이 활동에서 의미를 느끼는 것이 중요하다. 학생이 의미를 느끼지 못하는 공학 교육 과정, 아니 모든 교육 과정은 성공할 수 없다. 어떤 종류의 교육 과정이든 학생의 참여가 성공의 제일 전제 조건이기 때문이다. 학생 참여, 내재적 흥미, 학습, 그리고 성취(학생의 만족과 행복은 물론이고)가 서로 긍정적으로 연결된다는 것은 자명하며, 대규모 교육 연구를 통해서도 확인되었다.[19] 강력한 학생 참여는 모든 성공적 교육 과정의 필수 요소이다. 그것은, 선생님은 물론이고, 학생들에게도 의미가 있다고 느끼게 한다.

불행히도, 지금까지 유치원 및 초·중·고교 공학 교육의 실적은, 적어도 흥미를 불러일으키는 측면에서는 부족한 점이 많았다. 기존의 유치원 및 초·중·고교 공학 교육 프로그램(1990년대 이래 한 가지 주요 프로그램만이 운용되고 있다)에 대한 설문 조사에 따르면 학생들의 공학에 대한 관심도는 높지 않으며, 시간이 갈수록 더 낮아지는 경향을 보인다. 학생들이 그 프로그램으로 공학을 오래 배울수록 점점 더 흥미를 잃는다는 뜻이다! 예를 들어 한 연구에서는 공학에 흥미를 느끼는 학생의 비율이 초등학교에서는 최고 63퍼센트에 달하다가 고등학교를 마칠 때쯤에는 20퍼센트까지 곤두박질친다.[20] 앞서 말했듯이 공학에 흥미를 느끼는 고등학교 고학년 학생은 전국 평균 14퍼센트에 불과하며, 여학생은 2퍼센트로 뚝 떨어진다.[21] 특정 집단에서는 공학에 대한 낮은 관심이 대학 진학 이후에도 계속 이어진다. 여성은 인구의 절반을 차지하지만, 미국의 공학 전문직 종사자 중 여성의 비율은 14퍼센트에 불과하다.[22]

무슨 일일까? 공학은 본래 재미가 없을까? 아무리 양보해도 그런 것 같지는 않다. 원시시대라면 몰라도, 인류 문명이 시작된 이래 우리는 줄곧 다양한 물건을 만들었다. 무언가를 만드는 것은 우리 존재의 속성이며, 그 성향이 우리를 지금 있는 곳으로 인도했다. 나는 이제껏 도구가 작동하는 방식이나 물건을 만드는 데 아무 관심 없는 어린이를 만나본 적이 없다. 아마 여러분도 그럴 것이다. 사실, 물건을 만드는 과정은 대단히 매혹적일 수 있다. 그 자체로도, 그리고 인간의 창의성, 발명 이야기, 사물을 생산하는 방법, 과학 기술이 우리 자신과 환경에 끼치는 영향, 그리고 인간의 능력이 미치는 범위 등 똑같이 흥미로운 다른 많은 주제를 여는 창구로도 말이다.

유치원 및 초·중·고교 공학 교육 지지자 중에는 노동력을 공급

물건을 만드는 것은 우리 존재의 속성이다.
멋진 솜씨로 다듬은 창끝에서부터 통신 수단과 초소형 컴퓨터를 결합한 놀라운 도구에 이르기까지, 약 73,000동안 인류의 독창성과 공학은 쉼 없이 인류의 필요와 욕구에 부응해 왔다.

하는 통로를 마련해서 국가 경쟁력을 높일 필요성을 지적하는 사람들도 있다. 하지만 이렇게 한쪽으로 쏠린 근시안적 시각은 도리어 역효과를 불러올 수 있다. 우리는 청소년을 미래 엔지니어로 키우는 문제보다는 어떻게 하면 공학 교육이 그들을 주변 세계에 흥미를 갖도록 할 것인가에 집중해야 한다. 다시 말해서, 최종 진로와 상관없이 공학 교육이 학생에게 제공할 수 있는 이익에 더 신경을 써야 한다는 뜻이다. 유치원 및 초·중·고교 공학 교육의 주된 동기가 직업과 관련이 있다고 생각하는 것은 잘못이다. 그렇지 않으며, 그래서도 안 된다. 공학 교육이 그보다 훨씬 더 소중하고 유익하기 때문이다.

진짜 질문은 공학 교육이 어떻게 청소년의 삶을, 그리고 그 과정에서 사회 전반을 풍요롭게 하는 수단이 될 수 있는가다. 공학 교육이 청소년에게 줄 수 있는 이익은 어마어마하다. 어쩌면 STEM 융합 교육의 모든 과목 가운데 가장 큰 이익을 줄 수도 있다. 그 한 까닭은 우리가 대체로 사람이 지은 세계에서 살고 있기 때문이다. 공학 교육은 우리가 사는 세상을 더 잘 이해하고, 진가를 알아보고, 관계를 맺을 기회이다. 우리가 만드는 물건은 왜 지금처럼 설계되었는가? 우리가 물건을 만드는 재료는 어디서 오는가? 그 재료는 어떻게 가공되는가? 이런 물건을 버릴 때 무슨 일이 일어나는가? 우리가 만드는 물건은 우리, 그리고 우리가 기대 사는 환경에 어떤 영향을 주는가? 인류가 만든 세계를 정의하는 사물들은 맨 처음 어떻게 발명되었는가? 우리가 만드는 것을 어떻게 개선하고 혁신하고 설계를 최적화할 수 있는가? 훌륭한 공학 교육은 바로 이런 질문을 통해 모습을 갖추어 나간다.

청소년이 이런 질문과 활동에 흥미를 갖도록 할 필요성은 분명히 다른 어느 때보다도 크다. 현 상황은 오늘날 인류 기술 발달의 모든 측면에 의문을 던진다. 현재 인류의 기술적 실천은 지구 자원을 남용하고, 환경의 본성과 기능을 상하게 하고, 개인의 건강과 안녕에 부담을 준다. 이런 압박은 나날이 기하급수적으로 심화하고 있다. 따라서 우리 삶을 지속하고 개선하기 위해서는 반드시 모든 청소년에게 적절한 범위와 규모로 활기차고 매력적인 공학 교육을 제공해야 할 것이다.

자연에서 영감을 받은 공학 교육의 접근법은 이 활기차고 매력적인 교육을 가능케 한다. 그리고 유치원 및 초·중·고교 공학 교육의 근시안적 개념보다 교육적 사회적으로 훨씬 더 소중하다. 대다수 청소년이 엔지니어가 되는 것은 아니므로, 가장 공들여 만든 유치원 및 초·중·고교 공학 교육 프로그램에서조차 공학 교육 과정은 특정 직업과 관련된 대학 진학이나 진로 목표를 뛰어넘는 가치를 갖고 있어야 한다. 자연에서 영감을 받은 공학 교육의 접근법은, 청소년을 자연과 다시 연결하고 사람이 세운 세계를 개선하고자 하는 희망과 기량, 포부를 북돋는 힘이 있으므로, 교육자라면 누구나 다양한 청소년을 위해 추구할 만큼 중요한 의미가 있다. 자연에서 영감을 받은 공학 교육의 접근법은 또한, 가장 실용적인 의미에서, 학생들이 학교생활 이후의 삶을 준비하는 데 필요한 기본 능력을 제공할 것이다.

이 책의 구성

자연에서 영감을 얻는 공학 교육의 접근법은 공학 교육을 풍성하게 만들어줄 뿐만 아니라, NGSS 공학 기준, 그리고 미국 공통 교육 과정의 수학 교과 기준 같은 다른 기준들을 충족하고, STEM/STEAM 관련 모든 교과의 학습을 포괄적으로 지원하고 통합하도록 한다. 이 책은 이 접근법을 상세히 탐구한다. 2~8장의 순서는 공학 교육 프로그램의 순차적 단계를 그대로 따른다. 자연에서 영감을 얻은 공학을 학생들에게 소개하고(2장), 다양한 공학의 주제를 탐구하며(3~7장), 학생들이 자연에서 영감을 받은 설계 과정을 통해서 자신만의 아이디어와 기량으로 혁신을 이루고 문제를 해결해 나가는 학생 주도 프로젝트로 대단원의 막을 내리는 것이다(8장). 그리고 유치원생과 고등학교 3학년 학생이 매우 다르기는 하지만, 모든 선생님이 관심을 가질 수 있도록, 각 장의 주제들을 초중등 교육의 모든 학년 군에 결합하여 적용할 수 있는 방식으로 탐구할 것이다.

각 장이 전 교육 과정의 자료를 제공하도록 구성하지는 않았다. 한 교육 과정을 자연에서 영감을 받은 컴퓨터 과학이나 자연에서 영감을 받은 제품 설계로 모두 채울 수 있을까? 물론, 그것도 멋진 일일 수 있다! 하지만 나는 그 모든 것을 이 책의 어느 한 장에 밀어 넣고 싶지 않다. 이 책의 지향점은 자연에서 영감을 받은 접근법을 활용한 유치원 및 초·중·고교 공학 교육에 대한, 폭넓고, 어느 정도 깊이가 있는, 조사 보고서 비슷한 입문서이다. 일련의 수업 지도안보다 더 다양한 구성이 그 뒤를 따를 수 있지만, 이 책의 목표는 철저하게 확인된 다양한 학생 활동을 제공함으로써, 독자 여러분이 자연에서 영감을 받은 공학 교육을 실천적으로 이해할 수 있도록 돕는 것이다. 내가 자연에서 영감을 받은 공학 교육의 접근법을 활용하는 구체적 사례들을 보여줄 수 있다면, 여러분은 다음 단계 수업을 위해서 실천적인 교육 과정을 구하거나 만들어 내려 할 것이다. 이 책은 교육 과정 그 자체가 아니라 그 대표 격이라 할 수 있다.

마지막으로 전하고 싶은 말이다. 자연에서 영감을 받은 공학은 새롭지 않다. 하지만 자연에서 영감을 받은 접근법으로 공학을 가르치는 일은 새롭다. 유치원 및 초·중·고교 교육에서, 자연에서 영감을 받은 공학 교육의 실천은 여전히 초기 단계에 머물러 있다. 나는 이 책의 내용이 자연에서 영감을 받은 공학 교육의 유일한 접근법이라거나, 가장 좋은 접근법이라고 주장하는 것이 아니다. 하지만 우리는 분명 지금 우리가 가진 것에서 시작할 수 있다. 그리고 더 기다려서는 안 된다. 우리는 활동을 계속해 나가면서 더 많은 것을 알게 될 것이다. 더 많은 사람이 이 분야에서 업적을 남길 것이다. 그래서, 여러분에게 최고 수준의 내용을 제공하고 싶지만, 나는 이제 막 이 파티가 시작되었을 뿐이라는 것을 안다. 하지만 내가 이 책을 쓰고 여러분이 이 책을 읽는 동안, 우리는 함께 첫발을 내디뎠다. 바로 여기가 그 시작이다.

참고 자료

자연에서 영감을 받은 혁신 기술을 소개하는 동영상

- 마이클 폴린의 테드 강연
  :「건축에서 자연의 특별한 능력 이용하기」, https://www.ted.com/talks/
  michael_pawlyn_using_nature_s_genius_in_architecture?language=ko
- 재닌 베니어스의 테드 강연
  :「자연의 엔지니어로부터 받은 생물 모방의 놀라운 교훈」, https://www.ted.com/
  talks/janine_benyus_biomimicry_s_surprising_lessons_from_nature_s_
  engineers

자연에서 영감을 받은 공학 관련 참고 도서

Benyus, J. M. *Biomimicry: Innovation inspired by nature*. (New York: Harper perennial, 1997).[*]

Forbes, P. *The gecko's foot*. (London: Fourth Estate, 2005).

Harman, J. *The shark's paintbrush: Biomimicry and how nature is inspiring Innovation*. (London: Nicholas Brealey, 2014).

Khan, A. *Adapt: How Humans are tapping into nature's secrets to design and build a better future*. (New York: St. Martin's Press, 2017).

자연에서 영감을 받은 디자인에 관해 참고할 만한 온라인 매거진

- 「자이고트 쿼털리Zygote Quarterly」
  : https://zqjournal.org/

자연에서 영감을 받은 공학에 관한 유치원 및 초·중·고교 교육 과정

- 자연 학습 센터
  : www.LearningWithNature.org

생물학에 관한 좋은 입문서

Hoagland, M. B., and Dodson, B. *The way life works: The science lover's illustrated guide to how life grows, develops, reproduces, and gets along*. (New York: Three Rivers Press, 1998).

---

[*] 재닌 M. 베니어스,『생체모방』, 최돈찬 옮김(서울: 시스테마, 2010)으로 번역 소개됨.

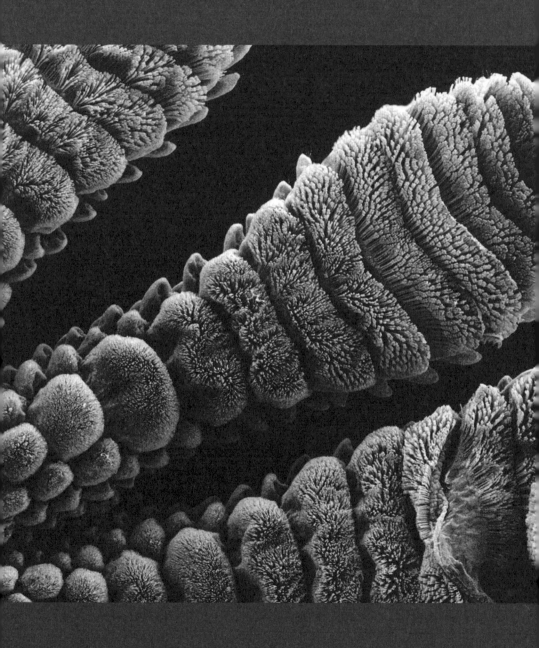

2장
시작

할 수 있는 일을 다 해낸다면, 우리는 자신에게 정말 깜짝 놀랄 것이다.[23]

— 토머스A. 에디슨Thomas A. Edison

이제 자연에서 영감을 받은 공학에 익숙해졌으니, 본격적으로 시작하고 싶을 것이다. 좋다! 학생들에게 자연에서 영감을 받은 공학을 어떻게 소개하면 좋을까?

공학의 뜻 정의하기

바람직한 첫 단계는 공학이란 무엇인가에 관해 의견 일치를 보는 것이다. 물론, 사전의 정의만으로는 한계가 있다. **공학**의 사전적 의미는 〈물리학이나 화학 등의 순수 과학 지식을 실제에 응용하는 학문으로, 기계, 토목, 건축, 전자, 전기, 화학 공학 등이 있다〉이다. **공학**을 한 문장으로 정의하는 일이 얼마나 어려운지 생각해 보면 그리 형편없는 것은 아니다. 〈엔지니어의 활동, 일, 또는 직업〉이라는 정의도 있다. 이런 정의는 쓸모없는 순환 논리처럼 보이지만, 실제로 의미가 있다. 결국 공학, 즉 엔지니어링이란 엔지니어가 **하는** 어떤 것이며, 엔지니어는 엄청나게 다양한 일을 한다. 요점은 우리가 **공학**을 폭넓게 정의하고 싶다는 것이다. 우리가 생각하는 엔지니어는 문제점이나 개선 가능성을 찾아 정의하고, 생활을 개선하는 혁신 기술을 내놓고, 그것들을 시험해서 설계를 최적화하는 모든 사람이다. 우리에게 **엔지니어**란 기계 공학자, 전자 공학자, 화학 공학자, 토목 공학자 같은 전문 연구자뿐만 아니라 소프트웨어 개발자, 산업 디자이너, 패션 디자이너, 제품 디자이너, 건축가, 차고에서 정체를 알 수 없는 무언가를 뚝딱거리는 발명가를 모두 포괄하는 개념이다. 다행히, 공학을 철두철미 정의할 필요는 없다. 파란색을 애써 정의할 필요가 없는 것과 마찬가지다. 그냥 보면 알 수 있기 때문이다.

더 제한적 용법으로 엔지니어라는 단어를 사용하는 데 익숙한 사람들은 이런 이야기가 혼란스럽거나 언짢을 수 있다. 하지만 잊지 마시라, 공학의 NGSS는 이미 훨씬 더 포괄적 용어인 **공학 설계 기준**으로 불리고 있다는 것을. 그리고 **공학**이라는 말의 쓰임새는 거의 고정되어 있지 않다. 오히려 그 반대다. 기록상 그 단어의 첫 등장은 1325년 기계식 무기를 만든 사람과 관련이 있다.[24] 하지만 오늘날 공학 교육에서 배울 내용을 투석기로 제한한다면 너무 고리타분할 것이다. 20세기에 접어들어 고등 교육 기관에서 다룬 공학의 주제는 대체로 기계, 화학, 전기, 토목, 네 분야와 관련이 있었는데, 여기서 **빠른**

발전이 일어나 훨씬 더 다양한 공학 활동으로 아주 많은 가지를 치며 뻗어 나갔다.

우리가 의도하는 공학 활동의 의미는 〈고안하다, 궁리하다〉를 뜻하는 라틴어 동사, 잉게니아레ingeniare와 관련지어 생각하는 편이 이해하기 쉽다. 요점은 공학의 적용 분야가 변해왔다는 것이다. 과거 공학이 성벽을 허물려고 하는 침략군의 무기에 뜨거운 기름을 떨어뜨리는 방법을 다루는 것이었다면, 현재 공학에는 비디오 게임을 구동하는 소프트웨어를 개발하는 일이 포함된다. 그리고 미래의 공학이 어떻게 될지, 누가 알겠는가? 하지만 설계와 혁신의 이론적 과정, 즉 더 나은 세계를 위해 문제점과 개선 가능성을 확인하고, 해법을 내놓고, 검증 과정을 거쳐 해법을 최적화하는 과정은 중세 시대만큼이나 오늘날에도 유의미하다. 이는 미래에도 마찬가지일 것이다. 그러니 공학이란 무엇인가, 공학 교육이 무엇을 다루는가에 관해 포용적인 마음가짐과 역사적인 시각을 갖추고, 필요하면 근시안적인 관념에 맞서 그것을 지킬 준비를 하는 것이 좋겠다.

학생들은 우리와 함께 공학 교과를 학습하기 전에 이미 그 용어를 접한 적이 있을 것이다. 공학이 무엇인가, 엔지니어가 무엇을 하는가에 관한 선입견을 이미 어느 정도 갖고 있을 거라는 뜻이다. 학생들은 공학에 대한 암묵적 개념 안에서 우리와 함께하는 활동을 이해할 것이다. 따라서 그 암묵적인 개념이 무엇인지 알 필요가 있다. 물론, 학생들의 머릿속을 유리알처럼 들여다볼 수는 없다. 몇 년 전 터프츠 대학교의 메러디스 나이트Meredith Knight와 보스턴 과학 박물관의 크리스틴 커닝햄Christine Cunningham, 두 연구자는, 학생의 과학 개념 연구 방법론으로 잘 알려진 〈과학자 그리기〉를 빌려 와서 학생들이 공학을 무엇이라고 생각하는지 알아보았다.[25] 초등학교 3학년부터 고등학교 3학년 학생 수백 명을 대상으로 한 설문 조사에서, 엔지니어가 하는 일은 무엇인가 하는 질문에 가장 많은 응답은 물건을 〈만들어 낸다〉였고, 물건을 〈고친다〉, 〈창조한다〉, 〈설계한다〉가 뒤를 이었다. 다행히, 이런 선입견은 이미 널리 퍼져 있는 데다가 자연에서 영감을 받은 접근법에 잘 들어맞기 때문에 큰 문제가 되지 않는다. 하지만 모든 학생의 공학에 대한 개념이 이와 같지는 않다는 것을 인식할 필요가 있다.

활동 **해체 프로젝트**

학생의 몰입도를 높이는 데 특히 효과적인 방법이 곧바로 공학 관련 프로젝트를 시작해서, 체험을 통해 공학을 정의하도록 하는 것이다. 학생 개개인이 처음부터 공학과 관련된 무언가를 직접 해보게 해서, 시간을 두고 더 많은 경험을 쌓아 계속 생각을 발전시켜 더 풍부하고 의미 있는 결론을 얻을 수 있게 한다.

이 프로젝트는 놀랄 만큼 간단히 할 수 있다. 예컨대, 학생들에게 무언가를 분해하도록 한다고 생각해 보자. 라디오, 휴대 전화, 컴퓨터 등 무엇이든 좋다. 학생들은 그 물건의 내부를 살펴보고 수많은 부품과 그것들의 연결 상태를 알아볼 뿐만 아니라, 도구를 써서 해체하는 방법을 스스로 알아내기도 한다. 이 단순한 활동은 학생들을 매혹한다. 대다수 학생은 사는 동안 어떤 물건이든 분해해 본 적이 없다. 보스턴의 한 공립 학교 선생님은 자연에서 영감을 받은 공학의 첫 시간인 분해 수업을 이렇게 회상했다. 〈한 여학생이 휴대 전화를 완전히 분해했는데, 남학생은 아무도 똑같이 하지 못했습니다. 그 여학생은 관련 분야로 진로를 정했습니다!〉 한 고등학교 3학년 학생은 〈이제

껏 학교에서 한 최고의 프로젝트)였다고 했다.

내게도 지금까지 즐겁게 떠올리는 기억이 있다. 어느 토요일 아침, 아홉 살 아들을 중고품 가게에 데려가 아무 작은 기계나 고르라고 했다. 아이는 2달러 50센트짜리 시계 달린 라디오를 선택했다. 나는 아이를 거실 카펫 위로 데려가 신문지 묶음과 드라이버 한 벌을 주고 마음껏 놀라고 했다. 아이는 그 라디오를 가장 작은 부품까지 모조리 분해하며 네 시간을 보냈다. 다시 정신이 돌아오지 않을까 봐 겁이 날 정도였다. 마침내 모든 일을 끝마친 아들은 투르 드 프랑스 대회의 결승선을 가로지르는 사이클 선수처럼 두 팔을 위로 쭉 뻗었다. 천국에라도 간 것 같았다.

나는 이 단순한 활동이 왜 그렇게 매력 있고 만족스러운가를 계속 분석하고 있다. 그것은 우리를 둘러싼 과학 기술의 블랙박스 안을 살짝 엿보았다는 설렘 때문일 수도 있고, 체계 없이 무언가를 알아내려는 노력이 매력적으로 느껴지기 때문일 수도 있다. 이 활동은 과학 기술의 복잡한 한 단면을 해체하는 과정이다. 거꾸로 된 퍼즐과 비슷하다. 이는 자기 주도 문제 해결의 전형으로, 강력한 성취감을 맛보게 한다. 이 활동은 우리가 수백만 년의 진화 과정에서 개선과 보상을 통해 갖추고 있는, 하지만 오늘날에는 거의 사용하지 않는 능력을 단련하는 것으로 보인다.[26]

활동 마시멜로 탑 쌓기 게임

물건을 분해하는 것과 함께, 물건을 조립하는 것 또한 학생들이 자연스럽게 공학의 본질을 탐구하는 방법이다. 관련 활동으로 가장 잘 알려진 것이 마시멜로 탑 쌓기 게임이다. 학생들이 모둠별로 제한 시간(예: 18분) 안에 같은 재료(예: 스파게티 국수 가락 20개, 1미터 끈, 마시멜로 1개)로 꼭대기에 마시멜로가 있는 탑을 쌓는 것이다. 목표는 모든 조건을 만족하면서 가장 높은 탑을 쌓는 것이다. (이 장 끝부분의 참고 자료에서 더 많은 정보를 확인할 수 있다.)

〈도화선〉에 불을 붙이는 이런 활동은 곧바로 학생들을 사로잡을 뿐만 아니라(어떤 학생에게는 즐겁고, 또 다른 학생에게는 끔찍할 수도 있지만), 공학이 무엇인가에 대한 매우 구체적이고 개인화한 사례를 제공한다. 이는 엔지니어가 하는 일에 관한 토론 수업을 끌어내기에 더할 나위 없이 좋은 활동이다. 학생들은 공학이 설계, 시행착오, 협동 작업 등으로, 재료와 시간의 제약하에 특정한 도전 과제를 풀어내는 일과 관련이 있다는 것을 금세 깨닫는다. 이는 차세대 과학 기준의 몇 가지 핵심 요소와 관계가 있다(성공의 기준, 시간과 재료 등의 제약은 NGSS 공학 설계 기준에 자주 나타난다).

해체를 통해 배우다.
보스턴 지역의 학생들이 복사기를 분해하고 있다(위). 분해된 전동 타자기(아래). 물건을 분해하는 작업은, 거꾸로 된 퍼즐 풀기처럼, 본격적인 공학의 세계로 인도하는 놀랄 만큼 매혹적인 입구가 될 수 있다.

이런 개념은 앞에서 말한 사전적 의미보다 공학의 실질적인 내용을 훨씬 더 광범하고 충실하게 설명할 수 있다. 학생들의 최근 경험을 통해 공학이 무엇인지 이야기하는 것은 단순히 사전적 정의를 듣거나 말하는 것보다 훨씬 더 큰 의미가 있다. 탑 꼭대기에 마시멜로를 놓는다는 점도 마음에 든다. 어른들은 탑 꼭대기에 시계를 놓는다. 우리가 그만큼 시간을 중시한다는 것을 보여 주는 상징이라 하겠다. 그러니 어린이의 탑에 마시멜로보다 더 적당한 것이 있을까? 활동을 끝내고 마시멜로를 나눠주는 것도 좋다! 마시멜로 탑 쌓기 게임을 발명한 디자이너 피터 스킬먼 Peter Skillman은 어린이부터 전문직 엔지니어에 이르기까지 수백 명과 함께 이 활동을 한 적이 있다.[27] 가장 일관되게 주어진 시간

마시멜로 탑.
필자의 아들과 친구들이 설계해서 만들었다.

안에 가장 높은 탑을 만든 사람들은 누굴까? 바로 유치원생이었다.

왜 공학을 배울까?

잠시 뒤로 돌아가 보자. 학생들은 왜 학교에서 공학을 배우는지 의아할 수 있다. 누가 공학에 관심이 있다고? 학생들에게 공학 과목을 소개할 때는 우선 교육 과정에 공학이 들어 있는 것을 편안하게 느끼고 인정하도록 해야 한다.

사실 이 일은 수학이나 과학 같은 다른 표준 교과목보다 쉽다. 학생들은 사방에서 확실하게 볼 수 있는 것들 덕분에 공학의 중요성을 쉽게 인정할 수 있다. 책상, 의자, 컴퓨터 등 교실에 있는 모든 것이 공학의 산물이다. 조금 멀리 보면, 학교 자체가 공학의 산물이다. 엔지니어들은 건물 벽과 창문, 전선, 배관 등 모든 것을 설계하고, 제작하

고, 유지한다. 시점을 좀 더 멀리 옮겨 학생들에게 창밖을 내다보도록 하자. 운동장 가장자리나 근처 인도로 데려가도 좋다. 학생들은 엔지니어들이 도로, 자동차, 주택 등 우리가 사는 세계에서 볼 수 있는 거의 모든 것을 만들었음을 알게 될 것이다. 사실 도시 전체와 주변 농장은 모두 엔지니어의 작품이다.

엔지니어들은 **생산물**뿐만 아니라 **장소**도 설계하고 만든다. 우리가 삶을 영위하는 장소, 다시 말해 우리가 일하고, 먹고, 노는 곳, 우리가 반응하고, 감정을 느끼고, 꿈꾸고 야망을 품는 곳들이다. 엔지니어들은 일상생활의 모든 부분에서도 발언권이 강하다. 우리가 마시는 물이 건강에 어떤 영향을 줄지, 제조 시설에서 공기 중에 어떤 화학 물질을 내보내는지, 도착지까지 얼마나 시간이 걸리는지, 심지어 인도가 얼마나 넓은지 같은 것들이다. 엔지니어가 물리적, 정신적으로 사람들에게 끼치는 영향은 엄청나게 크고 세계적이다. 학생들에게 옆자리 친구 옷에 붙어 있는 라벨을 확인해 보게 하자. 우리가 걸친 옷은 고도로 발달한 공학의 산물이다. 인도, 베트남, 필리핀, 과테말라처럼 멀리 떨어진 곳에서 생산한 재료를 염색하고 봉제하는 등의 과정을 거쳐 옷을 만든다.

지구에 사는 수십억 명의 절대다수는 사람이 지은 세계에서 삶을 영위한다. 내 말은 우리가 단순히 사람이 만들어 놓은 세계에 **거주**한다는 뜻이 아니다. 이 공학으로 이루어진 장소에서 산다는 것이 어떤 의미인지 물질적, 정서적으로 **체험**한다는 뜻이다. 그리고 이 세계는 엔지니어들의 통찰력과 역량, 그리고 한계에 의해 규정된다. 여기서 잠시 숨을 돌리고 생각해 보자. 이는 공학 과목을 가나다……와 구구단을 배우는 것과 마찬가지로 중요하고 교육적으로 깊이 있게 검토하고 탐구할 가치가 있는 것으로 만들어준다. 문법과 미적분학은 더 말할 것도 없다.

공학에 영감을 주는 것

엔지니어들이 우리 삶 구석구석에 영향을 미친다고 할 때, 공학과 관련한 한 가지 핵심 질문이 떠오른다. 엔지니어들은 무엇을 어떻게 만들까 하는 아이디어를 어디에서 얻을까? 아마 이보다 더 중요한 질문은 없을 것이다. 분명히 **공학**으로 불리는 많은 것이 이전에 만들어진 것을 단순히 다시 만드는 것이지만, 우리는 새 아이디어와 혁신에 관심이 있다. 엔지니어들은 어떻게 혁신할까? 스티븐 존슨Steven Johnson은 저서 『좋은 아이디어는 어디서 오는가Where Good Ideas Come From』[28]에 이렇게 썼다.

> 좋은 아이디어는 (……) 그것을 둘러싼 부분과 기술에 제약받는다. 우리는 본래 비약적인 혁신을 낭만적으로 묘사하는 경향이 있다. 주위 환경을 초월하는 엄청난 아이디어, 어떻게든 낡은 개념과 굳어진 전통의 잔해를 뛰어넘는 천재성을 상상하는 것이다. 하지만 아이디어는 브리콜라주, 즉 임시변통의 결과물이다. 그 잔해로부터 만들어진다는 뜻이다. 우리는 물려받았거나 우연히 발견한 아이디어들을 취합해서 새 모습으로 바꿔 놓는다.

인쇄기가 그 표본이다. 인쇄기를 이루는 모든 부분, 즉 잉크와 종이, 가동 활자, 올리브유나 포도주를 만들기 위한 즙을 짜내는 압착기는 전에도 있었다. 요하네스 구텐베르크Johannes Guttenberg는 단지 이 요소들을 새로운 방식으로 결합했을 뿐이다. 그가 인쇄기를 아무것도 아닌 것에서 뚝딱 만들어 낸 게 아니라는 뜻이다. 발명가가 자신을 둘러싼 세계에서 아이디어를 빌려 오는 것은 피할 수 없다. 그렇다고 이 사실이 창의적인 생각과 임시변통으로 이루어 낸 신선한 조합과 통찰력의 가치를 손상하는 것은 아니다. 엔지니어와 디자이너 들은 사람들이 이미 만들어 놓은 것에서 영감을 얻는다. 심지어 다른 사람이 생각해 낸 것들을 살펴보기 위해 잡지를 뒤적이기도 한다. 구텐베르크는, 이런 접근법으로 전 인류의 삶에 대변혁과 현대화를 불러온 신기술을 생각해 낼 수 있었다. 하지만 이런 방식으로 일하는 엔지니어들은 전부터 있던 것을 꼼짝없이 되풀이하고 새것은 전혀 내놓지 못하기도 한다.

존슨의 이야기는 자연계에서 공학의 영감을 찾는 일이 인류에게 그토록 유익한 까닭을 콕 집어 설명한다. 자연계는 우리에게 영감을 불어넣을 수 있는 아이디어의 범위를 어마어마하게 확대한다. 인간 정신이 생각해 낼 수 있는 것만이 아니라, 40억 년의 진화 과정이 수천만 생물 종 안에 만들어 낸 것까지 포함해서 생각하면, 우리가 다룰 〈잔해〉의 가치는 헤아릴 수 없을 만큼 커진다. 생각해 보라. 지구의 창조력은 무엇인가? 이 세상에서 가장 중요한 두 가지 창조력은 인간 정신과 자연의 세계이다. 인간 정신을 강조하기 위해 자연계를 무시하는 것은, 한쪽 수도꼭지를 잠가놓은 채 Y자 모양 소방 호스를 들고 불을 끄는 소방관처럼 의미 없이 가용 자원을 제한하는 것이다. 역사상 가장 놀라운 창의성으로 주목받은 엔지니어 상당수가 자연계가 주는 영감에 마음을 연 사람들인 까닭이 여기 있다. 자연에서 얻을 수 있는 아이디어에 열려 있지 않은 발명가들은 그런 아이디어를 접한 적이 없거나 자연의 발명품은 사람이 필요로 하는 것과 거의 관련이 없을 거라 상정한다.[29]

자연에서 영감을 얻는 엔지니어들은 반대로 생각한다. 사람들이 직면한 많은 도전 과제의 해답을 자연계에서 찾을 수 있다고 생각한다는 뜻이다. 결국, 모든 생명체는 같은 행성을 공유하고 있으니, 우리는 모두 비슷한 조건에서 살아남아 번성할 방법을 찾아야 했다.

이렇게 생각하는 엔지니어들은 잎맥의 생김새를 연구한다. 모든 잎 세포에 양분을 운반하는 잎맥이 사람과 물자를 수송하는 도시의 도로망과 같은 중요한 기능을 한다는 것을 알고 있기 때문이다. 이 엔지니어들은 가장 작은 무게로 안전하게 하중을 지탱하는 최적 구조가 골격이라는 것을 알기에 뼈를 연구하기도 한다. 그들은 사람의 폐도 연구한다. 단순한 호흡 기관이 아니라, 흐르는 액체에서 이산화탄소를

같은 행성을 공유한 모든 생명체는 수많은 도전 과제도 공유한다. 따라서 자연의 해법은 종종 인류의 도전 과제와 관련이 있다.

포착해서 제거할 수 있는 장치를 알아보려는 것이다. 이는 우리가 바라는, 석탄 때는 굴뚝 연통을 타고 올라가는 공기에서 이산화탄소를 제거하는 것과 비슷한 작용이다. 그들은 또한 자연 생태계가 물질, 에너지, 정보를 전환해서 계속 번성하기 위한 이익을 만들어 내는 것을 연구해서, 지속 가능한 세계를 만들기 위한 교훈을 찾는다. 엔지니어가 인류의 기술적 도전과 생명 현상 사이의 유사점들을 인지할 때, 혁신 가능성, 다른 요소를 새로운 방식으로 결합할 가능성이 폭발적으로 커진다.

자연에서 영감을 받은 공학의 정의

공학의 개념과 마찬가지로, 우리는 자연에서 영감을 받은 공학이 뜻하

는 바를 학생들에게 전달해야 한다. 자연에서 공학의 영감을 찾는 것은 논리적으로도 역사적으로도 완벽하게 이해가 되지만, 우리가 단순히 〈자연에서 영감을 받은 공학〉이라고 하거나 다른 표현(자연에서 영감을 받은 혁신, 생물에서 영감을 받은 디자인, 생물 모방 같은)을 하면, 학생들은 여전히 그 뜻을 알지 못할 것이다. 그 말에는 너무 많은 개념이 들어 있어서, 학생들은 이 모든 개념을 동시에 처리하는 데 어려움을 겪을 것이다. 흰쌀밥만 먹던 사람이 갑자기 잡곡밥을 먹으면 어색한 것과 같다.

활동 자연에서 영감을 받은 공학 설계 체험

자연에서 영감을 받은 공학을 경험하지 못한 사람들은 그 의미를 쉽게 받아들이기 힘들다. 마시멜로 탑 활동으로 돌아가서 학생들이 자연에서 영감을 받은 공학을 경험적으로 정의할 방법을 생각해 보자. 이 활동의 목표는 스스로 서 있는 가장 높은 탑을 세우는 것이다. 하지만 엔지니어들은 이보다 더 복잡한 기준을 만족시켜야 할 때가 많다. 지진을 견뎌 낼 수 있는 초고층 건물을 세우는 것 같은 일이다. 학생들이 만든 탑에 〈지진〉 테스트를 해서 이 점을 알아보도록 할 수 있다.

지진 시뮬레이션 탁자를 사용해서 이런 테스트를 할 수 있다. 이 활동은 복잡한 정도를 달리하는 수많은 디자인이 가능하며, 학생들에게 큰 즐거움을 줄 수 있다. 가장 간단한 활동은 마스킹 테이프와 메트로놈 하나만 있으면 된다. 우선 학생들이 마시멜로 탑을 쌓을 때, 작은 판지 위에 세워서 쉽게 움직일 수 있도록 한다. 이제 몇 센티미터 간

격을 두고 마스킹 테이프 두 조각을 붙인 다음, 탑을 세운 판자를 손으로 잡고 일정한 속도로 테이프 조각 사이를 앞뒤로 움직이게 한다. 모든 탑은 아니지만, 많은 탑이 무너질 정도로 움직임을 조정할 수 있다. 흔드는 빈도는 메트로놈으로 맞춘다. 간단하다.

이 지점에서 탑을 재설계하고 다시 쌓아 테스트할 기회가 있음을 학생들에게 알린다. 이번에는 지진 테스트를 견뎌낼 수 있으면서 가장 높은 탑을 쌓는 모둠이 우승이다. 다시 말해, 성공 기준이 둘이다. 재설계에 들어가기 전에, 학생들에게 이번 설계의 도전 과제를 그들의 말로 표현해 보라고 한다. 어떤 탑을 만들려고 하는가? 높으면서 움직임에 안정적이어야 한다. 이 목표를 이루기 위한 아이디어 목록을 작성하도록 한다. 아이디어가 다 떨어지면, 어디서 구조 설계의 아이디어를 더 얻을 수 있을지 질문한다. 사람들이 자력으로 생각해 낼 수 없는 아이디어는 어디서 찾을 수 있을까? 자연은 높으면서도 안정적인 구조를 어떻게 만들어 낼까?

이 질문에 대한 자연의 해법을 담은 영상을 학생들에게 보여 주고, 스스로 관찰하도록 한다. 많은 예가 있지만, 수많은 열대 강 하구와 해변의 갯벌에서 자라는 맹그로브 나무는 학생들이 스파게티로 쌓은 탑과 특히 비슷해서 탐구할 자료로 쓰기에 좋다. 맹그로브는 삼각 구조의 받침뿌리, 안정성을 더하도록 넓어진 기저부 등 다양한 형태적 특징이 있다. 그 외에도 스트랭글러 피그*라는 식물은 가지에서 아래로 자라 당김 줄처럼 땅속에 붙박이는 특유의 공기뿌리를 이용하여 제 몸을 튼튼하게 고정한다. 아프리카 흰개미의 집은 유럽의 고딕 양식 대성당처럼 건축물을 밖에서 지지하는 버팀벽을 자랑한다.

학생들이 자연에서 수많은 비슷한 사례를 찾아본 후 높고 안정

* Strangler fig, 다른 나무줄기에 붙어서 자라기 시작한 뒤 점점 크게 자라 결국 숙주 나무를 죽게 하는 여러 종의 피쿠스*Ficus* 속 식물을 통틀어 이르는 말

적인 구조를 만들 수 있는 전략을 확인하도록 한 뒤에는, 탑을 재설계해서 지진 상황에서 다시 테스트하도록 한다. 이번에는 탑이 어떻게 되었는가? 다른 결과가 나왔나? 왜인가? 이런 과정은 학생들에게 자연에서 영감을 받은 공학이 무엇인지 체험할 기회를 준다. 이제 학생들은 추상적으로만이 아니라 경험적으로, 개념을 거의 이해하게 된다.

기억하라, 애초에 **자연에서 영감을 받은 공학**이라는 말은 학생들에게 아무 의미도 없으리라는 것을. 이는 아이러니라는 단어를 설명하는 것과 비슷하다. 아이러니의 사전적 의미는 〈의도적으로 기대를 배반한 것처럼 보이는 상황이나 사건, 종종 결과적으로 재미있게 느껴진다.〉이다. 이런 정의는 아이러니가 정말 무엇인지 아무것도 전달하지 않는 것이나 마찬가지다! 하지만 신분을 숨기고 찰리 채플린 Charlie Chaplin 닮은 꼴 대회에 참가한 진짜 찰리 채플린[30]이 20등을 했다거나, 매치닷컴이라는 유력 온라인 만남 사이트 설립자가 매치닷컴을 통해 만난 사람에게 연인을 잃었다는 이야기를 들으면, 더는 설

자연에서 배우다.
오스트레일리아 맹그로브 뿌리는 기저부가 넓어지는 독특한 삼각 구조로 되어 있어 움직이는 갯벌 흙 속에서 식물체를 안정적으로 지탱한다(왼쪽). 루이지애나 대학교 예비 교사들이 자연에서 이용되는 구조 안정화 전략에 따라 마시멜로 탑을 다시 설계한 뒤 단순한 진동대를 이용하여 테스트하고 있다(오른쪽).

명이 필요 없을 만큼 아이러니의 정확한 뜻을 이해하게 된다. 자연에서 영감을 받은 공학을 〈사람이 지은 세계를 번영시키고 더 오래 유지할 방법을 자연에서 배우기〉라고 하거나, 재닌 베니어스Janine Benyus처럼 자연에서 영감을 받은 혁신을 〈생명의 천재성을 의식적으로 모방하기〉라고 하는 것도 마찬가지이다. 아름다운 정의이기는 하지만, 자연에서 영감을 받은 혁신이 무엇인지 이해할 사람은 없다. 우리는 학생들에게 사례를 제공할 필요가 있다.

활동 **자연에서 영감을 받은 공학에 얽힌 이야기**

사물과 현상의 정의에 경험적으로 접근하는 것은 훌륭하지만, 그것은 자료 요소일 뿐이다. 우리는 학생들이 자연에서 영감을 받은 공학의 힘과 범위에 관한 내용도 파악해서 초기에 영감을 얻기를 바란다. 하지만 우리에게는 처음부터 이를 제대로 파악하는 데 필요한 모든 경험을 쏟아부을 시간이 없다. 다행히, 인류에게는 짧은 시간에 많은 경험을 서로에게 전달할 훌륭한 방법이 있다. 바로 이야기다. 다른 사람들이 자연에서 영감을 받은 공학으로 해낸 일을 짧은 이야기로 공유하면, 학생들의 이해를 비교적 빠르게 신장할 수 있다. 어떤 종류든 자연에서 영감을 받은 공학의 정의를 제공한 후 바로, 앞에서처럼 경험적으로, 그리고 다른 사람들이 한 일을 묘사함으로써 그 사례를 제공하는 것이 결정적이다.

다행히, 학생들이 자연에서 영감을 받은 공학의 개념에 익숙해지고, 영감을 얻고, 혁신 기술과의 관련성을 잘 이해하도록 할 수 있는 사례는 수백 가지가 있다. 전화기, 컴퓨터, 비행기 등 몇몇은 이미 언급했

고, 뒷부분에서도 많은 사례를 더 언급할 것이다. 우리는 학생들이 관심을 가질 만한 사례를 선택할 수 있다. 또한 이 접근법의 힘과 범위를 규명할 수 있는 사례를 선택할 수 있다. 내가 학생들에게 그 개념을 처음 소개할 때 가장 선호하는 세 가지 사례는 고양이에서 영감을 받은 압정, 도마뱀붙이에서 영감을 받은 접착제, 그리고 생물에서 영감을 받은 착색 방법이다.

고양이에서 영감을 받은 압정. 디자이너 토시 후카야Toshi Fukaya는 대학 시절, 다른 많은 사람은 아무렇지 않게 받아들이는 흔한 문제에 관심을 두게 되었다. 바로 압정의 악행이었다. 토시는 이렇게 설명했다. 〈우리는 종종 압정으로 아이디어 스케치를 벽에 붙이곤 했습니다. 벽에 종이 여러 장을 붙일 때는 압정을 한 움큼 쥐어야 했습니다.〉 그리고 토시는 예상한 대로, 손을 찔렸다. 그에게는 매우 불편한 문제였다.

그러던 어느 날 나는 고양이 구피와 놀다가 구피가 날카로운 발톱으로 카펫을 긁는 걸 보고 뾰족한 압정을 떠올렸습니다. (⋯⋯) 구피의 앞발은 항상 폭신폭신 부드러워서 나는 발볼록살을 만지면서 재미있게 놀고는 했습니다. 그런데 순간, 마음속에서 고양이 발과 압정의 아이디어가 연결되었습니다. 나는 고양이 앞발을 가지고 놀면서 발톱이 어떻게 밖으로 나왔다 들어가는지 관찰하기 시작했습니다. 부드러운 발가락을 누르자 숨겨진 발톱이 나오는 것을 볼 수 있었습니다.[31]

토시는 여기서 착안하여 압축할 수 있는 실리콘 캡슐 안에 뾰족한 촉을 집어넣을 수 있는 압정을 발명했다. 이 압정을 벽에 대고 누르면 일반 압정처럼 박을 수 있고 잡아 빼면 캡슐이 타원형으로 돌아가면

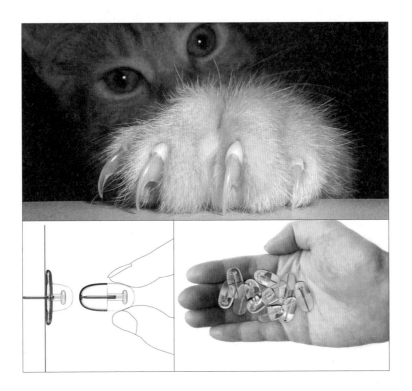

서 사람을 찌르지 않도록 촉을 감싼다.

도마뱀붙이에서 영감을 받은 접착제. 오늘날에는 생물학자보다 많은 엔지니어가 도마뱀붙이를 연구하고 있을 것이다. 엔지니어들이 주목하는 도마뱀붙이의 특징은 사실상 어떤 표면에라도 달라붙을 수 있다는 점이다. 그 접착력은 매우 강하다.[32] 이론적으로 도마뱀붙이의 작은 네 발이 133킬로그램의 무게를 지탱할 수 있을 정도이다. 사람에게 이런 능력이 있다면 등에 우주 왕복선을 묶고 두 손 두 발만으로 천장에 거꾸로 매달릴 수 있을 것이다.[33]

도마뱀붙이는 어떻게 이렇게 엄청난 접착력을 갖게 되었을까? 접착제가 분비되기 때문은 아니다. 이들의 발은 전혀 끈적거리지 않으며, 건조하다. 대신, 도마뱀붙이는 원자 사이의 힘을 이용한다.[34] 이는 정전기력과 판데르발스 힘 같은 약한 물리적 힘이다. 도마뱀붙이가 벽에 붙을 수 있는 근본 원인은 발을 이루는 원자들이 달라붙는 곳의 표면을 이루는 원자들과 문자 그대로 결합하기 때문이다.

여기까지는 아주 깔끔하다. 그러나 이내 그렇게 강력한 접착력은 사형 선고가 될 수 있다는 사실을 깨닫는다. 도마뱀붙이가 마음대로 발을 떼어낼 수 없다면(섬뜩한 이미지가 떠오른다), 그들은 온 천장과 벽에 매달려 죽어 있을 것이다. 다행히 이 마법 도마뱀들은 발을 1초에 20번이나 벽에 붙였다 뗐다 하면서 아주 쉽게 벽을 타고 달린다. 이 작은 동물들은 엄청난 힘으로 들러붙은 발을 어떻게 그렇게 쉽게 떼어내는 것일까?

이 질문에 답하려면 도마뱀붙이의 발을 자세히, 천 배 이상으로 확대해서 들여다보아야 한다.[35] 그것은 사람들이 멀리서 보는 것 같은 보통 도마뱀류의 매끄러운 발이 아니다. 이들의 발을 확대해 보면 표면을 덮고 있는 수많은 털이 눈에 띈다. 도마뱀붙이의 발에는 호빗 족보다도 많은 1제곱밀리미터 면적에 14,000개가 넘는 털이 있다. 게다가, 각 섬모의 끝부분은 수백 개에 이르는 미세 구조로 갈라진다.

도마뱀붙이 발의 섬모 끝부분에 있는, 이 엄청나게 작은 주걱 모양 구조 하나하나에 작용하는 원자 사이의 인력은 사실 매우 약한 힘이다. 바로 여기서 도마뱀붙이의 비범한 능력이 나온다. 도마뱀붙이가 달라붙는 힘의 세기는 이 약한 힘에 엄청난 표면적을 **곱한** 값이다. 그 표면적은 도마뱀붙이 발에 있는 끝이 갈라진 많은 섬모에서 나온다. 이는 소곤거리는 사람들이 가득 찬 방과 비슷하다. 방안에 들어찬 사람들이 각자 속삭이고 있을 뿐인데도, 우리 귀에는 불쾌한 소음으로 들리기 때문이다. 갈라진 섬모 하나하나는 달라붙는 힘이 약하다.[36] 따라서 도마뱀붙이는 한 번에 하나씩 섬모가 달라붙은 약한 힘을 끊어내면서 발가락을 하나씩 떼어내기만 하면 발을 옮길 수 있다. 도마뱀붙이들이 나무나 벽을 탈 때 일어나는 일이 바로 이것이다.

강력하지만 떼어낼 수 있는 접착제는 도마뱀붙이가 다양한 물체를 타고 오르는 원리를 연구하기 전까지는 만들 수도, 만들 생각도 할 수 없는 것이었다. 지금은 도마뱀붙이에서 영감을 받아 원자 사이의 인력을 이용한 소재가 현실화했다. 이 소재를

스티키봇.
스탠퍼드 대학교에서 만든 벽 타는 로봇으로, 도마뱀붙이에서 영감을 받은 소재로 발판을 만들었다.

활용할 수 있는 범위는 벽을 타는 로봇, 붙였다 떼어낼 수 있는 의료용 붕대, 쉽게 자리를 옮길 수 있는 그림 걸이 등 거의 무한하다. 도마뱀붙이에서 영감을 받은 접착제를 이용해서 조립한 휴대 전화나 자동차는 해체해서 재활용하기가 훨씬 더 쉬울 것이다. 스탠퍼드 대학교 기계공학과의 한 연구실은 최근, 도마뱀붙이에서 영감을 받아서 사람이 스파이더맨처럼 초고층 건물의 깎아지른 유리 벽을 타고 오르도록 하는 소재를 만들어 내는 데 성공했다.

생물학에서 영감을 받은 착색 방법. 2013년 7월의 어느 날, 뉴질랜드의 항구 도시 오클랜드 인근 마누카우항에서 죽은 물고기들이 떠오르기 시작했다.[37] 마누카우항으로 흘러드는 오루아랑이강의 제방은 밝은 보랏빛으로 변했다. 원인이 확실히 알려지기까지, 수천 리터의 공업용 염료가 누출되어 수로에 흘러들었다. 그 보라색 염료는 농업용 플라스틱 상자를 눈에 띄게 해주는 착색제이다. 그 지역에 거주하는 마오리족 대변인, 테 와레나 타우아Te Werena Taua는 이렇게 말했다. 〈우리 아이들은 여기 와서 놉니다. 그들은 매일 물고기를 잡습니다. 우리는 그 물고기가 먹을 수 있는 것인지, 누출된 물질이 지역 전체에 어떤 영향을 끼칠지 알지 못합니다.〉

2017년 미국 플로리다주 포트마이어스에서도 비슷한 일이 일

나비 날개의 세계.
점점 더 크게 확대한 주사 전자 현미경 사진이다. 측면을 보여 주는 사진에는 청색광의 파장에 해당하는 지름(465나노미터)을 지닌 공간이 반복되는 것이 잘 보인다(오른쪽 아래).

어났다. 한 병원에서 사고로 누출된 염료가 칼루사해치강을 붉게 만든 것이다.[38] 그리고 뉴저지 주 톰스리버 지역 주민들은 40년 동안 그 지역의 식수원에 흘러든 직물 염료 때문에 이례적으로 높은 암 발병률을 나타냈다.[39] 우리가 제작한 물건에 빛깔을 들이는 염료는 이렇게 원치 않는 곳으로 흘러든다.

공업용 색소와 염료는 모든 물건을 착색하는 데 쓰인다. 주위를 둘러보라. 눈에 띄는 인공물 중 검은색이나 흰색이 얼마나 되는가? 우리는 모든 것에 색을 입힌다. 펜, 테니스화, 축구공, 이불, 플라스틱, 머리카락, 화장품, 자동차, 페인트, 청바지, 그 밖에도 무엇이든. 불행히도, 마누카우항과 포트마이어스의 사고와 톰스리버의 상황은 드물지 않다. 모든 공업용수로 인한 수질 오염의 20퍼센트가 직물 염색 과정에서 발생한다.[40] 중국에서는 직물 공업에서 일흔두 가지 독성 화학 물질이 배출된다고 알려져 있다.[41] 이는 현재 중국 지하수의 90퍼센트에서 발견된다.

이런 색소와 염료를 만드는 원료의 정체를 알면 놀랄지 모른다. 최초의 공업 염료 중 한 가지는 19세기에 발견되었다. 그것은 석탄 가열 처리 과정의 부산물인 콜타르 추출물이었다. 이 염료는 지금도 화장품이나 모발 염색용으로 널리 쓰인다.[42] 식용 색소는 어떨까? 양식 연어, 핫도그, 요구르트, 시럽, 피클, 감자 칩, 사탕 등 거의 모든 가

공식품의 성분표 끝에서 볼 수 있는 적색 40호와 황색 5호도 화석 연료의 유도체이다. 직물과 플라스틱에 사용하는 다른 많은 색소와 염료들은 땅속에서 캐낸 중금속을 포함한다.[43] 주로 납, 카드뮴, 크로뮴, 구리 같은 것들이다.

이런 색소와 염료의 사용은 문제가 있다. 하지만 안전성에 의문이 있는 색소와 염료를 사용해야만 빛깔을 낼 수 있는 건 아니다. 여름철의 잔디녹색풍뎅이*Cotinis nitida*, 연푸른부전나비*Polyommatus icarus*, 열대에 사는 이들의 화려한 친척, 모르포나비(*Morpho* 속 나비들), 아니면 비둘기나 벌새의 목 깃털 색이 보는 각도에 따라 현란하게 바뀌는 것을 잠시 생각해 보라. 이는 모두 자연계에 흔한, 다른 방식으로 색을 만들어 내는 사례로, 이런 색을 **구조색**이라고 한다. 색소와 염료가 색깔을 띠는 것은 특정 화학 물질의 구조가 어떤 파장의 빛은 흡수하고(전자의 들뜸을 통해) 나머지는 반사하기 때문이다. 색소와 염료와 같은 화학색과 달리, 구조색은 특정한 화학 물질로 인해 나타나는 것이 아니다. 대신, 물리적 구조가 색을 만들어 낸다. 해당 부분의 기하학적인 구조가 주위 태양광의 특정 파장을 다른 것보다 더 많이 반사하고 증폭한다는 뜻이다. 예컨대 모르포나비의 경우, 날개 비늘에 있는 반복 구조의 지름이 청색광 파장과 같다(465나노미터). 이런 구조는 눈에 파란색 빛을 증폭해서 보여 주고, 나머지 색 스펙트럼은 산란시킨다. 믿기 어렵지만, 눈부시게 아름다운 모르포나비의 푸른 날개에는 파란 색소가 전혀 없다. 이는 빛의 마술이다. 높은 음역과 낮은 음역을 나누어 특정 부분을 강조해서 음색을 조절하는 이퀄라이저처럼, 나비 날개의 기하학 구조가 선택적인 프리즘과 거울처럼 작용해서 태양의 백색광에서 원하는 색을 증폭해서 보여 준다.

운이 좋아 초록색이나 파란색 깃털을 발견한다면 이 사실을 입

입술연지.
생물에서 영감을 받아 구조색을 내는 색조 화장품은 화학적
으로 만든 착색제보다 훨씬 더 안전할 수 있다.

증할 수도 있다. 이런 깃털 색은 구조색의 결과로 나타나는 경우가 많다. 깃털을 망치로 내리치고 결과를 관찰해 보라. 초록색이나 파란색이 없어졌을 것이다. 그 색의 파장을 반사하는 물리적 구조가 무너져 그 색을 만들어 낼 수 없기 때문이다. 하지만 염료나 색소가 만들어 내는 색은 망치로 쳐도 아무 변화 없다.

자연에서 영감을 받은 착색 방법은 광범위한 기술에 적용할 수 있다. 예를 들어, 로레알L'Oréal은 구조색 원리를 바탕으로 화장품을 만들어 주목받았다.[44] 화장품은 피부에 직접 바르는 물질이므로, 화학 첨가물이 건강에 문제를 일으킬 수 있기 때문이다. 일본의 한 회사는 색소도 염료도 없이, 여러 겹을 이룬 나일론으로 보는 각도에 따라 현란하게 색깔이 바뀌는 직물을 생산했다.[45] 두 접근 방식 모두 업계의 판도를 크게 바꿔 놓을 잠재력이 있다.

구조색을 가장 절묘하게 적용한 예는 전자 스크린에서 찾아볼 수 있다. 구조색은 기하학 구조에 따라 달라지기 때문에 역동적으로 변할 수 있다. 다시 말해 실시간으로 색을 조정할 수 있다는 뜻이다. 전자 공학과 광학 공학 엔지니어들은 이 아이디어를 적용해서 전자 스크린의 화소들이 색을 나타내도록 했다. 소량의 전류가 지나가면서 디스플레이 장치 광학 단위 사이의 간격을 변화시키고, 그 결과 화면이 반사하는 색이 변하도록 한 것이다.

이 디스플레이 장치에 색을 나타내는 것은 주위의 햇빛이므로,

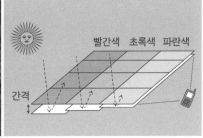

자연에서 영감을 받은 구조색을 적용한 전자 스크린.
서브 픽셀 광학 단위 사이의 거리를 달리하면 스크린에 모든 색을 나타낼 수 있다. 이 스크린은
햇빛의 백색광을 선택적으로 반사해서 빛깔이 나타나므로, 햇빛이 강한 곳에서 더 밝아진다. 이
런 스크린은 사용하기 편리할 뿐만 아니라 배터리 소모량도 줄일 수 있다.

이 스크린은 실외에서도 쉽게 볼 수 있다. 실제로 해가 떴을 때 더 밝
아진다. 따라서 밖에서 누가 전화했는지 알아내려고 눈을 찡그리고
어두운 화면을 확인하지 않아도 된다. 그리고 이 스크린은 화면 뒷부
분을 비추는 백라이트가 필요 없으므로, 배터리 전력을 적게 소비한
다. 역동적으로 색이 변한다는 것은 이론적으로는, 여름에는 흰색, 겨
울에는 검은색과 같은 식으로 색이 완전히 달라지는 자동차를 만들
수 있다는 뜻이다. 주방 벽 색깔을 바꾸고 싶은가? 벽에 붙은 다이얼
을 돌리기만 하면 된다.

   자연에서 영감을 받은 착색법이 널리 쓰이는 또 다른 분야가 지
폐 위조 방지 기술이다. 10달러 이상 미국 은행권 가장자리에 있는
숫자를 기울이면 색깔이 변하는 것을 볼 수 있다. 구조색의 역동성을
활용하는 또 다른 예이다. 이렇게 광학적으로 변하는 잉크를 쓰면 위
조지폐를 만들려고 하는 범죄자들은 복제하기 어렵고 출납원들은 알
아보기 쉽다. 바로 곁에 두고 활용하는 자연에서 영감을 받은 공학의
또 다른 예이다.

   자연에서 영감을 받은 공학의 예 찾아보기. 지금까지 말한 것들
은 자연에서 영감을 받은 공학을 활용하는 수백 가지 사례 중 몇몇에

불과하지만, 훌륭한 출발을 보여 준다. 토시 후카야의 안전 압정은 모든 학생, 특히 초등학생이 관심을 가질 수 있는 자연에서 영감을 받은 공학의 확실한 표본이다. 도마뱀붙이 발을 모방한 소재는 자연에서 영감을 받은 공학의 힘을 온전히 보여 준다. 인류에게 정말로 슈퍼 히어로의 능력을 안겨줄 수도 있다! 수많은 분야에 창의적으로 적용되는 구조색은 인류의 건강과 환경 문제를 개선할 잠재력을 갖추고 있다. 게다가, 지폐처럼 실생활에서 쉽게 볼 수 있는 사례도 있다.

자연에서 영감을 받은 공학의 사례를 선정해서 공유할 때, 반드시 고려할 사항은 학생의 나이와 관심사다. 우리의 지도 방침은 몰입감과 영감을 주는 것이어야 한다. 연령대가 낮은 학생들에게는 매우 간명한 사례가 적당하다. 높은 연령대 학생들에게는, 과학 기술을 통해 더 좋은 세상을 만들고 기술과 자연환경이 공존할 방법을 찾을 수 있다는 희망을 던지는 사례가 중요한 의미가 있다.

인터넷에 접속하면 많은 사례를 찾아볼 수 있다. 적당한 검색어만 있으면 된다. 미국 학계에서 일반적으로 사용하는 용어는 〈biologically inspired(생물학에서 영감을 받은)〉나 〈bio-inspired(생물에서 영감을 받은)〉이다. 이것들은 특히 (구글 학술검색 등에서) 자연에서 영감을 받은 공학에 관한 독창적 연구를 찾아보기에 적당하다. 유럽 학계에서는 〈biomimetics(생체 모방 기술)〉가 같은 뜻으로 쓰인다(독일에서는 〈bionik(생체 공학)〉이 선호된다). 〈biomimicry(생물 모방)〉도 유용한데, 이 말은 환경 문제와 관련하여 자연에서 영감을 받은 공학을 다룰 때 주로 이용된다. (이 장 끝부분의 참고 자료에서 더 많은 정보를 확인할 수 있다.)

자연에서 영감을 받은 공학에는 너무 많은 사례가 있으므로, 〈생물에서 영감을 받은〉에 〈우주여행〉을 더하는 식으로 단어를 조합해서 학생들이 흥미를 느낄 만한 주제로 검색 범위를 좁힐 수 있다. 아무리 즐거워도, 이런 활동을 혼자 할 필요는 없다. 학생들 스스로 자연에서 영감을 받은 공학의 사례를 찾아보게 한 뒤, 다른 학생들과 공유하고 개요서나 보고서 등을 작성하도록 할 수 있다. 검색 엔진에 이런 용어를 관심사로 설정해서 자연에서 영감을 받은 공학의 최근 사례가 노출되도록 하는 것도 큰 도움이 된다.

어린이들이 바라는 것은 우리가 바라는 것과 똑같다. 웃고, 도전하고, 즐거움과 기쁨을 느끼고 싶은 것이다.

— **닥터 수스**Dr. Seuss

높은 연령대 학생들을 위해서는 자연에서 영감을 받은 공학의 **발전 가능성**을 보여 주는 사례를 찾는 것이 특히 유용하다. 오늘날의 엔지니어와 디자이너들은 우리가 생각할 수 있는 거의 모든 디자인 관련 분야에 자연에서 영감을 얻는 접근법을 활용한다. 건축, 자동차 공학, 의학, 경제학, 소프트웨어 개발, 교통 계획, 국가 안보, 스포츠, 그리고 훨씬 더 많은 분야가 있다. 사실 자연에서 영감을 받은 공학의 사례는 너무 많아서, 그 접근법의 발전 가능성을 어떻게 보여줄 것인가에 대해서는 정해진 답이 없다. 중요하고 흥미롭다고 느끼는 다양한 주제를 다루되, 같은 종류를 너무 많이 선택하지 말라는 조언 정도가 최선이다. 예를 들어, 여러분의 사례가 모두 탈것(기차, 자동차, 비행기 등)의 디자인과 관련이 있다면, 더 다양한 사례를 찾으라고 할 수 있다는 것이다.

자연에서 영감을 받은 공학의 가능성과 힘

자연에서 영감을 받은 공학의 가능성과 관련해서 특히 유용한 개념 틀은, 우리가 배울 수 있고 우리 과학 기술과 설계에 모방할 수 있는 자연 현상에 관한 것이다. 우리가 활용할 수 있는 자연 현상의 유형에는 다음 세 가지 개념 수준이 있다고 볼 수 있다.

- 생물학적 형태, 행동, 상호 작용: 나뭇잎의 생김새, 상어의 피부 조직, 거미줄의 자외선 반사, 미생물의 정족수 감지* 등을 포함한다.
- 생물학적 과정: 광합성, 크레브스 회로 등의 생리학 과정을 포함한다.
- 생태계: 예컨대 아마존 분지의 영양물질 순환과 같이, 종종 넓은 공간에 걸쳐 상호 작용하고 서로 영향을 주는 복합적인 요소를 포함한다.

이것은 유용한 개념 틀이다. 공학 활동의 기술 측면을 몇 가지 핵심 유형으로 깔끔하게 배치해서 보여 주기 때문이다.

- 생물학적 형태, 행동, 상호 작용은 테니스 신발이나 경첩처럼 **우리가 만드는 것**에 해당한다.
- 생물학적 과정은 시멘트나 플라스틱의 제조 과정처럼 **그것을 만드는 방법**에 해당한다.
- 생태계는 **우리가 만드는 것과 그것을 만드는 방법이 더 큰 시스**

* quorum sensing, 미생물이 환경에 적응하기 위해 신호 물질을 분비하고 이를 다른 미생물이 감지하는 현상

템에 맞물려 들어가는 방식에 해당한다. 이는 천연자원의 채취에서 폐기물 처리에 이르는 물품 제작의 경제적, 환경적 맥락을 포함한다.

연령대가 낮은 학생들에게는 생물학적 형태, 행동, 상호 작용을 모방하는 사례를 드는 것으로 충분하다. 도마뱀붙이의 발바닥 조직(형태), 나비의 날개로 색깔 연출하기(행동), 꿀벌의 꽃꿀을 찾기 위한 의사소통(상호 작용)은 저연령 학생들이 쉽게 이해하고 관찰할 수 있는 수준의 생명 현상을 제공하기 때문이다. 연령대가 더 높은 학생들과 함께하는 활동에도 이런 사례들을 포함할 수 있다.

하지만 고연령 학생들(중학생과 고등학생)과는 엔지니어들이 생물학적 과정과 생태계를 모방해서 지속 가능성이라는 도전 과제를 다루는 사례도 포함하는 것이 좋다. 이런 사례는 제조 과정, 그리고 제품의 원료 물질 채취에서 폐기물 처리에 이르는 전 과정과 관련이 있다. 이런 사례들은 지속 가능성에 관한 토론에서 중요한 자리를 차지하며, 자연에서 영감을 받은 공학이 다룰 수 있는 인간 활동의 넓은 범위를 드러내는 데 도움이 된다.

산호에서 영감을 받은 콘크리트

우리가 어떻게 하면 더 지속 가능한 방식으로 인공물을 생산할 수 있는가를 배워야 한다는 것은 주지의 사실이다. 자연은 무언가를 만들 때 쉽게 얻을 수 있는 재료를 가지고 최소한의 에너지와 독성 물질을 사용한다는 것을 고려하면, 이 문제에 대한 답은 자연에서 찾을 수밖에 없다. 그 흥미로운 사례가 산호에서 영감을 받은 콘크리트다. 이 기술은 앞서 말한 개념 틀의 세 측면 모두와 관련이 있다.

사람들은 콘크리트를 사용해서 스케이트보드 장부터 초고층 건물까지 매우 다양한 것을 만든다(우리가 만드는 것). 우리는 매년 지각에서 수십억 톤의 석회암을 채굴해서, 트럭이나 철도로 먼 거리를 수송하고, 부재료와 함께 섭씨 1,500도의 높은 온도로 가열해서 시멘트를 만든 다음, 모래와 자갈을 집어넣어 콘크리트를 생산한다(그것을 만드는 방법). 가열 과정을 거친 시멘트는 물과 쉽게 반응하므로, 건재상에 가서 콘크리트 재료를 한 포대 산 다음 물을 붓고 섞기만 하면 원하는 것을 마음대로 만들 수 있다. 하지만 이런 편리함에는 대가가 따른다. 시멘트 생산을 위한 채굴과 가열 과정은 환경에 큰 해를 끼친다. 인류가 1년 동안 배출하는 이산화탄소의 약 7퍼센트가 이 한 가지 산업에서 나온다(더 큰 시스템에 맞물려 들어가는 방식).

스탠퍼드 대학교의 생물학자 브렌트 콘스탄츠Brent Constantz는 대학원생 시절, 산호 같은 생물이 바닷물에 떠다니는 원자들로 단단한 외골격을 만들어 내는 과정을 연구하고 있었다. 그러던 어느 날 중요한 생각이 떠올랐다. 산호는 우리가 시멘트 재료로 쓰는 물질과 똑같은 것(탄산칼슘CaCO₃)을 만들어 내는데, 섭씨 1,500도의 고온이 아닌 주위 바닷물 온도(~섭씨 17도)에서 그 일을 해낸다. 게다가 산호는 바닷물에서 탄산칼슘 분자를 침전시키면서 주위에 있는 이산화탄소를 끄집어들여 탄산칼슘 분자 안에 고정한다. 산호에게 이산화탄소는 폐기물이 아니라 공업 원료이다.

콘스탄츠는 산호에서 환경친화적으로 시멘트 만드는 방법을 배울 수 있지 않을까 고민하기 시작했다. 그는 이런 고민을 통해 화력발전소에서 나온 이산화탄소를 수거해서 시멘트 원료인 합성 석회암을 만들어 내는 제조 과정을 개발했다. 온실 기체가 수많은 굴뚝을 지나 대기 중으로 흘러나오는 대신 콘스탄츠의 콘크리트로 흘러 들어가는 것이다. 콘스탄츠는 산호가 화학적으로 외골격을 만드는 과정을 빌려 와서, 지각에서 아무것도 캐내지 않고 시멘트를 만들어 낼 수 있었다. 게다가 그 과정은 산호가 외골격을 만들 때처럼 정말로 대기를 깨끗하게 한다. 산호에서 영감을 받은 이 콘크리트는 탄소 네거티브*를 실현한다. (자연에서 영감을 받은 공학의 이 놀라운 사례는, 학생들이 자동차 배기가스로 직접 시멘트를 만드는 활동을 포함하여, 6장에서 다시 다룰 것이다.)

산호에서 영감을 받은 콘스탄츠의 콘크리트 제조 과정은 학생들, 특히 고연령 학생들이 자연에서 영감을 받은 공학을 인식하는 게 얼마나 의미 있는가를 보여 주는 중요한 사례이다. 최소한의 재료, 최소한의 에너지, 최소한의 오염, 최소한의 낭비라

콘크리트 만들기.
사람들은 다른 어떤 재료보다도 콘크리트를 많이 만든다. 이 한 가지 산업의 제조 과정을 위해 매년 수십억 톤의 석회암을 지각에서 캐내는데, 그 과정에서 인류가 배출하는 온실 기체의 약 7퍼센트가 만들어진다. 돌산호(돌산호목)는 같은 물질을 만들지만, 그 과정에서 이산화탄소를 내놓는 대신 주위 환경에서 빨아들인다. 이렇듯 자연의 생명 활동에서 배움을 얻어 인류의 생산 방법에 획기적인 변화를 불러올 수 있다.

고 하는, 자연계가 전반적으로 무언가를 만들어 내는 방식은 지속 가능한 생활 방식을 추구하는 인류에게 필요한 많은 아이디어를 전해 준다.

자연에서 영감을 받은 공학의 사례들을 분류하는 이런 개념 틀은 고연령 학생들과 그 내용을 탐구할 때 특히 유념할 필요가 있다. 그 틀은 자연에서 영감을 받은 공학이 모든 공간 규모에서 영감을 끌

* 이산화탄소 배출에 상응하는 조치로, 실질 배출량을 '0'으로 만드는 탄소 중립에서 나아가 이산화탄소를 배출량 이상으로 흡수하여 실질 배출량을 마이너스로 만드는 일.

어낼 수 있는 생물학의 전 영역을 포괄한다. 그리고 인류를 위해 할 수 있는 것들을 종합하여 우리가 만드는 것(생물학적 형태, 행동, 상호 작용을 모방함으로써), 그것을 만드는 방법(생리학 과정을 모방함으로써), 그리고 우리가 만드는 것들이 그것들을 포함한 더 큰 생태계에 맞물려 들어가는 방식(생태계를 모방함으로써, 6장에서 심도 있게 다룰 주제이다)을 개선하도록 돕는다.

자연에서 영감을 받은 공학의 세 개념 유형 사이의 관계는 중첩된, 상호 작용하는 범주들로 시각화할 수 있다. 그 범주들이 중첩되거나 서로 연결되는 까닭은, 우리가 물건을 만드는 방법(생리학 과정에 해당하는)이 대체로 우리가 만드는 것(생물학적 형태, 행동, 상호 작용에서 영감을 받은)과 우리가 사는 더 큰 시스템 사이를 매개하기 때문이다. 다시 말해, 시멘트와 테니스 신발처럼 서로 관련 없어 보이는 것들을 생산하는 방식이 전 세계에 영향을 끼친다는 것이다.

고연령 학생들과 함께하는 높은 수준의 공학 교육에서는 제조 과정을 다루는 사례들, 그리고 사람이 지은 세계가 자연환경과 충돌할 때 생기는 복잡한 문제들을 탐구하는 것이 중요하다. 하지만 저연령 학생들과는 대체로 생물학적 형태, 행동, 상호 작용에서 영감을 받은 사례만 다루는 것이 좋다. 사실 나는 초등학생 같은 저연령 학생들과 이야기를 나눌 때는 지속 가능성과 환경 문제를 멀찍이 밀어둔다. 어린아이들은 자연에 대해 걱정하기 전에 자연과 사랑에 빠져야 한다. 그 대신 나는 주로 자연의 멋진 특성에서

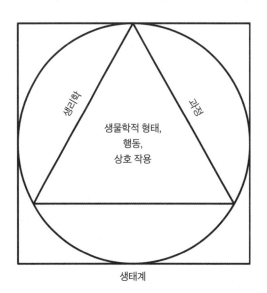

생리학

과정

생물학적 형태,
행동,
상호 작용

생태계

영감을 받은 공학의 사례를 선택한다. 도마뱀붙이에서 영감을 받은 접착제 같은 것들이다. 그리고 지속 가능성이라는 주제는 학생들이 먼저 이야기를 꺼내는 경우에만 언급한다. 하지만, 고연령 학생들은 공학과 더 건강하고 지속 가능한 세계를 만드는 일의 연관성을 반드시 탐구해야 한다. 다행히, 자연에서 영감을 받은 공학은 저연령과 고연령 학생 모두를 위한 훌륭한 접근법이다.

생물 형태를 살린 표현과 자연에서 영감을 받은 공학의 차이

자연에서 영감을 받은 공학이 단순히 자연물처럼 보이는 것을 만드는 일과 다르다는 것은 말할 필요도 없지만, 학생들, 특히 어린 학생들과는 그 차이점을 분명히 해 두어야 한다. 어떤 제품의 겉모습이나 겉으로 드러나는 과정이 〈자연에서 영감을 받은 공학〉에서 모방한 부분 그대로인 경우는 거의 없다. 대체로, 자연에서 영감을 받은 공학의 결과물은 영감을 준 생물학 모형과 거의 또는 전혀 비슷하지 않다. 고양이에서 영감을 받은 압정이 좋은 사례다.

자연의 천재성은 추출되어 인류의 과학 기술에 적용된다. 치타처럼 보이게 칠한 자동차가 그 겉모습 때문에 기능이 향상되지 않는다면, 이는 자연에서 영감을 받은 공학의 사례가 아니다. 그것은 생물학적 형태를 살린 표현(바이오모피즘)일 뿐이다. 자연에서 영감을 받은 공학은 자연계의 장점에서 영감을 받아, 어느 정도든 우리가 만드는 것의 기능을 향상하는 일과 관련이 있다. 자연에서 영감을 얻어 우리의 기술과 설계 수준을 개선할 방법을 발견하도록 학생들을 지도하는 것이 다음 몇 장의 주제이다.

교사의 관심과 학생의 흥미

자연에서 영감을 받은 공학이라는 교과를 학생들에게 소개할 때 가장 중요한 부분은 여러분이다. 여러분이 이 교과에 열정적이면, 학생들도 흥미를 갖고 반길 것이다. 따라서 여러분은 학생들 앞에 나서기 전에, 그 접근법에 관해, 그리고 우리를 둘러싼 생물의 세계에서 영감을 받은 공학을 통해 사람이 지은 세계를 개선하는 놀라운 사례에 관해 학습할 시간을 가져야 한다. 이 장 끝부분의 참고 자료를 확인하고, 시간을 내서 아무 제한 없이 그 내용을 탐구하시라. 선생님의 열의가 학생의 흥미와 성취를 결정하는 주요 요인이라는 연구 결과가 있지만,[46] 그것을 꾸며낼 수는 없다. 다행히, 자연에서 영감을 받은 공학과 함께라면 그럴 필요가 없다.

그리고 수업을 시작하기 전에 각 주제의 달인이 될 필요도 없다. 사실 어느 사람도 그 주제에 통달했다고 하기 힘들다. 너무 방대하고 변동이 큰 분야라 누구도 배움을  멈출 수 없기 때문이다. 하지만 여러분은 공학으로 사람이 지은 세계를 재해석하고 재창조하는 이 흥미롭고 낙관적인 접근법에 대해 학습함으로써 단시간에 식견과 활력을 갖출 수 있다. 학생들에게 이런 사고방식과 학습 방법을 갖추게 하는 것은 무엇보다 중요하다. 다음 세대의 공감, 기술, 열망을 키워 인류의 미래를 바꿔 놓을 수 있기 때문이다.

참고 자료

자연에서 영감을 받은 공학의 사례

- 자연 학습 센터
  : 자연에서 영감을 받은 공학 교육 과정 1차시를 참고할 것, 대상 학생의 연령대에 맞는 교육 과정을 선택한다. https://www.learningwithnature.org/
- 구글 학술검색(https://scholar.google.com/) 또는 인터넷 검색 엔진
  : biologically inspired(생물학에서 영감을 받은), bio-inspired/bioinspired(생물에서 영감을 받은), biomimetics(생체 모방 기술), bionik(생체 공학), biomimicry(생물 모방) 같은 용어로 검색한다.
- 매거진 형식의 훌륭한 사례
  :「자이고트 쿼털리」, https://zqjournal.org/
- 생물 모방 연구소의 생물에서 영감을 받은 혁신 사례
  : https://biomimicry.org/biomimicry-examples/
- 애스크네이처
  : 선생님들을 위한 훌륭한 웹 사이트이다. 하지만 자연에서 영감을 받은 공학을 처음 접하는 학생들과는 공유하지 말 것을 강력히 권고한다. 애스크네이처의 구성은 설계의 도전 과제를 다루기 위해 생물학에서 영감을 받은 모형을 추천하게 되어 있다. 따라서 학생 스스로 발전시킬 필요가 있는 인지 기술을 자동화한다. 애스크네이처를 너무 일찍 접한 학생들은 거기 있는 내용을 표절하고 싶은 유혹에 빠져 자기만의 공학 인지 기술을 발전시키지 못할 가능성이 크다. AskNature.org

마시멜로 탑 쌓기 게임

- 자연 학습 센터
  : 자연에서 영감을 받은 공학 교육 과정 1차시를 참고할 것, 대상 학생의 연령대에 맞는 교육 과정을 선택한다. https://www.learningwithnature.org/
- 스탠퍼드 디자인 스쿨
  : 가장 간단한 지진 시뮬레이션 장치를 만들기 위해서는, 탁자에 마스킹 테이프 두 조각을 붙이고, 그 사이에 학생들이 만든 마시멜로 탑을 세운 판지를 놓은 다음, 판지를 테이프 사이에서 앞뒤로 움직이기만 하면 된다. 그리고 보통 속도와 빠른 속도로 움직임을 표준화한다(메트로놈이나 다양한 온라인 프로그램으로 빠르기를 설정한다). https://dschool.stanford.edu/resources/spaghetti-marshmallow-challenge

3장
모양과 힘: 교정의 나무에서 구조 공학 배우기

어떤 공학 주제를 가장 먼저 탐구할까? 공학과 설계 분야에는 하위 분야가 매우 많다. 문이 백 개나 되는 복도를 맞닥뜨린 것과 같다. 2014년 처음으로 자연에서 영감을 받은 공학 교육 과정을 집필하면서, 나는 똑같은 질문에 부닥쳤다. 원자핵 공학자는 에너지 같은 실용적 목적으로 원자와 그 입자들을 조작하고, 화학 공학자는 분자를 설계하고 조작하며, 재료 공학자는 소재를 만든다. 그 밖에 구조 공학자, 기계 공학자, 제품 디자이너, 건축가, 토목 공학자, 도시 계획 전문가 등 다양한 분야에서 수많은 엔지니어가 일한다. 엔지니어와 디자이너들은, 분자 구조에서 인구 천만이 넘는 거대 도시에 이르는 모든 공간 규모에서, 사람들이 만드는 모든 것에 관여한다. 유치원 및 초·중·고교 교사들은 이 방대한 공학 활동의 스펙트럼 속에서 가장 먼저 어디에 초점을 맞춰야 할까?

그즈음 나는 제임스 E. 고든James E. Gordon(1913-1998)의 책,
『구조와 재료의 과학The Science of Structures and Materials』을 읽었다. 고든은
재료 과학 분야의 창시자인 동시에, 흥미롭게도, 자연에서 영감을 받
은 공학의 선조로 여겨지는 인물이다. 고든은 재료 과학 분야를 개척
하면서, 목재와 뼈 같은 천연 재료의 구조와 거동 특성을 조사함으로
써 자연에서 영감을 받은 공학의 기틀을 닦았다.

고든은 일상적인 현상과 실체가 있는 것들을 조사해서 이해와
통찰을 얻는 것이 중요하다고 역설했다. 고든은, 재료와 구조가 사람
사는 일상의 세계를 구성하고 있음에도 불구하고, 엔지니어들이 재
료 과학, 특히 자연 재료에 관심을 두지 않고, 구조 공학을 중요시하
지 않는 시대를 살았다. 개인적으로 차이가 있을 수는 있지만, 우리
대부분은 거리를 걷는 동안 원자들, 또는 은하 사이의 동역학을 의식
하지 않는다. 나는 지금 의자에 앉아 컴퓨터 자판을 두드리고 있는데,
그 컴퓨터는 집안 책상 위에 놓여 있다. 나는 체중을 옮기면서 의자가
삐걱거리는 소리를 듣는다. 이는 우리 일상과 동떨어진 현상이 아니
다. 그리고 고든에게 이런 현상은 마음을 사로잡는 호기심의 원천이
었다.

나는 고든의 현실적인 관점에서 도움을 받아, 엔지니어들이 작
업하는 공간 규모의 저 방대한 스펙트럼 가운데, 그리고 현존하는 다
양한 유형의 공학과 설계 가운데, 어디서 유치원 및 초·중·고교 학생
과 공학 주제 탐구를 시작하면 좋을지 결정할 수 있었다. 재료와 구조
는 학생들이 매일 상호 작용하는 세계이므로, 연관성을 쉽게 이해할
수 있다. 이는 또한 모든 엔지니어에게 필수적이다. 모든 엔지니어는
재료로 물건을 만든다. 소프트웨어 엔지니어조차 규소와 전기 회로
가 필요하다. 우리는 재료를 만져 보고 그 형태가 거동에 어떤 영향을
미치는지 탐구할 수 있다. 게다가 재료와 구조는 일상생활에도 매우

중요하다. 초고층 건물이나 다리를 튼튼하게 유지하는 것보다 더 중요한 것이 무엇이겠는가? 재료와 구조가 잘못되면 사람들이 죽는다. 나는 재료와 구조에서 시작하는 것이 논리적임을 깨달았다.

압축력과 장력

재료 공학과 구조 공학의 모든 개념 가운데 기계적 힘(물리적 힘이라고도 한다)보다 더 중요한 것은 없다. 이는 나무토막처럼 물리적 실체가 있는 매질을 통해 작용하는 힘으로, 중력이나 원자 안, 원자 사이에서 작용하는 힘과 같은 이른바 자연력과 구별된다. 기계적 힘 중에 가장 핵심적인 것은, 압축력과 장력이라는 서로 반대되는 힘이다. 압축력은 지금 내 체중을 떠받친 의자에 작용하는 것 같은, 물체들이 서로 밀어내는 힘이다. 반면, 장력은 물체를 양쪽에서 끌어당기는 힘이다. 초고층 건물과 나무들은 분명 압축력을 받고 있으며, 출렁다리와 거미줄은 장력을 받고 있다.

구조 공학에서 압축력과 장력은 매우 중요한 개념이다. 부서지지 않는 것은 자연물과 인공물이 수많은 기능을 수행하면서 가장 기본적으로 갖추어야 하는 덕목이기 때문이다. 물건들은 무너져 내리지 않을 만큼 튼튼해야 한다. 그리고 부서지지 않으려면 압축력과 장력을 견뎌내야만 한다.

우리는 학생들과 함께 압축력과 장력에 관해 놀랄 만큼 재미있는 탐구 활동을 하면서, 공학의 본질과 관련된 중요한 내용을 전할 수 있다. 이 주제와 그 영향력의 탐구 범위는 엔지니어들이 만드는 비행기나 다리 같은 인공물로 제한되지 않는다. 대자연이 생물계 어디에나 있는 압축력과 장력을 얼마나 솜씨 있게 다루는가 하는 맥락에서도 그 내용을 탐구할 수 있다. 그 과정에서, 우리는 달걀을 가지고 평소 하지 않던 활동을 하고, 인도에 갑자기 흥미를 느끼고, 교정의 나무들을 전혀 새로운 눈으로 보게 될 것이다. 그런데 그 모든 게 재미있을 것이다.

추상적인 표현이 도움이 될 때도 있지만, 익숙하지 않은 개념을 학생들에게 처음 소개할 때만큼은 그렇지 않다. 다행히, 압축력과 장력 같은 기계적 힘은 직감으로 이해하기가 무척 쉽다. 넘어져 본 적이 있다면 그 힘이 추상적인 개념이 아니라는 걸 알고 있을 테니까! 기계적 힘이 몸에 가해질 때, 우리는 정말 그 힘을 느낀다. 이는 교육을 받아 설명할 수 있는 개념 이상이다. 그러니 학생들이 그것을 경험하게 하라. 방법은 간단하다. 일어서서 옆 친구 손을 잡으면 된다. 손바닥을 맞대고 서로를 향해 몸을 기울이면, 압축력이 몸에 가해지는 것을 느낄 수 있다. 손을 붙잡은 채 몸을 밖으로 기울이면, 기타에 매인 기타 줄에 작용하는 것과 같은 장력을 느낄 것이다.

이 활동은 힘을 다루는 특이하고 흥미로운 방식이다. 힘은 재료와 구조를 통해 흐른다. 에펠탑을 볼 때 그 힘이 보이지는 않지만, 그 구조물에는 중력으로 인한 압축력이 계속 아래로 흐르고 있다. 빨대로 만든 에펠탑 꼭대기에서 빨대를 통해 물을 흘려 내려보내는 것과 같은 상황이다.[47] (조금 뒤에서 이 일의 결과를 완전히 새로운 방식으로 알아볼 것이다.) 구조 공학 엔지니어들에게는 재료와 구조를 통해 흐르는

직감으로 이해하기.
두 사람이 손을 잡고 몸을 안팎으로 기울이는 간단하고 효과적인 활동으로 압축력과 장력의 뜻을 직감으로 전달할 수 있다.

힘에 대한 이해와 직관적 감각이 있다. 다른 사람들에게는 고정된 탁자, 의자, 건물, 다리만 보일 때도 마찬가지다. 기계적 힘에 대한 지식은 생명이 없는 세계를 살아 움직이는 곳으로 만든다.

압축력과 장력을 이해하면, 흔히 볼 수 있는 구조물에 관해 많은 것이 분명해지기 시작한다. 예를 들어, 이 책을 다 읽기 전에 여러분은 민들레 줄기 속이 왜 비어 있는지, 아이 빔의 단면이 왜 알파벳 대문자 'I' 모양인지 이해할 것이다.

빔과 하중

빔에 가해지는 압축력과 장력의 영향을 생각해 보자. 흔히 들보나 도리를 가리키는 빔beam은 옆 방향으로 가해지는 힘에 저항하는 구조재를 말한다. 예를 들어 지금 여러분이 있는 건물 바닥은 몇 개의 빔이 지탱하고 있다. 여러분이 지금 밖에 있다면 눈앞에 보이는 모든 나무는 수직 빔으로 가로로 작용하는 바람의 힘을 견디고 있다. 빔 같은 구조재에 압축력이나 장력 같은 기계적 힘이 작용할 때, 구조 공학 엔지니어들은 그것을 가리켜 하중이라고 한다. 간단히 말해 하중은 구조물에 가해진 힘이다. 빔에 압축 하중이 작용하면 무슨 일이 일어날까? 나뭇가지에 앉은 코끼리가 좋은 예이다. 나뭇가지는, 부러지지만 않으면, 착한 코끼리 호튼* 때문에 아래로 구부러질 것이다. 호튼 바로 밑 나뭇가지의 윗부분이 늘어나, 실제로 더 길어져야 한다는 뜻이다. 그동안, 나뭇가지의 아랫부분은 조여질 것이다. 더 짧아진다는 뜻이다.

* 미국 작가 닥터 수스Dr. Seuss가 만든 캐릭터. 동화책 『알을 품은 호튼Horton Hatches the Egg』의 표지를 보면 주인공인 코끼리 호튼이 한쪽 나뭇가지 끝에 앉아 있는데, 나뭇가지는 호튼의 무게에도 용케 부러지지 않아서 〈거꾸로 된 U자형〉으로 구부러져 아래를 향해 있다.

스펀지 빔

약간 신축성 있는 재료를 구부리면 이런 장력과 압축력을 쉽게 관찰할 수 있다. 주방 스펀지는 여기 딱 들어맞는다.[48] 스펀지 옆면의 위, 아래, 중앙에 검은 매직펜으로 선을 긋고, 그 선에 수직으로 몇 개의 선을 일정한 간격으로 그어 분절한 뒤, 스펀지를 구부린다. 이렇게 하면 빔에 작용하는 압축 하중의 영향을 확인할 수 있다. 이제 빔은, 나뭇가지와 달리 양 끝에서 무게를 지탱하는 해먹에 가깝지만, 원리는 같다. 하중을 가하면 스펀지 윗면이 압축되어 위쪽 마디들이 짧아지는 것을 볼 수 있다. 그리고 스펀지 아래쪽 마디들은 길어지는 것을 볼 수 있다. 여기는 이상할 게 없다. 이번에는 스펀지 중앙을 길게 지나는 선을 살펴보자. 그 선은 압축되었는가, 길어졌는가? 스펀지 윗면 선에 비하면 길어졌고, 아랫면 선에 비하면 압축되었다. 하지만 한 가지만큼은 분명하다. 가운데 선이 세 선 중에서 가장 적게 변했다는 것이다. 왜일까?

코끼리 같은 것이 빔을 구부릴 때, 빔은 압축 하중을 받아 변형된다. 빔의 한쪽 면은 예상한 대로 압축된다. 그리고 방금 알아본 것처럼 다른 면은 펼쳐진다. 장력을 받고 있다는 뜻이다. 흥미로운 일이다. 조금 뜻밖이지만, 생각을 좀 해보면 이해가 된다. 빔은 같은 동전의 양면이다. 한쪽 면에서 일어난 일은 다른 쪽 면에 반대되는 일을 일으킨다. 압축력과 장력은 반대되는 힘으로, 구조 공학 세계의 앙숙이다.

이 부분이 문제다. 빔의 한 면에 작용한 압축력이 빔을 통과하면, 장력이라는 반대 힘이 되어 다른 면에 작용한다는 것이다. 어떻게 그런 일이 일어나는 것일까? 그리고 그때 빔의 한가운데에서는 무슨 일이 일어날까? 이렇게 생각해 보자. 빔의 한 면에 작용하는 압축력에 +1, 다른 면에 작용하는 장력에 −1의 값을 매긴다면, 힘은 빔 가운데를 옆으로 통과하는 동안 +1에서 −1의 값으로 옮겨간다. 가운데에서 힘의 값은 얼마일까?

바로 0이다. 하지만 그렇다면…… 그렇다, 좀 이상해 보이지만, 빔에 압축력이나 장력 같은 힘이 작용할 때, 빔 한가운데에는 기본적으로 아무 힘도 작용하지 않는다. 한 힘이 반대 힘으로 전환되는 곳에는 논리적으로 이런 구역이 필요하다. 태풍의 눈과 같은 것이다. 구조 공학 엔지니어들은 빔의 이 부분을 **중립축**이라고 한다. 역으로, 빔의 중앙에서 가장자리로 힘이 옮겨갈 때 하중은 증가한다. 사실, 대부분의 하중을 견디는 것은 빔의 바깥쪽 가장자리이다.

중립축, 그리고 빔의 바깥쪽 가장자리의 중요성을 이해하면 많은 것이 명확해진다. 예컨대, 대나무와 민들레 줄기 속이 빈 까닭은 무엇일까? 이제 알 수 있을 것이다. 바람이 불 때 압축력과 장력을 견디는 것은 이런 줄기의 바깥쪽 가장자리이다. 가운데 부분은 아무 상관도 없다. 실제로 사용하지 않을 부분을 위해 애써 재료를 만들어야 할까? 비유적으로도 말뜻 그대로도 그것은 전혀 자연스럽지 않다. 사람이 만드는 빔은 어떨까? 나무줄기 같은 것으로 가장 쉽게 만들 수 있는 것은 원통형이나 단면이 네모난 빔이다. 하지만 거푸집에 쇳물을 붓는 식으로 처음부터 빔을 만들 생각이라면, 하중이 적게 실리는 빔 가운데 부분의 재료를 최소화하고, 실제로 하중을 견디는 가장자리 쪽에 재료 대부분을 투입할 필요가 있을 것이다. 아이 빔의 단면이 알파벳 I자 모양인 까닭이 바로 여기 있다. 가운데 부분에 적은 소재를, 가장자리에 많은 소재를 사용해서 재료 효율을 높인 것이다.

이런 구조는 빔의 형태는 물론 건물 전체에도 적용된다. 근래에 높이 828미터에 이르는 두바이의 부르즈 할리파Burj Khalifa 같은 초고층 건물을 건설할 수 있게 된 것도 이런 이해를 바탕으로 한다. 수십 년 동안, 고층 건물의 골조를 이루는 것은 건물 한쪽 끝에서 반대쪽까지 건물 내부를 가로지르는 거의 균일한 격자 구조의 강철 빔이었다. 어느 정도 높이까지는 이런 건설 방식이 잘 맞았다. 하지만 건물이 더 높아지면, 이런 식으로는 지진은 말할 것도 없고 고도가 높을수록 강해지는 바람의 힘을 견딜 만큼 튼튼한 건물을 짓기 어렵다.

구조 공학 엔지니어 파즐루 칸Fazlur Khan이 그 모든 것을 바꾸어 놓았다. 칸은 대담하게도 초고층 건물의 하부 구조 대부분을 마치 외골격처럼, 건물 바깥쪽에 집중시켰다. 실제로 건물이 바람이나 지진

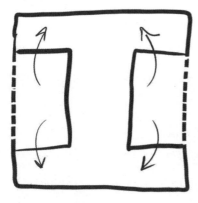 

필요한 곳을 강화하기.
아이 빔은 가운데 부분의 재료를 대부분의 하중을 받는 가장자리로 보낸 사각형 단면의 빔이다. 같은 이유로, 민들레는 줄기 속에 재료를 채우는 수고를 하지 않는다. 그럴 필요가 없기 때문이다.

초고층 건물과 자연물.
존 핸콕 센터John Hancock building(왼쪽)는 구조 공학 엔지니어 파즐루 칸의 작품으로 유명하다. 존 핸콕 센터는, 칸이 어린 시절을 보낸 동남아시아 지역에서 많이 자생하는 스트랭글러 피그(오른쪽)처럼, 구조 외부를 둘러싼 강철 트러스가 건물을 지탱하고 있다. 건물의 하부 구조를 주변부로 옮기면 건물은 수평 방향의 힘에 잘 버틸 수 있으며, 자재를 줄여 건축 비용도 절감할 수 있다. 그 결과 전보다 훨씬 더 높은 건물을 지을 수 있다.

에 흔들릴 때 작용하는 하중 대부분이 이곳에 옮겨지기 때문에, 칸은 이런 방법으로 건물을 더 안전하게 만들 수 있었다. 이런 구조의 이점은 또 있었다. 더 적은 재료를 써서 더 큰 안정을 얻은 것이다. 칸은 강철을 반만 써서 수백 미터의 초고층 건물을 세웠다. 엔지니어들은 하나를 얻기 위해 다른 것을 희생하는 일에 익숙한데, 이 경우는 두 마리 토끼를 모두 잡을 수 있었다. 민들레를 보고 배울 수 있는 것을 적용해서 건물의 구조 설계를 바꾸어서 얻은 결실이다.

모양과 재료

아이 빔, 초고층 건물의 하부 구조, 민들레 줄기, 스트랭글러 피그 등, 물질의 세계는 형태로 가득하다. 형태는 모든 곳에 있다. 그리고 자연의 형태는 의미로 가득하다. 지금 여러분이 내 말을 이해하는 것은 이 페이지의 각 행이 모두 뚜렷이 구별되는 형태로 되고 있기 때문이다. 형태의 상호 작용, 그리고 그것이 압축력과 장력 같은 기계적 힘을 어떻게 감당하는가 하는 것은 구조 공학의 핵심이다. 그런데 우리는 종종 형태의 역할을 간과하고, 재료의 중요성만 강조한다. 예컨대, 인류 역사의 전 시대를 주요 기구의 재료에 따라 석기 시대, 청동기 시대, 철기 시대로 구분하는 식이다.

우리는 특정한 일에 사용할 재료를 어떻게 결정할까? 자연스럽게 재료의 물성을 고려한다. 재료들은 일정한 성질을 가지고 있다. 어떤 재료는 콘크리트나 강철처럼 강하다. 어떤 재료는 식물 잎이나 고무처럼 유연하다. 재료의 물성은 중요하다. 누가 휴지로 배를 만들겠는가? 아니면 젤리로 망치를 만들겠는가? 잘못된 재료를 선택하면 그 물건으로 기대하는 일을 할 수 없다.

활동 종이 위에 책 올려 균형 잡기

종이를 이용해서 이 책을 지탱하는 활동으로, 물질의 거동에서 형태가 어떤 역할을 하는지 알아보자. A4 크기 색 도화지를 길게 반으로 자른 다음, 잘라낸 도화지 가장자리에 이 책을 올려서 균형을 잡아보자. 아무리 재주를 부려도 도화지는 책의 무게를 감당하지 못하고 흐늘거리다 구겨질 것이다. 균형 잡기는 불가능하다. 종이는 책을 지탱할 만큼 튼튼하지 못하다. 잘못된 재료이다.

아니, 그렇지 않을 수도 있다. 이번에는 마스킹 테이프를 3센티미터 주고 같은 도화지로 이 책을 지탱하라고 하면 어떨까? 여러분은 분명

해낼 수 있을 것이다.

학생들과 교실에서 이 활동을 하면, 거의 모든 학생이 종이를 원기둥 모양으로 말아 테이프를 붙인 다음, 그 위에 책을 올려놓을 것이다. 무슨 일이 일어났는가? 조금 전까지 종이는 흐늘흐늘하고 약했지만 이제는 빳빳하고 튼튼하다.

이 활동으로 우리는 은연중 갖고 있던, 재료는 절대 불변이라는, 강철은 강철이고, 종이는 종이라는 믿음에 대해 다시 생각해 볼 수 있다. 설사 그렇다 하더라도, 형태만 바꾸어서 재료가 완전히 다른 일을 하도록 할 수 있음을 알게 된다. 재료는 변하지 않았다. 여전히 도화지일 뿐이다. 하지만 그것이 할 수 있는 일은 달라졌다. 사실, 물질의 형태에 관한 다양한 활동은 지킬 박사와 하이드 씨처럼 전혀 다른 거동 특성을 드러낸다. 우리는 종이의 형태를 바꾸어서 전혀 다른 일을 하도록 했다.

특별히 시간을 내서 그것이 얼마나 신기한 일인지 알아보지는 않겠지만, 이런 변형에는 거의 마법 같은 무언가가 있다. 그것은 실용성 면에서도 매우 중요하다. 재료는 살 때도 길러낼 때도 비용이 들기 때문이다. 자연계에서 어떤 재료가 잘 구분이 안 되게 덩어리째 던져져 있는 것을 보기 힘든 까닭이 여기 있다. 자연 재료는 언제나 최소량으로 필요한 기능을 수행하도록 형태가 잡혀 있다. 재료의 형태를 잘 조작해서, 더 적은 재료를 사용해 제작 비용을 절감하고도 일을 더 잘하게 하는 것은 사람들에게도 큰 도움이 된다.

우리는 기둥으로 무언가를 떠받친다는 생각에 익숙하다. 우리 조상도, 여기저기서 나무줄기가 잎이 무성한 넓은 수관 부분을 이고 있는 것을 보고 자연스럽게 이런 생각을 했을 것이다. 실제로, 우리가 아는 최초의 몇몇 기둥은 나무로 만들어졌다. 예컨대, 미노스왕이

기원전 2천 년경 현재 그리스령 크레타섬에 건설한 크노소스 궁전을 지탱한 것은 꼭대기와 밑동을 잘라낸 나무줄기였다. 이렇게 일반적인 건축 요소의 기원을 식물에서 찾을 수 있다는 점을 고려하면, 초기 돌기둥에 식물의 생김새를 본뜬 장식이 흔한 것도 놀랄 일이 아니다. 초기 이집트의 기둥에는 세로로 홈이 새겨져 있는데, 이것은 고대 이집트인들이 배를 만들 때 사용한 나일강 수초를 연상시킨다. 그리고 고대 그리스와 로마에서 발달한 코린트 건축 양식은, 영감의 원천이 무엇인가는 의심의 여지가 있지만, 기둥머리를 식물 잎 모양으로 화려하게 장식한 것이 특징이다. 나무는 기둥의 아이디어를 준 데서 시작해서 건축에 어마어마한 영향을 끼쳤다. 우리 집 기둥 사이사이에서 벽을 지탱해 주는 샛기둥이 한 예다. 자연이 형태만으로 재료를 강화하는 것을 이보다 더 잘 보여 주는 사례가 있을까?

활동 물체의 형태 탐구

이제는 학생들이 자연에서 영감을 받은 공학이 무엇인지 알고 있을 테니, 이런 질문을 던질 수 있다. 책을 떠받칠 수 있도록 종이의 형태를 바꾸기 위해 자연에서 또 다른 아이디어를 얻을 수 있을까? 자연에 있는 다양한 형태를 탐구해 보자.

학생들이 물체의 형태를 지각하도록 하려면 일시적으로 시각 능력을 빼앗는 것이 큰 도움이 된다. 특히, 연필, 테이프, 깃털처럼 전에 여러 번 접한 물체의 경우, 우리 눈과 뇌는 즉시 모든 신선한 탐구를 차단한다. 이렇게 〈알고 있는〉 물체들을 즉각 기계적으로 분류하기 때문이다. 이런 일을 막고 익숙한 물체를 다시 낯설게 만들기 위해, 고

연령 학생에게는 단순히 눈을 감으라고 하거나 눈가리개를 하라고 한다. 저연령 학생들은 훔쳐보기 쉬우므로, 그런 생각을 하지 못하도록 긴 운동 양말(물론, 깨끗한!) 끝에 물체를 넣어 둔다. 이제 학생들은 설레는 마음으로 양말 속 깊이 손을 집어넣고, 마치 생전 처음 접하기라도 한 것처럼, 시각이 아닌 촉각을 써서 평범한 물체를 다시 발견할 것이다.

감각 되살리기.
눈가리개를 사용하거나 긴 양말 끝에 물체를 두는 것 같은 간단한 방법으로, 학생들이 친숙한 물체를 마치 처음 접한 것처럼 재발견하고 그 형태와 질감을 알아보도록 할 수 있다.

이번에는, 도화지 반 장에 책을 올려놓은 활동을 되새기면서, 학생들에게 눈 말고 손가락 끝의 감각만 사용해서 가리비 껍데기를 탐구하도록 한다. 그런 다음 학생들이 도화지에 무슨 일을 하는지 보라. 학생들은 도화지를 접어서 가리비 껍데기에 있는 물결 주름을 만들 것이다. 그리고 이것을 통해 종이의 형태 변화가 그 물질의 거동 특성을 완전히 변화시킨다는 것을 다시 한번 알게 될 것이다. 흐늘거리던 종이가 다시 마법처럼 단단해진다. 그 자체로도 멋지지만, 방금 훨씬 더 중요한 일이 일어났다. 학생들은 자연에서 얻은 기능적 아이디어를 공학에 옮겨 획기적으로 적용하는 과정을 통과한 것이다. 자연에서 영감을 받은 공학의 실천에서 가장 중요한 부분이다. 또한 물결 주름의 물리적 모형을 활용하여 재료, 형태, 그리고 강도를 조사하는 이 간단한 활동으로 〈차세대 과학 기준〉에 있는 형태와 기능을 포함한 많은 공학 설계 요소를 동시에 다룰 수 있었다.[49]

가리비 껍데기.
가리비 껍데기는 간단히 재료를 더 튼튼하게 하는 방법을 알려준다. 그 아이디어를 종이에 적용해서 물질의 거동 특성을 바꿔 놓을 수 있다.

뻣뻣함과 강함

수백만 년 동안, 바닷새가 부리로 여러분을 물어 높은 하늘에서 바닷가 땅에 떨어뜨리고, 해달이 여러분을 돌에 내리치곤 했다면, 여러분 몸은 아마 가리비와 같은 물결 주름이 생기도록 진화했을 것이다. 가리비의 탄산칼슘 껍데기는 사실상 돌(비록 생물학적으로 만들어지지만)로 되어 있지만, 그 껍데기에는 너무 큰 부담이 지워져 있다. 물결 주름이라는 독특한 구조는 가리비의 갑옷을 더 단단하게 만든다. 우선, 재료는 두꺼울수록 압축력을 더 잘 처리한다. 도화지가 전보다 더 편안하게 책을 지탱하는 것은 이 때문이다. 물결 주름 모양으로 접혀 많은 모서리가 생기면서 전체적으로 두꺼워진 도화지가 책의 압축 하중을 적절히 분산해서 구겨지지 않는 것이다.

게다가, 물결 주름의 옆모습은 삼각형이다. 삼각형은 적당히 떨어져 자리 잡은 두 변이 하중을 반씩 나누어 지탱하는, 튼튼한 기하학 구조이다. 골판지, 고속도로의 가드레일, 그리고 통조림통 뚜껑과 옆

면에 물결 주름을 만드는 것도 이 때문이다. 땔감으로 쓸 육중한 통나무를 옆 사람에게 넘겨주면, 그 사람은 다리를 벌리고 무릎을 붙여 하반신의 형태를 삼각형에 가깝게 변화시킨 채 통나무를 받을 것이다. 이처럼 우리 몸의 설계에도 강화 전략이 들어와 있다. 따라서 사람의 몸도 물결 주름이 잡힌다고 할 수 있다. 비록 한 번 접히고 말 뿐이지만.

구조 공학 엔지니어는 구조물을 튼튼하게 설계해서, 그것이 필요한 일을 충분히 감당할 수 있도록 해야 한다. 그래서 그들은 흔히 구조물을 강하게 만든다. 강도strength는 재료가 변형되기까지 얼마나 큰 힘을 견디는가를 나타내는 척도이다. 그런데 재료가 점점 단단해지면 다른 문제가 나타날 수 있다. 재료가 갑자기 격변을 일으켜 금이 가면서 부서질 수 있기 때문이다.

공학 역사상 최악의 사고는 말만 들어도 오싹한 파국적 구조 붕괴로 인해 일어났는데, 그 상당수는 재료가 갑자기 갈라지면서 발생했다. 예를 들어, 제2차 세계 대전이 정점으로 치닫던 1943년, 유럽 전장 배치를 앞두고 미국 오리건주 포틀랜드에 조용히 정박해 있던 길이 159미터의 유조선 스키넥터디호SS Schenectady는 갑자기 중간이 뚝 끊어져 가라앉고 말았다, 아무 사전 예고도 없이. 1950년대 초에는 영국 항공기 회사 드 하빌랜드de Havilland에서 제작한 상업용 제트기 3기가 추락하면서 탑승자 전원이 사망했다. 모두 비행 중 기체에 생긴 균열이 전파되면서 일어난 사고였다. 그리고 2007년에는, 미국 미네소타주 미니애폴리스를 관통하여 미시시피강을 건너는 I-35W 주간 고속도로의 8차선 교량이 눈 깜짝할 사이에 붕괴해 13명이 사망하고 145명이 다치는 참사가 일어났다. 균열이 지지 구조에 있는 리벳 구멍을 통해 전파되면서, 다리가 마치 장난감처럼 무너져 내린 것이다. 이 책을 쓰는 동안에도 이탈리아 제노바에서 일어난 거대

미시시피강 교량 붕괴 사고.
2007년 미니애폴리스를 관통하는 I-35W 주간 고속도로 교량의 붕괴 이후 모습, 균열이 지지 구조를 통해 전파되었다.

한 교량의 갑작스러운 붕괴 사고를 전하는 뉴스가 크게 다루어지고 있다. 미국 토목 공학회에 따르면, 미국에 있는 60만여 교량의 거의 10퍼센트가 〈구조 결함〉의 가능성이 있다고 한다.[50] 이는 단기간에 해소될 문제가 아니다.

　구조 공학에서 균열은 매우 심각한 문제다. 그래서 재료 과학자들은 재료가 균열을 얼마나 잘 견디는가, 즉 얼마나 질긴가를 나타내는 **인성**toughness이라는 용어를 만들었다. 인성은 강도와 관계가 있다. 강도는 재료가 변형되기까지 얼마나 큰 힘을 견딜 수 있는가를 나타내는 척도인 데 반해, 인성은 재료의 변형이 파괴를 일으키기까지 얼마나 큰 힘을 견딜 수 있는가를 나타내는 척도이다. 따라서 인성의 개념은 강도와 신축성이 결합한 것이다. 재료 과학자들은 재료의 신축성을 **연성**이라고 한다. 그 개념은 탄성, 또는 회복력을 내포한다. 이해하기 쉽게 비유하자면 이렇다. 서커스단의 차력사는 강하지만

(strong), 서커스단 일자리를 잃고 가족을 부양하기 위해 야간 대학으로 돌아가 간호학 공부를 하는 차력사는 강인하다(tough).

활동 달걀 깨뜨리기?

짐작할 수 있듯이, 재료의 형태는 강도는 물론 질긴 정도, 즉 인성에도 영향을 준다. 달걀 껍데기가 좋은 사례이다. 가리비 껍데기처럼 탄산칼슘으로 이루어진 달걀 껍데기는 매우 딱딱하지만, 얇고 잘 깨지기로 유명하다. 분필을 툭 분질러 보면 탄산칼슘이 얼마나 쉽게 깨지는지 확인할 수 있을 것이다. 잘 깨지는 알껍데기는 새의 전략에 불리해 보인다. 하지만 통조림통 속 정어리만큼의 여유 공간도 없이 알껍데기 안에 몸을 구겨 넣고 있던 아기 새가 한 번도 써 보지 못한 근육으로 알껍데기를 쪼아서 깨고 나와야 한다는 것을 생각해야 한다. 동시에, 새알은 산란 시 좁은 난관을 통과하거나 어미가 알을 품는 동안에도 깨지지 않을 만큼 강해야 한다. 다 자란 어미 새가 올라탈 수 있을 만큼 강하고, 아기 새가 깨뜨릴 수 있을 만큼 약한 알은 대단한 역설이다.

자연은 이 어마어마한 설계의 과제를 우리에게 매우 친근한 형태로 해결한다. 바로 달걀 모양이다. 달걀의 둥그스름한 형태는 다른 이유(난관을 통과하는 것 같은)로도 쓸모 있지만, 그 형태의 진정한 미덕은 엄청난 인성을 생각할 때 분명해진다. 맨손으로 달걀을 깨려고 하는 것만큼 이 사실을 체감하기에 좋은 활동은 없을 것이다. 여기서 핵심은 달걀을 손바닥에 놓고 꽉 쥐어서 깨려고 하는 것이다. 반지를 끼거나 손톱을 써서는 안 된다. 학생들에게 (만약을 위해) 싱크대나 휴

지통, 또는 비닐봉지 위로 상체를 기울이라고 한 다음, 손에 달걀을 올려놓고 있는 힘껏 쥐어보게 하라. (실금이 가 있을 경우를 대비해서 미리 시험해 보고 달걀을 내놓기를 권한다.) 달걀 껍데기는 두께가 3분의 1밀리미터도 안 되는 탄산칼슘으로 되어 있지만, 놀랍게도 깨질 생각을 하지 않는다.[51]

좀 더 나아가, 달걀에 올라서는 활동을 해보자. 열 개들이 달걀 두 상자를 준비해서 뚜껑을 열고 나란히 놓는다. 그리고 학생들에게 신발을 벗고 한 상자에 하나씩 조심스럽게 발을 올려놓고 서라고 한다. 상자 뚜껑을 닫거나 판지를 올려서 윗면을 더 판판하게 만들 수도 있다. 이때 주의할 점은 학생들에게 달걀을 꽉 밟아 깨뜨리려고 하지 말고 발을 살짝 올려놓으라고 하는 것이다. 무언가(책상, 친구 어깨 등)에 손을 얹고 첫 번째 발을 달걀 위에 올려놓는 동안 몸무게를 지탱하도록 하는 방법도 있다. 그렇게 하면 두 발이 달걀 위에 올라가기 전에 전체 몸무게가 한 발에 실리는 것을 막을 수 있다. 이번에도 달걀은 깨지지 않겠지만, 만약의 경우를 대비해서, 이 활동은 실외에서 진행하거나 밑에 비닐을 깔고 한다.

힘의 분산

맨손으로 달걀을 쥘 때 손톱을 사용하거나 반지를 끼지 않도록 하는 까닭이 무엇일까? 반면, 달걀을 깨려 할 때 프라이팬 모서리에 가져가 톡 치는 까닭이 무엇일까? 또 알껍데기를 깨고 나오려고 하는 병아리 부리가 뾰족한 까닭은 무엇일까? 이런 경우에는, 달걀에 작용하는 압축력이 비교적 좁은 부위에 집중되어, 손 전체로 달걀을 쥘 때와 전혀 다른 결과가 나타난다. 힘의 영향, 즉 힘이 실제로 가하는 압력은 힘이 작용하는 면의 넓이로 나눈다. 면적이 넓을수록 압력은 줄어든다. 이 관계는 다음 수학식으로 나타낼 수 있다.

$$P = F/A$$

여기서 P는 압력, F는 힘의 크기, A는 면적이다. 못으로 된 침대에 누워도 사람이 피를 흘리지 않을 수 있는 것은 이 관계식 덕분이다. 몸무게가 수많은 못에 분산되어 못 하나하나가 피부를 뚫고 들어가지 못하는 것이다. 반대로, 비행기에서 바다로 떨어질 경우, 몸을 넓게 펼치고 충격을 받으면 몸이 성하지 않을 테지만, 발끝이나 손끝부터 똑바로 떨어지면 바다(높은 곳에서 떨어질 때는 벽돌 벽처럼 단단하다)에 닿을 때 몸이 받는 충격을 크게 줄일 수 있다.

활동 형태와 힘의 관계 알아보기

학생들에게 물이 흘러나오는 호스를 붙잡으라고 하고, 어떻게 하면 물의 압력을 높일 수 있을지 질문한다. 수도꼭지를 돌려 물이 많이 나오게 하면 된다. 아니면 물이 나오는 구멍 일부를 엄지로 막을 수도 있다. 이때 구멍은 작아지지만 통과하는 물의 양은 그대로다. 이렇게 더 작은 면적을 통과하도록 하면, 수도꼭지에서 나오는 물의 양을 늘리지 않아도 물의 압력이 증가한다. 우리가 한 일은 물이 부딪치는 구멍의 면적을 변화시킨 것뿐이며, 힘이 작용하는 면적에 반비례한다. 압력은 힘에 비례하며, 힘이 작용하는 면적에 반비례한다.

각진 모서리와 힘의 흐름

이 모든 내용은 매우 훌륭하지만, 달걀의 형태가 압축력을 견디는 데에 왜 그렇게 효과적인지는 알려주지 않는다. 엔지니어는 자기가 알을 낳지 않아도 되므로, 알을 둥글게 만들지 말고 네모지게 만들어야 한다고 주장할 수도 있다. 많은 알을 이리저리 실어 옮기기 위해서는 결국 판판하고 각진 상자에 담아야 하는데, 처음부터 네모지게 만들지 않을 까닭이 뭐란 말인가?

이 주장은 그럴듯해 보인다. 그리고 좀 더 깊이 조사할 가치가 있다. 사실, 인류가 만든 많은 것이 각진 모서리를 갖고 있다. 구조 공학 엔지니어들이 90도 노치notch라고 부르는 구조다. 어디나 다양한 각도의 노치가 있다. 창을 설치하려고 낸 구멍에는 보통 노치 4개가 있고, 각 노치에서 벽은 방향이 바뀐다. 손바닥과 손가락 사이, 손가락과 손가락이 만나는 곳에도 노치가 있다. 노치는 나쁜 것이 아니다. 있는 그대로 삶이다. 무엇보다, 여러분이 1차원의 곧은 선이 아니라면 노치가 있을 수밖에 없다. 사람들이 만드는 모든 것은 노치가 있다. 나사에는 나사산과 중심축 사이를 따라 달리는 노치가 있다. 자동차 한 대에도 셀 수 없이 많은 노치가 있다.

기계적 힘과 노치가 상호 작용하는 방식은 재료와 구조의 인성, 즉 다리와 비행기 같은 것들이 붕괴하거나 붕괴하지 않는 까닭을 이해하는 열쇠이다. 기억하라. 우리 눈에는 보이지 않지만, 우리가 앉은 의자나 몸을 기댄 탁자에는 언제나 힘이 흐르고 있다. 그것은 의자나 탁자의 형태를 띤, 힘이 흐르는 강이다. 학생들이 구조 공학 엔지니어가 세계를 보는 것과 같은 방식으로 볼 수 있기를 바란다면, 그것을 구체적으로 드러낼 방법이 필요할 것이다. 이렇게 흐르는 힘을 학생들이 직접 관찰할 수 있다면 어떨까? 학생들이 잠시라도 마법 안경 같은 것을 써서 구조 공학 엔지니어와 같은 투시력을 갖고, 재료와 구조를 관통하여 흐르는 힘을 실시간으로 볼 수 있다면 어떨까? 정말 멋진 일일 것이다.

활동 광탄성 효과로 응력 분석하기

재료를 관통하여 흐르는 힘을 실시간으로 관찰할 방법이 있다는 것은 교육적으로 매우 고마운 일이다. 게다가 준비물에 많은 돈이 들지도 않는다. 필요한 것은 플라스틱 조각 몇 개, 그리고 편광 선글라스와 컴퓨터 스크린 같은, 편광 필터 두 개뿐이다. 학생들은 이 준비물을 가지고 재료를 통해 흐르는 기계적 힘을 실시간으로 관찰하고, 노치와 다양한 곡선 같은 서로 다른 재료의 형태와 이 힘의 상호 작용을 조사할 수 있다.

이 활동은 여러분이 먼저 시험한 뒤에 학생들과 함께하는 것이 좋다. 재활용품 배출함, 휴지통, 또는 냉장고에 가서 적당한 플라스틱 조각을 찾는다. 페트(PET=PETE, 폴리에틸렌 테레프탈레이트), 또는 용

기 바닥의 삼각형 재활용 표 안에 숫자 1이 표기된 플라스틱이면 된다. 식료품점에서 딸기 같은 것을 포장하거나 식당에서 음식물을 포장할 때 쓰는 뚜껑 있는 플라스틱 용기를 만드는 데 주로 이용되는 소재들이다. 이 플라스틱으로 투명한 표본(가로세로 10센티미터)을 3개 정도 마련한다.

이제 편광 필터 두 개가 필요하다. 대체로 가장 사용하기 쉬운 것은 컴퓨터나 휴대 전화, 그리고 편광 선글라스이다. 전자 기기 스크린에서 나오는 빛은 편광일 때가 많다. 우선 흰색 스크린(예를 들면, 문서 작성 프로그램의 빈 문서)을 연다. 선글라스가 편광인지 확인하려면 선글라스를 낀 채 흰색 스크린을 보면서 고개를 한쪽으로 기울인다. 스크린의 밝기가 변하면 편광 선글라스다. 컴퓨터나 휴대 전화 대신, 편광 필터를 사서 역광이 되도록 유리창에 고정해서 사용할 수도 있다.

이제 스크린 앞에서 플라스틱 표본을 들고 편광 선글라스를 통해 본다. 플라스틱에서 갑자기 전에 보이지 않던 무지갯빛이 나타날 것이다. 이번에는 플라스틱 표본을 이리저리 구부리고, 비틀고, 잡아당겨 보자. 무엇이 보이는가? 무지갯빛 무늬에 무슨 일이 일어나는가?

재료를 통해 흐르는 기계적 힘을 실시간으로 관찰하기.
두 편광 필터 사이에 재활용 1번 페트 플라스틱 조각을 들고 보면 된다(왼쪽). 플라스틱에 나타나는 무지갯빛 무늬로 재료에 기계적 힘이 흐르는 것을 직접 관찰할 수 있다(오른쪽).

플라스틱을 밀고 당기면 플라스틱 두께가 미세하게 변한다. 어떤 곳에서는 플라스틱 분자들이 한데 모이고 어떤 곳에서는 펼쳐지기 때문이다. 플라스틱 두께가 변하면 빛이 다양한 각도로 굴절하고, 그 결과 플라스틱을 통과하는 빛은 진행 방향이 달라진다. 플라스틱의 무지갯빛 무늬로 플라스틱에 가한 힘을 볼 수 있다는 뜻이다.

따라서 이런 무늬는 압축력과 장력을 실시간으로 보여 준다. 그 무늬로 이런 힘이 어디로 들어가는지, 어떻게 흐르는지, 심지어 얼마나 강한지까지 알 수 있다. 물리학자들은 이런 현상을 **광탄성 효과**라고 한다. 탄성체의 형태가 변할 때 빛의 굴절에 변화가 나타나는 현상이다. 엔지니어들은 이 현상을 이용해 구조를 분석하기도 한다. 여기서 두 편광 필터는 무지갯빛이 나타나는 원인이 아니다. 이것들은 필터가 본래 하는 일, 즉 무언가를 걸러낼 뿐이다. 이 경우 편광 필터들은 플라스틱 주위로 산란하는 강렬한 빛을 걸러낸다. 그 결과 우리는 무지갯빛 무늬를 더 선명하게 볼 수 있다.

활동 노치 응력 집중 분석

이제 노치에 기계적 하중을 가할 때 어떤 일이 일어나는지 알아볼 수단이 생겼다. 이것을 이용하면 달걀이 그렇게 강한 까닭, 그리고 달걀이 둥근 까닭을 이해할 수 있다.

우선, 학생들에게 플라스틱 표본에 90도 노치를 만들도록 한다. 가위를 써서 뭉툭한 〈ㄴ〉 자 모양으로 자르라고 하면 쉽다. 이때 안쪽 모서리를 깔끔하게 잘라내도록 주의시킨다. 이제 학생들에게 두 편광 필터 사이에 표본을 놓고, 〈ㄴ〉 자의 두 다리를 잡고 벌려서 장력

장력 하중의 효과를 알아보기 위해 만든 모형
플라스틱으로 만든 90도 노치 모형(왼쪽), 광탄성 효과로 결과 알아보기(가운데), 노치는 응력
집중을 일으킨다. 이 사실을 이해하면 우리 주위에서 일어나는 일들을 다르게 보고 이해할 수 있
다. 인도에 생긴 균열이 한 예이다(오른쪽).

을 가하도록 한다. 학생들에게 무지갯빛 무늬에 관해 질문한다. 어디
서 무늬가 나타나는가? 자르지 않은 표본과 비교할 때 무늬가 달라졌
는가?

무지갯빛 무늬는 노치 모서리에 집중적으로 나타날 것이다. 표
본을 잡아당겨서 가한 장력은 플라스틱을 통해 완만하게 흐르지 않
는다. 그것은 마치 모서리에 〈갇힌〉 것처럼 보인다. 엔지니어들이 매
우 심각하게 다루는, **노치의 응력 집중 현상**이다. 응력*이 노치에 집중
될 때 재료에서 균열이 가장 많이 나타나는 곳은 어디일까?

⬛**활동** **실물 노치 관찰하기**

기계적 힘이 노치에 집중된다는 것을 알게 된 학생에게는, 단순히 학
교에서 집으로 걸어가는 길도 발견의 여행길이 된다. 학생들은 인도
에서 금이 간 곳을 발견하고, 어떻게 균열이 생겼는지 생각할 수 있
다. 많은 균열이 모서리에서 뻗어 나온 것을 볼 수 있는데, 이는 노치

* stress, 외부에서 힘을 가할 때 물체 내부의 이웃 구성 요소 사이에 작용하는 힘, 변형
력이라고도 한다.

의 응력 집중으로 인한 것이다. 학생들에게 관찰한 것들을 촬영하도록 해서 이런 균열이 어떻게, 왜 생겼는지 토론하게 할 수 있다. 수업이 끝나자마자 학습 내용이 현실에서 작동하는 것을 확인하는 것보다 배움을 잘 드러내는 것은 없다.

곡선 노치와 응력 집중

엔지니어들이 만든 물건과 관련한 사고가 노치의 응력 집중 때문에 일어날 수 있다는 사실이 드러났다. 1943년 스키넥터디호 절단 사고를 일으킨 균열은 갑판 해치의 모서리에서 시작되었다. 같은 시기 미해군이 건조한 수백 척의 배에서 비슷한 균열이 나타났는데, 모두 똑같은 위치에서 시작되었다. 이 문제의 해결은 제2차 세계 대전에서 나치를 패퇴시킬 수 있는가의 관건이었다.

1950년대에 일어난 드 하빌랜드사의 항공기 추락 사고는 기체 창문에서 창문으로 전파된 균열 때문에 일어났다. 예전에는 비행기 창문도 일반 주택처럼 직사각형이었다는 사실을 아는 사람은 많지 않다. 현재 비행기 창문 모양이 둥근 것은 드 하빌랜드 사고의 영향이다.

활동 90도 노치 개선하기

학생들과 90도 노치 문제를 해결하는 활동을 해보자. 학생들에게 새 플라스틱 표본과 가위를 주고 마음대로 잘라서 다양한 형태를 만들어 보라고 한다. 학생들은 자기가 만든 표본에 장력 하중을 주고 다양한 형태의 노치 사이에서 무지갯빛 무늬를 비교함으로써 해법을 검증할 수 있다.

자연계에서는 노치를 어떻게 처리할까? 우리는 달걀의 사례를 이미 알아보았다. 하지만 이런 식으로 노치를 처리하는 것은 자연계의 특질일까, 아니면 예외적인 현상일까? 학생들에게 돋보기와 펜, 종이를 가지고 교정에 나가서 이 질문에 대한 답을 찾도록 해보자. 심지어 교정의 아스팔트나 잔디밭도 많은 실물 노치를 숨기고 있다. 포장로의 균열에서 자라난 풀잎은 우리가 만든 플라스틱 표본처럼 납작하다. 이 잎들은 무슨 모양인가? 잎 가장자리에 톱니 모양이 있는가? 잎은 풀 줄기와 노치에서 만난다. 그 모서리는 어떻게 처리되어 있는가? 꽃, 나무, 기어가는 개미가 모두 노치의 세계다. 학생들에게 관찰한 것을 그리고 결과를 공유하도록 해보자. 관찰 결과를 손과 팔 동작으로 옮겨서 표현하게 하면 학생들은 자신이 인지한 무늬와 형태를 더 깊게 받아들인다. 자연계는 노치로 가득하다. 그러나 중요한 것은 학생들 스스로 이 편재하는 무늬를 발견하고 그 의미를 포착하는 것이다.

학생들에게 90도 노치보다 곡선이 더 이롭다는 것을 더 체계적으로 보여 주기 위해서, 이번에는 플라스틱 안쪽 모서리를 날카롭지 않게 둥글린 〈ㄴ〉자 형태로 잘라낸다. 90도 노치 안쪽 모서리에 동전 같은 작고 둥근

1949년경 드 하빌랜드사의 상업용 제트기.
창문이 일반 주택처럼 직사각형이다. 이런 제트기의 추락 사고 때문에 오늘날 비행기들이 둥근 창문을 갖게 되었다.

물체를 놓고 사분원 호를 따라 그린 다음, 그대로 잘라내면 된다. 이렇게 만든 것이 〈사분원 노치 필렛〉이다. 여기서 필렛fillet은 살코기라는 뜻으로, 공학에서는 노치를 둥글리기 위해 사용하는 재료를 가리킨다. 이제 진실을 밝힐 시간이다. 학생들에게 전처럼 표본에 장력을 가해서 광탄성 효과를 조사하도록 한다. 무엇이 보이는가? 이번에는 무지갯빛 무늬가 어떤가? 안쪽 모서리가 90도로 꺾인 플라스틱 표본과 비슷한가, 아니면 다른가?

　　이제 학생들은 전혀 다른 무늬를 보게 된다. 전에는 무지갯빛이 노치 모서리에 집중되었다면, 이제는 곡선을 따라 퍼져 있다. 무지갯빛이 나타나는 부분은 둥근 노치와 각진 노치 중 어느 쪽이 더 넓은가? 90도 노치의 무늬와 비교할 때, 사분원 노치의 무늬는 무엇을 말해주는가? 어떤 상황에서 균열이 생길 가능성이 크다고 보는가? 힘과 면적의 관계식, $P = F/A$를 되새겨본다. 힘 F가 펼쳐진 면적 A가 클수록, 한 지점에서의 압력 P는 작아진다.

마침내 우리는, 포장과 운반의 어려움에도 불구하고 달걀이 네모지

곡선 노치 만들기
사분원 필렛이 있는 곡선 노치는 쉽게 만들 수 있다(왼쪽). 장력을 가하면서 광탄성 효과를 관찰한다(오른쪽). 힘의 집중을 90도 노치와 비교해 보자.

지 않은 까닭을 이해할 수 있게 되었다! 이뿐만 아니라 훨씬 더 많은 것을 이해하기 위한 기초를 닦을 수 있었다. 우리는 자연이 90도 모서리를 거의 설계하지 않는 까닭을, 그리고 사람들이 그런 설계를 할 때는 매우 신중해야 하는 까닭을 안다. 이 활동은 자연에서 영감을 받은 공학의 유익도 잘 드러낸다. 자연에서 영감을 받은 공학은, 우리가 자연계를 보는 방법뿐만 아니라 사람이 지은 세계를 이해하는 방법까지 완전히 바꿔 놓는다.

나무 곡선의 지혜

우리가 지금까지 재료 공학과 구조 공학의 세계를 여행하며 체험했던 것은 유치원 및 초·중·고교의 모든 학생을 위한 활동과 개념을 망라하고 있었다. 이제부터 다루는 내용은 연령대가 높은 중학교와 고등학교 학생들에게 적당하다.

사분원 노치 모형을 좀 더 비판적으로 생각해 보자. 90도 모서리와 비교해 곡선 주위에 장력 하중이 더 넓게 분포한다는 것은 의심할 여지가 없다. 하지만 그렇긴 해도 노치의 위치에 힘이 어느 정도 집중된 것이 사실이다. 이것이 문제가 될까? 사실, I-35W 미시시피강 교량에서 생긴 균열의 경우, 다리 하부 지지 구조의 리벳 구멍을 따라 전파되었다. 리벳은 철판이나 철골 부재를 이어주는 굵은 못으로, 리벳을 설치하기 위해 강철에 뚫은 구멍은 기본적으로 네 개의 사분원 필렛이 모여서 만든 원 모양이다. 게다가, 드 하빌랜드 항공기의 창문을 자세히 살펴보면 실제로 완전한 사각형이 아니다. 모서리가 사분원 필렛으로 부드럽게 되어 있다. 이런 사례들과 다른 많은 참사는 사분원 필렛이 응력 집중을 줄여 주기는 하지만, 실패할 염려가 없는 해결책은 아님을 상기시킨다.

1980년대에 독일 엔지니어 클라우스 마텍Claus Mattheck은 두 사람이 사망할 정도로 큰 자동차 사고를 당해 한 다리가 심하게 부러지고 말았다. 이런 상황에서 뼈를 붙이는 수술에 사용하는 핀과 나사는 완전하지 않아서, 수술 후에도 통증이나 불완전한 동작을 남기고 재수술이 필요한 경우도 많다. 마텍은 이때의 경험으로 구조적으로 더 안전한 해법을 찾는 데 관심을 기울였다. 그렇게 몇 년이 지난 후, 마텍은 휴가지에서 나무를 응시하던 중 자신이 찾던 해답을 나무에서 찾을 수 있을지 모른다는 생각이 들었다.

10년 후, 마텍은 나무에서 가장 흥미로운 점을 찾아냈다. 나무는 가지와 원줄기, 원줄기와 뿌리의 연결부 같은 모든 모서리가 곡선으로 되어 있지만, 그 곡선들은 엔지니어가 만든 것 같은 사분원 필렛이 아니다. 나무는 노치를 부드럽게 만들 때 반지름이 일정한 곡선이 아닌, 다른 형태의 곡선을 사용한다. 마텍은 모든 구조에 노치가 꼭 필요하다는 것을 이해하고, 나무가 어떤 종류의 곡선을, 왜 사용하는지 고민하기 시작했다. 나무들이 노치 응력을 감당하기 위해 엔지니어의 곡선을 사용하지 않는 까닭이 무엇일까?

자연에서, 나무 밑동은 노치 중의 노치다. 나무는 줄기에서 뿌리로 이행할 때 90도로 방향을 튼다. 그리고 이 노치에는 큰 힘이 가해진다. 넓은 수관 부분에서 햇빛을 받으려고 하는 수많은 잎이 바람이 불어올 때마다 엄청난 바람의 하중을 받기 때문이다. 다 자란 떡갈나무 같은 활엽수 한 그루에 있는 모든 잎의 표면적을 더하면 프로 농구 코트의 반을 다 덮을 정도가 된다.[52] 나무는 약한 산들바람이 불 때마다, 돌풍이 거세게 부는 날 빨랫줄에 침대 시트를 널 때 느끼는 것과 같은 힘을 받고 있다.

생물은 거의 예외 없이, 우리가 알아차리지 못한 방식으로 구조 문제를 해결하는 데 성공했다. 완전한 성공만큼 호기심을 끄는 것은 없다.[53]

—제임스 E. 고든

게다가, 수관을 때리는 것은 가장 작은 힘이다. 나무는 힘이 흐르는 깔때기와 같다. 바람으로 인해 나뭇잎과 가지가 받는 모든 힘은, 고정된 지점에서 가장 가까운 곳, 즉 나무 밑동으로 흘러내려 간다. 바람이 불면, 수관이 바람을 받아 나무가 휜다. 이때 나무 밑동에서 바람을 받는 쪽은 거대한 장력을, 그 반대쪽은 엄청난 압축력을 받는다. 이 사실을 알아차리기는 쉽지 않다, 뿌리가 땅 밑에 있기 때문이다. 하지만 마텍은 스위스 시계 장인들이 시계 부품을 살펴보는 것처럼 나무를 보았다. 그는 나무 밑동이 비범한 노치라는 것을 알았다. 어떤 심오한 이유에서인지, 나무들은 사분원 필렛과 같은 노치의 응력 집중 현상을 겪지 않고 있었다.

활동 나무 곡선 포착하기

마텍이 무엇을 보았는지 알 수 있도록, 학생들에게 교정에서 나무줄기와 뿌리 사이의 곡선이 잘 보이는 나무를 찾도록 한다. 그 곡선은 대체로 어린나무보다 늙은 나무에서 보기 쉽다. 나무들은 오랜 시간 동안 바람의 하중에 대응해서 이 독특한 곡선을 만들어 간다. 나무의 나이가 많을수록, 더 많은 힘을 받아서 나무줄기와 뿌리 사이 노치에 목질을 더 많이 보강했을 것이다. 또한 침엽수보다는 활엽수에서 이 곡선을 보기 쉽다. 침엽수의 잎에는 활엽수의 넓고 큰 잎사귀보다 바람의 하중이 훨씬 더 적게 가해지기 때문이다. 때로는 나무 곡선의 전부 또는 일부가 흙에 덮여 있을 수도 있다. 나무뿌리가 지표면에 가까울수록, 줄기와 뿌리 사이의 곡선 전체를 쉽게 볼 수 있다. (나무 곡선을 제대로 보여 주는 사례를 가까운 곳에서 찾을 수 없으면, 언제든지 나무 이미지를 사용할 수 있다.)

나무 곡선의 모형을 만들면 교실에 가져가서 조사하고 다양한 방법으로 탐구할 수 있다. 나무 곡선의 1:1 비율 모형을 쉽게 만드는 방법은 잘 구부러지는 철사를 나무 곡선에 대고 눌러서 그 모양을 그대로 따르는 것이다. 이는 형태만 추출하고 다른 것은 모두 제거하기 좋은 방법으로, 관심 요소에 쉽게 집중하게 해준다.

나무 곡선의 실물 크기 모형을 교실로 가져가 바닥에 평평하게 눕혀 놓는다. 철사 모형 바로 옆에 서로 직각을 이루는 두 직선을 덧붙이면, 나무 곡선이 이루는 노치 필렛을 쉽게 확인할 수 있다. 학생들에게 다음과 같은 질문을 해보자.

- 나무 곡선의 형태를 어떻게 묘사할까? 그것은 사분원인가? 다시 말해, 반지름이 일정한 곡선을 그리는가?
- 그렇지 않다고? 맞다. 그 형태는 원과 달리 곡선을 따라가면서 반지름이 변한다. 나무 곡선은 위아래가 대칭을 이루는가? 아니면 어느 한쪽이 더 평평한가?
- 나무줄기 쪽이 더 평평하다고? 맞다. 곡선은 뿌리 쪽보다 나무줄기 쪽으로 더 멀리 뻗어 있다. 왜 그럴까?
- 나무줄기와 뿌리 중 어느 쪽이 바람에 더 많이 움직일까? 그 사실은 곡선의 비대칭 형태와 관련이 있을까?

나무 필렛.
나무줄기와 뿌리가 연결되는 노치는 엄청난 크기의 기계적 힘을 받는다. 여기서 발견되는 독특한 곡선, 즉 나무 필렛은 엔지니어들이 주로 사용하는 사분원 필렛과 다르다.

• 나무뿌리가 나무줄기만큼 움직인다면, 곡선은 대칭이 될까?

나무 곡선의 기하학 구조에 관한 소크라테스식 문답법은 학생 스스로 나무 곡선이 지금과 같은 형태를 보이는 까닭을 충분히 생각하도록 해준다. 나무들은 평생토록 응력이 가해지는 곳에 목질을 보강해서 하중을 견딘다. 나무 곡선은 오랜 시간에 걸쳐 바람을 맞고 또 맞으며, 만들어진다. 그리고 그 형태는 응력이 집중되는 곳이 어디인지 말해준다.

(활동) **나무 곡선 분석하기**

여러분은 이미 광탄성을 이용해서 나무 곡선 형태를 조사하려고 마음먹었을 수 있다. 멋진 생각이다. 우리는 광탄성 효과를 활용해서 나무 곡선이 힘에 어떻게 반응하는가를 모형화하고, 그 반응을 90도 모서리의 노치 응력을 다루기 위해 엔지니어들이 주로 사용하는 사분원 필렛과 비교할 수 있다. 나무 곡선을 작은 플라스틱 표본에 옮겨서 잘라내려면, 적당한 비율로 축소해야 한다. 철사 모형을 촬영해서 그 이미지를 컴퓨터에서 원하는 비율로 늘리거나 줄여서 인쇄한 다음, 플라스틱에 그대로 옮기는 방법은 학생들도 쉽게 시도할 수 있다.

원하는 비율로 나무 곡선의 크기를 조정하는 또 다른 수단은 클라우

스 마텍이 개발한, 〈인장 삼각형 기법〉을 사용하는 것이다.[54] 이는 몇 개의 삼각형을 이어 그려서 나무 곡선의 형태에 가까운 기하학 도형을 만드는 방법이다. 준비물은 각도기와 자이며, 단계별 활동 과정은 다음과 같다.

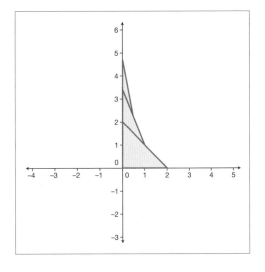

첫째, 활동하기에 적당한 크기로, 노치에 밑각이 45도인 이등변 삼각형을 그린다.

둘째, 첫 번째 삼각형의 긴 변의 중점에서 또 다른 이등변 삼각형을 그린다. 이때 긴 변이 세로축과 이루는 각은 22.5도(45도의 반)가 된다.

셋째, 두 번째 삼각형의 긴 변의 중점에서 마지막 이등변 삼각형을 그린다. 긴 변이 세로축과 이루는 각은 11.25도(다시 반)가 된다.

이제 학생들은 맨 위 꼭짓점부터 부드럽게 곡선이 되도록 이은 밑그림을 플라스틱 표본에 옮겨 그리거나, 플라스틱 표본에 직접 곡선을 그려 잘라낼 수 있다. 인장 삼각형 기법을 사용할 때의 이점은 학생들이 어떤 비율을 원하든, 적절한 크기로 나무 곡선에 가까운 것을 재현할 수 있다는 것이다. 여러분은 학생들에게 그 기법을 모두 알려줄 수도 있고, 인장 삼각형 기법을 스스로 끌어내도록 할 수도 있다. 나무 곡선을 재현하는 다른 방법을 학생들이 발견할 수도 있다!

학생들이 나무 곡선 플라스틱 모형을 다 만들면, 다른 표본에 했던 것처럼 두 편광 필터 사이에서 장력 하중을 주고 결과를 보게 한다. 무엇이 보이는가? 사분원 필렛 모형과 비교해 어떻게 다른가? 변형된 정도가 큰 경우에도, 응력이 곡선에 골고루 퍼져 있다. 나무 곡선 표본의 무지갯빛은 사분원 필렛에 비해 뚜렷하지 않은데, 이는 응력이 훨씬 더 적게 축적된다는 것을 나타낸다. 다시 말해, 재료에 노치가 있음에도 불구하고, 장력이 나무 곡선을 통해 비교적 부드럽게 흐른다는 뜻이다.

이는 보편타당한 테스트인가? 그렇지 않다. 학생들이 각 표본에 가한 장력의 크기가 그때그때 다를 가능성이 크기 때문이다. 하지만 간단히 타당한 테스트로 만들 수 있다. 필요한 것은 구멍 뚫는 펀치와 용수철저울, 또는 낚시용 추뿐이다. 각 플라스틱 표본 아래쪽에 구멍을 뚫는다. 그러고는, 용수철저울을 이용해서 각 플라스틱 표본에 같은 크기의 장력 하중을 가한다. 아니면 각 표본에 같은 낚시용 추(작고 매달 수 있다면 무엇이든)를 매달아 매번 같은 크기의 힘을 가할 수도 있다. 이제는 보편타당한 비교가 가능하다.

〈차세대 과학 기준〉의 수행 기대에 부합해야 한다는 관점에서 볼 때, 재료의 노치를 둘러싼 일련의 이 단순한 활동은 엄청난 범위를 포괄한다. 학생들은 설계상의 중요한 도전 과제를 확인한다. 바로 구조의 안정성 확보다. 그리고 노치 응력 집중에 대한 다양한 해결책의 모형을 반복해서 만든다(90도 노치, 사분원 노치, 나무 곡선 노치). 그리고 이 모형들을 시험해서 결론을 내린다. 그 과정에서, 학생들은 자신이 앉아 있는 책걸상부터 현대인의 생활을 특징짓는 초고층 건물에 이르기까지 모든 것에서 작용하는 재료 과학과 구조 공학의 핵심 개념을 학습한다.

무엇보다 중요한 것은, 학생들이 자연에서 영감을 받은 공학의 해법이 실제로 작동하는 방식의 구체적 사례를 스스로 확인한다는 것이다. 마텍의 테스트에 따르면, 노치에 나무 곡선 필렛을 사용하면 사분원 필렛을 사용했을 때보다 응력 집중이 57퍼센트나 줄어든

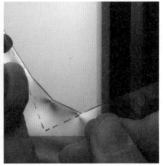

클라우스 마텍의 인장 삼각형.
인장 삼각형은 나무 곡선 필렛과 매우 유사하다. 플라스틱으로 모형을 만들면 나무가 발명한 이 곡률을 따라 흐를 때 힘이 얼마나 적게 집중되는지 볼 수 있다.

다.[55] 나무들은 정말로 자기가 무엇을 하는지 알고 있다. 노치의 형태만 바꾸었는데 재료의 성능이 이렇게 극적으로 향상되는 데에는 깊은 뜻이 담겨 있다. 학생들은 자신이 다니는 학교의 정원에서 이런 해법을 발견함으로써, 완전히 새로운 눈으로 설계 과제를 이해하고, 공학의 해법을 찾고, 우리를 둘러싼 자연 세계의 능력을 인지한다.

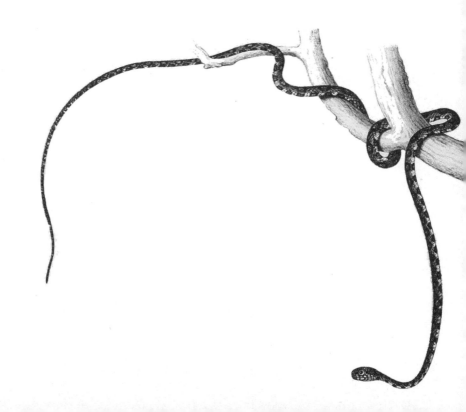

참고 자료

자연 지향적으로 구조 공학에 접근하는 방식에 관한 교육 과정

• 자연에서 영감을 받은 공학 교육 과정에서 〈멋진 곡선Cool Curves〉(초등), 〈파괴 역학Fracture Mechanics〉과 〈나무의 가르침Tutelage of Trees〉(중/고등)을 참고하라.
  : 자연 학습 센터. www.LearningWithNature.org

훌륭하고 이해하기 쉬운 구조 공학 관련 참고 도서

Gordon, J. E. *The science of structures and materials*. (New York: Scientific American Library, 1988).

Gordon, J. E. *Structures: Or why things don't fall down*. (Boston: Da Capo Press, 2009).

Agrawal, R. 2018. *Built: The hidden stories behind our structures*. (London: Bloomsbury, 2018).[*]

나무와 식물의 구조 역학에 관한 참고 자료

Matteck, C., Kappel, R., and Sauer, A. "Shape optimization the easy way: The 'method of tensile triangles'." *International Journal of Design and Nature and Ecodynamics, 2*(4), (2007): 301-309

Niklas, K. J. *Plant biomechanics: An engineering approach to plant form and function*. (Chicago: University of Chicago Press, 1992).

수학 관련

• 고등학교
  : 공학 교육. 응력, 변형과 훅의 법칙. https://www.teachengineering.org/lessons/view/van_cancer_lesson2
  : 공학 교육. 탄성 고체 역학. https://www.teachengineering.org/lessons/view/cub_surg_lesson02
• 중학교
  : 공학 교육. 응력과 변형. https://www.teachengineering.org/lessons/view/cub_mechanics_lesson07
  : 광탄성 효과의 물리학적 배경. https://en.wikipedia.org/wiki/Photoelasticity
  : 삼각형 그리기 무료 온라인 프로그램. https://www.math10.com/en/

---

  * 로마 아그라왈, 『빌트, 우리가 지어 올린 모든 것들의 과학』, 윤신영, 우아영 옮김(서울: 어크로스, 2019)으로 번역 소개됨.

geometry/geogebra/geogebra.html

나무와 식물의 다른 측면에 관한 참고 도서

Wohlleben, P. *The hidden life of trees: What they feel, how they communicate - Discoveries from a secret world*. (Vancouver: Greystone Books, 2016).[*]
Chamovitz, D. *What a plant knows: A field guide to the senses*. (New York: Scientific American/Farrar, Straus and Giroux, 2012).[**]

나무를 다룬 소설

Calvino, I. *The baron in the trees*. (Boston: Houghton Mifflin Harcourt, 2017).[***]

[*] 페터 볼레벤, 『나무 수업』, 장혜경 옮김(서울: 위즈덤하우스, 2016)으로 번역 소개됨.
[**] 대니얼 샤모비츠, 『은밀하고 위대한 식물의 감각법』, 권예리 옮김(서울: 다른, 2019)으로 번역 소개됨.
[***] 이탈로 칼비노, 『나무 위의 남작』, 이현경 옮김(서울: 민음사, 2023)으로 번역 소개됨.

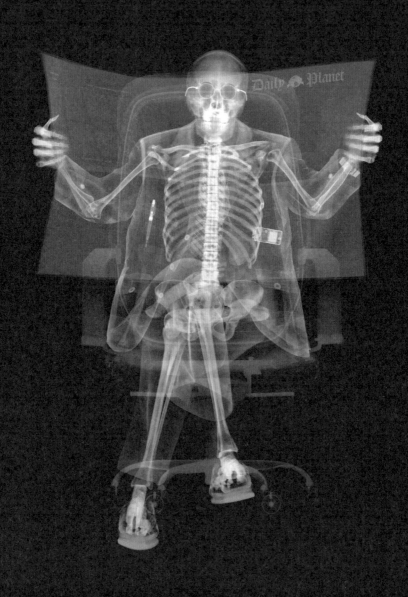

4장
뼈에서 얻는 깨달음

완벽함은 더 보탤 것이 없을 때가 아니라, 더 뺄 것이 없을 때 완
성된다.[56]

──앙투안 드 생텍쥐페리Antoine de Saint-Exupéry

나무는 목재라는 놀라운 재료를 제공하는 비범한 구조물이다. 나무
는 우리에게 많은 것을 가르쳐준다. 구조물에 어떻게 재료를 더해 더
튼튼하고 안전하게 만들 수 있는가 하는 것들이다. 이 동전의 다른 면
은, 구조물에서 어떻게 재료를 제거하여 더 가볍게 하고 재료를 효율
적으로 사용할까 하는 것이다. 이 중대한 목적을 위한 모형으로 또 다
른 자연의 위대한 발명품, 뼈보다 더 좋은 것은 없다.

뼈의 구조

아메바는 입장이 좀 다르겠지만, 뼈는 우리 몸에 꼭 필요한 흥미로운 부분이다. 뼈는 몸속에 자리 잡고 한참 시간이 지난 뒤 골격으로만 보이기 때문에, 우리는 뼈가 실제로 심장 조직이나 뇌처럼 살아 있다는 것을 잘 생각하지 못한다. 뼈는 우리 몸을 지지하고 있을 뿐만 아니라, 다른 많은 기능도 담당한다. 생명 유지에 꼭 필요한 신체 기관들을 물리적으로 보호하고, (면역계의 백혈구를 생산해서) 외부 미생물에 대항하고, (혈액을 응고시키는 혈소판을 생산해서) 상처 부위를 지혈하고, 우리 몸의 세포들이 호흡할 수 있도록 온몸에 산소를 운반하는 적혈구를 만드는 것 같은 일들이다. 뼈는 또한 우리 몸에 특정한 무기염류(칼슘 같은)를 저장하고 그 양을 조절한다. 뼈가 없다면 우리는 아침 잠자리에서 나올 수도 없고, 음식을 먹기도 어려울 것이다 (치아는 골격의 한 부분이다). 그리고 새들의 노랫소리도 듣지 못할 것이다(귓속뼈인 망치뼈, 모루뼈, 등자뼈는 소리를 전달한다). 뼈가 중요하다는 것은 숨길 수 없는 진실이다.

　뼈는 우리 몸에서 매우 무거운 부분이므로, 엔지니어들이 뼈에서 배울 가장 중요한 교훈이 물체를 더 **가볍게** 만드는 일과 관련이 있다는 것은 조금 아이러니하다. 엔지니어는 왜 이 점에 마음을 써야 할까? 물체를 최대한 가볍게 만드는 것이 중요한 까닭은 무엇일까?

　비행기 같은 물체에 **경량화**가 필요하다는 것은 명백하다. 하지만 우리가 만드는 모든 것에 대해서는, 사실 재료 사용 면에서의 효율성이 가장 중요하다. 재료를 많이 사용하면 할수록, 우리는 더 많은 천연자원을 채취 가공하고, 더 많은 에너지와 노동력을 사용해야 한다. 결국, 어떤 재료든, 우리가 원하는 상품을 만드는 데 들어가는 재료의 양에 비례하여 경제, 환경 비용이 발생할 수밖에 없다. 인류가 계속 잘살고 오래 살아남기 위해서는 그 어느 때보다도, 이 비용을 줄일 방법이 꼭 필요하다.

앞으로 알아보겠지만, 골격은 이런 비용 절감을 완벽하게 구현한 모형이다. 공학에 관한 농담에 이런 것이 있다. 절반만 물이 들어 있는 유리잔을 보고 있는 세 사람이 있다. 낙관론자가 말한다. 「물이 반쯤 찼어.」 비관론자가 말한다. 「물이 반이나 비었어.」 엔지니어가 두 사람을 보고 고개를 저으며 말한다. 「이 유리잔은 필요한 것보다 두 배나 커!」 이 농담에서 보여 주듯 엔지니어에게 있어서 재료의 효율화는 매우 중요한 문제이고 뼈는 이러한 조건을 만족하는 완벽한 모형으로 불린다.

나무와 마찬가지로, 골격은 필요한 곳에 정확하게 재료를 더할 수 있을 뿐만 아니라, 필요 없는 곳에서 재료를 제거할 수도 있다. 진화하는 동안, 이 자연 조직은 경량화가 꼭 필요했다. 필요한 것보다 뼈의 양이 많은 가젤은 치타를 피해 달아날 수 없다. 반대로 필요한 것보다 뼈의 양이 많은 치타는 굶어 죽는다. 그리고 필요한 것보다 많은 재료를 사용하는 것은 무엇이든 만드는 데 더 많은 에너지와 시간을 소모한다.

하지만 골격은 타고난 유전 프로그래밍만을 기초로 발달하지 않는다. 살아 있는 동안, 실제로 사용할 때 작용한 하중에 의해 끊임없이 형태를 바꾼다. 나이가 들면서 운동이 꼭 필요한 것도, 우주 비행사들이 중력에 저항할 필요가 없는 우주 공간에서 골 손실로 고생하는 것도 이 때문이다. 우리 뼈는 근육에서 받은 힘에 따라 스스로 형체를 갖춘다. 이 힘이 사라지면, 칠판 지우개가 칠판에서 분필을 지우듯, 파골 세포라는 특수한 세포가 뼈조직을 활발하게 제거한다.

뼈가 어떻게 계속 새로워지는지 확실히 알려지지는 않았지만, 골격이 멋지게 배열되었다는 것은 윤곽만 보아도 알 수 있다. 골격계에는 근육이 힘을 준 뼈는 발달하고 하중을 받지 않은 뼈는 파골 세포가 제거하는 안정된 시스템이 작동한다. 그 결과 뼈의 구조는 실제로 하는 일에 가장 적합해지고, 더 발달하지 않는다. 운행 방식, 도로 조건, 수송하는 승객이나 화물에 따라서, A에서 B 지점까지 가는 데 꼭 필요한 만큼만 무게가 나가도록 끊임없이 차체의 형태를 바꾸는 자동차의 에너지 효율을 생각해 보자. 교통량이 많아져 더 큰 하중이 가해지면 지지대 구조의 밀도가 변하는 교량은 또 어떤가? 실시간 최적화는 좋은 디자인의 최고 기준이다. 최근에는 일상적인 영역에서도 주문 인쇄 도서와 3D 프린팅처럼 비슷한 것이 나타나기 시작했다.

그것을 직접 확인하는 방법도 있다. 이 생물학적 과정을 여러분이 실제로 들어볼 수 있다는 뜻이다. 뼈조직을 보강하는 동안 골격이 반응하는 신호를 듣기 위해서는 양 손바닥으로 귀를 덮고 누르기만 하면 된다(양옆에서 머리를 찌그러뜨리려고 하는 듯한 동작이다). 아주 강하게 누르면 낮게 응응하는 소리가 들리기 시작할 것이다. 그 울림은 여러분 팔의 근육이 1초에 70번까지 수축하면서 내는 소리인데, 뼈세포들이 그것을 그대로 재현해서 반응한다는 신호다. 불어오는 바람이 나무에 신호를 보내 원줄기와 가지에 목재를 보강하도록 하듯이, 가벼운 달리기는 뼈에 신호를 보내 뼈를 튼튼하게 한다. 모든 순간, 모든 자세, 올라간 계단, 의자에 앉아서 보낸 긴 하루가 모두 여러분 골격의 장부에 기록된다. 초록빛을 띠거나, 말랑거리거나, 움직이는 조직만큼 겉으로 잘 드러나지는 않지만, 나무와 뼈도 분명 살아 있는 조직이다. 그것들도 끊임없이 주위 세계에 귀를 기울이고 자신을 가장 잘 설계할 방법을 찾는다.

사람들은 1866년부터 뼈의 구조 설계를 이해할 수 있었다. 엔지니어 카를 쿨만Carl Culmann은 그해에 취리히의 한 회합에서 생물학

뼈 소리 듣기.
필자의 아들이 누구나 쉽게 할 수 있는 마법을 보여 주고 있다. 이 활동을 통해 뼈가 발달하는 것을 실시간으로 직접 들을 수 있다.

자 게오르크 폰 마이어Georg von Meyer가 사람 뼈를 절단한 것을 보았다. 쿨만은 뼈의 단면을 보고, 뼛속이 꽉 차 있지 않고 골질이 그물처럼 얽혀 있으며 아주 많은 공간이 서로 통해 있다는 것을 확인했다(살아 있는 뼈는 이 공간이 탄력 있는 단백질, 콜라겐으로 차 있다). 다시 말해 뼈는 단단하지만, 속이 차 있지는 않다. 구조 공학 엔지니어 쿨만은, 이 골질 그물 구조의 특이한 형태가 사용하는 동안 뼈가 받은 압축 하중에 대한 반응으로 설계된 것처럼 보인다는 것을 지적했다. 뼈 잔기둥(골소주라고도 한다)이라고 하는 이 골질 그물 구조의 여러 부분은 본질상 버팀목 구실을 한다. 꼭 필요한 곳에만 골질을 사용하면

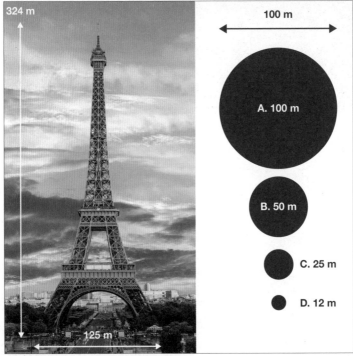

뼈는 속이 꽉 차 있지 않고 그물처럼 되어 있다.

뼈 내부를 관찰하면 뼈잔기둥의 구조를 볼 수 있다(왼쪽 위). 그물 모양으로 된 구조물은 가장 적은 양의 재료로 필요한 강도와 크기를 가질 수 있다. 에펠탑 주위에 그린 원기둥 안의 공기는 탑 자체보다 무겁다(오른쪽 위). 에펠탑을 만들 때 들어간 금속을 모두 녹여 구체를 만들면(아래), 지름은 얼마일까? ① 100미터, ② 50미터, ③ 25미터, ④ 12미터. 답은 ④이다.

서 압축력을 받아도 뼈가 다치지 않도록 지켜주는 것이다. 다시 말해서, 뼈는 필요한 곳은 차 있지만 그렇지 않은 곳은 비어 있다. 폰 마이어는 말했다. 「나는 뼈잔기둥의 배열이 그 쓰임새를 암시한다는 사실을 발견했습니다. 골질을 이렇게 배열하면 무게를 많이 늘리지 않고 바깥 표면을 더 크게 만들 수 있습니다.」[57, 58]

엔지니어들은 트러스교를 건설하거나 에펠탑의 상징인 금속 격자 구조 같은 것을 만들면서 금속 버팀대를 배치할 때, 이렇게 그물 모양으로 더 큰 구조를 만드는 접근법을 사용한다.[59] 사실, 에펠탑의 기본 설계를 구상한 사람은 귀스타브 에펠Gustave Eiffel의 회사에서 일하던 쿨만의 제자, 모리스 쾨클랭Maurice Koechlin이다. 재료를 그물처럼 엮어서 구조적으로 기능하는 형태를 만드는 기술은 에펠탑에 잘 드러나 있다. 에펠탑은 매우 인상적인, 재료 최소화의 걸작이다. 에펠탑을 세우는 데 들어간 철의 부피는 탑이 실제로 차지하는 공간보다 훨씬 더 적다. 사실, 에펠탑을 둘러싸도록 주위에 가장 작은 원기둥을 그리면, 그 원기둥 안의 〈공기〉가 탑 자체를 이루는 철을 다 합친 것보다도 무겁다!

재료 효율

재료 효율은 더 적은 재료로 같은 결과를 얻는다는 뜻으로, 자연 구조물을 만드는 기준이다. 원료 공급은 제한되어 있고 생존 경쟁의 승자는 가장 빨리 자라고 번식하는 개체이다. 이런 상황에서 자연은 매 순간, 햇빛 쪽으로 자라거나, 가젤 뒤를 쫓거나, 수련 잎에서 뛰어올라 지나가는 파리를 삼키거나, 뜨거운 사막에서 똥을 둥글게 빚어 필요한 일을 하되, 재료의 효율을 기하는 방향으로 설계하도록 압력을 가했다. 레오나르도 다빈치는 말했다. 「자연의 발명품에는 부족한 것도, 지나친 것도 없다.」[60] 자연은 살아남아 번성하기 위해 무게를 줄인다.

자연은 압축력뿐만 아니라 장력에 저항하기 위해 재료를 사용할 때도 경제적이다. 잘못 날아온 야구공에 깨져서 금이 간 창문을 보면 유리의 약한 부분이 어디인지 알 수 있다. 금 간 유리의 무늬와 거미줄의 모양을 비교해 보자. 거미는 이렇게 **약한 부분**의 선에만 거미줄 재료를 사용하고, 다른 곳에는 조금도 사용하지 않는다. 왜 힘이 거의 작용하지 않는 곳에 실을 뽑아내면서 시간과 노력을 낭비하겠는가? 거미줄은 빈 데가 없는 판과 같은 것에서 진화 과정을 거쳐 탄도를 그리며 날아가는 물체를 멈추게 하는 데 꼭 필요한 정도로 줄어든 것으로 보인다. 날아가는 파리는 야구공이 유리창을 때리듯이 거미줄에 부딪친다. 거미는 그 충격에 저항하는 데 필요한 것을 정확하게 알고, 먹잇감을 확보하는 데 필요한 것 이상은 투자하지 않는다. 밥을 얻기 위해 밥이 제공하는 것보다 더 큰 노력을 할 이유가 있을까?

구조 경량화를 이루는 것은 구조 공학 엔지니어뿐만 아니라, 산업 디자이너와 제품 디자이너에게도 매우 중요하다. 집이나 교실, 사무실에서 볼 수 있는 거의 모든 인공물은 제품 디자이너가 구상한 것이다. 그들이 어떤 디자인과 재료를 선택하는가는 물건의 성능에도, 그것이 대량 생산될 때 세계적으로 일어날 일에도 지대한 영향을 끼친다. 예를 들어 자동차는 한 대 평균 약 1,800킬로그램의 가공 재료(강철, 플라스틱 등)를 포함한다. 작년에는 전 세계에서 9,700만 대의 자동차가 생산되었다. 화학 물질과 화석 연료로 약 1,750억 킬로그램의 원료 물질을 채취해서 가공(또는 재활용)한 것이다. 따라서 어떤 부분이든 자동차 설계를 조금만 수정해도 수백만 킬로그램의 재료 — 재료가 사용되는 방식, 그리고 생산 여부 — 에 변화를 불러올 수 있다. 다시 말해서, 무언가를 안전하게 제거할 수 있으면 생산량을 곱한 만큼 커다란 양이 된다. 자동차든, 카펫이든, 판지든, 전 인류 차원에서는 어마어마한 양이다.

뼈에서 영감을 받은 경량화는 캐드, 즉 컴퓨터 이용 설계 프로그램을 통해 깔끔하고 의미 있게 적용되었다.[61] 오늘날 거의 모든 엔지니어와 디자이너가 작업 모형을 만들기 위해 이 소프트웨어 프로그램을 사용한다. 뼈에 작용하는 힘을 평가해서 하중이 걸린 곳에는 재료를 더하고 그렇지 않은 곳에서는 재료를 제거하는 방법을 캐드로 프로그래밍할 수 있다면 어떨까? 미국 미시간주의 캐드 프로그램 제작 회사, 알테어 엔지니어링Altair Engineering에서는 바로 그 일을 했다. 알테어의 인기 프로그램, 옵티스트럭트 OptiStruct는 뼈 성장과 경량화 원칙을 디자이너들이 설계하는 사물에 직접 옮겨서, 마치 살면서 사용해서 〈성장〉시킨 것 같은 최종 구조를 얻었다. 가장 알맞은 구조가 나올 때까지 하중을 받은 부분은 강화되고, 하중을 받지 않은 부분은 가벼워진다.

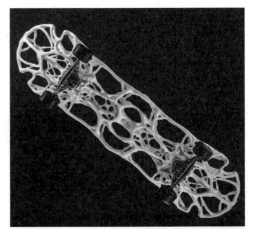

3D 프린팅으로 만든 스케이트보드.
뼈의 구조에서 영감을 받아 재설계했다. 비슷한 방식으로 성능을 희생하지 않고도 많은 제품을 경량화할 수 있다. 이는 경제 비용과 환경 영향을 크게 줄여 준다.

누가 뼈에서 영감을 받은 캐드 프로그램으로 제품을 설계하고 있을까? 보잉Boeing, 에어버스, 포드Ford, 제너럴 모터스, 도요타Toyota, 폭스바겐Volkswagen, 미 국방성U.S. Department of Defense, 록히드 마틴 Lockheed Martin, 캐터필러Caterpillar, 존디어John Deere, 할리 데이비슨Harley Davidson, 프록터 앤 갬블Procter & Gamble, 노키아Nokia, 아디다스Adidas, 콜러Kohler, 피셔 프라이스Fisher Price 등 수많은 기업과 기관들이다.[62] 보잉사는 알테어 소프트웨어로 787 드림라이너Dreamliner 기종의 백 오십 가지 부품을 재설계했다.[63] 에어버스는 알테어 소프트웨어로 A380 기종의 무게를 500킬로그램이나 줄일 수 있었다.[64] 알테어의 추산에 따르면 이 회사의 소프트웨어로 해마다 약 6억 킬로그램의 재료를 절감하여[65] 약 8억 킬로그램의 이산화탄소가 대기로 배출되는 것을 막을 수 있었다.[66] 마치 돈을 절약하고, 재료를 아끼고, 지구를 보호하는 것으로 충분치 않다는 듯이, 뼈에서 영감을 받은 디자인은 개인의 생명을 구하기도 한다. 의료기기 회사 메드트로닉Medtronic은 알테어의 소프트웨어로 좁아진 심장 혈관을 확장하고 유지하는 구조물, 심장 스텐트를 재설계했다.[67] 심장 스텐트에는 비교적 빈번히 문제가 생기는데, 결과는 치명적이다. 메드트로닉은 최적화 소프트웨어를 이용해 스텐트에 작용하는 기계적 응력을 71퍼센트나 줄일 수 있었다.[68]

활동 일상 용품 재설계

값비싼 캐드 프로그램이 있어야만 뼈가 제품 디자인에 대해 가르쳐 주는 것을 탐구할 수 있는 것은 아니다. 3장에서 광탄성을 활용해 재료의 노치를 탐구할 때 사용한 준비물에 모눈종이만 더 있으면 된다.

학생들에게 불필요한 재료를 제거하는 뼈의 놀라운 능력, 그리고 여기서 영감을 받은 엔지니어들이 어떻게 새로운 설계를 도입했는가를 소개한 뒤, 이런 접근법을 활용해서 투명 플라스틱 자 같은 흔한 물건을 어떻게 최대한 가볍게 재설계할 수 있을지 탐구하게 한다. 할 수 있으면 학생들이 이 질문에 대해 충분히 생각할 수 있도록 하루 이틀 시간을 준다. 학생들은 답을 찾아내는 데 필요한 모든 정보를 얻을 수 있지만, 그래도 계산은 좀 해야 한다.

학생들은 우선, 뼈에서 영감을 받은 접근법을 활용해서 재설계할 플라스틱 제품을 선택해야 한다. 투명한 폴리에틸렌 테레프탈레이트(PET=PETE, 1번 플라스틱), 폴리스타이렌(6번 플라스틱), 또는 폴리카보네이트(7번 플라스틱) 소재가 활동하기에 좋다. 테이프 디스펜서, 각도기, CD 상자, 다양한 용기, 플라스틱 용구, 옷걸이 등 많은 물건을 이런 물질로 만든다.

다음에는, 학생들에게 선택한 물건의 표면적을 재도록 한다. 이때 자처럼 납작하지 않고 테이프 디스펜서처럼 입체적인 것은 한쪽 면만 측정하도록 한다. 물건을 모눈종이에 놓고 윤곽을 그리고 모

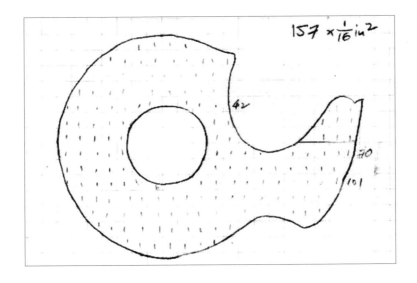

눈의 수를 세면 간단히 표면적을 구할 수 있다. 윤곽선이 모눈을 자른 경우는, 윤곽선 내부가 모눈에서 차지하는 부분을 어림한다(1/2, 1/4 등). 그런 다음, 크기가 같은 모눈 수에 부분 비를 곱한 것을 모두 더해 표면적을 구한다.

이제 우리는 물체에 작용하는 하중을 분석해서 어떤 곳은 재료가 구조적으로 필요하고, 어떤 곳은 필요 없는지 확인하려고 한다. 여기서는 3장에서 노치 응력을 알아볼 때처럼 광탄성을 활용할 수 있다. 물체에 힘을 가할 때 응력을 받지 않는 부분을 알아내서, 제거할 수 있는 부분들을 확인할 수 있다.

주의할 점은 이 부분이 단지 **후보**일 뿐이라는 것이다. 제거할 부분을 선택하기 전에 염두에 둘 것들이 있다. 특별히 힘을 가하지 않고 두 편광 필터 사이에 물체를 놓으면, 엔지니어들이 **정적 가력**static loading이라고 하는 것이 보인다. 구조물 자체의 무게에서 물체에 하중이 작용한다는 뜻이다. 교량이라면, 중력에 의한 압축력이 이에 포함될 것이다. (플라스틱은 때때로, 실제 구조 안정성에 큰 의미가 없는 응력을 나타내기도 한다. 예를 들어, 제작하는 동안 당겨지거나 눌려서 필터 사이에서 무지갯빛을 띠는 부분이 있다는 것이다. 이런 곳은 제거할 수 있다.)

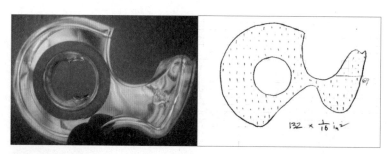

흔한 물체 경량화하기.
테이프 디스펜서에 나타난 광탄성 효과(왼쪽)를 이용해서 구조적으로 불필요한 부분을 확인하고 제거할 수 있다. 그 결과 재설계한 디스펜서(오른쪽)는 16퍼센트 적은 재료로 같은 일을 한다.[69]

하지만 실제로 사용하는 교량에는 다른 하중이 실리는데, 이 부분이 중요하다. 따라서 우리는 제거할 부분을 정하기 전에 실제 사용하는 동안 교량에 작용하는 하중을 분석해야 한다. 엔지니어들은 이것을 가리켜 물체의 **동적 가력**dynamic loading이라고 한다. 교량의 경우, 차량이 지나다닐 때(실제 상황이라면 지진이나 바람 같은 다른 일들이 있을 때) 다리가 받는 하중이 포함되어야 한다. 따라서 학생들은 재설계할 물건을 보통 때처럼 사용하면서 최대한 많이 분석해야 한다. 그래야만 실제로 그 물건의 기능에 꼭 필요한 재료와 그렇지 않은 재료를 혼동하지 않을 것이다. 학생들은 물건에 일정 정도의 압축력과 장력을 가하고 결과를 분석해서 쉽게 이 일을 해낼 수 있다.

물체에서 제거할 곳을 확인할 때 염두에 둘 다른 하나는, 그것을 어디에 쓰는가다. 예를 들어 플라스틱 컵은 구조적으로 불필요한 부분을 많이 갖고 있다. 그렇다고 그런 곳들을 제거하면 물을 담지 못하는 디자인이 나온다.

학생들이 광탄성을 이용해서 물체에서 제거할 부분을 확인한 뒤에는, 재설계한 물체의 윤곽을 모눈종이에 다시 그리고, 앞에서 한 것처럼 모눈을 세어 새 표면적을 구하도록 한다. 이제 학생들은 물체를 재설계해서 불필요한 부분을 제거함으로써 절약한 재료의 비율을 계산할 수 있다. 이 과정을 테이프 디스펜서에 도입하면 플라스틱 사용량을 16퍼센트나 줄일 수 있다.

학생들은 이렇게 다시 설계해서 만든 물건에는 전에 없던 많은 노치가 생긴다는 것을 알아차릴 것이다. 그것이 문제가 될까? 지금쯤 학생들은 노치의 위험성에 관해 꽤 많이 알고 있다. 이런 위험을 최소화하기 위해 무엇을 할 수 있을까? 마지막 단계에서는, 학생들에게 나무에서 영감을 받은 곡선을 적절히 사용해서 노치 모양을 잡고, 뼈에서 영감을 받아 재설계한 것을 다시 그리라고 할 수 있다. 재설계한 것을 3D 프린터에 투명한 플라스틱을 써서 출력하거나, 플라스틱에 그리고 잘라서 표본을 만들면, 광탄성으로 재설계한 형태를 분석할 수 있다. 이렇게 해서 여러분은, 플라스틱과 모눈종이만 가지고 학생들에게 자연에서 영감을 받은 제품 디자인이라는 첨단 분야를 보여주고, 공학과 설계에 가장 광범하게 적용되는 자연계의 교훈을 이해하도록 도왔다.

이 주제에 관해 더 알아보고 싶은가? 다음 자료를 참고하라.

참고 자료

뼈에서 영감을 받은 구조 공학과 제품 디자인의 접근법 교육 과정

• 〈뼈에서 얻는 깨달음〉 자연에서 영감을 받은 공학에 관한 중/고등학교 교육 과정
  : 자연 학습 센터. www.LearningWithNature.org

뼈가 어떻게 스스로 리모델링하는가에 관한 참고 자료

• 볼프의 법칙
  : https://en.wikipedia.org/wiki/Wolff%27s_law

에펠탑에 관한 참고 자료

• 아티쉬 바티아의 훌륭한 기고문을 참고할 것
  : https://www.wired.com/2015/03/empzeal-eiffel-tower/

뼈에서 영감을 받은 캐드 소프트웨어

• 세스애슬의 웹 사이트에서 본문의 멋진 스케이트보드와 다른 작품을 볼 수 있다.
  : sethastle.com

뼈에서 영감을 받은 캐드를 개발한 회사, 알테어에 관한 참고 자료

• 알테어의 최적화에 관한 웹 페이지에서 몇 가지 적용 사례를 참고할 것
  : https://www.altair.com/optimization/

알테어가 추구하는 개념의 역사에 관한 참고 자료

  : https://www.forbes.com/sites/amitchowdhry/2013/07/22/altairs-software-enhances-the-design-of-transportation/#6191fa75624d

알테어에 관한 더 많은 정보

  : https://www.popularmechanics.com/cars/a9164/carmakers-copy-human-bones-to-build-lighter-autos-15677023/

5장
유체가 주는 즐거움

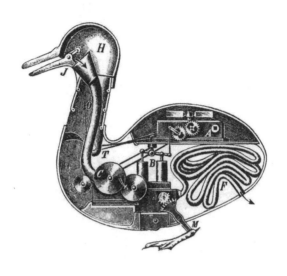

지금까지 우리는 엔지니어들이 다루는 가장 중요한 두 힘, 압축력과
장력을 탐구했다. 그 과정에서 다룬 것은 고체 재료와 구조물이었다.
하지만 엔지니어들은 다른 물리적 힘, 다른 상태의 물질도 중요하게
다룬다. 많은 부분이 액체로 덮인 행성에 살면서 유체의 공학을 탐구
하지 않는다면 너무 무성의한 게 아닌가. 게다가 생물계 곳곳에 유체
와 관련해 혁신의 영감을 줄 수 있는 놀라운 사례가 얼마나 많은가.
영양이 풍부한 벌꿀, 검은목코브라의 눈을 멀게 하는 맹독, 문어가 도
망치면서 내놓는 희한한 먹물을 생각해 보라. 생물은 단단한 재료로
도 경이로운 일을 하지만, 유체를 가지고도 놀라운 재주를 부린다.

  우리 몸의 액체만 해도 정말 다양한 종류와 놀랄 만큼 많은 능력
을 보여 준다. 스스로 지혈하는 혈액, 몸속 스프링클러에서 솟아나 몸
을 식히는 땀, 내면의 정서 상태를 같은 종족에게 전달하는 눈물, 접

촉한 음식물을 소화하기 시작하는 침, 우리 몸에 침입하려는 미생물을 찐득찐득한 물질로 붙잡는 코의 점액 같은 것들이다. 자연에는, 직접 특수한 액체를 만들어 내는 대신, 독특한 방식으로 주위에 있는 흔한 액체들을 이용해서 특수 효과를 얻는 사례도 많다. 식물 잎은 날이면 날마다 접착력 좋은 수소 원자를 물 분자에서 정교하게 분리해 복잡한 구조의 당과 녹말을 만들고, 말불버섯은 빗방울을 독창적으로 이용해서 포자를 공기 중으로 날려 보내며, 물총고기는 입안에 모은 물을 곤충을 향해 정확하게 발사해서 먹잇감을 잡는다.

요컨대, 액체를 이용하는 자연의 능력을 가볍게 봐서는 안 된다는 것이다. 그 탐구는 학생들 앞에 경이로운 자연의 세계는 물론, 인류를 위한 신기술의 가능성을 향한 창문을 열어젖힐 것이다. 이 장에서는 학생들을 촉촉한 공학의 세계로 안내할 몇 가지 멋진 방법을 탐구할 것이다. 그래서 결국, 누구도 여러분이 건조한 과목을 가르친다고 할 수 없게 될 것이다!

우리 호모 사피엔스는 우리가 지구를 지배했다고 생각하지만, 실은 그 반대라는 명백한 증거가 있다. 보잘것없는 달팽이와 그 가까운 친척들은 비교적 근래에 나타난 인류보다 지구에서 훨씬 더 오래 끈끈히 터를 닦고 살았다. 내게는 분명히, 복족류가 『뉴욕 타임스*New York Times*』 1면 머리 기사를 장식하고, 포유류, 특히 인류는 한참 뒤에 나와야 한다. 하긴 그렇대도, 수많은 작은 이빨로 덮인 치설과 셀룰로스cellulose를 소화할 효소는 있지만 시력은 거의 없는 내 달팽이는 그 신문을 읽기보다 먹어 치웠으리라.[70]

— 엘리자베스 토바 베일리Elisabeth Tova Bailey,

『달팽이 안단테*The Sound of a Wild Snail Eating*』 중에서

마법의 점액

엔지니어의 관점에서, 점액은 매우 흥미로운 유체이다. 우리와 지구를 공유하는 생물 중에서도 가장 느긋한 편인 달팽이가 만들어 낸 점액이 특히 그렇다. 달팽이와 민달팽이는 복족류라는 커다란 생물 분류군에 속하는데, 복족류의 복은 〈배〉, 족은 〈발〉이다. 결국 복족류는 배가 발인 무리라는 뜻으로, 배로 밀며 미끄러지듯이 이동하는 이 동물들의 특징을 잘 나타낸다. 정말 흔치 않은 이동 수단이라는 데에는 모두 동의할 것이다.

　〈발〉이 하나뿐인 동물이 어떻게 돌아다닐 수 있을까? 더욱이, 풀처럼 끈적끈적한 물질 위에서 발이 하나뿐인 동물이 어떻게 앞으로 나

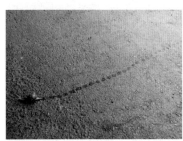

길 내기.
모든 생물 중에서 특이하게도, 사람과 달팽이만이 길을 닦고 그 위로 이동한다.

아갈 수 있을까? 교육의 관점에서, 달팽이 점액, 그리고 달팽이가 점액을 이용하는 방법은 학생들에게 다양한 STEM 주제를 탐구하기 위한 흥미로운 상황을 제공한다. 또한, 학생들이 달팽이의 독창성, 그리고 나아가 자연 세계를 더 좋아하도록 해준다. 어떤 사람에게는 달팽이의 점액이 역겨울 수도 있지만, 엔지니어의 관점에서는 궁금증을 자아내는 지점이다. 달팽이의 기이한 행동도 관심을 끈다. 어느 누가 돌아다니기 위해 끈적거리는 것을 만든단 말인가? 도로포장 작업이 입증하듯이, 사람은 아마 달팽이와 민달팽이 외에 길을 닦고 그 위로 이동하는 유일한 종일 것이다.

달팽이 점액은 이동하는 데 이용되지만(이 장에서 다룰 주요 내용이다), 동시에 다른 일에도 도움이 된다.[71] 달팽이 점액은 스위스 군용 칼처럼 다기능이다. 달팽이가 남기는 점액 길은 시간기록계의 종이테이프처럼 정보를 제공하기도 한다. 예컨대, 달팽이들은 다른 달팽이가 남긴 점액 길을 보고 그 개체가 자기와 같은 종인지, 다른 종인지 안다. 그 개체가 자손을 남길 수 있는지 없는지, 그리고 그 개체의 영양 상태가 어떤지도 알아낼 수 있다. 자연 선택의 핵심 질문들이다. 요컨대, 달팽이 점액 길은 짝짓기 상대를 발견하는 데에도, 유인하는 데에도 도움이 된다는 것이다. 어찌 보면, 달팽이들이 포스팅한 데이트 상대 찾기용 프로필이라고도 할 수 있다.

점액 길을 남긴 달팽이에게는 안된 일이지만, 포식자 달팽이(다른 달팽이를 먹는 달팽이)도 그 길을 이용해서 먹잇감의 위치를 파악한다. 한편, 달팽이는 점액 길로 다른 개체들에 위험을 알릴 수도 있다. 예를 들어, 공격받은 복족류는 점액 길의 재료에 화학 물질로 경고 신호를 집어넣어 다른 달팽이들이 위험 상황을 미리 감지하고 따라오지 않도록 한다. 달팽이 사이의 이런 연대는 꽤 마음에 와닿는다. 찰스 다윈Charles Darwin은 1871년에 펴낸 책, 『인간의 유래The Descent of

Man』에 다음과 같은 흥미로운 이야기를 담았다.

> 론스데일 씨는 달팽이 한 쌍을 (……) 작고 환경이 열악한 정원에 가져다 두었는데 그중 한 마리는 몸이 약했다고 한다. 잠시 후 힘세고 건강한 개체가 사라졌다. 추적해 보니 환경이 좋은 이웃 정원과 접해 있는 벽 위로 그 달팽이의 점액 길이 나 있었다. 론스데일 씨는 그 달팽이가 병약한 짝을 버렸다고 판단했다. 하지만, 24시간 후 그 달팽이는 다시 돌아왔다. 그리고 보아하니 성공적인 답사 결과를 전달해 준 것 같다. 왜냐하면 그 뒤 두 달팽이가 같은 길을 따라 이동하기 시작해서 담 너머로 사라져버렸기 때문이다.[72]

달팽이는 점액 길로 먹잇감과 짝을 찾을 수 있을 뿐만 아니라, 점액 자체를 식량원으로 이용하기도 한다. 또한 점액 길을 이동할 때 필요한 새 점액의 양을 최소화하는 데 사용(또는 재사용)하기도 한다. 달팽이 점액 길은 나중에 먹을 다른 먹이(예를 들어, 조류)를 모으거나 길러낼 수도 있다. 기발한 농법이다.

유체의 성질

발이 하나인 동물이 어떻게 이 경이로운 물질 위로 이동하는가 하는 핵심 문제를 탐구하기 위해, 학생들은 먼저 몇 가지 주요 개념을 이해할 필요가 있다. 예를 들어 유체란 무엇인가 하는 것이다. 물리학과 공학에서는 기체를 포함한 모든 흐르는 물질을 유체라 한다. 달팽이 점액, 물, 공기와 같은 유체는 **점도**(점성도라고도 한다), 즉 끈끈한 정도로 설명할 수 있다. 점도란 물질이 흐름에 저항하는 정도, 또는 압력에 저항하는 정도를 말한다. 욕조 물에 손을 집어넣고 움직일 때 느껴지는 것이 물의 점도이다. 공기는 물보다 점도가 작고, 벌꿀은 물보다 점도가 크다.

우리는 유체마다 점도가 일정하다고 생각하는 경향이 있다. 예컨대 물과 공기는 대체로 힘에 따라 점도가 변하지 않는 물질이다. 예상대로, 이런 물질은 큰 압력을 가할수록 형태가 많이 변한다. 이런 유체를 〈정상〉 유체, 또는 뉴턴 유체라고 한다. 모든 작용력에는 크기가 같고 방향이 반대인 반작용 힘이 따른다는 〈작용 반작용의 법칙〉으로 유명한 영국 물리학자 아이작 뉴턴Isaac Newton(1643-1727)에서 유래한 명칭이다. 뉴턴 유체는 뉴턴이 남긴 액체라는 뜻이 아니라, 응력과 변형률 사이의 관계가 기울기가 양인 직선으로 나타나는 모든 유체이다. 다시 말해, 더 큰 힘을 가할수록(응력), 더 많이 변형된다는 것이다(변형률). 17세기에 뉴턴과 그의 동료 로버트 훅Robert Hooke(1635-1703)은 물질에 이런 관계가 있다고 설명했다. 하지만, 모든 유체가 반드시 이 관계대로 거동하는 것은 아니다. 앞으로 알아보겠지만, 사실 다른 유체들은 놀랄 만큼 비표준적 거동 특성을 나타낼 수 있다.

어떤 유체의 점도는 일정하지 않고, 힘에 따라 달라진다. 닥터 수스가 1949년에 펴낸 동화책 『바솔로뮤와 우블렉Bartholomew and the Oobleck』에 나오는 물질, 우블렉이 좋은 예다. 우블렉은 압력이 낮을 때는(천천히 손을 집어넣어 움직일 때처럼) 정상 유체처럼 거동하지만, 압력이 높을 때, 특히 갑자기 압력이 가해질 때는 점도가 극적으로 증가한다. 우블렉 놀이를 해본 적이 없다면 당장 책 읽기를 중단하고 만들어 보기를 권한다. 우블렉을 만들기 위해 닥터 수스처럼 왕실 마법사들을 부를 필요는 없다. 옥수수 전분과 물만 조금 있으면 된다(대략 옥수수 전분 2, 물 1의 비율이면 된다). 우블렉은 진득진득한 액체처럼 보인다. 하지만 그 위에 볼링공을 떨어뜨리면, 예상과 달리 공이 밑으로 가라앉지 않고 우블렉 표면에서 말 그대로 **튀어 오를 것**이다!

우블렉은 분명 학생들의 눈길을 사로잡을 수 있지만, 그것을 활용해서 공학이나 자연사의 개념을 자세히 설명하는 경우는 거의 없다. (여기서는 그런 기회를

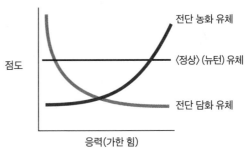

종합한 도표.
전단 농화, 전단 담화, 그리고 〈정상〉 유체에서 힘의 크기에 따른 점도의 변화를 나타낸 것이다.

놓치지 않을 것이다!) 우블렉과 같은 액체를 **전단 농화**shear-thickening* 유체라고 한다. 이는 압축력이나 장력보다 좀 더 복잡한 기계적 힘과 관계가 있다. 전단력은 동시에 반대 방향으로 압력이 작용할 때 물질이 받는 힘이다. 큰 가위, 즉 전단기는 이런 방식으로 일한다. 용기를 붙잡고 뚜껑을 돌려 열거나, 앞니로 치즈 스틱을 베어 물 때 사용하는 힘이 전단력이다. 우블렉 그릇 속으로 손을 천천히 집어넣으면 그 액체는 정상 유체처럼 쉽게 형태를 바꾸지만, 손을 빠르게 움직이면(그 결과 우블렉 일부가 손에서 멀리 있는 우블렉에 대해 빨리 움직이도록 하면) 그 액체는 〈자물쇠가 채워져〉, 고체와 같이 거동한다.

한편, **전단 담화**shear-thinning 유체는 이와 반대로 거동한다. 전단력이 클 때 점도가 감소해서 더 쉽게 흐른다는 뜻이다. 실생활에도 전단 담화 유체의 예가 많은데, 그 특이한 물질은 바로 여러분 눈앞에도 있다. 페인트는 전단 담화 유체이다. 페인트는 붓에 잘 묻지만, 칠할 곳에 대고 누르면 붓에서 벽 쪽으로 쉽게 흘러나온다. 그리고 벽면에 붙은 뒤에는 다시 점도가 커져서 뚝뚝 흐르지 않는다. 혈액도 전단 담화 유체이다. 몸속에서 혈관 벽에 부딪히며 흐르는 혈액은 더 묽어진

---

* 전단은 물체에 크기가 같고 방향이 반대인 두 힘이 작용하여 물체 내부에서 어긋남이 생기는 일을 말하며, 전단 농화는 전단이 있을 때 점도가 커진다는 뜻이다.

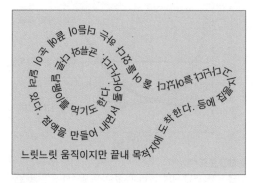

생각의 선.
달팽이를 관찰하고 생각을 정리해서 달팽이 모양으로 적을
수 있다.

다. 어떤 곳에서는 토양이, 지진 충격으로 인해 마치 전단 담화 유체처럼 점도가 낮아져서(액상화라고 한다), 심각한 피해를 일으키기도 한다.

압력, 또는 전단력에 따라서 점도가 변하는 유체는 뜻밖의 성질이 흥미롭기도 하지만, 기술 면에서도 중요한 의미가 있다. 예를 들어, 전단 농화 유체는 일부 사륜구동 차량에 이용된다(이 유체의 기술 적용에 관한 내용은 뒤에서 더 다룰 것이다). 그것은 또한 발이 하나뿐인 동물이 어떻게 끈끈한 물질 위로 이동하는지 이해하기 위한 열쇠이다.

[활동] 달팽이 점액

달팽이가 하나밖에 없는 발로 끈끈한 물질 위를 어떻게 이동할 수 있는지 흥미를 갖게 하려면, 우선 학생들에게 달팽이와 민달팽이에 대해 무엇을 알고 있는지 질문한다. 달팽이의 흥미롭고 독특한 점은 무엇인가? 학생들에게 목록을 작성할 시간을 준다. 예를 들어, 달팽이는 등에 집을 지고 다닌다, 달팽이는 눈을 몸속으로 집어넣을 수 있다, 달팽이는 사방을 둘러볼 수 있다, 같은 것들이다. 학생들이 잘 알지 못하는, 다음과 같은 내용을 자유롭게 추가할 수 있다. 달팽이와 문어, 조개는 비교적 가까운 유연관계에 있다, 달팽이와 같은 복족류는 가장 깊은 바닷속부터 가장 높은 산, 가장 건조한 사막까지 지구의 거의 모든 곳에서 발견된다, 가장 작은 달팽이는 바늘귀를 통과할 수도 있다, 달팽이는 대개 암수한몸(한 개체가 암수 생식 기관을 모두 갖춘 것)이다.

누군가 달팽이가 점액을 만든다고 말하면, 학생들에게 달팽이가 점액을 만드는 까닭을 질문해서 여기에 초점을 맞춘다. 달팽이는 점액으로 무엇을 할까? 학생들이 달팽이가 점액을 만들어서 돌아다닌다고 하면, 학생들에게 달팽이 점액을 좋아하느냐고 질문한다. 이 질문에 적극적으로 불쾌감을 표하는 학생이 있으면 어떤 점이 싫으냐고 질문한다. 예를 들면 다음과 같은 흥미로운 토론이 가능하다.

「달팽이 점액은 역겨워서 싫어요.」

「왜 역겹다고 생각하지요?」

「몸에서 흘러나오니까요!」

「학생 몸에서는 액체가 흘러나오지 않나요?」

「네!」

「정말? 땀은요?」

「하지만 달팽이 점액은 끈적끈적해요!」

극적인 효과를 위해 여기서 잠시 말을 멈춘다.

「잠깐, 달팽이 점액이 어떻게 끈적끈적할 수 있지요? 달팽이는 점액을 이용해서 돌아다니지 않나요?」

「맞아요…….」

「그렇다면, 달팽이 점액은 어떻게 끈적끈적한 동시에 미끌미끌할 수 있을까요? 끈적거리는 것과 미끈거리는 것은 반대 아닌가요? 말이 안 되잖아요!」

끝으로, 학생들에게 가장 중요한 질문을 한다.

「발이 하나뿐인 동물이 어떻게 걸을 수 있을까요? 그것도 끈끈

다양한 크기의 달팽이.
가장 큰 달팽이는 사람 발만 하고, 가장 작은 달팽이는 바늘
귀를 통과할 정도로 작다.

한 물질 위에서…….」

이쯤에서 여러분은 앞으로 학습할 내용을 학생들에게 알려 줄 수 있다. 달팽이가 어떻게 미끄럽고도 잘 들러붙는 유체를 만드는지, 달팽이가 어떻게 들러붙기 쉬운 점액 위로 이동하는지 하는 것들이다. 또한 이 모든 것이 퀵샌드, 즉 지진이나 충격 등으로 액상화해서 흘러내리는 모래 지반이나, 탄알을 막을 수 있을 만큼 강한 동시에 춤을 춰도 될 만큼 유연한 방탄복의 발명과 관련이 있다는 것도 미리 귀띔해 줄 수 있다.

우블렉. 우블렉은 학생들이 뉴턴 유체와 비뉴턴 유체의 개념을 스스로 발견하기에 가장 좋은 주제이다. 학생들은 물에 손을 집어넣고 움직이면서 일어나는 일을 관찰한 다음, 우블렉에도 똑같이 해본다. 학생들은 무엇을 알아채는가? 물은 어떻게 되는가? 물에 다시 손을 집어넣고 이번에는 빠르게 손을 움직인다. 이번에 물은 어떻게 되는가?

여기서 중요한 것은 손이 지나가는 동안 물이 자리에서 비켜난다는 것이다. 손이 천천히 움직이면 물이 천천히 비켜나고, 손이 빠르게 움직이면 물이 빠르게 비켜난다. 물은 우리가 액체에 기대하는 그대로 움직인다.

이번에는, 우블렉에 똑같은 일을 해본다. 이 액체의 거동에서 물과 다른 점은 무엇인가? 학생들에게 말해 보도록 한다. 우리는 학생들이 물의 끈끈한 정도(즉 점도)는 압력에 따라 변하지 않지만, 우블렉의 경우는 변한다는 사실을 알아차리기를 바란다. 우블렉은 압력이 커질수록 끈끈해진다. 우블렉에 손을 빨리 밀어 넣으면 더 단단해지는 것이다. 반면, 물은 압력을 가해도 변하지 않는다. 기대한 것처럼, 손을 얼마나 빨리 움직이는가에 따라 더 빠르게, 또는 느리게 비켜날 뿐이다. 어떤 액체는 우리가 기대하는 것처럼 거동하지만, 또 다른 액체는 전혀 그렇지 않다!

우블렉이 이런 식으로 거동하는 이유는 수업의 초점이 아니지만, 학생들은 알고 싶을 수도 있다. 우블렉에서 손을 천천히 움직이면 옥수수 전분 입자가 흐를 시간이 있다. 하지만 손을 빠르게 움직이면 그럴 시간이 없어서, 입자들이 서로 충돌하면서 마찰이 생기고 일시적으로 고체처럼 변한다.

다음 활동을 재미 요소로 추가할 수 있다. 바닥에 비닐을 깔고 대략 가로 23센티미터, 세로 33센티미터, 높이 10센티미터의 네모난 그릇(라자냐 팬 크기, 더 커도 된다) 안에 우블렉을 만든다. 학생들에게 신과 양말을 벗고 그릇을 향해 달려가서 그릇 안을 한 번 밟고 지나가도록 한다. (필요하면 우블렉을 비닐로 덮어서 발과 바닥에 묻지 않도록 한다.)

케첩과 전단력. 학생들에게 질문한다. 어떤 액체에 압력을 가하면 더 끈끈해진다. 그렇다면 압력을 가할 때도 액체에 특별한 일이 일어날 수 있지 않을까? 학생들이 다양한 의견을 내놓도록 한 다음, 토마토케첩이 반쯤

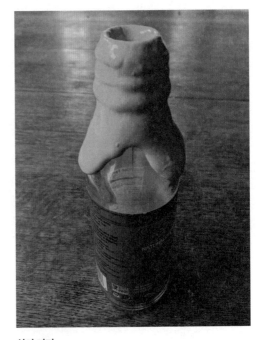

실리 퍼티.
병 위에서 흘러내리고 있는 실리 퍼티는 전단 농화 유체이다.

들어 있는 병을 보여 준다. 케첩은 꽤 걸쭉한 액체라서, 병에서 나오게 하기가 쉽지 않다. 남아 있는 케첩을 나오게 하려면 어떻게 할까? 우선 뚜껑을 연 케첩 병을 빈 그릇 안에 거꾸로 세우고 케첩이 나오지 않는다는 것을 확인한다. 그다음에는, 케첩이 나올 때까지 케첩 병을 한 번 흔들고 갑자기 멈추기를 반복한다. 케첩을 나오게 하는 한 가지 방법이다. 이번에는 케첩이 흘러나올 때까지 나무젓가락으로 찌른다. 또 다른 방법이다. 우리가 자연스럽게 한 그 일들은 전단 담화 액체에 전단력을 가한 것이다.

이제 그릇에는 케첩이 들어 있다. 젓는 막대나 긴 나무 숟가락을 그릇에 넣고 원을 그리면서 케첩을 젓는다. 무엇이 관찰되는가? 그릇에 물 두 컵을 넣고 막대로 물을 저으면서 결과를 비교한다. 물은 막대가 움직이는 방향으로 돈다는 것을 확인했는가? 케첩은 어떤가? 케첩의 경우, 막대 바로 옆에 있는 부분은 막대와 같이 움직이지만, 그릇 안의 나머지 부분은 움직이지 않는다. 학생들은 케첩이 보통 때는 걸쭉하지만, 움직이는 막대 주위에서는 점점 묽어진다는 것을 관찰할 것이다. 학생들에게 무슨 일이 일어나고 있는지 이야기해 보도록 한다. 케첩은 우블렉과 같은가, 아니면 다른가? 어째서 그런가? 케첩은 우블렉과 정반대로, 압력을 받을 때 점도가 감소해서 묽어지는 액체이다.

활동 **달팽이 관찰하기**

전단력에 따라 점도가 변하는 액체가 어떻게, 끈적거리는 점액 위에서 달팽이가 이동하는 방법을 이해하게 해줄까? 학생들이 앞으로 무엇을 배울지 확실히 파악하게 하는 유일한 방법은 움직이는 달팽이를 보여 주는 것이다. 동영상(이 장 끝부분의 참고 자료에 나온)을 이

용해도 되고, 달팽이를 잡아서 유리판 위로 이동하는 달팽이의 아랫
면을 보여줘도 된다. 학생들이 관찰할 것은 달팽이 아랫면에서 보이
는 특이한 선, 또는 선처럼 보이는 영역들이다. 그 부분들은 달팽이
뒤쪽에서 움직이기 시작해서 앞으로 이동하는 것처럼 보인다. 달팽
이의 맨 아랫부분은 근육이다. 달팽이는 이 근육을 뒤에서 앞 방향으
로 차례로 수축시켜서 수축한 부분이 흐르듯이 움직이도록 한다. 만
화 영화에서 뽀빠이가 이두근을 자랑할 때 근육이 파도타기를 하는
것과 비슷한 식이다. 이 일이 어떻게 달팽이가 들러붙는 점액 위에서
부드럽게 움직이도록 돕는 것일까?

달팽이의 경우, 전단 담화 현상이 그 마법 점액의 열쇠라는 것이 밝혀
질 것이다. 달팽이 점액은 보통 차지고 끈끈한 성질이 있어서, 달팽이
가 가느다란 줄기나 수직면에 붙어서 움직일 수 있도록 한다. 이 상황

파도타기.
근육으로 점액을 꽉 누르면(파도 영역), 보통 때 끈끈하던 점액이 윤활유처럼 변한다. 이때 달팽이
는 중간중간에 있는 잘 들러붙는 점액(파도 사이 영역)에 대고 몸을 밀어서 앞으로 나아갈 수 있다.

에서는 접착이 중요하지만, 어떻게든 그 위로 이동하지 못하고 가만히 붙어만 있다면 아무 의미도 없다. 이런 난관을 해결해 줄 수 있는 물질이 거동이 변하는 유체, 즉 달팽이 점액이다.

그 작동 방식은 다음과 같다. 달팽이가 이동하는 동안, 달팽이 발을 따라 근육 수축 부위가 흐른다.[73] 달팽이 근육이 수축한 곳은, 이두근에 힘을 줄 때처럼, 불룩해진다. 근육이 지나가면서 수축의 압력을 받은 달팽이 점액은 끈끈한 접착제에서 미끈거리는 윤활제로 변한다. 전단 담화 유체의 전형이다. 하지만 불룩해진 곳 사이(〈파도 사이 영역〉)에서는 달팽이 점액이 끈끈한 채로 남아 있다. 따라서 달팽이는 끈끈한 부분을 밀쳐내면서, 점액이 미끄럽게 변한 곳에서 계속 전진할 수 있다. 그 결과 달팽이는, 윤활제가 도움이 되는 평평한 바닥에서 앞으로 나아가든, 접착제가 필요한 수직 벽을 타고 오르든, 늘 부드럽고 우아하게 이동할 수 있다.

딱풀과 종이만 있으면 학생들에게 이 상황을 보여 줄 수 있다. 딱풀을 종이에 대고 똑바로 누른 다음, 딱풀을 들어서 종이가 딸려 올라오도록 한다. 기억하라, 달팽이 점액은 보통 끈끈하다. 이번에는 딱풀을 종이에 대고 누르면서 부드럽게 이동한다. 달팽이 점액과 마찬가지로, 압력을 받은 딱풀은 일시적으로 묽게 변한다. 딱풀은 압력을 받을 때만 윤활제가 되고, 다시 원상태로 돌아가면 끈끈해진다(풀을 바른 곳에 손을 대고 종이를 들어 올려 딱풀이 다시 끈끈해진 것을 보여 줄 수 있다).

이론적으로, 달팽이는 이 순서를 반대로 할 수도 있다. 애초에 미끌미끌한 점액을 만들고, 압력을 가해야만 끈끈해지도록 할 수 있다는 것이다. 달팽이는 왜 지금처럼 보통 때 끈끈한 점액을 만들까? 반대로 하면 어떨까? 여러분이라면 벽을 타고 오를 때 그 두 점액 중 어느 쪽을 사용하고 싶은가? 그 까닭은? 학생들에게 이 점을 충분히 생각해 보도록 한다.

　답은 이렇다. 달팽이 점액이 압력을 가할 때만 끈끈해진다면, 수직면을 오르는 동안 달팽이들은 잠시도 쉬지 않고 힘을 주어야 할 것이다. 기어 올라갈 때는 바닥에서 움직일 때보다 훨씬 더 큰 에너지가든다. 달팽이들은 기본값이 접착제인 점액 덕분에, 힘들이지 않고 수직면에 매달려 있다가 필요할 때만 편안히 움직일 수 있다.

기술 적용의 가능성

달팽이들은 확실히 그 마법 점액을 유용하게 활용할 방안을 찾아냈다. 우리는 어떨까? 어떤 상황에서 힘에 따라 점도가 변하는 액체가쓸모가 있을까? 학생들에게 이 아이디어를 어디에 적용하면 사람이만드는 물건이나 하는 일을 개선할 수 있을지 생각하도록 한다. 이제학생들은 전단 담화, 전단 농화 액체로 할 수 있는 일을 알고 있으므로, 브레인스토밍을 통해 신기술의 적용 가능성을 도출할 수도 있다.

　예컨대, 경찰이 입을 방탄복이나 산악자전거 타는 사람이 입을보호복을 디자인한다고 가정해 보자. 많이 움직여야 하는 사람을 위

달팽이가 기술 면에서 줄 수 있는 아이디어는?
전단 점도 변화 유체는 도로 파임을 보수하거나 과속 방지턱을 만드는 등의 용도로 이용된다. 충격을 받을 때 굳는 보수 재료를 사용하면 파인 도로를 신속하게 복구할 수 있다. 전단 점도 변화유체로 과속 방지턱을 만들면, 과속 운전자는 방지턱에서 물리적 충격을 받아 속도를 줄이지만, 제한 속도를 지킨 운전자는 아무것도 느끼지 못할 수 있다.

한 보호 장구를 디자인할 때는 어떤 문제를 해결해야 할까? 이때 학생들이 전통적인 보호 장구는 두껍고 뻣뻣해서 구부렸다 폈다 해야 하는 신체 부위에는 걸칠 수 없다는 것을 인식하도록 한다. 이런 상황에 압력에 따라 점도가 변하는 액체가 도움이 될까? 보호 장구를 달팽이 점액 같은 전단 담화 액체로 만들면 매우 유용할 것이다. 무릎이나 팔꿈치를 움직이는 동안에는 재료의 점도가 작아져 기동성이 있지만, 정지하면 점도가 커지면서 보호해 준다.

이와 같은 보호 장구는 이미 존재한다. 또한 마루 시공하는 사람들이 사용하는 무릎 보호대, 의사들을 위한 펑크 방지 수술 장갑 등 많은 제품이 전단 점도 변화의 원리로 만들어졌다.[74] 성능과 효율 면에서 이런 혁신 기술이 거둔 성취는 놀랄 만하다. 예를 들면, 전단 농화 유체로 만든 방탄조끼는 전통적인 케블라 소재의 3분의 1 두께로 같은 에너지의 탄알을 막아낸다.[75] 이런 방탄조끼는 훨씬 더 유연할 뿐만 아니라 가볍기도 하다.

전단 농도 변화 액체를 인식하면, 완전한 공학 혁신의 신세계가 펼쳐질 수 있다. 그리고 많은 것이 분명해진다. 이제는 정원이나 인도에서 움직이는 달팽이를 전혀 다른 눈으로 보게 될 것이다.

이런 지식이 우리 목숨을 구할 수도 있다. 지진이나 충격 등으로 액상화해서 흘러내리는 모래 지반은 전단 담화 유체이다. 그렇다면, 이런 퀵샌드에 휩쓸렸을 때 어떻게 해야(그리고 하지 말아야) 할까? 하지 말아야 하는 것은 겁에 질려 몸부림을 치는 것이다 — 이렇게 하면 퀵샌드의 액상화가 더 심해진다. — 대신 천천히 움직여야 한다(또한 단단한 땅 쪽으로 되짚어가고, 무거운 것을 버리고, 필요하면, 더 가라앉지 않도록 똑바로 누워서 체중을 분산하는 것이 좋다).

이제 알았겠지만, 달팽이는 우리에게 많은 것을 가르쳐준다. 우리는 그 내용을 간단히 훑었을 뿐이다. 전단 농도 변화 액체를 더 깊이 탐구해서 많은 흥미로운 교육 활동을 할 수 있다. 학생들에게 이 현상을 활용해서 발명품을 만들게 할 수도 있다. 이 장 끝부분의 참고 자료에서 더 많은 탐구 활동을 볼 수 있다.

아름다운 대답은 언제나 더 아름다운 질문을 남긴다.[76]

—E. E. 커밍스E. E. Cummings

불굴의 물방울

때로는 자연이 만들어 낸 놀라운 액체가 아니라 자연이 지극히 평범한 액체를 다루는 놀라운 방식을 탐구할 필요가 있다. 교정이나 뒷산에서 자라는 식물들을 잠깐 생각해 보자. 그 식물들은 어떻게 그렇게 눈부시게 깨끗한 상태를 유지할까? 우리가 잠든 밤사이 청소 요정이 몰래 찾아와 모든 식물을 씻어냈을 것 같지는 않다. 요정이 없어도,

그곳은 매일 아침 신선한 초록빛으로 빛난다. 심지어 흙길이나 진흙 투성이 습지에서 자라는 식물도 먼지떨이로 털어 낸 것처럼 청결해 보일 때가 많다. 무슨 일일까? 어린이들은 10분만 야외에서 뛰어놀 아도 자연에 있는 모든 것을 뒤집어쓴다. 식물들은 어떻게 그렇게 티 하나 없이 말끔할까?

활동 물방울 마법

식물들이 그렇게 깔끔한 상태를 유지하는 방법의 신비를 탐구해 보자. 우선 모둠별로 깨끗한 표면에 후춧가루를 조금 뿌린다. 학생들에게 테이프 조각을 이용해서 후춧가루 입자를 한두 개 집어 올리라고 한다. 이 일에 성공하면 물이 든 그릇과 점안기를 주고, 이번에는 물로 같은 일에 도전하도록 한다. 학생들은 점안기를 살짝 눌러 끝에 물방울이 맺히도록 하면, 테이프로 한 것처럼 물로 후춧가루를 집어 올릴 수 있다는 것을 알게 될 것이다. 이 활동으로 여러분은 입증해야 한다, 물이 끈끈하다는 것을.

물론 우리는 깊이 생각하지 않고도, 그 사실을 이미 알고 있다. 물체에 물이 달라붙지 않는다면, 자동차 앞 유리에 와이퍼를 설치할 필요가 없다. 아무리 칫솔을 적시려 해도 소용없을 것이다. 개 목욕을 시키는 것도 생각할 수 없다. 하지만, 다행히 물은 끈끈하다. 물방울에 달라붙은 후춧가루는 **점착** 현상을 보여 준다. 두 가지 서로 다른 물질이 끈끈하게 달라붙는 일이다. 물은 점착력이 있다. 하지만 물은 다른 물질에만 점착력이 있는 것이 아니라, 자기 자신에게도 잘 달라붙는다. 물리학자들은 이 독특한 현상을 가리켜 **응집**이라고 한다. 학생들

에게 다시 한번 점안기 밖으로 물방울을 밀어내고 관찰하도록 한다. 그 모양은 어떤가? 왜일까? 물방울은 왜 네모나지 않을까? 아니면 왜 핫도그 빵처럼 길쭉하지 않을까? 왜 다른 어떤 모양도 아닐까?

학생들에게 탁자 위에 기름종이 조각을 두고, 그 위로 2~3센티미터 높이에서 점안기를 들어서 1센티미터 떨어진 곳에 같은 크기의 물방울 두 개를 떨어뜨리도록 한다. 그다음, 기름종이의 한쪽 가장자리를 천천히 들어 올려 물방울 하나가 서서히 다른 물방울에 다가가도록 한다. 두 물방울이 서로 충돌할 때, 무슨 일이 일어나는가?

그렇다, 두 물방울은 더 큰 물방울 하나로 합쳐진다. 하지만 핵심은 그것들이 **어떻게** 결합하는가 하는 것이다. 물방울들은 인도를 걷다가 마주친 사람들처럼 평범하게 손을 맞잡지 않는다. 그것들은 마치 주인을 반기는 강아지처럼, 자석처럼 서로를 **확** 끌어당긴다. 물방울들은 서로 **사랑**한다! 이 작은 활동이 보여 주듯, 물은 열렬히 자기 자신에게 끌린다.

물이 자기 자신에게 끌리는 것을 생각하면, 점안기에 매달린 물방울이 네모나지 않고 둥근 것도 당연하다. 물방울이 네모나다면, 어

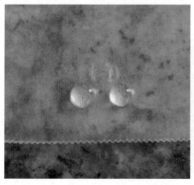

응집.
달리 점착할 것이 없을 때, 물은 자기들끼리 달라붙어서 기름종이 위에 특유의 방울을 만든다(왼쪽). 우주 공간에서 한데 달라붙은 물이 우주 비행사 수니타 윌리엄스Sunita Williams의 입으로 들어가고 있다(오른쪽).

떤 부분(모서리)은 절대적으로 필요한 것보다 물방울 중심으로부터 더 멀리 있을 것이다. 자기 자신과 사랑에 빠졌다면 있을 수 없는 일이다. (이런 설명이 과학적으로 들리지 않는다는 것을 알고 있다. 흥미는 덜하지만, 물리학자는 이렇게 말할 것이다. 표면적이 가장 작은 구의 형태를 유지할 때 가장 적은 에너지가 든다.) 이쯤에서 우주 공간에서 물을 가지고 노는 우주 비행사의 멋진 동영상을 학생들에게 보여 주면 좋을 것이다(이 장 끝부분의 참고 자료를 확인하라).

비교를 위해, 학생들에게 받침 유리에 물방울을 떨어뜨리라고 한다. 이제 물의 모양은 어떤가? 이 물방울의 모양이 점안기에 매달린 물의 모양과 다른 까닭은 무엇일까? 이것은 점착의 예인가, 아니면 응집의 예인가?

잠정적인 결론은 다음과 같다. 물은 끈끈하고 물체에 점착할 수 있다, 달라붙을 것이 아무것도 없으면 물은 자기 자신에게 달라붙는다. 다시 말해, 물방울의 모양은 그것이 무엇에 접촉하는가에 따라 변할 수 있다. 그 무엇이 물이 잘 달라붙는 것이면 물방울은 퍼진다. 그런데 그 무엇이 물이 잘 달라붙지 않는 것이면 물방울은 자신에게 달라붙어서 공처럼 된다. 물의 이런 거동을 기억해 두자.

활동 **물방울 역할 놀이**

특히 저연령 학생들은 이 시점에 물방울이 되어 보는 활동을 통해 개념을 제대로 인식하는 것이 좋다. 학생들이 누울 수 있는 잔디 운동장 같은 곳이 있으면, 한 사람 한 사람이 물방울이 된 것처럼 행동하도록 한다. 처음에는, 바닥에 달라붙은 물방울 흉내를 내라고 한다(학생들은 바닥에 몸을 넓게 펼칠 것이다). 다음에는 땅에 조금도 달라붙지 않은 물방울 흉내를 내라고 한다. 무슨 일이 일어날까? 학생들은 몸을 동그랗게 말 것이다.

이번에는 땅이 흔들린다고 해보자. 지진이 일어났다! 학생들은 이리저리 굴러다닐 것이다. 그러다 다른 물방울과 부딪친다……. 이제 어떻게 될까? 물방울 역할 놀이는, 앞서 말했듯이 저연령 학생들이 개념을 제대로 흡수하게 해주는 훌륭한 선택 활동이다.

활동) 잎 위의 물방울

물방울의 형태는 무엇에 접하는가에 따라 변할 수 있다. 그렇다면 식물 위에 있는 물의 모양은 어떨까? 학생들에게 점안기를 주고 이 개방형 질문을 탐구하도록 한다. 교정에서 자라는 식물로도, 교실 안 화분 식물로도 활동을 진행할 수 있다. 학생들은 돌아다니면서 서로 다른 식물에 물 한 방울을 조심스럽게 떨구고 결과를 관찰한다. 식물 잎에 닿  은 물방울은 무슨 모양인가? 잎을 수직 방향으로 기울이면 물방울은 어떻게 되는가? 다른 식물 부분(줄기, 꽃잎 등)에 닿은 물방울은 무슨 모양인가? 여러 식물의 다양한 부분에 이 활동을 한 다음, 관찰 결과를 토의하도록 한다. 여러분은, 마치 식물을 수술하기라도 하듯 작은 물방울을 살며시 내려놓는 활동에 마음을 뺏긴 학생들의 모습에 깜짝 놀랄지도 모른다.

좀 더 체계적인 활동을 원한다면, 표를 이용해서 관찰 결과를 기록하도록 할 수 있다. 표의 첫 번째 칸에는 식물 이름이나, 식물을 식별하기 위한 특징(예를 들어 〈농구 골대 옆 식물〉 등)을, 둘째 칸에는 실험한 부분(잎, 줄기, 꽃잎 등)을, 셋째 칸에는 물방울의 모양과 거동(납작해진다, 둥그스름하다, 구른다 등)을 적고 물방울의 형태를 간단히 그리도록 한다.

초소수성(〈물과 매우 멀어지려는 성질〉이라는 뜻)을 가진 것으로 알려진 식물들은 물방울을 거스르는 마법의 장이라도 가진 것처럼 보인다.[77] 이 현상을 일컬어 **연잎 효과**라고 한다. 표면 구조로 인해 나타나는 발수 현상이 연꽃의 연구 과정에서 처음 발견되었기 때문이다. 이 현상을 탐구할 준비물은 식료품점에서 파는 케일인데, 싱싱할수록 좋다. 학생들에게 케일 잎에 물방울을 조심스럽게 떨어뜨리고 결과를 관찰하도록 한다. 잎 뒷면에서 더 좋은 결과를 얻을 수도 있다. (지금 가까운 곳에 신선한 케일이 있으면 잠깐 시간을 내서 잎을 가져다 직접 실험해 보기를 바란다.) 잎 위의 물방울은 무슨 모양인가? 잎을 기울이면 물방울이 어떻게 되는가?

학생들에게 케일 잎 위에 물을 떨어뜨리고, 잎 밖으로 물방울을

떨어뜨리지 않으면서 잎 가장자리에서 최대한 가깝게 굴리며 놀게 한다. 물방울을 잎에서 잎으로 전달할 수도 있다. 반 학생 전체가 물방울을 떨어뜨리지 않고 잎에서 잎으로 전달할 수 있는지 도전해 본다. 구멍 뚫는 펀치로 잎에 구멍을 몇 개 뚫은 다음, 물방울이 구멍으로 빠지지 않고 잎 전체를 굴러다니도록 해볼 수도 있다(구멍 뚫린 나무 미로에서 쇠구슬을 굴리는 게임과 비슷하다).

잎 씻기. 이쯤에서 학생들이 관찰한 것을 잠시 되새겨 보자. 물은 모든 식물 잎 위에서 똑같이 행동하는가? 아니다. 물방울의 행동은 식물에 따라 어떻게 다른가? 식물은 물이 달라붙는 것을 막으려고 하는 것처럼 보인다. 그 까닭은 무엇일까?

여기서 잠시 잎이 하는 일을 생각해 보자. 우리는 식물 잎이 적어도 두 가지 중요한 일을 한다는 것을 알고 있다. 잎은 공기 중에서 이산화탄소를 받아들이고(양분 합성의 재료를 공급한다), 햇빛을 에너지원으로 이용한다(양분 합성에 필요한 동력을 제공한다). 화성 탐사 로봇의 태양 전지판도 햇빛을 에너지원으로 이용한다. 화성에 모래 폭풍이 몰아치면 무슨 일이 일어날까? 그 뒤 태양 전지판은 얼마나 잘 작동할까? 잎은 어떨까? 잎은 흙먼지로 뒤덮여도 제대로 기능할 수 있을까?

물방울이 잎을 **도와줄** 수도 있을까? 학생들에게 굵은 후춧가루 입자 몇 개를 케일 잎 위에 올려놓으라고 한다. 물방울을 그 근처에 떨구고 잎을 움직여서 물방울이 후춧가루 위로 굴러가도록 한다. 후춧가루가 어떻게 되는가? 물방울이 굴러가면서 후춧가루를 잡아서 옮길 것이다. 이제, 후춧가루가 먼지라고 생각해 보자. 바람이 불 때 식물 잎, 물방울, 먼지에는 무슨 일이 일어날까? 잎 위에서 구르는 빗방울은 식물에 어떤 이익을 줄까?

물방울은 식물 잎에서 먼지를 씻어내 줄 수 있다. 어떤 식물 위

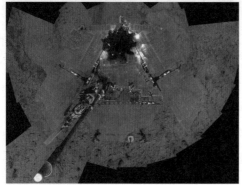

화성 탐사 로봇의 태양 전지판을 위에서 본 모습.
모래 폭풍 전(위)과 후(아래). 태양 전지판과 마찬가지로, 먼지로 덮인 식물 잎은 제 기능을 할 수 없다.

에서는 물이 동그란 방울이 된다(응집 때문에). 물방울이 이리저리 구르면서 먼지가 물에 달라붙는다(점착 때문에). 물방울은 마치 굴러가는 작은 청소기처럼, 잎 표면을 지나가면서 먼지를 치워버린다. 식물들은 왜 물방울을 이용해서 자신을 깨끗하게 유지할 방법을 고안했을까? 식물은 움직이는 팔도, 제 몸을 닦을 수건도 없다(청소 요정도 없다). 하지만 물은 쉽게 구할 수 있다. 그리고 잎이 물의 형태와 행동을 조절할 수 있으므로, 식물은 비를 이용해서 잎을 깨끗이 유지할 수 있다. 정말 똑똑하지 않은가!

식물이 그렇게 영리할 줄 어느 누가 알았으랴?

물 묻은 잎의 모형. 하지만 잠깐…… 케일 같은 식물들은 정확히 〈어떻게〉 물이 방울지도록 하는 것일까? 그들은 어떻게 제 몸에 물이 달라붙지 않게 할까? 학생들이 이 현상을 설명할 수 있도록, 지금까지 우리가 확인한 것을 검토해 보자.

- 1번 사실: 물은 끈끈하다.
- 2번 사실: 공기 중이나 우주 공간처럼 달라붙을 것이 없는 곳에서 물은 자기 자신에게 달라붙어서 공 모양이 된다.
- 3번 사실: 어떤 잎(예를 들어, 케일) 위에서는, 달라붙을 것(잎 표

면)이 〈있어도〉 물은 공 모양이 된다.

이 사실들이 모든 내용을 멋지게 정리해 주지는 않는다. 더 이상 아무런 언질도 주지 말고, 케일 위에서 물이 공 모양이 되도록 하는 원인이 무엇인지 학생들에게 아이디어를 구한다. 필요하면 추론을 통해서 학생들이 일정한 가설에 접근할 수 있도록 돕는다. 2번 사실에서 우리는 물이 달리 점착할 곳이 없으면 자기 자신에게 달라붙어 공 모양이 된다는 것을 알고 있다. 그리고 3번 사실에서 어떤 잎(케일 같은) 위에서는 물이 공 모양이 된다는 것을 알고 있다. 따라서 비록 겉으로 보기에는 그렇지 않아도, 케일 잎 위의 물은 실제로 잎에 닿아 있지 않을 가능성이 있다.

어떻게 이런 일이 가능할까? 다시 한번, 학생들에게 아이디어를 구한다. 일종의 현미경적 구조, 우리가 볼 수 없을 만큼 작은 무언가가 잎과 물 사이에서 공기층을 가두고 있다면 어떨까? 두 가지 대조적인 잎 표면 모형을 만들어 보자. 준비물은 우리가 이미 사용한 적이 있는 재료, 그리고 사포 한 장이다. 사포는 입자가 굵은 것(60번 이하)으로, 물방울을 잘 볼 수 있도록 황갈색보다는 검은색을 선택한다. (검은색 사포는 보통 탄화규소나 금강사로 만든다.)

학생들에게 사포 조각과 현미경 받침 유리를 나란히 놓도록 한다. 받침 유리는 유리라는 한 가지 물질로 이루어져 있고, 사포는 종이에 붙어 있는 수많은 광물 입자로 이루어져 있다는 점을 설명한다. 따라서, 받침 유리는 매끈한 데 반해, 사포는 질감이 매우 거칠다. 학생들에게 이 두 표면에 물을 떨어뜨리면 어떻게 될지 생각해 보라고 한다.

점안기를 사용해서 같은 크기의 물방울을 각 표면에 떨어뜨리고 결과를 관찰하도록 한다. 학생들은 어떤 결과를 얻는가? 물방울의 모양은 같은가? 다르다면 어떻게 다른가? 옆에서 본 모습으로 각 물방울이 얼마나 둥근지 확인한다. 위에서 본 모습으로 각 물방울이 얼마나 넓은지 확인한다. 학생들에게 각 물방울의 높이와 지름을 자로 재도록 할 수도 있다. 이때 물방울을 건드리면 안 된다는 것을 확실히 한다!

전문성을 더해, 고연령 학생들에게는 각 물방울의 접촉각을 측정해 보게 한다. 접촉각은 물리학에서 고체 표면에 접하고 있는 액체 방울의 둥근 정도를 수량화하는 방법이다. 이는 어떤 표면이 얼마나 〈젖기 쉬운가〉(즉, 물이 얼마나 잘 달라붙는가)를 나타내는 척도이다. 접촉각은 고체와 액체가 접한 곳에서 고체 표면과 액체 방울 표면의 접선이 이루는 각이다. 물방울이 퍼져 있으면(즉, 표면이 젖기 쉬우면), 접촉각이 작다는 것을 알 수 있다. 물방울이 둥글수록(즉, 표면이 젖기 어려울수록), 접촉각은 커진다. 물방울을 망치지 않고 각도기를 사용하기는 어렵다. 따라서 옆 방향에서 각 물방울의 사진을 찍어서 접촉각을 측정하도록 한다.

이제는 학생들이 일어난 일을 설명할 수 있는지 확인해 보자. 학생들에게 다음과 같은 질문을 연이어 던진다. 두 표면에서 물방울의 형태가 다른 까닭은 무엇일까? 우리가 물방울에 관해 알고 있는 것과 그 모양을 결

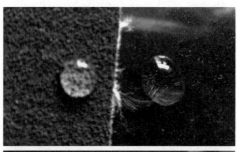

간단하지만 훌륭한 잎 표면 모형.
입자가 굵은 사포(왼쪽)와 매끈한 유리(오른쪽)에 같은 부피의 물방울이 나란히 놓여 있다. 물질에 따라 다른 물방울의 지름과 높이를 확인하라. 입자의 거칠기와 입자 사이 공간이 큰 사포는 많은 공기를 가두어 소수성이 증가한다. 반면 매끈한 유리는 물방울이 점착할 수 있는 표면이 크다.

정하는 것에 관해 생각해 보자. 후춧가루를 떠올려 보자. 물은 끈끈하다. 물은 따로 달라붙을 것이 없으면 자기 자신에게 달라붙는다. 하지만 기름종이를 기억하는가? (여기서도 물은 자기 자신에게 이끌렸다. 물은 달라붙을 것이 없으면 자신에게 달라붙어 공 모양이 된다.) 이번에는, 사포와 유리 표면의 재질에 대해 생각해 보자. 물이 달라붙을 것을 생각할 때, 두 표면의 재질은 어떻게 다른가? (현미경 받침 유리의 표면은 매끈매끈하다. 이렇게 계속 이어진 매끄러운 표면에는 물방울이 점착하기 쉽다. 반면 사포는 표면의 수많은 광물 입자 때문에 질감이 거칠다. 이 입자들은 모서리가 삐죽삐죽하고, 그 사이 공간은 공기로 채워져 있다.) 이제 서로 다른 표면에 놓인 물방울의 형태가 달라지는 까닭을 알 수 있을 것이다.

사포는 수많은 입자가 만드는 매우 거친 표면으로 물방울을 만난다. 달라붙을 데가 별로 없다는 뜻이다. 또 입자와 입자 사이가 공기로 채워져, 물이 달라붙지 않는다. 그래서 물방울은 자기 자신에게 달라붙어 둥글어진다. 반면 받침 유리는 매끄러워서 공기를 가둘 공간이 거의 없고 물이 달라붙을 표면이 많다. 그래서 물방울은 편평해진다. 서로 다른 표면 재질에 따른, 점착력과 응집력 사이의 균형이 결과를 좌우하는 것이다.

어쨌든 이 이론은 꽤 그럴듯하다. 이 이론이 진실이라면, 확대경으로 들여다본 물방울에서 무엇을 관찰할 수 있을까? 직접해 보라. 사포 위 물방울에는 작은 공기 방울들이 붙잡혀 있는 것이 보일 것이다. 보통 때 사포의 광물 입자를 감싼 공기는 눈

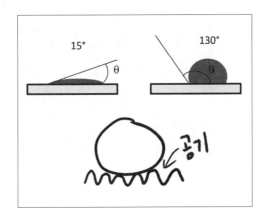

에 보이지 않지만, 물방울이 덮어 가두면 모습을 드러낸다. 받침 유리 위 물방울에서는 이런 공기 방울이 보이지 않는다.

이론의 검증. 학생들에게 질문을 던져 보자. 이제 여러분은 사포의 표면 구조가 물방울의 형태에 어떤 영향을 미치는지 알았다. 그렇다면 케일에서 무슨 일이 일어나는지도 짐작할 수 있는가? 사포 표면처럼, 케일 표면에도 모서리와 공간이 많은, 너무 작아 눈에 보이지 않는 미세 구조가 있을까?

이 이론의 진실성은 어떻게 검증할 수 있을까? 학생들은 그 방법을 벌써 생각했을 수도 있다. 어떤 잎 표면의 미세 구조가 물을 동그랗게 만드는 것이 사실이라면, 잎에서 그 미세 구조를 제거하면 물은 공 모양이 되지 않을 것이다. 우리가 가진 재료로 이것을 검증할 수 있을까? 물론이다!

학생들에게 케일 잎을 가져가서 잎의 한 부분을 손가락으로 문지르도록 한다(손에서 분비하는 피지가 묻지 않도록 고무장갑을 사용하면 더 좋다). 잎이 찢어지지 않는 선에서 힘 있게 문지르도록 한다. 이제, 문지른 부분에 물방울을 떨어뜨린다. 비교를 위해, 그 옆의 문지르지 않은 부분에도 물방울을 떨어뜨린다. 물방울의 형태는 같은가, 아니면 다른가? 그 까닭은 무엇일까? 손으로 문지른 잎에는 무슨 일이 일어난 것일까?

그렇다, 케일 같은 몇몇 식물은 실제로 표면 구조를 이용해서 접촉한 물의 형태와 거동을 제어한다. 이상한 일이다. 케일은 왜 그렇게 귀찮은 일을 하는 걸까? 물

잎 표면의 미세 구조.
동그란 물방울이 보인다. 물방울이 구르면서 잎 표면에서 먼지를 치워 버리는 데 주목하라.

이 표면에서 공처럼 거동하면 식물은 어떤 점이 좋을까?

　필요하면 학생들과 잎이 식물을 위해 무슨 일을 하는지 되새겨 본다. 그리고 잎에 물이 묻어 있으면 햇빛을 차단할 수도 있고, 그곳에서 다른 생물(곰팡이나 세균 같은)이 자라날 수도 있다는 것을 이해하도록 한다. 물이 공 모양이면, 가장 약한 바람에도 잎 위에서 물방울이 구르면서 먼지를 닦아낼 것이다. 이처럼 잎은 물의 형태를 조작해서 자기 자신을 깨끗하게 씻는다. 식물은 손이 없다는 것을 기억하라. 목욕 수건도 없다. 스스로 문질러 씻을 수도 없다. 하지만 아무것도 필요 없다. 어떤 식물들은, 특수한 미세 구조, 비, 그리고 가벼운 바람만 있으면 깨끗한 상태를 유지할 수 있다. 바로 그것이, 매일 찾아오는 청소 요정도 없이, 학교 정원의 많은 식물이 항상 깨끗한 상태를 유지하는 비결이다.

활동 **물을 튕겨 내는 옷감**

물을 튕겨 내는 성질은 확실히 식물에 도움이 된다. 케일 같은 식물은 물을 영리하게 이용해서 깨끗한 상태를 유지한다. 학생들에게 다음 질문을 해보자. 식물의 똑똑한 아이디어가 사람에게도 도움이 될까? 어떤 면에서 그럴까? 학생들이 어떤 의견을 내놓는지 확인하고 다시 질문한다. 사람들이 깨끗하게 유지해야 하는 것은 어떤 것들인가? 식물이 미세 구조를 이용해서 물을 튕겨 내는 방법은 발명가와 엔지니어들에게 어떤 아이디어를 주어서 물건을 깨끗하게 유지하게 했을까?

옷에 생긴 얼룩은, 부모의 신경을 날카롭게 만드는 인류 공통의 문제

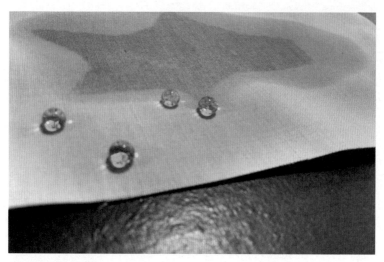

소수성 유무 비교 실험.
소수성 잎에서 영감을 받은 미세 입자 분무제로 면직물에 발수 처리한 부분(가까운 쪽)과 처리하지 않은 부분(먼 쪽).

다. 이와 관련한 문제를 알아보는 데 필요한 준비물은 물, 점안기, 식용 색소(극적 효과를 위해), 흰색 면직물 헝겊 두 장, 그리고 널리 활용되는 분무형 직물 발수 코팅제다. 현재 식물 잎에서 영감을 받아 미세 구조를 이용해서 소수성 표면을 만드는 분무형 발수 코팅제가 상품으로 많이 나와 있다(이 장 끝부분의 참고 자료에서 목록을 확인할 수 있다). 식물 잎이 어떻게 이 문제의 해결에 도움이 되는지 알아보자. 면직물 헝겊 한 장은 그대로 두고, 한 장은 코팅제로 처리한다. 그리고 이 사실을 학생들에게 알린다. 학생들에게 각 헝겊에 색소 용액을 한 방울씩 떨어뜨리고 차이를 관찰하도록 한다. 코팅 처리를 하지 않은 헝겊은 색소 용액이 스며들면서 얼룩이 진다. 하지만 코팅 처리한 헝겊 표면에는 색소 용액 방울이 그대로 남아 있다. 색소 방울을 굴려 떨어뜨리면 헝겊은 다시 깨끗해진다. 깔끔하다!

　　수업에서 다룰 필요는 없지만, 실제로 이 이야기에는 사람의 건강과 환경 문제와 관련된 면도 있다. 저연령 학생에게는 그 문제를 꺼내서 주의를 흐트러뜨리지 않기를 강력히 권고한다. 하지만 고연령 학생과는 이런 면을 통해 식물 잎에서 영감을 받아 스스로 깨끗해지는 물질을 만드는 접근법의 중요성을 다시 확인할 수 있다.

식물에서 영감을 받아 스스로 깨끗해지는 표면을 만드는 방식은 보통 이산화규소를 사용해서 재료에 소수성을 주는 미세 구조를 만든다. 이산화규소는 자연환경에 이미 존재하기 때문에 대체로 안전한 물질로 여겨진다. 하지만 화학적 방법으로 만든 많은 소수성 인공 재료에 관해서는 이야기가 달라진다. 이 다소 실험적인 인공 화학 물질은 많은 건강 문제를 일으킨다. 우선, **과불화 화합물**로 알려진 화학 물질들은 플루오린(=플루오르, 불소, F)과 결합한다. 플루오린은 유기물에 잘 포함되지 않는 원소인데, 일반 생태계의 분해자들이 처리할 수 없을 정도로 강력한 화학 결합을 형성한다. 따라서 의류나 카펫에 뿌려지거나 냄비, 프라이팬에 코팅된 이 소수성 화학 물질은 환경과 우리 몸속으로 흘러 들어간 다음 그대로 남아 점점 많은 양이 쌓인다. 미국 등 여러 지역의 식수에서 과불화 화합물이 발견되고 있다. 연구에 따르면 과불화 화합물과 연관성이 확인된 건강 문제는 아동 ADHDAttention Deficit/Hyperactivity Disorder(주의력 결핍 과잉 행동 장애), 호르몬 교란, 콜레스테롤 수치 증가, 선천 결손, 심장 질환, 암 등이다.[78] 식물들은 물론, 생물 조직에 안전한 방법으로 물을 튕겨내는 방법을 발전시켰다. 따라서 식물 표면의 구조를 기초로 한 접근법도 해롭지 않은 물질로 만든 미세 구조를 활용한다. 6장에서는 자연에서 영감을 받은 공학의 접근법이, 건강과 지속 가능성의 다른 많은 문제에 대해 우리에게 어떤 도움을 주는지 다룰 것이다.

신나게 나는 글라이더

라이트 형제는 불가능의 연막을 그대로 뚫고 날았다.

— 찰스 케터링Charles Kettering

우리는 아침마다 빨리 일어나고 싶어 견딜 수가 없었다.

— 윌버 라이트Wilbur Wright

유체 역학의 관점에서, 기체는 액체와 매우 비슷하게 거동하므로, 이 두 물질의 상태를 아울러 유체라고 한다. 이와 관련해서 진행할 수업은 매우 쉽고도 단순하다. 시작은 자연계에서 글라이딩, 즉 활공의 예를 확인하는 것이다. 그다음은 학생들에게 직접 활공 장치를 만들어 시험해 보도록 한다.

글라이더는 쉽고 재미있게 만들 수 있으며 즐겁게 관찰하고 어렵지 않게 시험할 수 있어서, 공학과 자연을 동시에 탐구하기에 완벽한 활동 주제이다. 활동 과정에서 학생들은, 차세대 과학 기준의 여러 측면을 다루는 것은 물론, 특히 활공하거나 비행하는 공학 장치와 관련이 있는 유체 역학의 몇 가지 핵심 원리를 학습한다. 더욱이 이 활동은, 대다수 다른 활동과 마찬가지로, 유치원 및 초·중·고교 전 범위에서 폭넓게 적용할 수 있다.

학생들에게 활동을 소개하기 위해, 활공 장치가 필요한 몇 가지 상황을 선택한다. 사람들은 모터가 불필요하거나 실용적이지 않을 때 활공 장치나 부유 장비를 사용한다. 예를 들어, 홍수가 지나간 뒤 고립된 사람들에게 보급품을 투하하거나, 탐사할 행성에 우주 캡슐을 내려앉게 하거나, 항공기에서 탈출한 조종사를 공중에 띄워 무사히 귀환하도록 하는 것 같은 상황이다.

고연령 학생들을 위해서는, 지진이나 화재로 건물에 갇힌 사람들의 탈출에 대한 극적인 시나리오를 선택할 수도 있다. 엘리베이터는 동작하지 않거나 안전하지 않다. 계단을 사용하기에는 시간이 부족하다. 모든 통로가 봉쇄되었다. 이와 같은 가능성을 예상하고 처리하기 위해 엔지니어는 무엇을 할 수 있을까?

어떤 사람들은 직관적인 통찰은 신비에 쌓인 측면이 많아 이해

공학적 영감.
자연은 어떻게 건물에 갇힌 사람들을 탈출시킬 새로운 방법을 알려주는가?

할 수 없다고 말한다. 하지만 이 시점에 학생들이 자연에서 아이디어를 구하는 것을 촉진하고 싶다면, 재난을 당한 건물의 영상을 보여 주고, 그 바로 옆에 씨를 공중에 퍼트리는 민들레의 영상을 배치한다. 그러고는 학생들에게 이렇게 묻는다. 자연에서, 이렇게 끔찍한 상황에 대한 해법을 암시하는 것을 찾아볼 수 있는가? 확실히, 이 일은 말을 물가로 데려가는 것이다(그리고 어쩌면 물을 먹이는 것일 수도 있다). 하지만 그것이 이 활동의 한 가지 목적이다. 어쨌든, 우리는 학생들이 이런 통찰을 위한 인지 기구를 구축할 수 있도록 돕고 있다. 그것이 자연에서 영감을 받은 엔지니어들이 생각하는 방식이기 때문이다. 학생들에게, 어떻게 이런 해법들을 찾을지, 그리고 그것들이 얼마나 쓸모가 있을지 반복해서 제시함으로써, 마침내 우리는 그들이 자신만의 방법으로 자연에서 영감을 받은 공학을 시도하는 것을 볼 수 있을 것이다(8장에서 집중적으로 다룰 내용이다).

활공의 원리

학생들에게 글라이더를 설계하고 만들라고 하기 전에, 우선 자연계가 이런 이동 방식에 어떻게 접근하는지, 그리고 우리가 무엇을 배울 수 있는지 알아보는 시간을 갖는다. 활공을 연구하는 사람들에 따르면, 공중에서 움직이는 물체에는 네 가지 주요 힘, 즉 중력, 양력, 항력, 추력이 작용한다. 중력은 물체의 질량과 중력 가속도의 곱이다. 글라이더는 공기보다 무거우므로, 중력은 글라이더가 하강하는 원인이 된다. 양력은 공중에서 운동하는 물체를 위로 뜨게 하는 힘으로, 물체의 중력과 반대 방향으로 작용한다. 항력은 공기 저항, 또는 압력의 차이 때문에 나타난다. 항력은 보통 추력에 대항하는 것으로 제시되지만, 모든 전진 운동을 방해할 수 있다(앞으로 알아보겠지만, 이 점이 실제로 유용할 수 있다). 대체로 항력에 대항하는 것으로 제시되는 추력은 비행기 엔진이 제공하는 힘이다. 글라이더에서는, 자연이 이용할 수 있는 모든 것이 추력을 제공한다. 특히 공기의 움직임(예를 들어, 바람)과 중력이 중요하다.

자연에서 활공하는 모든 것은 이 힘들을 적절히 다루어서 필요한 일을 완료할 수 있을 때까지 공중에 머문다. 씨는 충분히 긴 시간 동안 공중에 머물러야만 모체에서 멀리 떨어질 수 있다. 멀리 이동하지 못한 씨는 모체 바로 옆에 떨어져 어버이와의 경쟁을 피할 수 없기 때문이다. 이 때문에 교정이나 콘크리트 틈새에 흔히 자리 잡은 민들레는 몇 가지 전략을 취한다. 민들레의 사례를 설명하면서 학생들이 직접 글라이더를 만들 때 이 힘들을 어떻게 사용할지 알려줄 수 있을 것이다.

- **중력.** 민들레 씨(하얀 솜털로 된 낙하산, 즉 갓털의 밑부분)는 무게 약 0.6밀리그램으로 매우 가볍다.[79] 학생들이 앞으로 이어질 활동에서 만들 글라이더는 모두 같은 무게(종이 클립)를 실어 나를 것이다. 따라서 화물, 즉 〈씨〉의 무게를 줄일 수는 없다. 하지만 씨를 제외한 글라이더의 모든 부분은 설계 과정에서 다룰 수 〈있다〉. 대체로 글라이더가 무거울수록 공중에 떠 있도록 하기 힘들다. 따라서 최대한 가벼운 구조를 사용하는 편이 공중에 오래 머무는 데 유리하다. 민들레 씨에 달린 갓털은 유난히 가벼워서, 씨가 하늘 높이 떠오르도록 하는 데 큰 도움이 된다.
- **항력.** 민들레 씨의 갓털은 가볍고 표면적이 큰 구조로, 공기 저항을 만들어 내는 일을 한다. 일반적으로 표면적이 큰 물체일수록 더 큰 공기 저항, 즉 항력을 받는다. 그러면 씨는 더 천천히 하강하면서 공중에 오래 머물러, 돌풍이나 미풍에 실려 더 먼 곳까지 이동할 수 있다. 바람이 불지 않는 날은 어떻게 될까? 모든 어린

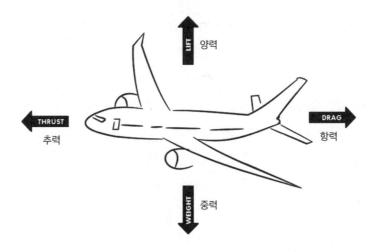

이가 알고 있듯이, 민들레 씨는 입으로 세게 불어 날리지 않는 한 식물체에 꽤 단단히 붙어 있다. 생각해 보면, 이는 매우 영리한 씨 퍼트리기 시스템이다. 민들레 씨는 분리와 분산의 메커니즘을 결합해서, 활공하기 좋은 날에만 확실히 모체로부터 떨어져 나올 수 있도록 한 것이다.[80] 학생들에게 도화지 반 장을 공기 중에서 흔들어 보라고 한 다음, 도화지 한 장 전체를 흔들면서 느낌을 비교하게 하면, 공기 저항과 단면적의 관계를 쉽게 이해시킬 수 있다.

• **추력**. 민들레 씨는 추력을 내는 엔진이 없지만, 그럴 필요가 없다. 단순히 떨어져 나가는 것을 지연시키기만 하면, 지나가는 바람에서 추력을 얻을 수 있기 때문이다. 이는 항력을 매우 영리하게 사용하는 사례다. 사람들은 보통 항력이 비행에 역효과를 불러온다고 생각한다. 하지만 민들레 씨의 전체 설계는 바람을 추력으로 사용하는 아이디어를 전제로 하므로, 최대한 하강을 지연하기 위해 항력을 키우는 것이 설계 **목표**가 된다. 엔진으로 추진하는 비행기가 상정하는 것을 거꾸로 뒤집은 것이다. 민들레 씨는 그렇게 석유 한 방울도 쓰지 않고 가야 할 곳에 도착한다.

양력

공기 저항, 즉 항력을 키우는 것은 활공 장치의 하강을 늦추는 한 가지 전략이다. 또 다른 전략은 활공 장치의 중력에 대응하는 양력을 만들어 내는 것이다. 활공 장치 윗부분의 공기 압력을 상대적으로 낮추는 모든 설계는 양력을 만들어 낸다. 이 사실은 스위스 물리학자 다니엘 베르누이Daniel Bernoulli(1700-1782)의 정리와 관련이 있다.[81] 베르누이는 1738년 유체가 흐르는 속도와 유체의 압력은 역관계가 있다고 발표했다. 유체가 빠르게 흐를수록 유체의 압력은 낮아진다는 것이다. 나는 완벽한 클래식 컨버터블인, 연청색 1970년형 올즈모빌 커틀러스 수프림을 갖고 있었는데, 그 자동차로 고속도로를 달릴 때마다 캔버스 소재 지붕이 위로 휘는 것을 보고 늘 이상하다고 느꼈다. 그럴 때면 내 차는 볼품없는 배불뚝이가 되었다. 무슨 일이 일어난 것일까? 차보다 조금 더 큰 직육면체를 이룬 공기 덩어리가 자동차를 향해 움직인다고 상상해 보자. 그 공간 안의 공기는 자동차가 지나는 동안 자유롭게 이동하지(밀쳐지지) 않는다. 그 공간 밖에 있는 공기가 직육면체 공기 덩어리를 어느 정도 제약하기(압력을 가하기) 때문이다. 따라서, 직육면체 공기 덩어리는 자동차 주위로 가기 위해 **변형**되어야 한다. 차 위로 흐르는 공기는 실제로 밑의 자동차와 위의 공기 사이에서 짜부라진다. 압축된 공기는 속도가 빨라진다(정원에 물 주는 호스 입구를 손으로 막아 수압을 높인 것과 같다). 자동차 위 공기의 속도가 빨라지면 압력은 떨어진다(베르누이의 정리에 따라). 내 차 안 공기의 압

차에 작용하는 양력.
유선형 물체가 일정한 부피의 공기를 통과하고 있다. 차 위로 지나가는 공기가 밑의 자동차와 위의 공기 사이에서 압축되는 것에 주목하라.

력은 변하지 않으므로, 컨버터블의 캔버스 지붕이 위로 올라가는 것이다.

비행기 날개에도 같은 일이 일어난다. 비행기 날개는 피자 상자처럼 판판하지 않다. 라이트 형제에게 커다란 영향을 준 영국 발명가 조지 케일리(1장에서 잠시 등장한)는, 새들이 매우 특이하게 생긴 날개 덕에 하늘을 날 수 있다는 사실을 관찰했다. 에어포일airfoils로 알려진 새 날개 단면의 모양은 한쪽 모서리에서 반대쪽 모서리까지(앞뒤로) 살짝 구부러져 윗면이 약간 볼록한 형태, 즉 캠버camber로 되어 있다. 날개 앞 모서리(리딩 에지leading edge)는 아래쪽으로 구부러져 있다. 이 〈경사면〉은 흐르는 공기를 위로 올려 보내 압축함으로써 날개 윗면의 공기가 아랫면의 공기보다 더 빨리 운동하도록 한다.[82] 이렇게 날개 아래의 공기 압력이 날개 위보다 커지면서, 날개는 내 클래식 컨버터블 지붕처럼 위로 들려 올라간다. 비행기 프로펠러도 같은 방식으로 양력을 이용한다. 회전 날개의 앞 모서리가 캠버로 되어 있어서, 프로펠러가 회전하면 비행기 앞에서 공기 압력이 낮아진다. 그리고 그 결과 프로펠러 뒤쪽의 상대적으로 높은 공기 압력이 비행기를 앞으로 밀어낸다. 라이트 형제는 새 날개와 같은 식으로 양력을 내도록 설계한 프로펠러가 일을 가장 잘한다는 것을 알아냈다.

우리는 얇은 종이를 아랫입술에 대고 바람을 불어서 쉽게 양력의 작용을 보여줄 수 있다. 종이는 위로 올라간다. 이는 마법처럼 보인다. 종이를 들어주는 것이 아무것도 없는데 종이가 들려 올라가기 때문이다. 공기 압력의 차이는 매우 강력한 도구이다. 새들은 그 도구를 이용해서 매년 수천 킬로미터를 이동한다. 우리는 수십, 수백 톤에 이르는 비행기가 희박한 공기 중에 떠 있는 것을 너무 대수롭지 않게 여긴다. 비행기가 지나갈 때마다, 공기의 작용으로 그토록 엄청난 효과가 나타나다니 얼마나 신기한 일인가 하면서, 입을 떡 벌린 채 잠자코 손가락으로 가리켜야 마땅한 데 말이다.

자연의 활공 전략

낙하산을 펼친 것 같은 갓털을 갖춘 민들레 씨는 활공으로 씨를 퍼트리는 사례인데, 자연은 다른 기술도 활용한다. 말레이제도에서 자라는 열대 덩굴 식물, 알소미트라*는 양력을 이용해서 날개를 닮은, 종이처럼 얇은 물질로 싸인 씨를 퍼트린다. 새로 자랄 곳을 찾아 열매를 벗어난 알소미트라 씨는 수림 위로 수백 미터를 날아가거나 넓은 고리 모양을 그리며 이동해서 땅에 내려앉는다. 얇은 에어포일 안에서 씨의 위치는 무게 중심이 앞 모서리를 아래쪽으로 기울이게 되어 있다. 양력 발생의 전제 조건이다.

알소미트라 씨는 활공하는 동안 놀랄 만큼 완벽한 균형과 안정성을 보여 준다. 이 씨가 아래로 향하는 각(즉, 받음각)은 12퍼센트이다. 날개에 양력을 만들어 내면서 씨가 최소한으로 하강하도록 하기

* *Alsomitra macrocarpa*. 자바오이라고도 하는데, 열매의 생김새는 오이보다는 박처럼 생겼다.

에 가장 적당한 크기이다.[83] 이렇게 얕은 받음각으로 인해, 씨는 1초에 0.3미터만 하강한다.[84] 한편, 뒤로 젖혀진 형태의 날개, 즉 후퇴익은 **빗놀이**yaw(앞코가 좌우로 움직임), **상하 요동**pitch(전후 방향의 안정성이 무너져 아래위로 흔들림)과 관련하여 씨의 안정성을 개선한다.[85] 후퇴익은 앞코부터 꼬리까지, 글라이더의 더 많은 부분에 수평 날개가 걸쳐 있도록 해서, 상하 요동에 대해 글라이더의 안정을 유지한다. 꼬리 날개가 없는 항공기는 상하 요동의 조절이 특히 중요하다. 실제로 알소미트라 씨는 글라이더는 물론, 꼬리 날개 없는 비행기, 즉 무미익기(또는 전익기)의 디자인에도 영감을 주었다.[86] 또한 이 식물 씨의 날개 끝은 위로 살짝 휘어 있는데(**상반각**), 이는 **가로 요동**roll(길이 방향을 중심축으로 회전하여 옆으로 기울어짐), 빗놀이와 관련하여 항공기의 안정을 유지하는 데 도움이 된다.

알소미트라 씨가 비행에 잘 적응했음을 보여 주는 또 다른 흥미로운 특징은 거의 바스러질 것처럼 얇지만 신축성이 있는 가장자리 부분이다. 그 기능을 이해하지 못하면, 이 부분은 너무 약하고 엉성해 보인다. 알소미트라 씨 날개 뒤 끝부분의 기본 상태는 약간 위로 휘어 있어서, 날개 뒷부분을 아래로 밀어서(경주용 자동차의 스포일러처럼) 날개 맨 앞부분을 위로 향하도록 한다. 하지만, 날개가 갑자기 양력을 잃고 급히 떨어지기 시작하면 날개 뒤 끝부분이 공기 압력에 대해 수평을 이루면서 스포일러 효과가 사라지고 잘못이 바로잡힌다. 날개가 옆으로 기울어질 때도(가로 요동) 똑같은 자체 제어가 일어나, 증가한 압력과 함께 가장자리가 휘어서 더 안정적인 수평 자세를 회복하도록 돕는다.

식물 씨의 또 다른 활공 방법은 회전하는 씨(〈헬리콥터 씨〉, 시과, 또는 익과라고도 한다)이다. 이 씨도 양력을 만들어 내서 하강을 막지만, 알소미트라의 에어포일과는 완전히 다른 방식으로 활공한

알파 세대를 위한 공학 하는 교실

다. 공기가 모서리에서 수평으로 흐르는 에어포일과 달리, 하강하는 헬리콥터 씨에서는 공기가, 회전 날개깃 넓은 면의 밑에서 위를 향해 수직으로 흐른다. 그 결과, 날개깃의 바람이 불어가는(하늘을 보는) 방향으로 소용돌이가 일어난다. 흐르는 물속에 손바닥의 평평한 부분을 집어넣으면 손등 쪽으로 소용돌이가 생긴다. 흐르는 물은 손등 쪽을 완전히 감싸지 못해서 그곳에 부분적인 진공 상태가 만들어진다. 그 공간을 채우기 위해, 실제로 하류의 물이 역류해서 잠시 위로 올라가게 된다. 모든 송어 낚시꾼은 이곳에 미끼를 던지면 좋다는 것을 알고 있다. 물이 역류하는 곳은 지배적인 흐름에서 벗어나 송어가 쉬어 가기에 좋기 때문이다. 그곳은 진공 상태이므로, 이 소용돌이는 모든 방향에서 물을 빨아들인다. 하지만 무엇이든 흐름을 거슬러서 끌어당기는 것은 반대 방향이 되므로, 실제로 이것은 일종의 항력(압력 항력)이 된다. 모터보트 바로 뒤 항적이 시작되는 곳에서는, 물이 수위 밑으로 떨어지는 것을 볼 수 있다. 보트가 움직이면서 남긴 부분

적인 진공이 물을 빨아들이기 때문이다. 앞서 말한 조지 케일리는 처음으로 압력 항력을 이해했다. 케일리는 날카로운 통찰력으로 자연계를 관찰하여 그 문제를 해결하고, 뒤로 가면서 점점 좁아지는 송어와 오리의 형태가 진공 형성을 줄여 주는 데에 주목했다.[87] 그 결과 현대식 항공기는 똑같이 뒤로 갈수록 좁아지는 형태가 되었다.

영리한 작은 헬리콥터 씨가 아니라면, 압력 항력은 항력일 뿐이다. 하지만 헬리콥터 씨는 압력 항력을 천재적으로 **이용**해서 중력을 거슬러 자신을 위로 끌어올리고, 하강을 지연시킨다.[88] 헬리콥터 씨는, 떨어지는 동안 이 항력을 유지하기 위해 놀랄 만큼 안정적으로 자동 회전하도록 설계되었다. 이 일은 날개깃 위에 대기압보다 낮은 음압의 소용돌이가 계속 유지되게 한다. 압력 항력을 이용하는 것은 매우 효율적이다. 헬리콥터 씨는, 공기 저항에만 의존해서 하강을 늦추는 씨에 비해 공중에 머무는 시간을 37퍼센트나 연장할 수 있었다.

씨는 활공을 탐구하기에 좋은 소재가 분명하지만, 동물들도 활공한다. 활공하는 포유류(날다람쥐, 하늘다람쥐, 날원숭이 등), 활공하는 도마뱀, 활공하는 개구리, 심지어 활공하는 뱀과 활공하는 개미도 있다! 이 동물들이 활공 전략의 다양성, 학생들에게 얼마나 익숙한가 하는 측면에서 씨를 능가할 수는 없겠지만, 동물의 예를 소개해서 흥미를 더할 수도 있다.

활동 글라이더 만들기

학생들에게 자연계가 활공을 위해 사용하는 몇 가지 전략을 소개한 뒤(또는 직접 이런 전략을 조사해서 친구들에게 발표하도록 한 뒤), 솜뭉치, 다양한 두께의 종이, 테이프 등 글라이더를 만들기 위한 재료를 제공한다. 같은 도전 과제를 주기 위해, 모든 글라이더는 같은 화물

(종이 클립)을 실어 날라야 하며, 바닥 선풍기가 제공하는 같은 크기
의 추력을 받을 것이라고 설명한다. (이 활동은 바람이 많이 부는 날
실외에서도 재미있게 진행할 수 있다. 이 경우 각 글라이더가 받는 추
력의 변동 폭이 커질 수 있지만, 그 문제는 시도 횟수를 늘려서 어느 정
도는 해결할 수 있다.)

학생들이 만든 장치는 그냥 떨어뜨리도록 한다(종이비행기를 날릴
때처럼 밀지 않도록 한다). 이렇게 하면 글라이더 디자인과 관계없는
한 가지 변수(밀기)를 제거할 수 있다. 각 글라이더의 성능은 긴 줄자
로 출발점부터 글라이더가 이동한 거리를 측정하게 해서 판단한다.
첫 번째 시도 후에는, 관찰한 것을 참고해서 글라이더를 재설계하고,
다시 만들어, 또 시험하도록 한다. 학생들에게 글라이더를 먼저 만들
게 한 다음 자연의 활공 전략에 대해 학습하는 순서로 활동을 진행할
수도 있다. 그 뒤 학생들은 자연의 전략에서 배운 것을 활용해서 자
신이 만든 글라이더를 재설계하고, 다시 만들고, 시험하는 과정을 한
번, 두 번, 또는 더 여러 번 반복할 수 있다.

　　각 학생이 만든 글라이더의 성능을 설계와 관련하여 계속 파악
하도록 한다. 그 내용은 학생들이 토론하고 설명할 많은 기회를 제공
할 것이다. 학생들은 그들의 설계와 자연의 활공 전략 사이의 연관성,
재설계의 배경, 자료에서 관찰한 패턴 등을 설명할 수 있다. 정확한
저울로 각 글라이더의 무게를 기록하고 이를 이동 거리와 비교할 수
있다. 또 다른 흥미로운 측정값은 각 글라이더가 공중에 머문 시간이
다. 글라이더가 공중에 머문 시간과 이동 거리는 상관관계가 있는가?

　　회전초 글라이더. 그냥 지나치기에는 너무 재미있는 글라이더
가 하나 더 있다. 내가 회전초 글라이더(〈따라 걷는 글라이더walk-along

glider)로 알려져 있다)라고 부르
는 것이다. 회전초는 글라이더처
럼 보이지 않지만, 특유의 씨 퍼
트리기 시스템 안에서 바람에 밀
려다닌다. 종이비행기 계의 유명
한 혁신가, 존 콜린스John Collins
가 발명한 회전초 글라이더는 공
중제비를 돌면서 활공하는 장치
이다. 학생들은 커다란 판지를
들고 공중에 띄운 회전초 글라이
더 뒤를 따라 걸으면서 일정하게
상승 기류를 일으켜 그것이 계속 떠 있도록 한다. 그 결과는 공중에
떠서 움직이는, 끊임없이 회전하는 글라이더이다.

회전초 글라이더를 만들 때 필요한 준비물은 전화번호부를 만
드는 것 같은 얇은 종이와 판지뿐이다. 이 장치를 만들고 날리는 과정
은 이 장 끝부분의 참고 자료에서 확인할 수 있다. 활동에 재미를 더
하려면, 판지로 표적(글라이더가 들어갈 만한 구멍이 있는)을 만들고,
회전초 글라이더를 날려 표적에 넣어 점수를 얻게 한다.

학생들이 회전초 글라이더를 모두 날린 뒤에는, 회전초 글라이
더와 〈일반〉 글라이더의 비행 원리를 비교하고, 자연의 다른 활공 전
략과도 비교하도록 할 수 있다.

우리는 거의 모든 것을 만드는, 이와 같은 활동을 이용해서 자연에서
영감을 받은 공학을 탐구할 수 있다. 여기서는 글라이더를 활용했지
만, 장난감 보트, 종이비행기, 탑(2장에서 나온) 등등, 학생들이 손쉽
게 설계하고 시험한 다음, 자연이 비슷한 목적을 이루기 위해 사용하

는 전략에서 배울 수 있는 것을
기초로 다시 설계하고 시험할 수
있는 것이면 무엇이든 활용할 수
있다.

또한 우리는 이런 활동을 통
해, 생명 과학, 물리학, 그리고 공
학과 관련한 차세대 과학 기준의
많은 요소를 다룰 수 있다. 마침
내, 우리는 설계 과제를 확인하
고 다루었을 뿐만 아니라, 설계
하고, 모형을 만들고, 시험하고,
최적화하기까지 했다. 이 장은 종이비행기에 대한 존 콜린스의 이야
기로 마무리하려고 한다. 그는 이런 종류의 활동에 잠재된 가치를 다
음과 같이 완벽하게 설명했다.

누군가에게 과학을 가르칠 수 있고 과학에 관심을 불러일으킬
수 있다는 견해는 내게 매우 놀랍게 느껴집니다. 내 생각에 우리
에게는 기술에서만 해답을 찾을 수 있는, 전 세계에 걸친 심각하
고 현실적인 많은 문제가 있습니다. 세계적인 에너지 부족, 물
부족, 지구 온난화 문제가 있고, 우리는 그 문제들을 가장 잘, 가
장 똑똑하게 처리해야 합니다. 종이비행기는 정말 쉽게 과학에
들어가는 방법입니다. 과학의 모든 방법이 종이비행기, 그 속에
있습니다. 우리는 어떻게 조정하면 좋을지 추측하고, 그대로 조
정하는 실험 과정을 거치고, 그것을 던지며, 결과를 일반화하고,
무엇이 잘못되었는지 분석하고 반복합니다. (……) 인식하든 못
하든, 어린이들은 종이비행기를 접고 날리고 그것을 가지고 실

험하는 것만으로도 과학을 하고 있습니다. 그래서 나는 종이비행기에서 시작해 과학에 흥미를 느끼는 결과를 얻으려고 노력합니다. (······) 지구 어디에도 남아도는 뇌는 없습니다. 이 문제는 우리 모두 함께 해결해야 합니다.

참고 자료

유체 역학과 공학에 관한 교육 과정

• 자연 학습 센터
: 자연에서 영감을 받은 공학 교육 과정에서 초등학생 고학년 학생을 위한 〈마법의 점액Magical Mucus〉, 〈불굴의 물방울Indomitable Drops〉, 〈신나게 나는 글라이더Gallivanting Gliders〉, 그리고 〈딱정벌레 보트Beetle Boats〉를 참고하라. https://www.LearningWithNature.org/

생물학과 관련된 유체 역학의 기술적 논의

Denny, M. W. *Air and water: The biology and physics of life's media*. (Princeton: Princeton University Press, 1993).

Vogel, S. *Comparative biomechanics: Life's physical world*. (Princeton: Princeton University Press, 2013).

마법의 점액

• 달팽이가 어떻게 움직이는지 보여 주는 동영상
: 하초풀로스 미소유체 실험실. 비뉴턴 유체 동역학 그룹. https://nnf.mit.edu/home/billboard/topic-3
• 위키피디아의 정원 달팽이*Cornu aspersum* 항목
: https://en.wikipedia.org/wiki/Cornu_aspersum
• 수학 관련
: 에드인포매틱스의 유체의 과학을 참고할 것(https://www.edinformatics.com/math_science/science_of_fluids.htm).
• 액체 보호 장구에 관한 더 많은 정보
: 위키피디아 D3O 항목(https://en.wikipedia.org/wiki/D3O), 유튜브에서 〈D3O 소재〉를 검색한다.
• How Stuff Works 웹 사이트의 액체 보호 장구의 작동 방식 참고
: https://science.howstuffworks.com/liquid-body-armor1.htm
• 델라웨어대학교의 액체 보호 장구 동영상
: https://www.youtube.com/watch?v=k6VzzvA7frl
• 문학 관련
: 엘리자베스 토바 베일리의 훌륭한 책, 『달팽이 안단테*The Sound of a Wild Snail Eating*』, 김병순 옮김(파주: 돌베개, 2011년)이 있다.
: 베일리의 웹 사이트에서 교육 자료를 찾을 수 있다. https://www.elisabethtovabailey.net/for-educators/

불굴의 물방울

- 수학 관련(접촉각)
  : Good, R. J. 1992. Contact angle, wetting, and adhesion: A critical review. *Journal of Adhesion Science and Technology, 6*(12), 1269-1302.
- 무중력 상태의 물
  : 유튜브에서 〈우주에서 머리 감는 방법〉을 검색한다.
  : 물방울로 탁구 치는 우주비행사. https://theverge.tumblr.com/post/ 137819053492/astronaut-scott-kelly-celebrated-300-straight-days
- 물을 튕겨내는 식물
  : 〈연잎 효과〉에 관한 더 많은 정보. https://en.wikipedia.org/wiki/Lotus_effect
  : 초소수성에 관한 더 많은 정보. https://en.wikipedia.org/wiki/Ultrahydrophobicity
- 환경과 사람의 건강 관련
  : 과불화 화합물에 관한 더 많은 정보. https://en.wikipedia.org/wiki/ Perfluorinated_compound
- 식물 잎에서 영감을 받은 분무형 소수성 코팅제
  : 시중에 발수 코팅제가 많이 나와 있지만, 이 수업과 관련해서 중요한 점은 표면의 구조를 기초로 한 코팅제를 사용해야 한다는 것이다. 소수성 잎이 주로 사용하는 것이 이 메커니즘이기 때문이다. 플루오린을 기초로 한 스프레이(테플론 같는)는 질감이 아닌 화학 원리에 따라 작용한다. (일부 표면의 구조를 기초로 한 코팅제도 플루오린을 포함하지만, 이 수업에서는 문제가 되지 않는다.) 표면 구조를 기초로 한 소수성 직물 분무제로는 워터비더Waterbeader, 리퀴드오프LiquidOff, 리퀴프루프Liquiproof, UHC-텍스UHC-Tex, 기온Gyeon 등의 제품이 있다. 이 방법으로 코팅된 직물은 그린실드GreenShield, 나노-텍스Nano-Tex 등의 제품을 사용한 것이다.
- 식물 잎에서 영감을 받은 식물 코팅제를 보여 주는 동영상
  : https://www.youtube.com/watch?v=BvTkefJHfC0&t=200s
- 전단 담화 액체 동영상
  : 땅콩버터 병. https://www.youtube.com/watch?v=9puevzYv3dY
  : 케첩 병. https://www.youtube.com/watch?v=djwahGRi5iE

신나게 나는 글라이더

- 수학 관련
  : 미국연방 항공청 자료. https://www.faa.gov/sites/faa.gov/files/regulations_ policies/handbooks_manuals/aviation/glider_handbook/gfh_ch03.pdf
- 회전초 글라이더 만들기
  : 전화번호부 이용. https://www.instructables.com/Walkalong-Glider-Made-from-Phone-Book-Paper/
- 씨 퍼트리기 동영상
  : 씨 퍼트리기 개요 동영상. https://cornell.edu/video/naturalist-outreach-seed-dispersal---the-great-escape

- 공중을 나는 알소미트라 씨
  : https://imgur.com/gallery/ARGnn
- 저연령 학생에게 보여 주기 좋은 개요 동영상
  : https://vimeo.com/218127343
- 문학 관련
  Wright, O., and Wright, W. Early history of the airplane. (Seltzer Books via PublishDrive, 2018)
  McFarland, M. W., ed.The papers of Wilbur and Orville Wright, including the Chanute-Wright papers. (New York: McGraw-Hill, 1953)

공학과 공기 역학 관련 활동

- 나사의 STEM 교육 참여
  : https://www.nasa.gov/offices/education/about/index.html
- eGFI의 베르누이와 함께하는 즐거움
  : http://teachers.egfi-k12.org/tag/aerodynamics/

6장
공학으로 배우는 지속 가능성

지속 가능성은 막연한, 발생적 특성*으로, 종종 사악할 만큼 복잡하다.[89]

— 뮐러 외Moeller et al., 2013

창밖을 보거나 집 밖을 산책하다 보면, 우리는 사람들이 바삐 만들어 내는 세계와 놀랄 만큼 다른 세계를 보게 된다. 그렇다, 그곳에는 거대한 나무, 너른 풀밭, 윙윙대는 곤충, 몸을 숨긴 동물들이 있는, 우리 세계만큼이나 생산적인 세계가 펼쳐져 있다. 하지만 그 아름다운 세계는, 그곳에 사는 모든 생물을 부양하고, 더 많이 만들수록 더 풍요로워지며, 버려진 땅, 숨 막히는 오염, 보기 흉한 쓰레기가 아닌 더 큰 생산 능력을 남긴다. 자연은 어떻게 이런 일을 할까? 어떻게 생산성

* 요소나 구성 부분으로 단순히 설명할 수 없는 체제나 집단의 특성.

의 뒤를 이어 훨씬 더 큰 생산성을 낳는 것일까? 그것은 **우리**가 바라는 세계이기도 하다. 하지만 그 세계에는 거대한 나무와 나비에 더해서, 극장, 식당, 기계 장치 등 우리가 바라는 모든 것이 있어야 한다.

자연의 성공 비밀

그냥 재미로, 지금 여러분 주위에서 무엇이든 좋으니 사람이 만든 물건 하나를 선택해 보자. 이제 종이를 한 장 가져와서, 그 물건의 기능에 관해 무엇이든 적어 목록을 만들어 보자. 그리고 그 옆에, 그 물건이 기능하지 않는 것도 적어 보자. 기다릴 테니, 계속하시라……

내가 말한 기능이 무슨 뜻인지 모호하다는 것은 알고 있다. 의도한 것이다. 이 장에서 우리는, 무언가가 〈기능한다〉라고 할 때 우리가 무슨 뜻으로 그렇게 말하는지를 탐구할 것이다.

6개월짜리 건물

일부러 6개월 동안만 유지되는 고층 건물을 설계한다고 상상해 보자. 선택한 재료, 모든 것을 결합하는 설계 방식 때문에 그 건물은 정확히 반년 뒤에 무너져 내릴 예정이다. 모든 사람이 건물에 입주해서 사무실과 주거 공간을 꾸리자마자, 건물은 서서히 부서지기 시작한다. 오래지 않아 건물이 있던 곳에는 거대한 돌무더기만 남는다.

이런 건물을 짓는다고 하면 어떤 느낌이 드는가? 누군가 이런 식으로 건물을 설계한다면, 건축가로서 그 사람의 경력이 오래 유지될 수 있을까? 그런데 이 시나리오의 건축가와 마찬가지로, 우리는 엔지니어와 디자이너 들이 지속하는 세계를 설계할 거라고 기대하지 않는다. 무슨 뜻으로 이런 말을 하느냐고?

우선, 사람들은 어떤 파괴적인 수단을 동원하든 상관없이, 한정된 천연자원을 얼마든 원하는 만큼 환경에서 채취해서 물건을 만든다. 지속할 수 없는 일이다. 그다음 우리는 이런 원료 물질로 일상적으로 공기, 물, 땅을 오염시키는 화학 물질과 에너지를 써서 완제품을 생산한다. 지속할 수 없는 일이다. 그리고 우리가 만드는 완제품은, 자연 요소나 사용이 가능한 자원으로 되돌릴 어떤 방법도 준비되지 않은 채, 그 어떤 규제도 없이, 매년 생산 설비를 떠나 전 세계에 쏟아져 들어가고 있다. 우리가 만든 것들은 실제로 영구히 이 세상에 쌓일 운명이다. 지속할 수 없는 일이다.

여기에 구체적인 수치를 대입해 보자. 전 세계에서 사용 중인 광산은 약 13,000곳인데, 그곳을 통해 매년 지각에서 약 680억 톤의 원료 물질이 채취되고 있다.[90] 이 숫자가 부풀려진 게 아닐까 할 정도로 많은 양이라고 느껴지겠지만 사실이다. 해마다 한 변의 길이가 1.6킬로미터인 정육면체 10개를 채울 만한 양이다. 이 정육면체는 아주 커서, 그 상자가 10개 있으면 파라오에게 기자의 대피라미드 16,000개를 포장해서 바칠 수도 있다.[91] 이 모든 물질로 사람들이 만드는 물건들(자동차, 카펫, 비치 볼, 유리잔 등)은 제조 과정에서 해마다 약 95억 톤의 이산화탄소를 대기 중으로 배출한다. 이에 더해 1,000만 톤의 독성 화학 폐기물이 우리가 숨 쉬는 공기, 마시는 물, 먹을 것을 기르는 흙 속에 버려진다.[92]

물론 이 일은 사람은 물론 다른 모든 생명체의 건강에도 영향을 미친다. 앞으로 20년 안에 암 발병률은 두 배 이상이 되고,[93] 21세기 말까지 지구상 모든 생물 종의 절반이 멸종할 것으로 예상된다.[94] 우리가 생산하는 거의 모든 물건은 사용이 끝난 뒤 결국 대규모 폐기물 매립지로 가서, 다시는 유용한 자원으로 돌아가지 못할 것이다. 예를 들어, 우리는 매년 지구에 3억 톤의 플라스틱 폐기물을 보태고 있

생산물의 전 과정(라이프 사이클).
버킷 굴착기가 지표면에서 공업 원료를 얻기 위해 광석을 캐내고 있다(위 왼쪽). 이 원료를 가지고 공장에서 완성품을 제조한다(위 오른쪽). 이 제품들은 판매되어 사람들에게 이용되고(아래 왼쪽), 그 뒤 원하는 사람이 아무도 없으면 폐기물 매립지에 버려진다(아래 오른쪽).

다.[95] 그중 재활용되는 것은 10퍼센트 미만이다.[96] 2050년까지, 바다에는 정말로 물고기보다 플라스틱이 더 많아질 것이다.[97] 오늘날 우리가 먹는 물고기에는 이미 플라스틱 조각과 화학 섬유가 들어 있으며,[98] 실상은 점점 더 나빠지고 있다.

논리적으로 볼 때, 이런 식으로 물건을 만드는 것은 영원할 수 없고 그래서도 안 된다. 무한정한 원료, 오염 물질과 폐기물을 버릴 무한한 행성을 전제로 한 생산 시스템은 확실히 유한한 우리 행성에서는 무기한 지속할 수 없다. 그런데도 우리는 계속 그렇게 하고 있다. 이런 생산 과정과 제품을 설계하는 엔지니어들은 대학 교육 과정에서 생물학적 지속 가능성이나 환경 과학에 관한 수업을 수강하는 경우가 거의 없다.[99] 또한 자신이 만드는 물건이 그들 자신이 속한 더 큰 시스템 속에 어떻게 어우러져 들어가는지 생각할 기회도 거의 없다.

그리고 사실, 그것은 우리도 마찬가지이다. (종이 위의 〈기능하지 않는〉 항목에 무엇이든 적어 놓았는가?) 그렇다면 우리는 적어도 장기적으로는, 엔지니어들에게 지속할 수 없는 세계를 만들어 내고, 기능하지 않는 과정과 제품을 설계하라고 은연중에 부추기고 있다. 그리고 그 장기적이라는 게 문제다. 우리 아이들은 확실히 그렇게 생각할 것이다. 교육의 관점에서, 이런 서사의 누락은 전혀 타당하지 않다.

이는 기이하고 불편하며, 풀어야 할 게 많은 상황이다. 우리 생산 시스템의 표준 모드는 너무 문제가 많고, 너무 골치 아프고, 그런데도 너무 중요해서, 그것을 다루는 것이 필수적인데도 불구하고, 대부분의 시간 동안 다루어지지조차 않거나, 고작해야 분명치 않거나 만족스럽지 못한 방식으로 다루어지고 있다. 따라서 이 장에서는 그것을 풀어놓고, 학생들이 받아들일 수 있는 방식으로 이 문제들을 다룰 명료하고 현실적이며 해결을 지향하는 방안을 제시하려고 한다. 우리는 인류의 지속 불가능한 생활 방식을 이해하기 위해서도, 그것을 처리할 해법을 어떻게 찾아낼 수 있을지 알아내기 위해서도 자연에서 영감을 받은 접근법을 활용할 것이다.

여러분은 이렇게 물을 수 있다. 왜 이런 일에 자연에서 영감을 받은 접근법을 사용하는가? 매우 타당한 이유가 있다. 생물의 세계는 우리에게 지속 가능성을 실증적으로 보여 주는 유일한 사례라는 것이다. 따라서 그것은 가장 훌륭한 모형이다. 그리고 그런 모형이 있다는 것은 우리에게 대단한 행운이다. 우리 손으로 그것을 온전히 만들어 내는 대신, 매우 풍부하고 흥미로운 자원에서 배움을 얻으면 된다는 뜻이기 때문이다. 또한 지속 가능한 생활 방식이 가능하다는 것을 확신할 수 있다는 뜻이기도 한데, 이 사실은 우리에게 커다란 희망과 동기를 준다. 자연에서 영감을 받은 방식으로 지속 가능성을 학습하면, 너무 오래 어두운 전망만 있었던 주제에 낙관적으로 접근할 수 있다. 이제 곧 알게 되겠지만 사람들은 이미, 자연에 있는 지속 가능성의 사례를 배움으로써, 지속 가능한 현대인의 생활 방식을 실현하기 위한 매우 전도유망하고 고무적인 진보를 이루었다.

　　교육 과정의 유의 사항. 이 장의 내용은 주로 중학교와 고등학교 선생님들을 위한 것이다. 초등학교 선생님들이 이 문제를 인식하는 것은 좋은 일이고, 초등학교에서도 지속 가능성 문제를 다룰 여지가 있을 수 있지만, 그것은 가볍게 건드리는 정도여야 한다. 기억하라. 어린이는 자연에 대해 걱정하기 전에 자연과 사랑에 빠져야 한다. 하지만 중학교, 그리고 특히 고등학교에서는 지속 가능성 문제를 꼭 다루어야 한다.

무거운 피아노 옮기기

우리는 지속 가능성을 너무 복잡하고 거창한 개념이라고 생각해서, 그냥 못 본 척 지나쳐 버리려 할 수도 있다. 지속 가능성을, 금방이라도 무너질 것 같은 좁고 가파른 계단 위로 이웃이 같이 들어 올려 달라고 부탁한 커다란 피아노라고 가정해 보자. 이웃의 부탁을 못 들은 척하고 피아노를 지나칠 수도 있지만, 사회적으로 좋은 태도로 보이지는 않는다. 그렇다면 어떻게 할까? 그 피아노를 더 작은 부분들로 나누어 옮길 수 있다면 확실히 도움이 될 것이다. 자세히 조사해 보면, 그 거대한 물건도 좀 더 다루기 쉬운 몇몇 부분으로 분리할 수 있다는 것이 드러난다.

　　이런 일을 하는 도구를, 생산물 전 과정 분석life cycle analysis(라이프 사이클 분석), 줄여서 LCA라고 한다. LCA 기법은 사람들이 만든 물건의 환경 영향을 평가하기 위한 도구이다. 오늘날 거의 모든 제품의 생산이 환경에 미치는 영향은 극히 복잡한데, LCA 기법의 도움을 받으면 그것을 잘 이해할 수 있다. 이 기법 없이 환경 영향을 평가하는 것은 무딘 돌로 외과 수술을 하려고 하는 것과 같다. 하지만 LCA라는 분석 틀이 있으면, 지속 가능성의 안개를 통과해 진정한 진보를 이룩할 수 있다.

생산물 LCA의 유래는 무엇인가? LCA는 생물학에서 생물의 생애를 서술할 때 사용하는 또 다른 개념어, 한살이life cycle의 비유로 개발되었다. 생물의 생애는 몇 시기로 구분해서 설명된다. 생물은 출생하고, 발생하며, 성숙한 개체로 생활하다가, 죽는다. 생산물의 라이프 사이클, 즉 전 과정도 이와 비슷하다. 예컨대 테니스화의 전 과정에는, 그 운동화에 사용되는 원료 채취(〈출생〉), 재료가 운동화로 가공되는 과정(〈발생〉), 사람들의 운동화 사용(〈성숙한 개체로 생활〉), 그리고 버려진 운동화에 일어나는 일(〈죽음〉)이 포함된다. 생물학자들은 생물계에 관해 생각할 때, 생명체들을 어떤 과정의 한 부분으로 본다. 비슷하게, 우리는 생산물의 지속 가능성에 관해 생각할 때, 우리 앞에 정지해 있는 것 같은 테니스화 너머를 보고, 그 운동화가 거쳐 오고 거쳐 갈 〈과정〉을 고려해야 한다. 그것이 바로 LCA가 이입되는 부분이다. LCA는 사람이 만든 모든 물건의 배경 이야기를 확인한다. 대체로 꽤 길고 흥미로운 이야기이다.

한 가지 인공물을 가지고 학생들과 기초적인 생산물 LCA를 해 보면 재미도 있고 유익하다. LCA는 매우 상세하고 기술적일 수 있지만, 단순한 인공물의 기본 분석만 해봐도 놀라운 결과를 얻을 수 있다. 예를 들어보자.

연필의 해부학

평범한 노란 연필을 생각해 보자. 연필은 한눈에 알아볼 수 있는 몇 부분으로 이루어져 있다. 연필심, 겉을 싼 나무, 지우개, 금속 연결부, 그리고 페인트가 거의 전부다. 영어로 연필심을 납lead이라고 부르는 것은, 고대 로마에서 첨필stylus을 납으로 만든 데에서 유래한다. 16세기 중반 영국에서 흑연이 발견되었을 때, 사람들은 그것을 납의 한 종류로 추정했다. 이는 물론 사실이 아니다. 흑연은 독특한 유형의 석탄이다. 흑연이 포탄 거푸집 생산 과정을 개선하는 등 쓸모가 많다는 사실이 알려지면서, 흑연광은 영국 여왕이 기본적으로 국유화할 정도로 가치가 커졌다. 흑연을 지킨다는 명목으로 광부들은 매일 집에 가기 전에 몸수색을 받아야 했으며, 채굴이 진행되지 않는 광산은 도둑을 막기 위해 물을 채워 놓기도 했다. 지금은 흑연 가루와 점토 섞은 것을 섭씨 980도의 높은 열로 구워 단단한 연필심을 만든다.

연필 한 자루 한 자루를 자르기 전에, 연필심은 홈이 파인 두 장의 나무판 사이에 끼워진다.[100] 연필심을 감싼 나무를 깎아 보면 두 나무판을 접착제로 붙인 이음매를 확인할 수 있다. 1920년대에 원시림의 남벌로 굵은 나무를 얻기 어려워지기 전에는, 연필향나무 *Juniperus virginiana* 같은 것들이 연필 나무로 선호되었다. 제2차 세계 대전 당시 영국에서는 연필 나무를 구하기가 어찌나 어려웠는지, 낭비를 막으려고 회전식 연필깎이 소지를 법으로 금하기도 했다. 지금은, 시에라네바다산맥 기슭의 작은 산들과 캘리포니아주의 산에서 자라는 데쿠렌스향삼나무*Calocedrus decurrens* 같은 것들을 연필 나무로 쓴다.[101] 연필 나무 생산과 관련하여 삼림을 지속 가능한 방식으로 관리하려는 시도가 있기는 하지만, 몇몇 기업은 여전히 원시림을 파괴하고 있으며, 조림지에 독성이 있는 제초제를 사용하는 등 관리가 완벽하지는 않다.[102] 그리고 지속 가능한 삼림의 관리는 기후 변화로 삼림을 태우는 산불이 증가하면서 더 심각한 문제 상황에 놓여 있다.

지우개 달린 연필이 처음으로 만들어진 것은 1858년, 연필이 등장하고 나서 약 300년이 흐른 뒤의 일이었다.[103] 파라고무나무*Hevea* *brasiliensis*가 분비하는 라텍스를 말린 물질을 가지고 연필로 쓰거나 그린 것을 지울 수 있다는 걸 알기 전까지, 사람들은 빵 조각을 사용했다(〈식언〉이라는 단어가 여기서 유래하지는 않았을 테지만). 현재, 지우개는 보통 석유에서 유래한 두 가지 물질, 스타이렌styrene과 뷰타다이엔butadiene을 주성분으로 하는 합성 고무로 만든다. 미국에서는 지우개를 연필에 붙이는 아이디어에 특허를 줄 수 있는가를 둘러싼 소송이 연방 대법원까지 올라갔다.[104] 그리고 지우개 달린 연필은 두 발명품을 단순히 결합한 것에 지나지 않으므로 특허권을 행사할 수 없다는 판결이 내려졌다.

지우개를 연필에 이어주는 금속제 원통형 장치를 페룰ferrule이라고 한다. 1964년까지는 알루미늄 페룰을 만들지 못했다. 알루미늄의 쉽게 찌그러지는 성질 때문에 비싼 놋쇠로 만든 것이다. 그러다 발명가 J. B. 오스트로스키J. B. Ostrowski가 작은 물결 주름으로 튼튼한 페룰을 만들었다. 이는 구조 공학의 훌륭한 사례이다(3장에 나온 물결 주름 도화지를 기억하라). 그때 이후로 페룰은 알루미늄으로 만든다. 알루미늄은 보크사이트라는 광물을 처리해서 얻는다.

마지막으로, 밝은 노란색 연필 페인트(〈래커〉)는 대다수 페인트와 같은 재료, 즉 색소와 합성수지, 용제로 만든다. 왜 노란색일까? 원래는 마케팅 전략에 따른 것이었다. 19세기에 고품질 흑연 광상이 북아시아 지역에서 발견되었고, 여기서 난 흑연을 사용하는 연필 생산자들은 소비자에게 그 연필이 고급품이라는 것을 암시할 수단이 필요했다. 그래서 중국 왕실을 연상시키는 노란색을 사용한 것이다. 노란색 연필 페인트는 수많은 제조 방법을 거쳐 왔다. 여러 가지 화학 성분이 갖가지 이유로 퇴짜를 맞았기 때문이다. 예를 들어, 연필 페인트에 노란색을 내는 데 이용되던 크로뮴산 납은 납을 함유하지 않는 색소로 대체되었다.

지금까지 훑어본 연필과 각 부분의 기초적인 역사는 나무 연필의 LCA에 도움이 될 것이다. 그것은 나무 연필의 원료 물질, 제조 과정, 대팻밥과 지우개 가루로 변하는 사용 과정, 버려진 뒤 남은 물질에 일어나는 일까지 전 과정을 분석하는 일이다.

연필의 전 과정 분석

연필의 LCA는 다음과 같이 매우 간략히 요약할 수 있다. 연필심은 흑연을 채굴해서 점토를 더한 다음, 그 혼합물의 모양을 잡아 가마에서 단단하게 구워 만든다. 연필심을 홈이 파인 두 나무판 사이에 접착제로 고정한 다음 각각의 연필로 잘라내서 페인트로 칠한다. 합성 고무로 만든 지우개를 물결 주름이 있는 알루미늄 페룰로 연필에 붙인다. 그 뒤 연필은 플라스틱이나 종이 용기에 포장되고 수송되어 소비자에게 판매된다. 소비자는 연필을 깎아 글씨를 쓰고 그림을 그리고 지우면서 대팻밥과 지우개 가루를 만들어서 버리고, 흑연 자국(종이 위의 글씨와 그림)을 남기고, 마침내 짧게 닳은 연필을 휴지통에 버리고, 이 몽당연필은 대부분 재활용되지 않는다.

하지만 연필처럼 단순해 보이는 물건이라고 해도, 그 물리적 구성 요소들의 분석은 상당히 복잡해질 수 있다. 연필의 모든 구성 요소, 즉 연필심, 겉을 싼 나무(그리고 그 속의 접착제), 지우개, 금속 연결 장치, 페인트는 독립된 제조 과정을 수반하며, 여기에는 원료의 채취와 수송, 공장과 기계류, 에너지와 화학 가공 등이 포함된다. 따라서 이렇게 가장 단순한 물품조차 완전한 LCA는 즉시 몇몇 〈하위 LCA〉로 쉽게 갈라져 나갈 수 있다.

예를 들어, 연필 페룰을 만들 알루미늄을 생산하기 위해선 광산 위 토지의 정지 작업이 필요하다. 그리고 폭발물로 흙을 파헤치고, 보크사이트가 풍부한 흙을 화학 공장으로 실어 간다. 광물에 양잿물

(수산화나트륨), 열, 압력을 가해서 보크사이트를 나머지 흙 성분에서 분리한다. 알루미나(중간 산물)를 침전시킨다. 알루미나를 섭씨 1,000도의 온도에서 액체 상태의 빙정석(또 다른 광물)에 녹인다. 알루미나와 빙정석의 혼합물에 전류를 흘려보낸다. 그리고 결과물을 거른다……. 이 모든 과정이 연필에 지우개를 연결하는 알루미늄을 얻기 위해서다!

LCA는 대단히 도움이 된다. 매우 복잡한 현상을 가져다가 엉킨 것을 풀어 줄 로드맵을 주기 때문이다. LCA는 우리가 선택한 정밀도에서, 매우 복잡하게 얽혀 있는 만드는 과정을 질서 정연한 순서로 제시해 〈과정〉으로 이해할 수 있도록 돕는다. 또한 그 개념이 보편적이어서 기본적으로 사람이 만드는 모든 것에 적용할 수 있다는 점도 또 다른 강점이다.

더 나은 미래의 건설

인류가 거의 모든 것을 만드는 과정은 채취, 생산, 사용, 폐기로 이어지는 〈요람에서 무덤까지〉의 단순한 패턴을 보인다. 사람이 만든 물건 한두 가지만 분석해도 명백하게 드러나는 패턴은 우리가 사물을 만드는 방식이 특유의 선형을 이룬다는 것이다. 즉, 그 과정의 시작(원료 채취)과 끝(폐기)은 일반적으로 바로 연결되지 않는다. 잘 알려진 재활용품을 예외로 하면, 우리가 만드는 거의 모든 것이 폐기물 매립지나 바다나 대기 같은 다른 환경에서 최후를 맞는다. 이는 물론, 놀랄 일이 아니다. 우리는 그 사실을 이미 잘 알고 있다. 하지만 자연이 사물을 만드는 방식과 대조하기 위해, 우리가 사용하는 제조 과정을 단일한, 일반화할 수 있는 과정으로 압축하는 것은 도움이 된다. 자연에서 영감을 받은 접근법을 활용해서 지속 가능성을 가르칠 때, 이런 대조는 교육 전략이 될 수 있다.

모든 과학의 토대가 되는 것은 우주를 통제하고 지배하는 것만큼이나 확고하고 불변하는 원리의 체계다. 인간은 원리를 만들어 낼 수 없다. 다만 발견할 뿐이다.[105]

— 토머스 페인Thomas Paine, 1794

그렇다면 자연은 어떻게 사물들을 만들까? 사람은 사물을 만드는 유일한 종이 아니다. 우리가 테니스화, 연필, 자동차, 휴대 전화를 만든다면, 생물계의 다른 존재들은 나무, 버섯, 꽃, 판다, 개미, 도롱뇽을 만든다. 놀랍게도, 사람이 생산하는 것과 자연이 생산하는 것의 가장 큰 차이는 생산물의 양이 아니다. 사람은 실제로 자연만큼 많은 것을 만들어 내지 못한다.

나는 이 사실이 매우 흥미롭다는 것을 알게 되었다. 천칭 한쪽에 사람들이 1년 동안 만든 모든 자질구레한 것을 다 올려놓고, 다른 쪽에 인간 이외의 생물계가 1년간 만든 모든 것을 올려놓으면, 저울 팔이 자연 쪽으로 크게 기운다. 코끼리, 풀밭, 세균, 식물 플랑크톤, 문어, 곰팡이 등 자연의 무수히 많은 생명체가 한 해 동안 생산하는 것들이 고층 건물, 자동차, 팽이 등 우리가 만드는 모든 것보다 훨씬 더 무겁다는 뜻이다. 사람들은 지각에서 해마다 약 615억 톤의 원료를 채취해서, 그것으로 모든 것을 생산한다. 이에 비해, 자연은 **셀룰로스**

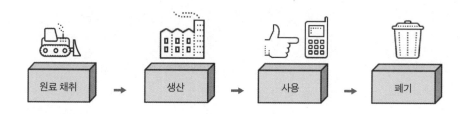

원료 채취 → 생산 → 사용 → 폐기

한 종류만 매년 2,100억 톤에 이르는 많은 양을 생산한다. 인류 생산 규모의 세 배가 넘는다.

따라서 인류와 자연의 제조 과정 사이에 존재하는 지속 가능성의 중요한 차이는 각각이 생산하는 양과는 관련이 없다. 이는 중요한 깨달음이다. 특히, 우리가 아이들에게 지속 가능성은 단지 보존의 문제일 뿐이라고, 즉 적게 쓰기만 하면 된다고 암시하는 경우가 많기 때문이다. 생산하고 사용하는 양을 줄이는 것은 **분명** 중요하다. 인류가 지구에 미치는 부정적 영향을 완화할 수 있기 때문이다. 하지만 보존은 스스로 지속 가능한 생활 방식을 찾는 문제의 해답이 아니다. 그것은 단지 시간을 벌어줄 뿐이다.

사람들은 이런 이야기에 놀란다. 이 행성에는 사람이 너무 많아서 인류가 지속할 수 없다는 이야기가 너무 자주 들려오기 때문이다. 하지만 이런 이야기는 잘못이다. 우리가 다 함께 체중계 위에 올라선다면, 인류의 생물량은 지구에 사는 다른 많은 생물 종보다 체중계 바늘을 적게 움직일 것이다. 예컨대, 인류의 생물량을 넘어서는 생물량을 가진 것으로 추정되는 개미는 1억 년이 넘는 긴 시간을 계속 지구에 살고 있다. 그리고 개미는 대체로 지구에 이로운 존재로 여겨진다.

요점은, 우리의 지속 가능성 문제를 설명해 주는 것은 인구도, 우리가 만드는 것의 규모도 아니라는 것이다. 이 두 가지 모두 학생들과 함께 다루어야 하는 중요한 견해이다. 학생들이, 지구에 사는 사람의 수와 우리의 생산 규모가 인류가 환경에 부정적 영향을 주는 근본 원인이라는 오개념을 갖고 있을 가능성이 크기 때문이다. 그렇지 않다.

파울 에를리히Paul Ehrlich와 동료들이 개발한 간단한 공식은 이 요소들 사이의 관계를 밝히는 데 도움이 된다.

$$I = P \times A \times T^{106}$$

여기서 I는 환경에 대한 부정적인 영향impact이다. 그 값은 Ppopulation(인구수)와 Aaffluence(풍요함, 즉 소비)와 Ttechnology(기술)를 곱한 값과 같다. 여기서 우리는 인구수나 소비의 증가가 부정적인 환경 영향을 악화한다는 것을 알 수 있다. 하지만 인구수와 소비가 감소한다고 해도, 해로운 기술은 여전히 부정적인 환경 영향을 일으킬 것이다. 우리가 T를 제거하지(그럴 리 없다) 못하는 한, 인구수와 소비 수준의 감소는 부정적 환경 영향의 규모를 조정할 뿐이다. 없애지 못한다는 뜻이다. 그것은 시간은 벌어주지만, 우리를 지속 가능한 세계로 데려가지는 못한다. 그렇다면 반대로, 기술이 환경에 미치는 영향의 성격이 긍정적으로 변해야 한다. 그것이 인구수나 소비 수준과 관계없이 계속 성장할 수 있는, 오래도록 번영하는 세계를 만들 유일한 방법이다. 이 놀라운 점들은 나중에 다시 다룰 것이다.

번성의 다섯 가지 요소

자연이 무언가를 만드는 접근 방식에는 몇 가지, 우리와 근본적으로 다른 점이 있다. 이런 차이점을 음미하는 것은 유익하고도 흥미롭다. 여기서는 LCA를 이용해서 논리적이고 체계적인 순서에 따라 이 차이점들을 하나하나 다룰 것이다. 자연의 생산 방법에서 보이는 중요한 차이점들은 깔끔한 도표 한 장으로 압축해서 나타낼 수 있다. 나는 그것을 번성의 다섯 가지 요소라고 이름 붙였다.[107] 이는 자연이 놀랍도록 지속 가능한 생물계를 만들어 내고 유지하기 위해 사용하는 다섯 가지 요소를 포함한다. 채굴 없는 원료, 오염 없는 동력, 무해한 설계, 독창적 효과, 무한한 사용 가능성이 그것이다. 여러분은 앞으로 나올 활동을 진행하는 동안, 이 틀을 이용해서 학생들과 함께 지속 가

채굴 없는 원료

무한한 사용 가능성

오염 없는
동력

독창적 효과

무해한
설계

번성의 다섯 가지 요소: 지속 가능성의 분석 틀.
자연이 번성하는 방법에서 몇 가지 핵심 요소를 뽑아냄으로써, 엔지니어들은 자연으로부터 오래
도록 번영할 인간 세계 구성 요소의 설계 방법을 배울 수 있다.

능성을 적절한 부분들로 나누어 각 요소를 자세히 탐구할 수 있을 것
이다.

활동 무엇이 자연을 번성하게 할까?

이 분석 틀을 학생들에게 곧바로 제시하지 말고, 사고를 확장하는 질
문을 던지면서 지속 가능성 단원을 시작하는 것이 좋다. 자연을 지속
할 수 있게 만드는 것은 무엇일까? 시간이 흐르면서 자연이 번성하는
것은 무엇 때문일까? 이 질문에 대해 생각해 보고 글쓰기 과제를 내
주는 것도 좋다. 학생들은 이 질문에 대한 답을 찾아서, 자연에 있는
것들을 보면서 야외에서 시간을 보낼 수 있다. 그 뒤 수업에서 학생들

이 서로 생각을 나누도록 하면 지속 가능성 단원을 여는 활동으로 완벽할 것이다.

그래서, 자연을 지속할 수 있게 만드는 것은 무엇인가? 시간이 흐르면서 자연이 번성하는 것은 무엇 때문인가? 잠시 책을 덮고, 밖에 나가 이 질문에 대한 답을 스스로 생각해 보자.

화석 기록을 연구하는 모든 과학자가 지구에 생명이 출현한 정확한 시점에 동의하는 것은 아니다. 그러나 비록 몇 차례에 걸쳐 대멸종을 겪기는 했지만, 대략 40억 년 전에 출현한 생명체가 끊어지지 않고 존속하여 오늘날에 이르렀다는 데에는 모두 동의한다. 생명이 얼마나 오래전에 나타났다고 생각하는가와 관계없이, 생명이 지속 가능한 운영 체계를 갖고 있다는 것은 분명하다.

　우리 주위의 모든 들판, 작은 숲, 버려진 황무지들은 아무도 돌보지 않아도, 마치 세심하게 관리된 것처럼 보인다. 식물들은, 아무것도 보태지 않고 농부의 손길이 미치지 않아도, 순전히 제힘으로 무성하게 자란다. 생물은 태어나고, 살고, 죽는다. 그리고 마치 헌신적인 관리인이 그 지역을 까다롭게 관리하기라도 하는 것처럼, 조만간 그들의 몸은 사라진다. 생명은 많아지고 다시 시작하고 계속 이어진다. 생명은 그 어떤 중앙의 명령이나 통제도 없이, 혼돈이 그 지역을 지배하도록 내버려 두지 않고, 질서 정연한 방식으로 계속 나아간다.

　자연은 어떻게 이런 일을 할까? 자연을 지속하게 만드는 것은 무엇일까? 좀 더 핵심을 짚으면, 다음 질문이 된다. 엔지니어들이 지속 가능한 인간 세계를 설계하는 과정에서 영감을 얻을 수 있는, 자연이 오래도록 번성하게 하는 가장 중요한 요소는 무엇일까? 그리고 어떻게 교육적으로 이 지극히 중요한, 시대를 초월한 아이디어를 다음 세대에 전달할 수 있을까? 이것이 지속 가능성이라는 주제에 밀착해 있는 교육의 핵심 과제다. 앞으로 알아보겠지만, 번성의 다섯 가지 요소 체제가 이런 도전 과제를 처리하는 데 도움을 줄 수 있다.

채굴 없는 원료[108]

무언가를 만드는 첫 단계는 재료를 얻는 것이다. 우리 인류는 매년 지각에서 680억 톤에 이르는 실체가 있는 물질을 채취해서 이 일을 해낸다. 여기에는 불도저와 덤프트럭이 동원된다. 공업 원료 물질을 채굴하는 것은 세계에서 가장 정상적인 일처럼 보인다. 달리 어떤 방법으로 물건들을 만들겠는가? 하지만 여기서 간과한 사실이 있다. 수백만에 이르는 생물 종 가운데 우리만 유일하게 이런 식으로 사물을 만든다는 것이다. 인간 이외의 자연이 무언가를 만드는 첫 단계는 놀랄 만큼 다르다.

갈수록 일상에서 만나는 사물들이 흥미롭고 중요하며 쉽게 이해하기 힘들다는 것을 깨닫는다. (……) 우리가 일상적으로 사용하는 물질은 우리가 인정하는 것보다 우리 문화 전반, 경제와 정치에 훨씬 더 심대한 영향을 준다. 실제로, 〈석기 시대〉, 〈청동기 시대〉, 〈철기 시대〉에 대해 이야기하는 고고학자들은 이 사실을 잘 알고 있다.

—제임스 고든James Gordon,
『강한 재료의 신과학*The New Science of Strong Materials*』에서

자연은 허공에서 살아 있는 모든 것, 2,300억 톤의 대왕고래, 캥거루,

대초원, 아메바, 잠자리, 둥글게 줄지어 돋아난 버섯, 북방림 등을 만들어 낸다.[109] 그렇다, 바로 **공기**로 그것들을 만든다. 자연의 생산 과정은, 초목, 즉 식물을 만드는 데서 시작하는데 이를 통해 자연의 모든 것이 만들어진다. 이 식물들은 무엇으로 만들까? 전 세계의 초원과 숲, 그리고 바다의 식물 플랑크톤 대부분은 공기 중에서 가져온 이산화탄소CO_2로 만들어진다. 단단한 나무의 90퍼센트 이상이 이산화탄소에서(식물은 기체 상태 이산화탄소를 고정해서 고형물인 탄수화물과 다른 목질 재료를 만든다), 7퍼센트가 빗물(H_2O)에서 온다. 그리고 대체로 1퍼센트가 채 안 되는 나머지(질소N, 인P, 칼륨K, 칼슘Ca 등)가 흙에서 온 것이다.[110] 자연은 지각에서 무엇이든 다 캐내도 되지만, 아주 적은 양만 홀짝거릴 뿐이다. 자연은 지구를 대규모로 채굴하지 않는다. 자연의 사체를 이루는 물질 대부분은 공기이다.

자연은 이산화탄소 분자를 중심으로 해서 다른 분자들을 만든다. 식물은 유동성이 있는 기체 상태의 이산화탄소를 고정해서, 생명 활동의 기본이 되는 포도당 같은 고형 탄수화물과 다른 목질 재료를 만든다. 결국, 캘리포니아주 북부의 방대한 세쿼이아 숲은 본질적으로, 매우 아름답게 **압축한 이산화탄소**라 할 수 있다. 대기 화합물들은 평균 3나노미터 떨어져 있는데, 포도당 한 분자의 지름은 1나노미터에 불과하다.[111]

이런 이야기는 공기를 실체가 없는 것처럼 느끼는 우리의 경험에 잘 들어맞지 않는다. 물고기는 자신을 에워싼 물을 거의 알아차리지 못할 것이다. 마찬가지로 우리는 사람이 유체 속에서 산다는 사실을 잊고 있다. 우리는 바람이 불어오거나 달리는 차창 밖으로 손을 내밀 때, 잠시 공기가 〈텅 빈 것〉이 아니라고 느낀다. 사실 잘 드러나지 않을 뿐, 우리 주위를 감싼 유체는 매우 무겁다. 서 있는 사람의 몸 위로 지구 대기 끝까지 뻗어 있는 공기의 무게는 1톤에 이른다.[112] 경차

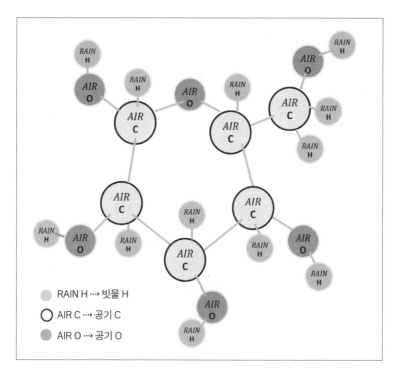

포도당 분자.
식물은 광합성 산물인 포도당을 이용해서 자연계에 가장 풍부한 물질, 셀룰로스를 만들고 온 생물계에 생명 활동을 위한 에너지를 제공한다. 포도당 분자를 이루는 각 원자의 기원을 표시해 놓았다.

한 대와 비슷한 무게다. 타 버린 숲에는 작은 잿더미 외에는 아무것도 남지 않는다. 숲은 어디로 갔을까? 숲은 자기가 생겨난 공기로 돌아갔다.

그것을 모두 더한 지구 대기 전체의 무게는 6천조 톤이라는 엄청난 크기가 된다.[113] 사물을 만드는 데 이용할 수 있는 원료 물질이 이만큼 많다는 뜻이다. 자연은 공기 중의 탄소를 엮어 전 세계의 식물을 만들어 내고, 식물을 우적우적 씹어대는 초식 동물부터 살금살금 움직이는 육식 동물을 거쳐 참을성 있는 분해자에 이르기까지 다른 모든 생물을 길러낸다.[114] 탄산음료가 빨대를 타고 올라가듯이, 식물이 대기에서 받아들여 고정한 탄소는 먹이 사슬을 타고 올라간다. 우리 몸속 탄소(신체 질량의 약 18퍼센트)는 우리 스스로 고정한 것이 아니다. 맨 처음 식물이나 식물 플랑크톤이 흡수한 대기 중의 탄소가, 우리가 샐러드와 풀 먹는 소, 플랑크톤 먹는 생선 등을 먹을 때 몸속으로 자리를 옮긴 것이다.[115] 오늘날 인류에게 가장 크게 비난받는 분자는 결국, 자연이 자기 자신을 만들 때 사용하는 바로 그 분자이다.

손쉽게 얻을 수 있는 재료. 자연이 대기 중의 이산화탄소를 주요 구성 물질로 선택한 까닭은 무엇일까? 적절한 질문이다. 그 까닭은, 탄소의 독특한 성질과 관계가 있다. 탄소를 정교하고 복잡한 생명 화학 물질의 우주 건설을 위한 플랫폼으로 만들어 주는 성질이다. 우선, 탄소는 정말 쉽게 얻을 수 있다. 더 널리 퍼진 원자들도 많지만, 우리 행성에 남아도는 산소와 결합한 탄소는 상온에서 기체 물질이 된다. 따라서, 이 물질은 대기와 대양의 일부가 되어 이리저리 쉽게 흘러 다니면서, 복잡한 생명체를 이루는 그 어떤 화학 시스템에서도 쉽게 활용된다. 지각 속에 요지부동으로 붙박여 있는 원자들, 특히 물에 녹지 않는 원자들은 결코 할 수 없는 일이다. N. J. 베릴N. J. Berrill은 1958년에 발표한 매혹적인 책, 『당신과 우주You and the Universe』에 이렇게 썼다.

> 모래사막을 이루는 규산염, 산의 장석, 연석과 묘비, 사람의 육신을 멍들게 하고 묻어 버리는 그 모든 불가항력의 자연물은 거의 물에 녹지 않는다. 이는 풍경 속에 그토록 거대하게 자리 잡은 그 광물들을, 호수나 바다, 생물의 체액과 조직 등 우리가 발견한 그 어떤 물속에서도 거의 찾아볼 수 없다는 점을 설명해 준다. (……) 물에 녹지 않는 광물은 바다에도, 우리 몸속을 흐르는 혈액의 염류에도 도달하지 못한다. 역으로, 지구에 드물게 존재하는 광물은, 물에 녹을 수 있다고 해도, 마찬가지로 어디서나 드물다.[116]

다재다능하고 사교적인 재료. 탄소가 다른 원자들과 다중 결합을 형성할 수 있다는 사실은, 생명의 구성 물질이 되기 위한 또 다른 전제 조건을 충족한다. 결합 가능성이 제한된 원자들은 생명체가 필요로 하는 매우 다양한 분자를 만들어 낼 수 없다. 탄소 원자의 독특한 점은 자기 자신과 쉽게 화학 결합을 이루어(결합의 세기 등의 여러 이유로), 탄소 원자 사슬(탄소 골격, C-C-C-……)로 이루어진 긴 분자를 만들 수 있다는 것이다.

이 탄소 원자 사슬은 매우 다양한 곁사슬을 통해서, 탄소가 매우 복잡하고 독특할 뿐만 아니라 상당히 큰 분자를 형성할 수 있도록 한다. 그 결과 이 화학 물질들은 거의 무한한 구조와 거동 가능성을 갖는다. 이 책을 만든 종이는 바로 이런 물질의 하나인 셀룰로스로 이루어져 있다. 지금까지 탄소를 포함한 9백만 가지가 넘는 화합물이 알려져 있다. 이에 비해 무기 화합물(탄소 이외의 원소로 이루어진)은 50만에 지나지 않는다.[117] 요컨대, 탄소는 다재다능하고 사교적이다. 생명에게 데이트 상대를 찾기 위한 프로필이 있다면, 이보다 더 잘 들어맞는 표현은 상상하기 힘들다.

재사용할 수 있는 자원. 우리는 탄소 원자에 주목해서, 그것이 생명의 경제에서 어떤 역할을 하는지 이해하려 했다. 이번에는 잠시 시야를 넓혀 생명의 경제에서 탄소가 맡은 역할이 지구의 더 큰 시스템과 잘 어우러지는 까닭을 알아보려고 한다. 식물이 대기 중 이산화탄소를 없애 가며 생명의 기초를 닦을 수 있는 것은, 그것을 지구가 감당할 수 있고 무한히 지속할 수 있기 때문이다. 어떻게 이런 일이 가능할까? 생물들은 한동안 생체 조직에 이산화탄소를 격리해 두지만, 결국 분해되어 대기 중에 그 분자를 풀어놓는다. 따라서 이 자원은 절대 고갈되지 않는다. 도서관에 있는 수많은 책처럼 대출될 뿐이다.

자동 조절되는 자원. 게다가, 그 격리 정도는 행성 전체 규모에서 자동 조절된다. 이산화탄소 격리가 너무 빨리 증가하면, 대기 중 이산화탄소 양이 줄어들면서 지구에 냉각 효과를 불러온다. 그 결과 식물이 천천히 성장하면서 대기 중 이산화탄소의 양을 다시 늘릴 수 있다. 반대로 이산화탄소 격리가 너무 많이 감소하면, 대기 중에 이산화탄소 양이 늘어나 지구의 평균 기온이 상승한다. 그러면 식물이 더 빠르게 성장하면서 더 많은 이산화탄소를 격리하게 된다. 따라서 일정한 허용 범위 안에서는 이산화탄소의 격리 정도가 자동 조절되어, 지구는 거의 균일한 속도로 무한정 식물을 기를 수 있다. 전 지구의 자원이라는 관점에서, 이산화탄소는 생물계 건설의 토대가 되는 완벽한 분자다.

제한된 자원의 지속 불가능한 사용. 제품 생산을 위해 지구 표면에서 대규모 채굴을 감행하는 우리의 접근법은 우리와 이 행성을 공유하는 수백만 생물 종에는 완전히 변칙이다.[118] 왜 그럴까? 그 부분적인 답은 공급과 관련한 문제이다. 지구 표면은 매우 제한된 자원이다. 우리가 돌아다닐 수 있는 표면은 한계가 있다. 어떤 종이 일상적으로 지표면을 대규모로 채굴해서 자신을 유지한다면, 이윽고 살아갈 곳이 남아나지 않을 것이다. 현생 인류가 지구에 출현한 것은 약 20만 년에서 30만 년 전이지만, 다른 생물 종들은 대부분 훨씬 더 오래전에 나타났다. 상어는 4억 5천만 년 전, 해파리는 5억 5천만 년 전부터 지구에 살았다. 남세균Cyanobacteria(시아노박테리아)은 28억 년 동안 지구에서 살았다. 이런 생물 중 하나라도 지각의 대규모 채굴을 주요 생산 수단으로 삼았다면, 생산 활동을 영위할 지표면은 이미 사라지고 없을 것이다.

그 논리의 극단으로 가면, 공업 원료를 얻으려고 지표면을 계속 파헤치는 것은 기술의 종언이다. 멀리 내다보면 공급 부족은 불가피

한 일이고 눈앞에 다가온 필수 산업의 자원 부족은 이미 중요한 경제 문제가 되고 있다. 가장 순한 형태는, 산업 원료 부족으로 경제 불안이 야기되는 것이다. 가장 나쁜 형태는, 자원 부족에 따른 물리적 충돌이다.[119] 그리고 다른 한편으로, 광산은 수질에 주는 영향, 토양 오염, 생물 다양성 감소, 자연 경관 파괴 등 수많은 쟁점과 관련하여 계속 문제가 된다.[120]

대규모 채취.
인류는 사물을 만들 원료 물질을 얻기 위해 지각을 대규모로 채굴하는 유일한 생물 종이다.

이 모든 것이 왜 문제일까? 지표면의 채굴이 무한히 계속될 수 없기 때문이다. 오래도록 지구에서 살 방법을 배우고 싶다면, 이미 그 일을 해낸 다른 존재의 사례를 참고해야 한다. 그리고 자연에 존재하는 수많은 다른 종에게서 우리가 확인할 수 있는 건 그들이 이산화탄소를 기초로 해서 엄청나게 다양한 물질을 구성한다는 것이다.

자연에서 자원 재사용 방법 빌려 오기. 콘크리트를 만들기 위한 석회암이나 연료로 쓰기 위한 석유 같이 인류의 생산 방식은 채굴해서 얻는 것 외에는 다른 방법이 없는 것처럼 보인다. 하지만 과연 그럴까? 사실을 알면 깜짝 놀랄 것이다. 자연이 허공에서 물질을 만들어 내는 것에 영감을 받은 연구자와 엔지니어 들이 자연이 해낸 것과 똑같은 방법을 연구하고 있기 때문이다. 그들은 우리가 이 일을 어디에 모방

풍부한 재료.
로스앤젤레스 분지의 대기는 온실 기체로 플라스틱을 생산하기 위한 원료를 공급한다.

할 수 있을지 충실하게 탐구한 결과, 매우 비범하고 전례가 없는 생산 과정을 개발해내고 있다.

우선 플라스틱을 보자. 우리는 지각에서 원유와 천연가스를 퍼 올려 플라스틱을 만든다. 그렇게 퍼 올린 많은 원재료의 4퍼센트는 이리저리 얽힌 정유 공장의 은색 파이프 안에서 바스락거리는 비닐 봉지, 매끈한 나일론 운동복, 반짝거리는 휴대 전화 케이스 같은 것들의 원료로 변형된다. 이는 중요한 일이다. 지구 내부에서 퍼 올린 악취 나는 가스와 끈적거리는 검은 액체에서 매년 3억 톤의 플라스틱이 만들어지기 때문이다.[121]

뉴라이트 테크놀로지Newlight Technologies의 대표 마크 헤레마Mark Herrema는 2003년, 인류가 이 모든 플라스틱을 문제가 적은 것에서 얻을 수 있으면 어떨까 하고 생각했다. 여기에 기후 변화에 대한 우려를 얹어, 나무가 생체 조직을 만드는 것과 같은 물질, 즉 이산화탄소로 플라스틱을 만드는 것을 고민하기 시작했다. 나무를 구성하는 분자인 구조 탄수화물*은 긴 탄소 원자 사슬을 기초로 만들어지는데, 이는 석유로 만든 플라스틱과 매우 비슷하다. 땅속에서 퍼 올린 석유 대신 대기에서 흡수한 온실 기체로 플라스틱 원료를 얻을 수도 있지 않을까?

그 과정을 구현하는 데에 10년이나 걸렸지만, 헤레마와 동료들은 가능성을 발견했다. 현재 뉴라이트 테크놀로지는 대기 이산화탄소로 매년 수천 킬로그램의 플라스틱을 생산하는데, 그들은 이것을 에어카본AirCarbon이라고 부른다. 에어카본은 석유 기반 플라스틱에 비해 생산 비용도 더 적게 든다. 나는 캘리포니아주 코스타메사에 있는 그 회사의 공장을 방문한 적이 있다. 수수한 건물 꼭대기에 파이프 하나가 있었는데, 거기서 로스앤젤레스 분지의 공기를 모으고 있었다. 그것이 그들의 산업 원료 공급처다. 파이프로 들어온 공기는 이 회사가 이룬 기술 혁신의 심장부인 생체 촉매 반응기로 흘러간다. 그리고 다른 쪽 말단으로 일정한 처리 과정을 거쳐 거의 모든 종류의 플라스틱을 만들 수 있는 플라스틱 중합체가 나온다. 석유는 전혀 필요 없다. 그들이 생산한 플라스틱은 휴대 전화 케이스, 가구, 델Dell 컴퓨터 등에 이용되었다.

헤레마의 플라스틱 조각을 집어 들면 이상한 기분이 든다. 고체 상태의 공기를 손에 쥐었기 때문이다. 게다가 그것은 온실 기체다. 뉴라이트 테크놀로지는 최근 이케아 등의 기업과 석유 기반 플라스틱 수십억 톤을 에어카본으로 대체하는 계약을 체결했다. 마크 헤레마는 이렇게 말한다. 「우리가 바라는 것은 에어카본이 패러다임 전환을 가져오는 것입니다. 그 새 패러다임하에서 우리는 온실 기체 배출물을 자원으로, 세계에서 가장 질 좋은, 비용 면에서 가장 이익이 되는,

* 식물의 세포벽을 구성하는 탄수화물. 셀룰로스, 헤미셀룰로스, 펙틴 등.

가장 지속 가능한 재료를 만들 수 있는 원료 물질로 보게 될 것입니다.」[122]

내가 이산화탄소로 무언가를 만든다는 이야기를 처음 들은 것은 또 다른 물질, 시멘트에 관한 것이었다. 2장에서 언급한 브렌트 콘스탄츠를 기억할 것이다. 현재 스탠퍼드 대학교 생물학 교수인 콘스탄츠는 산호처럼 공기로 시멘트를 만드는 방법을 알아냈다. 이 일은 직관적으로 절대 불가능해 보이지만, 산호는 실제로 이런 방법으로 제 몸을 만든다. 아름다운 바다를 수놓은 산호초를 이루는 돌산호는, 주위 바닷물에서 탄소, 산소, 그리고 칼슘을 모아 비교적 간단한 화학 과정을 거쳐 단단한 탄산칼슘 분자를 형성함으로써, 흰색 외골격을 만든다. 대학원생이던 브렌트 콘스탄츠는 산호 같은 생명체가 생광물화 반응을 통해 이렇게 광물을 형성하는 것을 연구하다가, 인류가 그 과정을 배워 산업 원료를 만들어 낼 수 있지 않을까 하는 의문을 품었다.

사람들은 산호처럼 바닷물에서 탄산칼슘 분자를 침전시키지 않는다. 그들은 지각에서 탄산칼슘이 많이 침전된 석회암 광상을 찾아내서 콘크리트의 주요 점착 성분인 시멘트를 만든다. 우리는 지구에서 매년 45억 톤이 넘는 석회암을 캐낸다.[123] 우리는 광상의 위치를 확인한 뒤, 다이너마이트로 석회암을 폭파한 다음, 시멘트 공장으로 원료를 수송하고, 약 섭씨 1,500도의 온도로 가열해서 석회암을 물과 잘 반응하는 물질로 바꿔 놓는다.[124] 그래서 우리는 건재상에 가서 시멘트 한 포대를 산 다음 물과 섞어 무슨 모양이든 원하는 대로 만들 수 있다. 그 가열 과정은 원료에서 이산화탄소를 끄집어내어 대기 중에 배출한다. 실제로, 인류가 매년 대기 중에 배출하는 이산화탄소의 약 7퍼센트가 시멘트, 단 한 가지 물질을 만드는 과정에서 나온다.[125]

브렌트 콘스탄츠는 산호가 시멘트를 만들면서 사용한 화학 과

정의 기본 개념을 빌려 오기로
했다. 어쨌든, 산호는 사람이 만
드는 것과 똑같은 물질을 만들면
서, 대기 중에 이산화탄소를 전
혀 배출하지 않는다. 그 대신, 주
위 바닷물에서 이산화탄소를 흡
수해서, 그것으로 탄산칼슘 분자
를 만든다. 콘스탄츠는 자기 아
이디어를 시험하기 위해서는 이
산화탄소와 칼슘이 필요하다는
것을 알았다. 콘스탄츠의 회사,
칼레라Calera는 캘리포니아주 모
스랜딩에 있는 석탄 화력 발전소
와 제휴를 맺었다. 그들은 바닷
물과 발전소에서 나온 기체가 섞
여 거품을 일으키도록 하는 장치
를 만들었다. 그리고 이 장치를
작동시키자 놀랍게도 석회암 가
루가 만들어졌다! 많은 양이었
고 가열도 필요 없었다.[126] 이들

산업 생산 모형으로서의 산호.
산호는 우리가 지각에서 캐내는 점착성 물질과 똑같은 것을
생산하면서 아무것도 채굴하지 않는다. 산호는 바닷물에서
바로 탄산칼슘 분자를 침전시킨다. 게다가, 그들은 주위 환경
과 같은 온도에서 온실 기체를 배출하지도 않고 그 일을 한다.
산호는 오히려, 시멘트를 생산하는 과정에서 공기를 청소한다.
온실 기체를 제거해서 단단한 골격에 격리하기 때문이다.

이 만든 시멘트는 산호 외골격과 똑같이 이산화탄소를 격리했다. 다
시 말해, 인류 전체 이산화탄소 배출량의 7퍼센트를 차지하기는커녕
오히려 **탄소 네거티브**를 실현한 것이다. 산호에서 영감을 받은 시멘
트를 만드는 과정은 공기를 깨끗하게 했으며, 채석장도 필요 없었다.
채굴 없이 원료를 생산한 것이다.
　　처음 칼레라 이야기를 듣고 1, 2년이 지난 뒤, 나는 자연에서 영

감을 받은 공학을 가르칠 때 무엇이 가능한지를 보여 줄 수 있는 교육 과정이 필요하다고 생각하게 되었다. 산호에서 영감을 받은 칼레라의 시멘트 생산 이야기가 매우 훌륭한 것은 사실이지만, 단순히 선생님들이 학생들에게 이야기를 들려주는 것으로 끝내고 싶지는 않았다. 나는 학생들이 스스로 해볼 수 있기를 바랐다. 지속 가능한 기술에 관한 이야기를 듣는 것과 경험하는 것은 전혀 다르다. 나는 학생들이 정말로 믿으려면, 그 기술의 실현 과정을 스스로 경험할 필요가 있다고 느꼈다. 교육 과정 개발은 쉽지 않은 일이었다. 그 교육 과정을 위해서는 완전히 독창적인 교육 계획을 제시해야 했다. 그리고 산호와 칼레라가 해낸, 채굴 없는 원료 생산 과정을 학생들이 직접 할 수 있어야 했는데 이런 일을 진행하려면 안전하고 비싸지 않으며 손쉽게 구할 수 있는 준비물을 갖춘 고등학교 화학 실험실이 필요했다. 어쨌거나 나는 그 꿈을 꾸었다.

다행히, 그 일에 정말 잘 맞는 인물, 도나 보그스Dona Boggs와 그 꿈을 공유할 수 있었다. 처음 만났을 때, 도나 보그스는 이스턴 워싱턴 대학교의 생리학 명예 교수였는데, 자연에서 영감을 받은 기술 혁신에 큰 관심이 있었다. 내가 하고 싶은 일을 설명하자, 보그스는 산호가 바닷물에서 탄산칼슘을 침전시키는 방법에 관한 과학 논문을 읽었다.[127] 그러고는 쉽게 구할 수 있는 몇 가지 재료를 이용해서 비슷한 일을 할 수 있는지 알아보았다. 결과는 성공이었다!

그 뒤 보그스와 나는 그 과정을 개선하는 작업을 함께 했고, 이를 토대로 교육 계획을 작성했다. 내가 〈채석장 없는 콘크리트〉와 〈똑똑한 산호〉라고 이름 붙인 실험이다. 이 실험에서는 잡화점이나 수족관 용품점 등에서 찾을 수 있는 안전하고, 비싸지 않은 재료를 사용한다. 사실, 화학 실험실이 필요 없을 정도로 간단하다. 그리고 무엇보다 중요한 것은, 학생들로 하여금 현대 세계에서 가장 중요한 건축 재료인 시멘트를 자연의 도움을 받아 완전히 혁신하여 생산할 수 있다는 걸 스스로 깨닫게 한다는 점이다.

활동 산호처럼 시멘트 만들기

우리는 산호와 비슷한 방법으로 탄산칼슘을 만들 계획이다. 이 가벼운 화학 공학에 필요한 것은 이산화탄소와 칼슘, 그리고 수소 원자를 제거할 방법, 세 가지뿐이다. 바다에서 사는 산호는 주위 바닷물에서 칼슘 이온과 이산화탄소를 받아들여 농도를 증가시키고, 〈끈적하게 들러붙어〉 반응 속도를 늦출 과다한 수소 이온은 방출한다. 구체적으로, 돌산호목 산호들은 바닷물에서 칼슘 이온Ca^{2+}과 탄산 이온CO_3^{2-}을 모아들이고, 혼합물에서 수소 이온H^+, 즉 양성자를 방출함으로써, 지질 작용 대비 약 100배의 속도로 탄산칼슘을 생성한다.[128] 그리고 그 결과 바닷물에 탄산칼슘 광물을 침전시키게 된다.

생각해 보면, 이 과정은 마치 마술 같다. 학생들에게 소금물이 들어 있는 유리잔을 보여준 다음, 그 안에 조가비를 떨어뜨린다. 그리고 이 조가비를 주위의 물만 가지고 만들 수 있다고 하면 누가 믿겠는가? 이런 이야기는 허공에서 단단한 물질(플라스틱 같은)을 만들어 내거나 모자에서 토끼를 끄집어내는 것만큼이나 직관적으로 받아들이기 힘들다. 그러나 산호, 연체동물, 그리고 다른 많은 수생 동물이 날마다 그 일을 하고 있다.

이 활동에 필요한 이산화탄소는 잡화점에서 구할 수 있는 드라이아이스로 준비할 수도 있다. 하지만 우리는 온실 기체인 이산화탄소를 사용해서 쓸모 있는 것을 만들 수 있다는 걸 입증하려는 것이므로, 자동차 배기구에서 더 적당한 준비물을 구할 수 있다. 자동차 배기구에서 배출되는 물질의 약 15퍼센트는 이산화탄소이다. 배기가스는 마일라 필름 풍선에 모은다. 일반적인 고무풍선은 반투성 막이기 때문에 기체가 빠져나간다. 자동차 시동을 켜고 배기관이 뜨거워지기 전에 바로 배기가스를 모은다. 이때 주의할 점은 배기가스를 들이마시지 않는 것이다! 그다음에는, 이 기체를 칼슘을 포함한 용액에 관으로 주입하기만 하면 된다. 이 용액은 실제 바닷물을 사용할 수도 있고, 수족관 용품점에서 구할 수 있는 바닷물 대용품을 사용할 수도 있다.

마지막 요소는 반응 과정에서 수소 이온을 제거해서 활발한 반응을 유지할 수 있도록 칼슘 용액의 pH를 높이는 것이다. 산호는 〈양성자 펌프〉라는 생체막을 가로질러 양성자를 운반하는 복잡한 생물학 장치를 통해 수소를 내보내 이 일을 한다. 우리 목적을 위해서는, 수소 이온과 매우 반응을 잘하는 수산화 이온OH^-을 가해서 칼슘 용액에서 수소 원자를 없애 pH를 높일 수 있다. 수산화 이온은 염기인 수산화나트륨$NaOH$에서 얻는다.

수산화나트륨은 화학 약품 공급 업체에서 구매할 수 있다. 비누 만드는 재료로 쓰이는 가성 소다, 양잿물은 수산화나트륨을 부르는 다른 이름이다. 배수관이 막혔을 때 사용하는 용해제는 수산화나트륨이 주성분인 것들이 있다. 라벨의 성분표를 확인하고 투명한 액체 상태의 배수관 세정제를 사용할 수도 있다. 이산화탄소를 집어넣기 전에 점안기를 써서 칼슘 용액에 수산화나트륨을 가한다. 산호는 pH를 9 정도로 높이지만, 수산화나트륨 용액을 소량만 가해도 반응이 계속 활발하게 일어나도록 할 수 있다.

참고로, 이 실험의 반응식은 다음과 같다.

$$CO_2 + H_2O \rightarrow H_2CO_3$$

염기를 가하면 이렇게 된다.

$$H_2CO_3 + NaOH \rightarrow NaHCO_3 + H_2O$$
$$NaHCO_3 + NaOH \rightarrow Na_2CO_3 + H_2O$$

이 단계는 다음 반응으로 이어진다.

$$Na_2CO_3 + CaCl_2 \rightarrow CaCO_3 + 2NaCl$$

반응은 조용하게 일어난다. 따라서 흥미 요소를 위해, 이산화탄소가 칼슘 용액으로 들어가는 튜브 끝부분에 기포 발생 장치를 붙이면 좋다. 이렇게 하면 활동에 효과음을 더할 수 있을 뿐만 아니라 이산화탄소를 작은 공기 방울로 나눠 표면적을 키워서 반응이 빨리 일어나도록 할 수도 있다.

학생들은 즉석에서 용액으로부터 탄산칼슘 침전물이 형성되는 것을 볼 수 있다. 희끄무레한 옅은 구름 같은 것이 생겨서 서서히 가라앉기 시작하는 것이다. 반응이 충분히 오랫동안 지속되어 침전물이 어느 정도 쌓이면, 거름종이(커피 필터도 괜찮다)에 용액을 거르고 남은 물질을 말린다. 내가 이 물질 일부를 칼레라에 보내자, 그들은 X선 회절 사진을 이용하여 그 가루가 100퍼센트 탄산칼슘이라는 것을 확인해 주었다.

여러분은 학생들에게 이렇게 자랑스럽게 선언할 수 있을 것이다. 「여러분이 방금 만들어 낸 것은 고체 탄산칼슘 가루입니다. 시멘트를 만들기 위해 지구에서 채굴하는 것과 같은 물질이지요. 여러분

자동차 배기가스로 시멘트 만들기.
학생들이 시멘트 제조 원료를 지각에서 채굴하는 대신 온실 기체로 직접 만들고 있다. 자동차 배기가스(위 왼쪽), 또는 드라이아이스(위 오른쪽)에서 얻은 온실 기체를 바닷물에 통과시켜서 거품을 일으킨다(아래). 산호에서 영감을 받은 이 화학 공학 실험은 부엌이나 잡화점, 수족관 용품점에서 구할 수 있는 값싼 재료를 이용해서 간단하고 안전하게 해볼 수 있다. 그 과정에서, 학생들은 중요한 산업 원료를 얻기 위해 반드시 채굴할 필요는 없다는 것을 알게 된다.

은 심지어 자동차 배기가스를 이용해서 그것을 만들어 냈습니다!」채굴 없는 원료, 우리의 영리한 행성 친구, 산호가 가르쳐준 혁명적이고 지속 가능한 생산 과정이다.

자연이 그러는 것처럼 사람도 채굴하지 않고 산업 원료를 생산할 수 있을까? 여러분은 방금 학생들에게 이 질문에 완벽하게 부합하는 구체적 사례를 제공했다. 학생들은 조작 활동으로 채굴 없는 원료의 개념을 직접 경험함으로써, 이런 가능성이 실현될 수 있다는 데 대한 믿음과 흥미를 갖게 된다. 자연을 길잡이 삼아 공기로 재료를 만들 수 있는 인류라면, 지구에서 훨씬 더 오래 번영할 수 있을 것이다.

산업 원료 생산의 대안 모형.
산업 원료 생산의 대안 모형은 우리 눈에 보이는 모든 곳에 있다. 바다 밑에서 자라는 육방해면강 볼로소마*Bolosoma* 속의 이 놀라운 노란색 해면동물은 유리로 된 골편을 갖고 있다. 이들은 그들이 생활하는 온도에서 바닷물로 유리를 만들어 낸다.

시멘트는 이런 방식으로 만들어 낼 수 있는 수많은 산업 원료 중 하나에 지나지 않는다. 플라스틱은 이미 언급했다. 여러분은 학생들에게, 생물체가 만들어 내는 물질 중에서 제조업에서 사용하는 원료에 어떤 것들이 있는지, 생물들은 그것들을 어떻게 만들어 내는지 조사하도록 할 수 있다. 브렌트 콘스탄츠가 이렇게 시작했다. 예를 들어, 많은 종의 해면동물이 이산화규소(유리)로 된 외골격을 만들어 낸다. 그들은 바닷물에서 그 물질을 만드는 데 반해, 사람들은 지각에서 규암을 파낸 다음 고온에서 가열하여 그 물질을 만든다. 저기 저 밖에 생물학 모형들이 있다. 그리고 이런 활동을 통해 여러분은, 인류가 간절히 필요로 하는 다음 세대의 재료 혁신가들을 탄생시킬 수 있을 것이다.

오염 없는 동력[129]

우리 생산 과정의 다음 단계는 지구에서 채굴한 원료 물질을 정제된 재료로 바꾸는 것이다. 이 단계는 에너지가 필요하다. 초기 인류가 아프리카 대초원을 화염으로 뒤덮게 만든 번갯불의 위력에 놀란 뒤 그 불을 통제할 수 있기까지, 그 자세한 이야기는 엄청나게 감동적일 수 있다. 하지만 우리가 추측할 수 있는 것은 대체로 그 이야기의 마지막 부분이다. 그 사이의 일은 거의 추측하기 어렵다.

우리가 아는 것은, 인류가 사용 능력을 획득한 이래로 불은 많은 재료를 완전히 바꾸어 놓는 믿음직한 에너지원이 되었다는 것이다. 초기 인류는 수십만 년 전, 불을 사용해서 먹을 것을 더 먹기 쉽게 만들었다. 또한 불을 이용해서 도구와 무기를 단단하게 만들어 먹을 거리를 쉽게 구할 수 있었다.[130] 그 뒤에는 불을 이용해서 색소(나무와 뼈로), 접착제(나무껍질로), 토기(진흙으로) 같은 것들을 만들었다.[131] 동굴 인류의 이미지에 불을 피우는 모습이 그렇게 자주 묘사되는 까닭은 불을 이용해서 물질을 변형하는 일이 과학 기술적으로 그만큼 큰 의미가 있기 때문이다.

현대의 불. 사람들은 물건을 만들기 위한 불의 사용이 선사시대 동굴 인류의 전유물이 아니라는 사실을 잘 인식하지 못한다. 우리는 오늘날에도 여전히 똑같은 방법에 의존해서 거의 모든 것을 만든다. 우리는, 자작나무 껍질을 가열해서 만든 접착제로 자루에 창끝을 붙이는 대신, 석탄과 석유, 가스를 태워서 현대인의 생활을 지탱하는 물질을 만든다. 콘크리트, 강철, 유리, 플라스틱 같은 것이다. 우리가 만드는 물질들은 점점 더 다양하고 복잡해지지만, 그것들을 만들 때 사용하는 에너지는 동굴 인류의 시대 그대로다. 인류가 사용하는 에너지의 87퍼센트는 화석 연료를 태워서 얻는다.[132]

과학자들은 이미 1965년부터 화석 연료를 태울 때 배출되는 이산화탄소가 기후 변화를 불러올 수 있다고 경고했다.[133] 오늘날, 기후 변화는 부정적 영향의 측면에서 다른 모든 전 지구적 문제들을 능가하고 있다. 그 영향에는 해양 산성화, 불안정한 농업 환경, 자연재해 악화, 서식지 파괴, 빈곤, 이주, 폭력 문제 등이 포함된다. 그렇지만,

화석 연료를 태워서 에너지를 얻는 일의 부정적 영향은 여전히 막연하고 분명치 않은 것처럼 보일 수 있다. 어쨌든 버스에 치이는 것과는 다르기 때문이다.

실제로, 미국에서만 석탄 연소로 인해 발생한 대기 오염이 매년 13,000명의 목숨을 직접 빼앗고, 20,000건의 심근 경색을 초래한다.[134] 화석 연료를 태우는 시설 인근에서 자라는 아동은 저체중, 지능 지수 저하, 천식, 주의력 결핍 장애 등 사는 동안 심신을 허약하게 하는 문제를 겪을 위험이 더 크다.[135] 석탄 화력 발전소가 뿜어내는 수은은 3분의 1에 이르는 어종을 사람이 소비할 수 없게 만든다.[136] 바다에서 일어난 다른 변화로는 1950년대 이래로, 해양 먹이 사슬의 기초가 되는 식물 플랑크톤을 40퍼센트나 없애는 결과를 낳았다.[137]

이는 막연한 통계 자료가 아니다. 오히려 놀랄 만큼 선명하다. 더욱이 과학자들은 온실 기체 배출로 인한 전 지구적 변화가 머지않아 자가 발전하여 〈폭주하는〉, 지구 온난화의 돌이킬 수 없는 재앙을 불러올 것이라 지적한다. 예컨대 북반구에서 수조 톤에 이르는 강력한 온실 기체인 메탄(=메테인)을 붙잡고 있는 얼어붙은 이탄토의 온도가 상승하고 있는 것 같은 일이다. 실제로, 연구자들은 최근 북극 지방에서 방출되는 메탄의 양이 급증했다고 기록했다.[138] 이

과거부터 현재까지 변함없이 사용되는 불.
불은 동굴 인류의 기술로 생각될 때가 많다. 불이 여전히 현대인의 생활용품을 만드는 가장 유력한 기술이라는 사실은 제대로 인식되지 않는다.

런 사실은 받아들이기 힘들다. 이 이야기에 여러분은 헉하고 숨을 들이마시거나, 긴 한숨을 내쉴 것이다. 어느 쪽이든, 확실히 우려할 만하다. 여러분이 들이마시거나 내쉬는 숨은, 대기 중 산소의 50~85퍼센트를 만들어 내는 식물 플랑크톤에서 온 것이기 때문이다.[139]

요점은 기후 변화의 영향이 우리 앞에 와 있고 결코 멀리 있지 않다는 것이다. 사람들이 다양한 활동에 에너지를 사용하는 방식이 우리 삶에, 우리 아이들의 삶에, 그리고 지구상 모든 생명의 삶에 심대한 결과를 가져온다. 따라서 연소하는 화석 연료에서 나와 환경에 유입되는 오염 물질은 인류의 지속 가능성에 관한 담론에서 **가장** 중요한 문제가 되었다.

자연의 에너지원. 오래오래 살아남을 방법을 배우고자 하는 종으로서, 우리는 자연이 에너지에 접근하는 방식에 주목할 수밖에 없다. 자연의 성취는 우리의 경제 기준으로 보아도 명백하게 뛰어나다. 우선 국내 총생산을 기준으로 자연과 비교하자면, 국내 총생산은 하루 동안 자연계의 생산 설비에서 만들어지는 〈생산물〉의 양에도 미치지 못한다. 게다가, 자연계의 생산 설비는 무려 40억 년 동안 가동되고 있다. 이런 풍요를 지속하는 데에는 석유 한 방울도, 석탄 한 덩이도 필요하지 않다. 그렇지만, 자연계는 인류보다 훨씬 더 많은 에너지를 사용한다.[140] 휴대 전화 충전, 자동차 운행, 공장 가동 등을 모두 더한 전 세계의 에너지 소비는 사람들이 약 18테라와트(18조 와트)의 전력을 쉬지 않고 사용하는 것과 같은 양이다. 하지만 자연계는 광합성 산물을 만들어 내는 데에만 그것의 **7배**가 넘는 많은 양의 태양 에너지를 사용한다.

자연이 찾아낸 스스로 동력을 제공하는 방법은 기후를 불안정하게 만들지도, 공기를 오염시키지도 않으며, 전력량 부족 같은 일을 겪지도 않는다. 그렇게 많은 대학과 기업, 정부 기관이 자연에서 영감을 받은 에너지 기술의 연구, 개발, 상업화에 매진하는 이유가 바로 여기에 있다(이 장 끝부분의 참고 자료에서 더 많은 정보를 확인할 수 있다).

자연은 일하는 중. 자연이 에너지를 얻고 사용하는 방법을 숙고하도록 하는 가장 훌륭한 주장은 아마 그 창의적이고 천재적인 면모를 전시하는 것이리라. 예컨대 오스트리아 오지의 건조한 관목 덤불이나 사막에 사는 도깨비도마뱀*Moloch horridus*은 가장 얕은 물웅덩이에서도 물을 마실 수 있다. 이때 필요한 것은 웅덩이에 발을 디디는 것뿐이다. 이 도마뱀의 고성능 피부에는 정밀한 홈과 물길이 설계되어 있다. 이 구조는 물 분자 사이의 수소 결합을 이용해서 몸의 겉면으로 물을 끌어 올린 다음 바로 입으로 보내준다.[141] 어떤 펌프도 필요 없다. 솔방울은 나무에 붙어 있는 동안에도 저 혼자서 비늘 조각을 들어 올려 씨를 내보낸다. 씨를 퍼트리기 좋은 계절에 날씨가 건조해지면, 솔방울을 이룬 섬유가 비스듬히 수축하면서 솔방울 비늘 조각은 마치 차고 문처럼 모터도 없이 자신을 들어 올린다.[142]

자연이 독창적으로 일하는 방식의 예는 끝도 없다. 지구에서

자연은 에너지를 얻고 사용하는 기발하고 효과적인 방법으로 가득 차 있다.
사막에 사는 도깨비도마뱀(왼쪽)은 축축한 흙을 밟고 서는 것만으로도 마실 물을 얻는다. 이들은 교묘한 피부 덕에, 아무 노력도 없이 물을 몸 위로 끌어 올려 곧장 입으로 흘려보낼 수 있다. 나무(오른쪽)는 1억 5천만 킬로미터 떨어져 있는 항성의 빛 에너지를 이용해서 다양한 화학 반응을 일으키고 여러 조직으로 물을 이동시킨다.

1억 5천만 킬로미터 떨어진 항성에서 온 빛의 에너지로, 상온에서 키 120미터에 이르는 세쿼이아 숲을 일군 거장의 솜씨는 충분히 주목할 만하다. 스스로를 망가뜨리지 않고 경제를 운영할 방법을 고심하는 우리의 상황에서는 특히 더 그렇다.

효소 모방하기. 현재 가장 기대되는 몇 가지 에너지 신기술과 혁신은 우리 주변의 자연계에서 영감을 받은 것들이다. 효소를 예로 들어보자. 자연의 많은 화학 반응은, 반응 물질들을 한데 모아 상호 작용을 유도해서 화학 반응 속도를 수천, 수백만 배로 높이는 이 특수한 단백질 때문에 일어난다. 효소가 없다면, 여러분 손은 말 그대로 이 책을 들 힘도 없을 것이다. 사실, 쉽게 형태가 변하는 이 영리한 분자들이 없다면, 여러분 눈은 이 문자열을 따라올 기력조차 없고, 여러분 뇌는 그 내용을 이해할 수 없을 것이다. 효소는, 호기롭게 물소를 덮치는 사자부터 그 소란의 와중에 튀어나온 피를 분해하는 세균에 이르기까지, 크고 작은 생물들이 일상적인 생명 활동을 영위하는 데 이용된다.

화학 반응을 일으키려 할 때, 사람들은 보통 효소 대신 열을 이용한다. 열에너지를 가해서 일으킨 활동으로 반응 물질들이 충분히 움직여서 서로를 발견하도록 하는 것이다. 자연이 중매 결혼으로 화학 결합을 일으킨다면, 사람들은 광란의 파티를 여는 식이다. 예를 들어 빨래할 때 우리는, 가열한 물에 세제와 옷을 집어넣어서 화학적 물리적 반응이 빠르게 일어나도록 한다. 하지만 세제 회사들은 효소의 아이디어를 빌려 와서, 옷에 묻은 얼룩과 때의 세정 능력을 높이는 천연 효소와 합성 효소를 이용해서 세제를 만들기 시작했다. 섭씨 20도에서 이런 효소를 포함한 세제를 사용하면 섭씨 32도에서 효소 없이 세탁한 것과 같은 효과를 얻을 수 있다. 이렇게 찬물로 세탁하면 미국에서만 세탁 과정에서 대기 중으로 들어가는 이산화탄소를 약 3만 킬로그램 줄일 수 있다. 이는 거의 4백만 가구의 연간 전기 사용량에 맞먹는다.[143] 우리는 효소 촉매 화학이라는 자연의 기발한 아이디어를 빌려 옴으로써 우리가 아낄 수 있는 에너지의 일단만 알아보았을 뿐이다.

이 책을 쓰는 동안, 2018년의 영예로운 노벨 화학상은 프랜시스 아널드Frances Arnold 박사에게 돌아갔다. 아널드는 자연의 또 다른 특성, 즉 진화를 모방해서 효소 개발 분야를 개척한 화학 공학자이다. 아널드는, 반복해서 효소를 만드는 유전자에 돌연변이를 일으켜 효소를 만든 다음 가장 유망한 효소를 선택하는 〈유도 진화〉 과정을 통해서, 야생형보다 훨씬 더 효과적인 효소를 만들어 냈다. 무려 256배나 효과적인 경우도 있었다. 이런 연구의 적용 범위는 상당히 넓다. 예를 들어 아널드는 이 방식을 이용해서 미생물이 생산하는 재생 가능한 바이오 연료의 개발 과정을 개선할 수 있었다.

물고기처럼 만들기. 자연의 아이디어는 더 큰 규모에도 적용할 수 있다. 풍력 발전용 터빈과 관련하여 가장 흥미로운 기술들은 자연에서 영감을 받은 공학을 통해 개발되었다. 예를 들어, 혹등고래의 지느러미발 모양에서 영감을 받은 터빈의 회전 날개는 전통적인 회전 날개보다 뛰어난 성능을 보인다. 왜 그럴까? 그 까닭은 혹등고래가 먹잇감을 잡는 방법과 관계가 있다. 혹등고래는 학교 버스만큼 크지만, 몸길이가 5센티미터밖에 안 되는 물고기 무리를 먹는다. 혹등고래는 먹고사는 데 충분한 먹이를 모으기 위해 우리가 사용하는 것과 같은 방법으로 물고기를 잡는다. 바로 그물을 치는 것이다.

혹등고래는 영리하게도 줄을 이룬 공기 방울로 그물을 만든다. 혹등고래는 나선형으로 헤엄치면서 먹잇감을 둘러싸고 튼튼한 올무와 같은 공기 방울 기둥을 만든다. 그러고는 입을 딱 벌리고 위로 빠르게 솟아오르면서 한데 모여 있는 먹잇감을 꿀꺽 집어삼킨다. 이런 방법으로 거대한 물고기를 잡아먹을 때와 같은 생물량을 확보하는 것이다. 혹등고래는 지느러미발의 설계 덕분에 이렇게 작은 반지름을 그리며 회전할 수 있다. 혹등고래의 지느러미발 앞 모서리(리딩에지)에 **튜버클**tubercle이라는 독특한 혹이 있기 때문이다.

비슷하게 앞 모서리에 혹이 있는 회전 날개로 된 터빈을 돌리자, 모서리가 평평한 회전 날개를 썼을 때보다 20퍼센트나 효율이 높아졌다.[144] 고래에서 영감을 받은 튜버클 형태를 적용한 컴퓨터 냉각팬은 효율이 12퍼센트 이상 높아졌다.[145] 이는 상당한 위업이다. 컴퓨터 냉각팬을 돌리는 데에만 전 세계 **전체** 전기 사용량의 약 4퍼센트가 들어가기 때문이다.[146]

그리고 스탠퍼드 대학교의 기계 공학자 존 다비리는 떼지어 이동하는 물고기 무리에서 영감을 받은 방식으로 풍력 발전용 터빈들을 배열하면, 터빈 난류에서 긍정적인 간섭 현상이 일어나 터빈의 효율을 10배나 높일 수 있다는 것을 알아냈다.[147] 이 모든 혁신은 최근 몇 년 사이에 일어났다. 따라서 우리는 에너지 효율 개선 부문에서 자연이 우리에게 가르쳐줄 수 있는 것을 이제 막 발견하기 시작했을 뿐이라고 할 수 있다.

식물의 힘. 식물은 다른 어떤 생물 무리보다도 에너지 부문에서 극적인 혁신을 일으켰다. 더 큰 분자를 조립하는 데 쓰이는 수소 이온(양성자)들을 모으기 위해, 식물은 빗물을 그 구성 요소인 수소와 산소로 나눈다. 그리고 산소는 방출한다. 우리가 지금 호흡하는 물질이 바로 이것이다. 우리는 똑같은 일을 위해, 물에 전류를 흘려보낸다. 전기 분해를 하는 것이다.

수소는 운반하기 쉬운 강력한 연료이다. 수소를 연료 전지에 사용하면, 수증기만 배출하는 자동차를 운행할 수 있다. 하지만 전기 분해 방법으로 수소를 만든다면, 수소 연료에서 얻는 것보다 더 많은 에너지를 수소와 산소를 분리하는 데 사용해야 한다. 식물들은 다르다. 그들은 햇빛과 효소만으로 똑같은 화학 마술을 할 수 있다. 잎의 이런 능력에서 영감을 얻은 엔지니어들은 훨씬 더 경제적인 〈인공 잎〉을 설계했다. 잎과 비슷하게 물과 햇빛, 그리고 금속 촉매로 수소 연료를 생산할 수 있는 장치이다.[148] 확실히 주목할 만한 기술이다.

식물의 또 다른 재능은 대기 중의 이산화탄소를 화학 연료, 즉 포도당과 녹말 같은 것으로 변화시키는 것이다. 이 능력은 엔지니어들에게 똑같은 일을 할 수 있다는 영감을 주었다. 미 해군은 바닷물 속에 녹아 있는 이산화탄소와 물의 산소를 **제트 연료**로 전환하는 데 성공했다.[149] 이는 〈지극히 평범한〉 식물의 능력에서 영감을 받은 놀라운 성공 사례이다.

빛 에너지 붙잡기. 자연에서 영감을 받은 에너지원으로 가장 주목할 만한 것은, 여러분도 짐작하듯이, 태양 에너지다. 그런데 우리가 아는 것처럼 프랑스 물리학자 에드몽 베크렐Edmond Becquerel (1820-1891)은 햇빛으로 전자의 흐름을 만들어 내는 식물의 능력에서 영감을 받아 19살에 광기전 효과를 발견한 것이 아니었다. 당시에도 광합성 현상은 널리 알려져 있었다. 네덜란드의 과학자이자 화학자 얀 잉엔하우스 Jan Ingenhousz(1730-1799)가 1770년대에 그 현상을 발견했기 때문이다. 베크렐이 영향을

자연의 방식.
생물에서 영감을 받은 엔지니어들은 혹등고래, 올빼미, 무리지어 다니는 물고기 같은 생물에서 기술 아이디어를 얻어 풍력 발전용 터빈의 성능을 획기적으로 개선했다.

받은 것은, 빛이 물질에 변화를 일으킬 수 있다는 것을 입증한 사진술의 발전이었다. [프랑스 발명가 조제프 니세포르 니엡스Joseph Nicéphore Niepce(1765-1833)는 아스팔트가 햇빛을 받아 단단해진다는 것을 관찰하고 이에 영감을 받아 처음으로 사진 촬영에 성공했다.]

태양 에너지는 청정에너지의 기둥이다. 하지만 현재 디자인대로라면, 그 자체로서 중요한 환경 문제를 일으킬 수 있다. 우선, 현재 광전지를 만드는 원료인 석영 알갱이, 즉 규사는 채굴과 고온 처리 과정을 거쳐야만 태양 전지판에 쓰이는 전자 산업용 규소(=실리콘Si)가 된다.[150] 여러분도 알 수 있듯이, 규사를 섭씨 2,000도로 가열하는 과정에서는 다량의 이산화탄소가 공기 중으로 배출된다. 태양 전지판이 그만한 탄소 빚을 갚는 데에만 평균 3년이 걸린다. 청정 전기를 일으켜 태양 전지판을 생산하는 동안 대기에 배출한 이산화탄소를 보상하는 데에 그만한 시간이 소요된다는 뜻이다. 물론 그다음부터는 태양 전지판이 석탄을 태워 발전하는 것보다 훨씬 더 낫다.[151] 규소 기반 태양 전지판을 생산하는 과정에서는 독성이 있는 부산물도 발생한다.[152] 또한 비교적 새로운 기술인 만큼, 수명을 다한 태양 전지판의 폐기가 환경에 어떤 영향을 끼칠지도 불확실하다.

1950년대 말부터 1970년대 초까지, 광합성 연구 방식으로 시작한 데서 다른 형태의 태양 전지를 개발하기 위한 아이디어가 나왔다.[153] 이는 식물이 햇빛을 포착해 그것으로 전자의 흐름을 만들어 내는 방식을 기초로 한다. 전자 산업용 규소가 아니라 염료나 다른 유기 재료를 이용해서 빛을 포착해 자유롭게 흐르는 전자를 만들어 낸다는 개념은 거대한 패러다임의 전환으로, 재료와 성능 면에서 의미가 있다. 많은 에너지를 소비하는 규소에 매이지 않은 태양 전지는, 이론적으로 작동 몇 년 후가 아닌 첫날부터 청정에너지를 생산할 수 있다. 이런 태양 전지는 또한 신축성 있게 만들 수 있다. 매우 흥미진진한 전망이지만, 규소를 사용하지 않은 초기 장치들은 에너지 변환 효율 (도달하는 햇빛의 양에 대해 태양 전지에서 얻을 수 있는 에너지의 양) 이 낮았다.

그러던 중 1990년대 초에 식물 잎의 틸라코이드 막을 모방해서 중요한 혁신이 이루어졌다.[154] 틸라코이드는 엽록체 안에 있는 표면 적이 넓은 구조물로 빛에 대한 반응이 일어나는 곳이다. 잎에서 영감을 받은 태양 전지에 이 구조를 도입할 수 있었던 것은, 나노미터 크기의 이산화타이타늄TiO_2 입자로 된 3차원 그물망을 이용했기 때문이다. 이 구조는 염료에 충돌하는 광양자가 전자의 흐름으로 전환되는 곳의 표면적을 크게 늘리는 효과가 있다. 그 결과 처음으로, 식물에서 영감을 받은 태양 전지의 에너지 변환 효율이 기존의 규소 기반 태양 전지와 경쟁할 수 있는 수준에 가까워졌다. 잎에서 영감을 받은 태양 전지의 적은 생산 비용을 고려하면 특히 더 그렇다.

염료 감응 태양 전지 Dye-Sensitized Solar Cell, DSSC로 알려진, 식물에서 영감을 받은 태양 전지는, 규소 기반 태양 전지에 비해 생산 과정상의 낮은 탄소 발자국, 적은 비용, 물리적 신축성 이외에도 많은 이점이 있다. 예를 들어, DSSC는 식물과 마찬가지로 낮은 조도에서도 계속 전기를 일으킨다. 창문 없는 사무실 전등 밑에서 다양한 식물을 기를 수 있는 것처럼, DSSC는 흐린 하늘 아래나 실내에서도 작동할 수 있다. 내가 좋아하는 DSSC의 적용 사례는 무선 컴퓨터 키보드에 붙인 작은 전지판이다. 이 키보드는 전지가 필요 없다. DSSC가 필요한 에너지를 모두 제공하기 때문이다. 심지어 이 DSSC는 불이 모두 꺼진 캄캄한 방에서도 근처의 컴퓨터 모니터에서 나오는 빛으로 전기를 일으킬 수 있다! DSSC의 또 다른 훌륭한 점은 다양한 색의 염료를 이용해서 광양자를 포착할 수 있다는 것이다. 심지어 투명한 염료도 이용할 수 있다. DSSC는 이런 특성 때문에 창문과 하나로 합쳐져,

건축 공간 안에 빛을 드리우는 동시에 전기를 일으킬 수 있다.

학생들도 잎에서 영감을 받은 태양 전지를 직접 만들어 볼 수 있다. 전지의 재료는 샌드위치처럼 합쳐진다. 전지의 겉면은 투명한 전도성 물질이면 무엇이든 괜찮다. 보통 전기 전도성이 있는 인듐 주석 산화물 피막을 입힌 현미경 받침 유리나 투명한 플라스틱을 사용하는데, 구매할 수도 있고 직접 만들 수도 있다. 재활용할 수 있는 플라스틱을 사용하면 더 멋있는, 신축성 있는 태양 전지를 만들 수 있다.

광합성에서 영감을 받은 태양 전지.
이런 태양 전지는 규소가 필요 없으므로 만드는 데 훨씬 더 적은 에너지가 든다. 이 전지는 또한 식물 잎처럼 신축성이 있다(위). 투명하거나 반투명한 염료를 이용하면, 전지가 창문과 하나로 합쳐져 빛을 통과시키면서 전기를 일으킬 수 있다(아래 왼쪽). 교사들이 연수 모임에서 염료 감응 태양 전지를 조립하고 있다(아래 오른쪽).

다음 층은 광양자, 즉 빛의 입자를 흡수하는 염료이다. 여기에는 말 그대로 으깬 잎에서 얻은 엽록소를 사용할 수 있다. 아니면 다른 이유(과일을 보호하고 색을 내는 등의)로 빛을 흡수하도록 설계된 냉동 블랙베리나 딸기 등의 표면에서 얻은 과즙을 사용할 수도 있다.

활동 **염료 감응 태양 전지 만들기**

염료 감응 태양 전지를 직접 만들어 본 학생들은 자연에서 영감을 받은 청정에너지 관련 공학과 혁신 기술에 큰 흥미를 느낄 수 있다.[155]

이 활동은 과즙과 몇 가지 준비물만 있으면 놀랄 만큼 쉽게 할 수 있다. 그리고 준비물은 직접 모을 수도 있고, 낱개 또는 세트로 구매할 수도 있다(이 장 끝부분의 참고 자료에서 더 많은 정보를 확인할 수 있다).

그다음 층은 치약이나 페인트, 가루 입힌 도넛에도 들어 있는, 나노미터 크기의 이산화타이타늄 반죽이다. 이산화타이타늄 반죽은 구매하거나 직접 만들 수 있는데, 막자사발 세트를 사용해서 이 준비물을 직접 만들다 보면 19세기 화학자가 된 것 같은 색다른 재미를 느낄 것이다. 이산화타이타늄 반죽은 염료의 기질이 되어, 막상 구조 여러 개가 겹쳐 있는 엽록체 속의 틸라코이드와 비슷하게, 광원이 닿는 표면적을 크게 만든다. 이에 따라 훨씬 더 많은 광양자가 염료와 상호 작

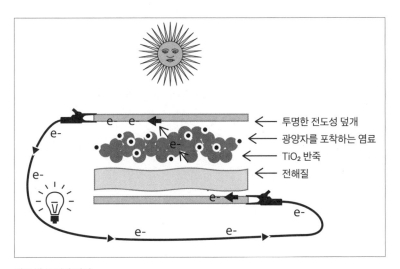

염료 감응 태양 전지.
염료 감응 태양 전지는 샌드위치처럼 조립된 3차원 전기 회로이다. 염료는 식물 잎의 엽록소처럼 햇빛의 광양자를 포착하는 데 이용된다. 나노 크기의 이산화타이타늄 그물망은, 식물 잎의 엽록체 속 틸라코이드 막 여러 개가 겹쳐서 표면적을 넓히는 것처럼, 염료를 위한 넓은 기질이 되어준다.

용하게 된다. 밖에서 들어온 빛이 처음으로 전자를 밀어내서 전기 회로를 돌리는 곳이 바로 이 부분이므로, 시스템 전체 효율 면에서 중요한 요소이다.

이제 아이오딘화물 같은 전해질을 가하고(전기 회로 속 전자들이 계속 흐를 수 있도록), 모든 층을 샌드위치처럼 붙이면 작동 준비가 끝난다. 조립이 끝난 태양 전지에 집게 달린 도선으로 전압계를 연결하면, 학생들은 교실 전등 밑에서도 바로 전압을 확인할 수 있다. 이 활동은 광물리학, 전자 회로, 재료 등 모든 종류의 STEM 관련 토의에 적합하며, 그 시스템의 모든 부문에서 실험과 최적화가 얼마든지 가능하다.

자연에서 영감을 받은 접근법으로 오염 없는 동력이라는 개념을 탐구하면 많은 장점이 있다. 이런 접근법은 우선, 학생들이 무수히 많은 자연의 능력을 이해하고 인정하며, 자연의 독창성, 그리고 자신이 속한 더 큰 시스템과 평화롭고 이롭게 공존하는 자연의 방식을 존중하도록 한다. 진학이나 진로와 관련해서도 장점이 있다. 수많은 고등 교육 기관, 기업, 정부 기관들이 자연에서 영감을 받은 에너지 기술의 연구, 개발, 상업화에 적극적으로 나서고 있기 때문이다. 우리는 서서히 — 지속 가능한 세계는 지금 세상과 똑같이 생산적일 수 있으면서 — 인간 이외의 자연과 같이 청정하고 영속적인 에너지원을 동력으로 해야 한다는 것을 깨닫고 있는 듯하다.

무해한 설계[156]

1984년 12월 3일 새벽 1시, 인도 보팔에 위치한[157] 화학 공장의 가스 저장 용기에서 독성 화학 물질 아이소사이안화메틸이 인근 지역으로 누출되는 사고가 일어났다. 몇 분 이내에 약 4천 명이 사망하고, 그 뒤

몇 주에서 몇 년에 걸쳐 약 2만 명이 사고 후유증으로 사망했다. 그리고 수천 명이 호흡기 등에 영구적인 손상을 입었다. 이 사고는 역사상 최악의 화학 물질 관련 참사로 알려져 있다.

아이소사이안화메틸은 보기 힘든 물질이 아니다. 지금도 해마다 몇 톤씩 생산되고 있다. 아이소사이안화메틸은 카바메이트계 농약 제조 과정에서 만들어지는 중간물질로, 농림 분야에서 곤충을 죽이는 데 이용된다. 여러분도 정원에서 그 농약을 사용하거나, 그 농약으로 기른 과일이나 채소를 구매한 적이 있을 것이다. 아이소사이안화메틸은 인공 독소 중에 유별난 것이 아니다. 수천 가지 인공 독성 물질의 하나일 뿐이다.

겨우 몇 세기 동안, 우리 인간은 화학적으로 매우 뛰어난 물질 조작 능력을 갖추게 되었다. 현재 우리가 합성하거나 분리하는 화학 물질들을 기록한 데이터베이스에는 수천만 가지 물질이 등록되어 있다. 그리고 하루 평균 4천 가지가 새로 입력된다.[158] 새로운 화학 물질이 만들어지는 속도는 기하급수로 증가하고 있다. 동시에, 우리가 발명한 화학 물질의 독성에 관해서는 이해하는 바가 거의 없다. 절대다수의 화학 물질이 독성에 관한 어떤 정보도 없다. 우리가 매우 많은 양(1년간 50만 킬로그램 이상)을 사용하는 5천여 가지 화학 물질 중에 독성에 관해 비교적 완벽한 자료가 있는 것은 약 10퍼센트에 불과하다. 나머지 90퍼센트에 대해서는 전혀 모르는 것이나 다름없다.

그리고, 보팔 참사가 명확히 보여 주듯이, 화학 물질의 독성을 알고 있다고 해서 생산을 막거나 효과적으로 통제할 수 있는 것은 아니다. 사실, 인류의 건강과 관련하여 가장 정밀한 조사가 필요한 것은 화학 물질의 〈정상적인〉 사용이라는 것을 입증하는 수많은 증거가 있다. 하버드 대학교 의학 전문 대학원의 필리프 그랑장Philippe Grandjean과 마운트 시나이 의과 대학의 필립 랜드리건Philip Landrigan은 음식물, 의류, 가구, 환경에서 흔히 발견되는 화학 물질이 어린이의 지능 지수 저하, 주의력 결핍 장애, 자폐와 관계가 있는지 확인하는 연구에 참여한 뒤, 연구 결과를 이렇게 설명했다. 「우리의 커다란 우려는 전 세계 어린이가 의식하지 못한 채, 서서히 지능을 낮추고, 행동에 혼란을 주며, 미래의 성취를 방해하고, 사회에 해악을 끼치는 독성 화학 물질에 노출되어 있다는 것이다.」[159] 어린이만 영향을 받는 것이 아니다. 이 글을 쓰는 동안에도, 산업 활동에서 생겨나 공기 중에 배출된 독성 물질 때문에 전 세계 사람의 수명이 평균 2.5년 이상 짧아진다[160]는 새로운 연구 결과가 발표되었다.

화학 물질은 사람들이 원료를 일상 용품으로 바꿔 놓는 과정의 중요한 요소이므로, 채굴이나 제조 과정에 포함된 에너지만큼이나 중요한 고려 사항이다. 그리고 자연은 분명, 산업 원료를 얻고 에너지를 써서 변화시키는 문제에 관해 그랬듯이, 독소의 생산과 관리 문제에 관해서도 수많은 복잡한 특성으로 우리를 도와줄 것이다.

학생들은 사람만이 독소를 만들며, 〈자연〉은 본래 독이 없는 것이라는 인상을 받았을 수 있다. 그것은 지나친 단순화다. 따라서 자연

사람과 자연 모두 독성 화학 물질을 만든다.
자연의 화학 물질은 인간이 만든 것과 몇 가지 결정적인 차이가 있다. 자연의 독소는 대개 부산물로 생겨나는 것이 아니라 일정한 용도로 쓰인다. 주위 환경으로 퍼져 나가지 않고 한정된 공간에 존재한다. 계속 남아 있지 않고 해롭지 않은 성분으로 분해된다. 그리고 자연은 그 독소들을 처리할 방법을 찾아낼 충분한 시간을 가졌다.

또한 독성 화학 물질을 만들고 사용한다는 것을 학생들에게 분명히 알려줄 필요가 있다.[161] 예컨대 거미 독 같은 것이다. 그렇지만, 사람이 사용하는 독소와 자연의 독소는 분명 다르다.

- 첫째, 자연의 독소는 대개 일정한 용도(예를 들면, 곤충 먹잇감을 마비시킴)로 쓰이는 데 반해, 사람의 독소는 제조 과정에서 만들어진 부산물로 버려지는 경우가 많다.
- 둘째, 자연의 독소는 대체로 주위 환경으로 퍼져 나가지 않고 제한된 공간(예를 들면, 거미줄에 붙들린 운 나쁜 곤충의 몸)에 존재한다.
- 셋째, 자연의 독소는 독성 없는 성분들로 빠르게 분해된다. 예를 들어, 우리 몸에서는 독성 화학 물질인 과산화수소가 만들어지지만, 해롭지 않은 물과 산소로 분해된다.
- 마지막으로, 자연계에는 자연의 독소들을 관리할 전략을 찾아낼 시간이 있었다. 과산화수소가 적절한 예이다. 이에 반해, 사람이 만든 독소들은 정황상 새로울 수밖에 없다. 그것들이 그렇게 자주 많은 문제를 일으키는 까닭은 자연에 우리가 만든 화학 물질을 처리할 방법을 찾아낼 시간이 없었기 때문이다.

이 모든 차이점은, 자연에서는 독소가 살아 있는 조직 내부나 가까운 곳에서만 만들어진다는 사실로 어느 정도 설명된다. 자연계에는, 자연과 동떨어져 결과와 상관없이 독소를 생산하고 저장할 수 있는 〈산업 공단〉 같은 것이 없다. 따라서 생명은, 생물계 전체 수준에서 생체 조직의 안전을 보장하는, 매우 엄격한 설계 기준에 따라 독성 화학 물질을 개발해야만 했다. 생물은 때로 독소에 해를 입고, 야생 동식물은 때로 멸종하고, 생태계는 때로 진화의 시간대에서 붕괴한다. 하지만 때때로 나타나는 반례에도 불구하고 더 강력하게 작용하는 것은 단연코 낱낱의 세포부터 전체 생태계에 이르기까지, 그것을 이루는 모든 구성원이 궁극적으로 안전할 수 있게 운용되는 자연계의 시스템이다. 생명은 얼마간의 파괴에도 굴하지 않고 전체적으로 번성하며, 주위에 대체로 해를 끼치지 않도록 설계를 추구하는 생물의 본보기를 보여 준다.

무해한 설계는, 특히 생명에 영향을 주는 물질에 관해서는, 자연에 반하지 않고 조화를 이루는 사물을 의식적으로 설계한다는 뜻이다. 독성 화학 물질은 생체 조직에 해를 끼쳐서, 인류가 지구에 사는 모든 생물의 건강한 기능을 파괴하도록 할 수도 있다. 5장의 〈불굴의 물방울〉에서는, 독성이 있는 과불화 화합물을 사용하는 화학적 방법이 아니라, 식물 잎의 표면 구조를 본떠서 소수성 표면을 얻는, 자연에서 영감을 받은 접근법의 탐구 활동을 소개한 바 있다. 무해한 설계의 개념을 잘 보여 주는 예이다. 다음은 자연의 설계를 이용해서 우리와 모든 생물의 복지를 증진하는 방법을 보여 주는 사례들이다.

무해한 접착제. 지금 합판을 사용해서 지은 집이나 건물 안에서 이 책을 읽고 있다면, 여러분은 독소에 둘러싸여 있을 가능성이 크다. 예를 들어, 합판에 사용하는 접착제에는 기체를 내놓을 수 있는 폼알데하이드라는 화합물이 포함되어 있다. 오늘날, 우리는 폼알데하이드가 비강암과 폐암을 일으키는 발암 물질이며, 실내에서 보낸 시간이 길수록 암 발생률이 증가한다는 것을 알고 있다. 최근 폼알데하이드가 없는, 퓨어본드PureBond라는 새로운 합판이 시장에 도입되었다. 폼알데하이드로 만든 접착제 없이 이 합판의 목질 섬유가 잘 붙어 있을 수 있는 것은 해양 동물인 홍합의 연구 덕분이다.

오리건 주립 대학교 목재 과학 및 공학과의 카이창 리Kaichang Li 박사는, 파도치는 바닷가 바위에 용감하게 매달려 있는 이 보잘것없

는 동물의 능력과 합판 제작을
처음으로 연결해서 생각했다.[162]
이 불굴의 연체동물은 놀랄 만
큼 강력한 접착 물질의 밧줄로
제 몸을 바위에 묶는데, 그 물질
에는 폼알데하이드가 전혀 없다
(게다가 물속에서도 기적처럼 접
착력이 유지된다). 과학과 공학
연구자들은 이 밧줄, 즉 족사의
끝부분에 이용된 단백질의 화학

독성이 없는 새로운 합판.
생물에서 영감을 받은 새 합판은 홍합을 모방한 접착제로 만
들어 독성 물질인 폼알데하이드가 없다.

성분을 모방해서 처음으로 폼알데하이드가 없는 강력한 접착제를 만
들어 낼 수 있었다. 이 물질을 이용한 합판은 성능과 가격 면에서 경
쟁력이 있다. 지금은 주택 건축 자재상에서 그 합판을 사서 집을 짓고
밤에 편안히 숨 쉬며 지낼 수 있다.[163]

무해한 발자국. 사람들은 더 큰 규모에서 생명을 파괴하기도 한
다. 도시의 개발 과정을 생각해 보자. 그 과정에서 많은 야생 생물 군
집의 서식지가 붕괴하고 분리되고 집어삼켜진다.[164] 지금처럼 구급
차와 경찰차 사이렌 소리로 덮이기 전, 뉴욕시 중심부 맨해튼섬에 늑
대의 울부짖음이 울려 퍼지고 있었다[165]고 생각하면 기이한 느낌이
든다. 지금은 아스팔트로 덮인 댈러스의 초원에는 아메리카들소가
뛰어다니고 있었다.[166] 로스앤젤레스 할리우드의 언덕에는 회색곰들
이 뛰놀았다.[167] 도시 스프롤 현상*은 이미 전 세계에서 수백만 헥타
르의 서식지를 휩쓸어 버렸으며, 그 양상은 훨씬 더 나빠지고, 빨라지
고 있다.[168] 우리 행성에서는 기하급수적으로, 매일 약 25만 명의 인
구가 증가한다.

* 기반 시설이 충분하지 못한 상태로 도시가 무질서하게 외곽으로 확산하는 일.

수직 건축.
사람의 도시는 지표면에 퍼져 있다. 개미는 수직 건축을 통해, 지표면에 매우 적은 발자국만 남기고 수백만 개체가 살 곳을 마련한다. 개미들은 주변 땅의 서식지에서 자양분을 얻어서 산다.

하지만 개체 수가 그렇게 많은 종은 우리뿐만이 아니다. 확실히 지구에는 사람보다 많은 수의 개미가 있다. 단일한 개미 군집이 수백만에 이르는 개체를 포함하기도 한다. 그리고 그 작은 몸집에도 불구하고, 지구 전체에 있는 개미의 생물량은 사람의 생물량보다 크다.[169] 그런데도 개미는 대체로 지구에 해를 끼치는 것이 아니라 좋은 영향을 주는 생물로 여겨진다. 그렇다면 개미는 많은 수가 모여 덜 해롭게, 심지어 이롭게 사는 방법을 우리에게 가르쳐줄 수 있지 않을까? 그리고 도시를 더 무해하게 설계할 방법을 알려줄 수 있지 않을까?

나는 월터 칭클Walter Tschinkel 박사의 비범한 연구와 영상에서 일부 영향을 받아 이 활동을 개발했다. 칭클 교수는 플로리다 주립 대학교에서 개미를 연구하고 있다. 그는 회반죽과 액체 상태의 금속을 이용해서 여러 종의 개미집을 주조하고 땅에서 파내 이 작은 건축가들의 놀라운 노력

개미의 수직 건축을 반영한 양식.
개미에게 영감을 받은 건축 양식은 많은 지역의 도시 환경을 완전히 바꿔서, 사람들이 높은 인구 밀도로 자연에 근접해서 살 수 있게 한다. 이는 도시 생활의 부정적인 영향을 크게 줄일 것이다.

을 세상에 드러냈다.[170] 우리에게 익숙한 개미집은 파낸 흙 알갱이들이 지표면에 난 구멍을 에워싸고 작은 흙더미를 이룬 것이다. 하지만 진짜 개미집은 3.5미터가 넘게 땅속으로 길게 뻗어 있다. 이런 개미집 주조물들을 보고 나면 확실해지는 것이 있다. 개미들이 수직을 지향하는 주거에서 살고 있다는 것이다.

이런 깨달음이 아주 뜻밖의 것은 아니지만, 개미가 이런 건축 습성을 보이는 이유에서는 교훈을 얻을 수 있다. 지구 전역에 걸쳐 매우 밀집해서 사는 개미들에게는, 풍경을 가로질러 무분별하게 뻗어 나가는 도시를 설계할 여유가 없다. 어쨌든, 개미 군집은 주변 땅에 의지하여 자양분을 얻어서 산다. 하지만 그들은 거대한 군집에 의지하여 충분한 먹이를 발견해서 살아남기도 한다(7장에서 다룰 것이다). 먹을 것을 지표면에 의존하면서도 밀집해서 사는 것을 피할 수 없는 개미의 상황은 현대 인류가 직면한 상황과 매우 유사하다.

개미는 어마어마한 군집이 함께 지낼 수 있는, 독창적인 수직 건축 양식을 발전시켰다. 지표면에서 걸리적거리는 것은 둥글게 쌓인 소박한 흙더미에 에워싸인 작은 구멍뿐이다. 이보다 더 겸손한 천재성의 지표는 상상하기 어렵다. 자연에서 영감을 받은 엔지니어처럼 우리는 때때로 추적자가 되어, 극히 미묘한 신호에 담겨 있는 심오한 의미를 찾을 것이다. 그리고 확실히, 여기에 주목할 만한 것이 있다.

인구가 과밀하게 집중되어 스프롤 현상을 겪을 수밖에 없는 도시에 수직 건축을 활용하면 어떻게 될지 생각해 보자. 사람들은 현재 엄청난 초고층 건물을 지을 수 있다. 3장에서 다룬, 높이 약 800미터로 세계에서 가장 높은 건물 중 하나인 부르즈 할리파를 기억할 것이다. 이 건물은 약 0.8헥타르에 불과한 바닥 면적에 5천 명이 살 곳을 제공한다.[171] 이 초고층 건물에는 주거와 업무 공간뿐만 아니라 학교, 병원, 볼링장, 극장, 잡화점, 수직 농장 등 다양한 시설이 들어설 수 있다.

세계에서 가장 인구 밀집도가 높은 멕시코시티에 개미에게 영감을 받은 도시 계획을 적용하면 어떻게 될까? 멕시코시티 사람들이 모두 부르즈 할리파 같은 초고층 건물에 입주한다면, 건물 두 동만 있어도 1제곱킬로미터에 평균적으로 거주하는 6,200명의 인구가 넉넉하게 지낼 수 있을 것이다. 그 바닥 면적은 약 1.6헥타르(0.016제곱킬로미터)에 불과하다. 모든 멕시코시티 사람이 전체 면적의 2퍼센트도 안 되는 곳에서 거주할 수 있다는 뜻이다. 갑자기 남은 약 98퍼센트의 지표면은 농경, 여가 활동, 야생 동물 서식지, 신선한 공기와 물 같은 생태 서비스 등에 활용할 수 있을 것이다.

당신의 발자국은?

개미의 건축 양식은 학생들에게 개미에게서 영감을 받은 도시 설계를 그들이 사는 지역에 도입하면 어떨지 상상해 볼 수 있게 한다. 학생들에게 이렇게 질문한다. 우리 지역의 모든 사람이 부르즈 할리파 크기의 초고층 건물에 산다면 모두 몇 동의 건물이 필요한가? 농촌 지역에 사는 학생들의 경우는, 수직 주거가 아닌 수직 농장에 초점을 맞추거나, 인근 도시 지역을 이용해서 사례 조사를 할 수 있다. 이 일에는 얼마의 면적이 필요할까? 이렇게 하면 얼마의 면적을 여가 활동이나 야생 동물 서식지 같은 다른 용도로 사용할 수 있을까? 개발되기 전 우리 지역에는 어떤 서식지가 있었는가? 그곳에는 어떤 생물들이 살았는가?

학생들에게 수치를 계산하고, 이와 같은 도시 계획이 어떤 모습으로 나타날지 시각적으로 묘사하며, 어떤 긍정적인 영향이 있을지 토의하도록 한다. 활동 내용을 학급에서 발표하도록 하거나, 지방 자치 단체의 도시 계획 관련 부서에 제출하도록 할 수도 있다. 이와 같은 도시 계획으로부터 파생될 수 있는 많은 이익을 학생들과 함께 탐구할 수도 있다. 도시 지역 사람들은 출퇴근을 위해 점점 더 많은 시간을 자동차 안에서 보낸다. 우리가 같은 건물에서 살고, 일하고, 물건을 사고, 점심을 먹으러 간다면 우리 삶의 질은 어떻게 변할까?[172] 포장한 도로와 인도는 지표면을 따라 흐르는 빗물이 수로를 오염시키는 유거수 문제가 있다.[173] 이 새로운 도시 계획은 도로포장을 얼마나 줄일까? 이 일은 유거수와 수질 오염 관련 문제를 얼마나 개선할 수 있을까?

더 작은 발자국.
모든 인류가 프랑스 파리의 사람들만큼 밀집해서 산다면, 도시가 차지하는 면적은 그림에 나타난 부분으로 충분하다.

이런 규모의 수직 주거에 포함된 의미는 충분히 탐구할 가치가 있다. 교외 거주자들을 초고층 건물에 살게 하는 데에는 사회적으로 어떤 문제가 있을 수 있을까? 수직 농장에서는 어떤 일이 가능할까?[174] 바이오필리아(다음에 다룰 내용이다)를 어떤 식으로 설계에 이용하면, 초고층 건물에서 사람들이 좀 더 만족스럽게 생활하고 일할 수 있을까? 모든 사람이 쉽게 접근할 수 있는 대규모 야외 휴양지와 자연 보전 지역은 신체적, 정신적으로 우리에게 어떤 이익을 줄까?[175]

이 활동은 아주 어린 학생들도 할 수 있다. 학생들은 레고를 이용해서, 스프롤 현상이 일어나는 도시와 개미에서 영감을 받은 도시 계획의 두 가지 대비되는 모형을 만들어 보고, 개미에서 영감을 받은 계획으로 남길 수 있는 면적을 계산할 수 있다.

개미에서 영감을 받은 이런 종류의 도시 계획은 대단히 강력하다. 프랑스 파리의 밀집도 수준이라면, 모든 인류가 미국 루이지애나주, 미시시피주, 앨라배마주를 더한 면적에 모여 살 수 있다.[176] 농경에서 발자국을 좀 더 추가한다고 해도 이론적으로, 인류는 우리가 수렵 채집인에서 펀드 매니저로 이행하기 전의, 사람 손이 닿지 않은 자연과 야생 동물로 가득한 세계에서 살 수 있을 것이다. 다시 말해, 인구가 많은 현시점에도 야생의 세계는 가능하다.

지금까지 말한 내용은, 의식적으로 더 무해한 설계를 도입함으로써 인간은 물론 모든 지구 생물의 생활 조건을 개선할 수 있다는 것을 보여 주는 몇몇 사례일 뿐이다. 인류는 생산물과 공간의 구성을 통해 우리와 행성을 공유하는 수백만 생물 종에 엄청난 영향을 준다. 하지만 자연은 화학 물질에서부터 도시의 규모에 이르기까지, 우리의 숙명과도 같은 높은 인구 밀도에서조차, 현대인의 생활을 지구에 훨씬 더 무해한 것으로 바꾸어 놓을 수 있는 모형을 제공한다.

독창적 효과

번성의 다섯 가지 요소 중 독창적 효과는 생산물의 전 과정(라이프 사이클)에서 생산물을 출현시키는 채취와 제조 과정이 아니라, 생산물을 실제로 운용하고 사용하는 단계와 관련이 있다. 우리는 대체로, 이 단계에서는 지속 가능성은 제쳐두고 생산물이 가진 특별한 기능에만 주목해 왔다.

우리에게 영감을 주어서 무언가 새로운 기능을 가진 제품을 발명하거나 생산물의 실제 운용을 개선하도록 하는 자연의 아이디어는 그야말로 무궁무진하다. 몇 가지 아이디어는 이미 이 책에서 이야기했다. 예컨대 새가 영감을 주어 개발한 비행기, 도마뱀붙이가 영감을 준 사람이 벽을 탈 수 있도록 하는 물질, 나비가 영감을 준 에너지 효율이 좋은 휴대 전화 스크린 같은 것들이다. 자연은 우리의 필요를 효과적으로 채워주는 독창적 방식으로 가득하다. 우리는 이 방대한 자원에서 나름대로 기술을 개발하고 설계를 최적화해 주는 것들을 끌어다 쓸 수 있다. 이제는 기술이 무엇을 할 수 있는가, 그리고 어떻게 잘 해낼 수 있는가와 관련해서 자연이 놀랄 만한 혁신을 불러일으킬 수 있다는 점이 분명해졌을 것이다.

이 단계는 지속 가능성과 관련하여 자연에서 영감을 받은 공학의 어떤 사례 탐구와 관련이 있을까? 생산물의 제조가 아닌 실제 운용에 관해서 인류와 지구의 안녕에 영향을 미치는 모든 것이 이 단계의 탐구 목표다. 여기에는 에너지를 더 효율적으로 사용하는 제품을 만드는 혁신이 포함될 수 있다. 예컨대 주위의 햇빛을 이용해서 배터리 소모를 줄이는, 나비의 구조색에서 영감을 받은 전자 스크린 같은 것이다. 아니면, 사람의 건강과 안전에 관한 혁신을 포함한 것도 좋은 사례가 될 수 있다. 예를 들어, 어떤 의료기기 공급 회사는 최근 호저의 치명적인 가시에서 영감을 받아, 뒤쪽으로 가시 같은 돌기가 있어서 자리가 잘 잡히는 수술용 실을 개발했다. 이런 실을 이용하는 외과의들은 한 손으로 수술 부위를 봉합해서, 환자를 위해 수술을 빠르게 진행할 수 있다. 또 어떤 혁신은 생산물을 더 신뢰할 수 있게 만들어준다. 피부 같은 생체 조직의 자가 치료에서 영감을 받아 만든 스스로 복구하는 도로가 그 예다. 공기와 접촉할 때 단단해지는 액체 물질 주머니를 콘크리트나 아스팔트 안에 집어넣으면 도로는 갈라진 곳을 스스로 복구할 수 있다.[177] 도로 파임이 저절로 보수되는 광경을 상상해 보라!

생산물의 성능 면에서 자연의 독창적 효과가 영감을 준 혁신의 좋은 사례로는, 재료의 노치를 강화해서 교량 등을 더 안전하게 만드는 나무에서 영감을 받은 필렛(3장), 그리고 초소수성 식물 잎의 표

세균 증식을 줄이는 표면 구조.
상어 피부(맨 위)에서 영감을 받은 표면 구조
(하단 사진의 윗줄)와 매끈한 대조군 표면 구
조(하단 사진의 아랫줄)에서 3주 동안 포도상
구균을 증식한 결과이다. 어떤 살생물제도 사
용하지 않고 표면 구조만으로 세균 증식을 억
제해서 내성이 생기는 것을 줄일 수 있다.

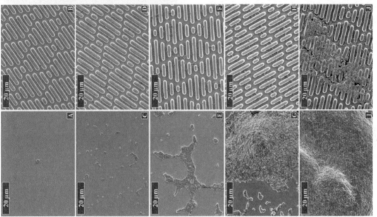

면 구조에서 영감을 받아 만든 소수성 코팅제(5장)가 있다. 다음은,
인류의 번영을 돕는 방식으로 사람이 만든 사물의 운용을 개선하는,
자연에서 영감을 받은 공학의 몇 가지 예이다.

내성 없는 항생 물질. 상어의 피부는 빨래판 구조 때문에 세균이
대량 증식하기 어렵다고 알려졌다. 병원 건물의 겉면에 이런 구조를
모방한 플라스틱 필름을 바르면, 항생 물질에 기대지 않고도 세균을
억제할 수 있다. 이는 엄청난 일이다. 항생 물질로 미생물을 파괴하면
세균의 내성을 키우게 되고, 그 결과 매년 수십만 명이 죽음을 맞고
있기 때문이다.[178] 상어는 4억 5천만 년 동안, 이 치명적이지 않은 미
생물 억제 방법의 도움을 받고 있었다. 그리고 이제는 상어 연구자들
덕분에 우리도 그 혜택을 입을 수 있게 되었다.

생물학 시료의 상온 보관. 크기가 매우 작은 완보동물 *Tardigrada*

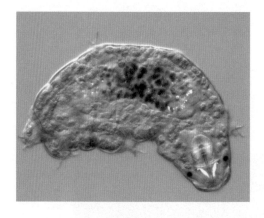

(물곰, 곰벌레라고도 한다)은 세포 속의 거의 모든 물을 특수한 당류인 트레할로스trehalose로 대체한 채 수분 없이 몇 년 동안 거의 죽은 것 같은 상태를 유지하다가, 빗물 등으로 다시 물을 공급받으면 무사히 살아날 수 있다. 연구자들은 완보동물의 사례에서 영감을 받아, 트레할로스를 이용해서 생물학 연구 재료를 얼리지 않고 보존할 수 있게 되었다. 이 일은 혈소판의 이용, 백신의 변질, 장기 이식 문제와 관련해서 커다란 의미가 있다.[179] 연구 결과에 따르면, 스탠퍼드 대학교의 350개 모든 실험실에서 생물학 시료를 냉동하는 대신 물곰에서 영감을 받은 기술로 보관한다면, 대학 당국은 매년 160만 달러를 절약하고 이산화탄소 1,800톤을 덜 배출할 수 있다고 한다.[180]

바이오필릭 디자인. 자연이 우리를 도와 개선할 수 있는 것은 생산물만이 아니다. 사람이 만드는 장소의 효용을 개선하기 위해 광범위하게 적용할 수 있는 개념이 바이오필리아이다.[181] 〈생명애〉라는 뜻의 바이오필리아biophilia*는 사람들이 생물계에 대해 생래적으로 다양한 긍정적 반응을 보이는 것과 관련이 있다. 우리가 반려동물에 애정을 쏟는 것이 이 현상의 한 예다. 우주 비행사들은 귀환하는 우주선 창을 통해 지구를 보며 바이오필리아를 절실히 느끼는 경우가 많다.

바이오필리아의 재미있는 점 한 가지는, 그것이 선천적으로 타고났지만 제멋대로인 것처럼 보이는, 우리가 주위 세계에 대해 보이는 반응이나 행동을 이해하는 데 도움이 된다는 것이다. 기나긴 진화

* 녹색 갈증으로 번역하기도 한다.

의 시간 동안 사람의 안전과 생명을 지켜올 수 있었던 것들을 생각해 보면, 그런 반응이나 행동도 이해가 된다. 나는 초등학교 때부터 읽은 잭 섀퍼Jack Schaefer의 유명한 카우보이 소설 『셰인Shane』의 내용을 때때로 즐겁게 떠올린다. 그러던 중 셰인은 언제나 돌아가는 상황을 다 지켜볼 수 있고 뒤쪽에서 놀랠 만한 것이 없도록 살롱의 맨 구석 자리에 골라 앉는다는 것이 생각났다. 2010년 뮌헨 대학교의 심리학자, 마티아스 슈필레Matthias Spörrle와 예니퍼 슈티히Jennifer Stich의 연구에 따르면 사람들은 침실 문에서 최대한 멀면서도 여전히 문 쪽을 볼 수 있는 곳에 침대를 놓는 경향이 있다.[182]

다양한 문화적 배경을 지닌 사람들을 연구한 결과, 사람들이 좋아하는 풍경은 물로 덮인 영역과 주변의 지형을 둘러보기 좋은 위치 같은 것들을 포함하는 일정한 패턴이 있는 것으로 나타났다. 이런 풍경을 선호하는 일반적 성향은, 사람들이 안전하고 풍족하게 지낼 수 있는 풍경에 반응하도록 하는 진화적 요인으로 설명할 수 있다. 이런 반응은 생래적이므로, 엔지니어와 디자이너 들은 이와 같은 반응을 활용해서 우리가 만드는 것의 설계를 개선할 수 있다. 예컨대, 건축가들은 이런 인간 심리를 이해함으로써, 그 내용을 매우 다양한 방식으로 적용하여 사람이 지은 세계에 대한 사람들의 경험을 개선할 수 있다. 바이오필릭 디자인biophilic design으로 알려진 분야이다. 간단한 예는 자연의 햇빛과 신선한 공기를 많이 받아들이도록 건물을 설계하는 것이다. 연구 결과 이런 설계는 사람들을 더 행복하고 건강하고 생산적으로 만든다.[183]

내가 가장 좋아하는 한 가지 사례는 바이오필릭 디자인을 조각 작품에 접목한 것이다. 그 기본 개념은 다양한 재료로 만든 나무 모양의 로봇 조형물을, 건물 내에서 통행량이 가장 많은 로비 같은 곳에 두는 것이다. 건물 밖의 센서들은 풍속이나 풍향 같은 날씨 정보를 기록해서 실내 조형물에 무선 송신한다. 움직일 수 있는 기계 장치를 내장한 로봇 나무는, 이에 반응해서, 마치 바깥 날씨를 직접 접하기라도 한 듯 휘고 움직이고 흔들린다. 이렇게 예술적으로 설계 제작한 조형물과 시스템은, 건물에서 지내는 사람들이 건물 밖 세상과 암묵적 접촉을 계속 유지하도록 해준다.[184]

다음 활동은 학생들에게 바이오필릭 디자인을 소개하는 다양한 방법을 제안한다. 건축, 도시 계획 분야의 자연에서 영감을 받은 혁신에 관한 더 많은 정보는 이 장 끝부분의 참고 자료(그리고 주)에서 확인할 수 있다.

활동 **바이오필리아 탐구**

우리는 학생들과 바이오필릭 디자인이라는 매혹적인 주제를 다양한 방식으로 탐구할 수 있다. 바이오필릭 디자인은 주위 환경에 대한 사람들의 정서적 반응에 따른 것이므로, 자기 관찰과 감상을 통해 접근하기에 더없이 훌륭한 주제이다. 학생들에게 물리적 환경에 대한 자신의 정서 반응과 그 원인이라고 생각하는 것들을 꾸준히 일지에 기록하도록 할 수도 있다.

바이오필리아에 더 기술적으로 접근하는 방법은, 학생들이 다양한 풍경 자극에 대해 피부 전기 반응을 조사하도록 하는 것이다. 거짓말 탐지기에 사용되는 피부 전기 반응(전기 피부 반응, 피부 전기 전도성이라고도 한다)은 감정의 움직임에 따라 생기는 피부 전기 저항의 변화이다. 피부 전기 전도성은 땀에 영향받는다. 이는 사람들이 왜 그런 반응을 나타내는지를 알려주지는 않지만(이것이 거짓말 탐지기 조사

를 무력화하는 사람이 있는 이유다), 우리의 목적에는 훌륭한 도구가 될 수 있다.

피부 전도성을 이용해서 바이오필리아를 탐구하려면 두 가지가 필요하다. 서로 대비되는 물리적 환경의 자극(〈처리〉), 그리고 피부 전도성을 측정할 수단이다. 우리는 이 활동에 진짜 물리적 환경(예를 들면, 근린공원이나 학교 운동장과 대비되는 교통량이 많은 교차로 같은 도회지)을 사용할 수도 있고, 좀 더 쉽게, 대비되는 물리적 환경의 동영상을 사용할 수도 있다. 나는 맨해튼의 붐비는 도로, 그리고 거기서 몇 블록 떨어져 있지 않은 센트럴 파크의 초록색 산책로를 보여 주는 두 동영상으로 학생들의 반응을 비교하는 걸 선호한다. 학생들의 피부 전기 반응을 측정하기 위해, 거짓말 탐지기를 살 수도 있고 학생들이 직접 만들도록 할 수도 있다(이 장 끝부분의 참고 자료에서 더 많은 정보를 확인할 수 있다).

마지막으로, 학생들이 자신의 바이오필리아에 관한 연구를 활용해서 무언가를 설계하거나 재설계하도록 한다. 학생들은 바이오필리아 연구를 통해 어떤 식으로 이상적인 주택이나 학교를 설계할까? 바이오필리아는 자연이 우리에게 생명을 사랑하고 즐기도록 하는 기발하고 효과적인 방법이다. 바이오필릭 디자인은 자연에서 영감을 얻어 아름다운 세계를 창조하고 사람이 만드는 세계가 사람들에게 주는 영향을 개선할 수 있는 전도유망한 방법이다.

자연은 채굴 없이 재료를 얻고, 청정에너지로 무해하게 생산한다. 그리고 여기에 더해 일이 잘되게 하는 기발한 방법으로 가득 차 있다. 지금까지 이 책 전반에서 자연의 기발하고 효과적인 전략의 몇몇 사례를 다루었다. 여러분은 생산물의 전 과정 단계를 학생들이 직접 해볼 수 있는 활동으로 다룰 수 있다. 아니면, 교육 과정의 다른 곳에서 이미 다루었기 때문에, 이것들을 자연의 기발한 능력의 사례로 단순히 참고하는 쪽을 선택할 수도 있다. 요점은 자연의 천재성을 관찰하고 이해함으로써, 이 아이디어들을 빌려 와서 모두를 위해 더 잘 작동하는 세계를 만들 수 있다는 것이다.

무한한 사용 가능성[185]

자연의 〈생산물〉이 근본적으로 지속 가능한 한 가지 이유는 그것이 생분해된 후 몇 번이고 재순환(즉, 업사이클)한다는 것이다. 유한한 행성에서 만들어지는 것에는 대단히 중요한 특징이다. 인류의 과학 기술이 지속하기 위해서는, 궁극적으로 이렇게 행동하는 물건들을 설계해야 할 것이다.

생분해되도록 설계할 수 있는 제품은 무엇일까?
흔히 생각하는 것보다 훨씬 더 많은 것이 있다. 현대판 나무로 만든 자동차(위)처럼, 한때는 나무로 자동차를 만들기도 했다. 휴대 전화에 들어가는 고성능 전기 회로를 셀룰로스로 만들면(아래) 흙에서 생분해되도록 할 수 있다.

재활용, 쓰레기에서 자원으로. 재활용은 이제 우리 문화에서 너무 일상적이므로, 우리는 그 개념을 자세히 알아보려 하지 않는다. 재활용은 진부한 동시에 급진적인 개념이다. 현재 우리가 하는 것이라고는, 재활용할 플라스틱병과 다른 몇 가지를 분리 배출하는 데 만족하고, 기껏해야 한정된 재활용으로 고형 폐기물을 줄여서 그 폐해를 늦추는 것밖에 할 수 없다는 사실을 체념하고 받아들일 뿐이다. 하지만 급진적인 관점에서, 재활용은 훨씬 더 매혹적인 개념이다. 우리가 만드는 모든 것을 재활용할 수 있도록 설계하면 어떨까? 그런 목표를 추구할 수도 있을까? 그런 재료를 설계하는 것이 가능할까?

제품 사용을 끝내고 가상의 플라스틱병이나 오래된 휴대 전화 같은 것들을 땅에 그냥 던져두면, 분해자가 알아서 그것들을 생분해해서 원래의 유용한 기본 성분으로 돌려놓는다면 어떨까? 이런 일은 우리가 생각하는 것보다 훨씬 더 많은 재료와 제품에서 가능하다. 엔지니어들은 이미 생분해할 수 있는 전자 기기와 풍력 발전용 터빈, 심지어 자동차를 만드는 데에도 성공했다.[186]

고형 폐기물 문제가 심각하다는 것은 비밀이 아니지만, 우리는 일상생활에서 그 문제를 많이 고민하지 않는다. 사실 사람들은, 눈에서 멀어지면 마음에서도 멀어진다는 오래된 접근법으로 이 문제를 심리적으로 철저히 처리해 버린다. 내가 우리 집 쓰레기를 직면할 때는, 화요일 아침에 쓰레기를 배출하기 위해 차고에서부터 차도와 인도 사이 연석으로 쓰레기통을 끌고 가는 짧은 시간뿐이다. 만일 우리가, 우리가 만들어 낸 쓰레기와 아주 가까운 곳에서 산다면 상황은 사뭇 다를 것이다. 평범한 미국인 한 사람이 하루 2킬로, 일주일 14킬로, 한 달 60킬로, 1년에 약 700킬로그램의 쓰레기를 만들어 낸다.[187]

매주 연석으로 쓰레기를 끌고 가 마법처럼 사라지게 하는

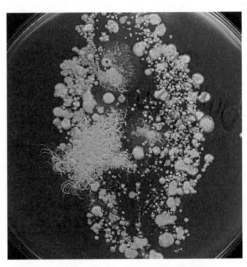

잎 표면의, 눈에 보이지 않는 근면 성실한 생분해자들.
자연은 분해할 효소가 없는 것은 그 무엇도 만들지 않는다. 엔지니어들은 이 중요한 개념을 그들의 일에 통합할 방법을 찾고 있다. 학생들과 함께 우무로 만든 세균 배양기에 잎을 눌렀다 떼기만 해도, 생분해가 우리 주변 모든 곳에서 일어난다는 것을 보여줄 수 있다. 그리고 기술적으로 지속 가능한 세계를 만드는 데에서 생분해가 갖는 의미도 잘 인식하게 할 수 있다.

대신, 우리가 만든 쓰레기를 집안에 보관해야 한다면 어떨까? 우리는 그제야 영구한 쓰레기를 만드는 게 얼마나 어리석은 짓인지 충격적으로 깨달을 것이다. 우리는 쓰레기를 보관하기 위해 방 하나를 완전히 비워야 한다. 그리고 몇 년이면 공간이 부족해서 이사해야만 한다. 미국에서만 매년 2억 5천만 톤이 넘는 쓰레기가 만들어진다.

전 세계 인류는 매년 약 22억 톤의 고형 폐기물을 내놓는다.[188] 그리고 어찌 된 영문인지, 우리가 쓰레기를 치우기 위해 실제로 지구에 구덩이를 파고 묻어 버리거나 바다에 버린다는 사실에 당혹스러워하지도 않는다. 마치 그것으로 모든 문제가 해결되었다는 듯한 반응을 보이는 것이다.

필리핀에서 평화 봉사단 활동으로 3개월간 지방 훈련을 했을 때, 처음으로 나간 현장 조사 활동은 도시 쓰레기장에서 사는 주민 방문이었다. 우리가 그곳에서 만난 가족들은 문자 그대로 쓰레기 지층 맨 위에 판잣집을 짓고 종일 쓰레기 속에 살고 있었다. 쓰레기가 새로 도착하면 바로 청소년들이 달려들어 낱낱이 훑어보면서 조금이라도 가치 있는 것들을 골라냈다. 나는 일종의 마비 상태에서 그 모습을 지켜보았다. 그와 같은 장면을 목격한 적이 한 번도 없었기 때문이다. 한 어린이가 무언가를 들어 올리자 붉은 피로 가득한 튜브, 그리고 일부 쓰레기에 생물 재해 경고 표식이 붙어 있는 것이 눈에 들어왔다. 지역 병원에서 나온 폐기물이었다.

활동 〈쓰레기〉란 무엇인가?

분해되지 않는 무언가를 만드는 것이 왜 문제일까? 학생들에게 이 질문을 마음에 새기도록 한다. 지속 가능성의 관점에서, 재활용도 생분해도 안 되는 쓰레기가 문제인 까닭은, 그것들이 끊임없이 지구의 창고에서 빠져나와 정말로 버려지기 때문이다. 예금 계좌에서 출금만 하고 입금은 전혀 하지 않는 것과 같다.

여기서 분해라는 말은 단순히 작아진다는 뜻이 아니라는 것을 알아야 한다. 생산 회사에서 〈분해〉된다고 주장하는 플라스틱 중에는 단순히 더 작은 조각으로 나누어지기만 하는 것들이 있다.[189] 이 일은 생분해와 어떻게 다른가? 학생들에게 이 질문도 마음에 새기도록 한다.

진짜 문제는 생산물을 만드는 데 이용되는 자원을 무한히 재사용할 수 있도록 제품을 설계하는 것이다. 점점 더 작게 나누어지기만 하는 생산물은 오히려 더 큰 문제가 된다. 찾아내서 사용하기는 더욱 어려워지고, 우리가 원치 않는 곳으로 이동하기는 쉬워지기 때문이다.

여러분은 이 놀랄 만큼 간단하고도 효과적인 질문들로 학생들의 사고 작용을 북돋울 수 있다. 그리고 한 걸음 더 나아가 학급이나 학교, 가정에서 재활용되는 물질과 재활용되지 않는 물질의 수와 종류를 조사하여 보고서를 작성하게 하거나 학급에서 발표하도록 할수도 있다.

쓰레기 문제. 또 한 가지 중요한 질문은 쓰레기의 개념에 관한 것이다. 쓰레기 반대 운동은 고형 폐기물 처리와 관련해 매우 일반적인 해법으로 이야기된다. 나는 〈자연을 아끼고 오염시키지 말자〉라는 역사와 전통이 있는 구호와 함께 자랐다. 쓰레기를 버리는 것은 분명 문제다. 하지만 우리는 잠시 뒤로 물러나서 이 질문을 던져야 한다. 쓰레기 투기는 실제로 언제 **일어나는가**? 내 말뜻은, 어느 시점에 쓰레기를 버리는 일이 발생하는가이다. 누군가가 땅에 쓰레기를 던지는 순간일까?

잔해.
우리에게 필요한 것은 단 며칠에서 몇 주 동안 수송하는 데 이용할 완충재이다. 하지만 한번 만들어진 스타이렌 수지는 수천 년 동안 그대로 남는다.

우리는 보통 그 순간 쓰레기가 버려진다고 생각한다. 하지만 실제로 쓰레기 투기는 그때 일어나는 것이 아니다. 생산물의 전 과정 관점에서, 쓰레기 투기는 우리가 완전히 재활용하거나 분해할 수 없는, 또는 그러지 않을 무언가를 만들 때 일어난다. 그 순간 우리 행성에는 쓰레기가 버려진다. 달라지는 것은 쓰레기를 버리는 장소뿐이다.

예를 들어, 물자 수송을 위해 만드는 발포 스타이렌 수지*는 쉽게 분해되지 않는다. 그것이 필요한 기간은 대체로 영업일 기준 3~5일에 불과하지만, 수천 년 동안 그 수지는 그대로 남을 것이다. 대학생 에벤 바이어Eben Bayer와 개빈 매킨타이어Gavin McIntyre는 작물 줄기 같은 농업 폐기물을 이용해서 스타이렌 수지를 대체할 물질을 만들어 냈다. 농업 부산물에서 균사체, 즉 균류의 몸을 이루는 섬세한 실 덩어리 같은 것을 길러낸 것이다. 그 결과 마이코폼MycoFoam이

* 흔히 스티로폼이라는 제품명으로 불린다.

라는 생분해되는 물질이 탄생했다. 마이코폼은 필요한 모든 형태로 기를 수 있다. 그리고 흙이나 정원에 버리면 양분이 된다. 마이코폼은 현재 델 컴퓨터와 이케아 가구 포장에 이용되고 있다.

활동 **자연에서 영감을 받아 변형한 달걀 낙하 실험**

기존의 달걀 낙하 실험을 변형한 스타이렌 수지와 마이코폼의 내충격성 비교 실험은 학생들이 몰입할 수 있는 활동이다. 준비물은 한 변의 길이가 15센티미터 정도로 달걀을 감쌀 수 있도록 만든 스타이렌 수지와 마이코폼 정육면체 덩어리, 그리고 달걀이다. 학생들이 직접 균사체 덩어리를 길러 보도록 할 수도 있다(이 장 끝부분의 참고 자료를 확인하라).

학생들에게 두 가지 재료를 주고 날달걀이 들어갈 공간을 파내어 각각 달걀을 집어넣도록 한다. 그리고 두 완충재가 저마다 승객을 잘 감쌀 수 있도록 고무줄을 이용해서 단단하게 고정한다. 그 뒤 점점 더 높은 곳으로 올라가면서 달걀을 떨어뜨린 다음 상태를 확인한다. 나는 스타이렌 수지와 마이코폼으로 싸서 9미터 높이에서 떨어뜨린 다음, 스타이렌 수지에 들어 있던 것만 실금이 가고 두 달걀 모두 살아남은 것을 본 적이 있다.

스타이렌 수지와 같거나 더 좋은 성능의 완충재를 균사체로 만들 수 있다는 것을 학생들이 직접 확인한 뒤에는, 두 물질을 부수어 흙을 담은 용기 두 개에 따로따로 집어넣는다. 그리고 양쪽 흙에 물을 뿌리고 한동안 관찰하면서, 발포 스타이렌 수지와 마이코폼이 남아 있는지 확인한다. 학생들은 무엇을 보게 될까?

좋은 포장재.
연수 모임에 참가한 교사들이 변형된 달걀 낙하 실험을 위해 각각 스타이렌 수지와 균사체로 만든 재료로 달걀 포장 용기를 준비하고 있다(위). 다양한 높이에서 두 가지 용기의 내충격성을 비교하고 있다(아래).

다른 인공 물질도 생분해되는 물질로 대체할 수 있을까? 이 질문은 멋진 설계 과제의 출발점이 될 수 있다. 학생들은 이 과제에 도전해서, 생분해할 수 없는 인공물을 대체할 자연물에 어떤 것들이 있는지 확인하려 할 것이다. 그 뒤 위 활동에서처럼, 생분해되는 물질을 이용해서 시제품을 만들고 그 성능을 시험할 수 있을 것이다.

기술적 재활용. 선구적인 책 『요람에서 요람으로*Cradle to Cradle*』의 두 저자, 미하엘 브라운가르트Michael Braungart와 윌리엄 맥도너William McDonough는 재활용, 재사용과 관련해서 두 가지 독립된 시스템을 묘사하고 있다. 하나는 유기적 시스템으로, 여기서는 자연이 원료로 사용할 수 있는, 즉 생분해되는 생산물을 설계한다. 다른 하나는 기술적 시스템으로, 여기서는 비유기적 인공 물질이 영원히 새로운 인공 생산물로 재활용되도록 설계한다. 기술적 재활용 시스템에서는, 예컨대 휴대 전화의 모든 부품 재료를 계속 다시 활용해서, 아무것도 폐기물 매립지로 보내지 않을 수 있다.

개념적으로나 장래성의 측면에서, 이 아이디어는 매우 이해하기 쉽다. 우리가 유기적인, 즉 생분해되는 물질로 만들 수 없거나 만들고 싶지 않은 제품(예를 들면 비행기)이 있을 것이다. 어쩔 수 없이 이런 물건을 만들 재료를 채굴하고 정제했다면, 그것을 계속 100퍼센트 재활용해서 같은 재료를 다시 채굴하거나 처분하지 않도록 하는 것이 이상적이다. 하지만 이런 시스템이 실제로 작동하기 위해서는 많은 준비가 필요하다. 학생들에게 질문해 보자. 어떻게 하면 비교적 닫힌 고리 안에서 기술적 재활용이 이루어지는 시스템을 만들 수 있을까? 그 시스템에 수반되는 것은 무엇일까? 그 시스템은 효율적일까? 예를 들어, 보팔 가스 누출 사고를 생각해 보자. 모두 학생들이 생각해 볼 만한 큰 질문들이다.

이런 시스템의 한 가지 특징은, 제품을 이루는 다양한 부품을 그 구성 물질로 분리해야 한다는 것이다. 사람이 만든 많은 물건은, 완전히 다른 재료를 다양한 방식으로 결합한 합성물로 되어 있다. 이는 재활용하려는 사람들에게 문제가 된다. 제품의 다양한 구성 요소를 분리하는 일이 어렵거나 불가능할 수 있기 때문이다. 휴대 전화의 다양한 재료를 모두 재활용하기 위해서, 그것을 수많은 다양한 구성 요소로 분리하는 데 드는 시간과 비용을 생각해 보라.

네덜란드 디자이너, 릴리안 반 달Lilian van Daal은 식물이 기본적으로 셀룰로스라는 한 가지 물질로 다른 행동을 하는 수많은 구조를 만들어 낸다는 사실에 강한 호기심을 느꼈다. 부서지기 쉬운 나무껍질, 견고한 원줄기, 유연한 가지, 플라스틱 같은 나뭇잎이 모여 있는 나무를 생각해 보자. 집안에서 기르는 식물을 탐구하면서 한동안 시간을 보내면 이 사실을 제대로 인식할 수 있다. 눈을 감고 식물의 여러 부분을 조심스럽게 만져 보기만 하면 된다. 어떤 부분은 뻣뻣하고 어떤 부분은 유연하다. 그런데 그 정도가 다 다르다. 같은 식물의 서로 다른 부분은 단 한 가지 물질로 이루어졌는데도 완전히 구분되는 질감

단순한 재료로 얻는 복잡한 기능.
이 침엽수(위)의 다양한 부분에서 볼 수 있듯이, 식물은 제한된 원료 물질로 광범위한 행동 특성을 나타낸다. 디자이너 릴리안 반 달은 이 아이디어를 빌려 와서, 한 가지 플라스틱만을 재료로 3D 프린팅을 활용해 가구를 제작했다(아래). 의자의 서로 다른 부분은, 사용하는 재료의 종류가 아니라 단일한 재료의 밀도에 변화를 줌으로써, 구조적으로 필요한 행동 특성을 나타낸다. 반 달은 이를 통해 서로 다른 재료의 분리가 어렵다는 재활용의 문제를 영리하게 해결할 수 있었다.

과 물성, 행동을 나타낸다. 반 달은 식물들이 기본적으로 한 가지 물질의 구조에 변화를 주어서, 매우 다양한 행동 특성을 나타내는 방식에 흥미를 느꼈다. 그리고 식물의 이런 능력이 재활용의 오랜 난제, 이 경우 가구를 재활용할 때의 문제를 해결하는 데 영감을 줄 수 있음을 깨달았다.

가구는 다양한 재료를 해체하는 것이 어려워서 재활용하기 힘든 인공물의 대표 격이다. 내가 지금 앉아 있는 소파는 나무 틀, 금속 용수철, 발포 수지, 직물, 가죽이 접착제와 못, 바느질 등으로 합쳐져서 긴 의자의 기능적 형태를 갖추고 있다. 여러분에게 그것을 분해하라고 하면 어떨까? 할 수 없을 것이다. 소파가 그렇게 자주 도시 쓰레기장의 상징물이 되는 까닭이 아마 여기 있을 것이다.

하지만 반 달은 식물이 한 가지 재료로 하는 일에서 영감을 받아, 재활용을 할 수 있게 한 종류의 플라스틱으로 만든 의자를 설계했다. 그 과정에서 반 달은 재료의 밀도를 요소요소에서 세심하게 달리함으로써, 사람의 몸무게를 충분히 지탱할 만큼 튼튼한 구조를 갖추고도 앉기 편한 의자를 만들 수 있었다. 반 달은 3D 프린터와 재활용할

수 있는 플라스틱을 이용해서 의자를 출력했다.[190]

지구는 그냥 쓰고 버릴 수도, 쓰레기통처럼 다룰 수도 없는 소중한 존재다. 여기에 무슨 논리가 필요한가? 자연물의 기저에 놓인 설계와 자연계가 물질을 생분해하고 재활용하는 과정을 연구함으로써, 우리는 우리 기술이 해내기를 바라고 요구하는 대로 작동하는 재료와 제품들을 만들어 낼 방법을 배울 수 있을 것이다. 중요한 것은 다양하고도 성능이 좋은 재료를 100퍼센트 재활용할 수 있는 세계를 이룰 수 있다는 확신이다. 사실 자연은 이미 그런 세계이며, 우리가 따를 수 있는 훌륭한 본보기다.

활동 마무리 활동

우리는 비교적 짧은 시간 동안 많은 영역을 다루었다. 학생들은 우리가 다룬 모든 내용을 숙지하는 데 어려움을 겪을 것이다. 이제부터 소개할 통합 활동은 지속 가능성 단원을 잘 마무리하도록 돕고, 지금까지 다룬 모든 개념을 구체적 상황에 깔끔하게 접목해 줄 수 있다.

번성의 다섯 가지 요소를 각각 종이쪽지에 쓰고, 그 기본 원칙에 대한 간결한 설명을 곁들인다.[191]

- 채굴 없는 원료: 자연은 지구 표면에서 대규모 채취를 하지 않고 생산 원료를 얻는다.
- 오염 없는 동력: 자연은 청정하고 영속적인 에너지원을 생산 동력으로 삼는다.
- 무해한 설계: 자연의 생산 과정과 생산물은 궁극적으로 생체 조

직, 야생 생물 군집, 생태계에 안전하다.

- 독창적 효과: 자연은 자원을 효율적으로 배치하는 독창적이고 탄력적인 설계를 통해 기능 요건을 충족한다.
- 무한한 사용 가능성: 자연의 생산 원료는 완전히 재순환하여, 쓰레기를 만들지 않고, 지구의 장래성과 생산성을 영구히 보존한다.

각 요소의 원칙이 적힌 종이쪽지를 생산물의 전 과정 순서대로 둥글게 배열한다. 그 뒤 각 요소의 원칙 바로 옆에 각기 다른 자연물(나뭇잎, 깃털, 나뭇가지, 씨앗 등)을 놓아 짝을 짓는다.

학생들은 배치된 것을 살펴보면서, 각 자연물과 그 옆에 놓인 원칙에 관해 조용히 숙고할 시간을 갖는다. 각 자연물은 짝을 이룬 원칙을 따르는가? 어떻게 그렇게 하거나 그러지 않는가? 학생들 각자 몇 분 동안 자연물과 해당 원칙의 관련성(또는 관련 없음)에 관해 생각할 시간을 갖고, 모둠별로 생각한 것들을 함께 이야기한다.

몇 분 동안 토의한 뒤에는, 각 자연물을 집어서 시계 방향이나 반대 방향으로 움직여 다음 자리에 배치한다. 이제 각 자연물은 다른 원칙과 짝이 되었다. 학생들에게 다시 질문한다. 각 자연물은 (새로) 짝을 이룬 원칙을 따르는가? 학생들은 다시 한번 각자 답을 생각해 본 뒤 모둠 토의를 한다.

이번에는 물건을 완전히 바꿔서, 모든 자연물을 인공물(볼펜, 종이 클립, 휴대 전화 등)로 대체한다. 학생들은 배치된 것을 다시 살펴보면서, 각 인공물과 그 옆에 놓인 원칙에 관해 조용히 숙고할 시간을 갖는다. 각 인공물은 짝을 이룬 원칙을 따르는가? 어떻게 그렇게 하거나 그러지 않는가? 학생들은 다시 한번 각자 답을 생각해 본 뒤 모둠 토의를 한다.

이 활동의 몇몇 결말은 쉽게 예견할 수 있다. 자연물들은 번성의 다섯 가지 요소와 관련된 모든 원칙을 따를 것이다. 충분한 숙고 끝에 지속 가능한 세계의 본질적인 측면으로 떠오른 원칙들이기 때문이다. 이상적으로 말하면 이 활동은 예측할 수 없다고 느끼게 하면서, 단원의 개념을 다져준다. 그리고 놀랄 만한 부분도 있을 것이다. 예를 들어, 〈독창적 효과〉와 짝이 된 인공물은 대체로 원칙에 잘 맞아떨어진다. 종이 클립은 독창적이고 의도한 목적 그대로 기능한다(다른 원칙들을 따르지는 않지만). 사람들은 물건을 만드는 일에 관한 한 대단히 독창적이다. 그리고 그것은 우리가 확실히 만족을 느끼는 부분이다.

이 활동을 통해 학생들은 이 단원의 주요 개념을 종합적으로 이해하고, 몇 가지 새로운 통찰을 얻을 수 있다. 이 활동을 활용해서 학생들의 학습 상황을 종합적으로 평가할 수도 있다.

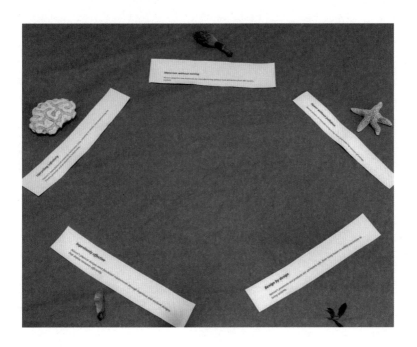

번성의 다섯 가지 요소는 자연에서 영감을 받은 접근법으로 지속 가능성을 가르치기 위한 간단한 분석 틀이다. 오랫동안 학생들에게 지속 가능성을 가르쳐 온 많은 이가 이 틀을 채택했으며, 학생들에게 지속 가능성을 가르쳐 본 적이 없는 많은 이가 이 틀을 사용하기 시작했다. 이 틀이 지속 가능성과 관련한 모든 것을 다룰 수 있을까? 물론, 그렇지 않다. 하지만 이 틀은 도전적인 주제에 대한 상당히 포괄적인 접근법이다. 그리고 중요한 것은, 청소년(그리고 많은 성인)이 이 도전적인 주제에 접근할 수 있도록 해준다는 점이다. 이상적인 상황이라면, 학생들 스스로 자기 주도 프로젝트에서 그 틀을 활용할 것이다(8장에서 다룰 것이다). 자연에서 영감을 받은 지속 가능성 수업의 접근법은 많은 이가 못 본 척하거나 버거워하는 무겁고 복잡한 주제를 정반대의 모습으로 바꿔 놓는다. 이 수업을 통해 청소년과 인류는 미래에 지극히 중요한 주제와 관심사를 논리적이고 흥미로우며 해결을 지향하는 낙관적인 탐구로 바라볼 수 있을 것이다.

참고 자료

지속 가능성의 전반적인 내용

- 〈물건 이야기〉 동영상
  : https://www.youtube.com/watch?v=9GorqroigqM
- 〈스토리 오브 스터프 프로젝트〉 웹 사이트도 참고할 것
  : https://storyofstuff.org/

Hawken, P. *Ecology of commerce: How business can save the planet*. (London: Weidenfeld and Nicolson, 1993).

McDonough, W., and Braungart, M. *Cradle to cradle: Remaking the way we make things*. (Berkeley: North Point Press, 2010).

Benyus, J. M. *Biomimicry: Innovation inspired by nature*. (New York: Harper Perennial, 1997).

지속 가능성에 관한 교육 과정

- 자연에서 영감을 받은 공학에 관한 중/고등학교 교육 과정
  : 자연 학습 센터. www.LearningWithNature.org
- 엘렌 맥아더 재단의 작업도 참고할 것
  : https://www.ellenmacarthurfoundation.org./

채굴 없는 원료

- 교육 과정
  : 자연에서 영감을 받은 공학에 관한 중·고교 교육 과정에서 〈똑똑한 산호Brainy Coral〉를 찾으면, 산호에서 영감을 받은 시멘트 실험의 교육 계획을 볼 수 있다[자연 학습 센터(www.LearningWithNature.org)].
- 채굴 없는 원료의 실제 사례
  : 이산화탄소에서 얻는 플라스틱. https://www.newlight.com/
  : 이산화탄소에서 얻는 시멘트. https://www.calera.com/, https://www.blueplanet-ltd.com/

오염 없는 동력

- 교육 과정과 활동
  : 자연에서 영감을 받은 공학에 관한 중/고등학교 교육 과정에서 〈아낌없이 주는 잎Largesse of Leaves〉이라는 염료 감응 태양 전지 실험의 교육 계획을 찾을 수 있다[자연 학습 센터(www.LearningWithNature.org)].

- 전도성 유리 만들기
  : http://www.teralab.co.uk/Experiments/Conductive_Glass/Conductive_Glass_Page1.htm, https://simplifier.neocities.org/optglass.html
- 이산화탄소를 감지하는 카메라
  : 위급한 이산화탄소 배출을 볼 수 있도록 개조한 카메라. https://www.youtube.com/watch?v=iH-W3gYx8vY
- 자연에서 영감을 받은 에너지 기술 관련 계획(대학교, 기업, 정부 기관)
  : 스웨덴 우메오 대학교의 태양 연료 연구 환경.
- 하버드 대학교 대니얼 노세라Daniel Nocera 박사의 연구
  : https://chemistry.harvard.edu/news/artificial-leaf-named-2017-breakthrough-technology
- 생물학 영감 에너지 과학 센터
  : https://cbes.northwestern.edu/
- 생물학 영감 에너지 연구 프론티어
  : https://www.nap.edu/catalog/13258/research-frontiers-in-bioinspired-energy-molecular-level-learning-from-natural

무해한 설계

- 교육 과정
  : 자연에서 영감을 받은 공학에 관한 중·고교 교육 과정에서 〈떠오르는 도시Ascendant Cities〉를 찾아보면 개미에서 영감을 받은 도시 계획의 교육 활동을 찾을 수 있다 [자연 학습 센터(www.LearningWithNature.org)].
- 과산화수소와 간의 효소
  : https://www.scientificamerican.com/article/bring-science-home-liver-helping-enzymes/
- 바이오필리아
  Wilson, E. O. Biophilia. (Cambridge: Harvard University Press, 1992).[*]
- 모든 지역의 타임랩스 영상
  : 여러분이 사는 곳과 네바다주 라스베이거스처럼 빠르게 변하는 곳을 확인해 보라. https://earthengine.google.org
- 피부 전기 반응
  : 전극 만들기. https://instructables.com/id/Making-Galvanic-Skin-Response-Finger-Electrodes/
- 지속 가능한 장소의 설계
  : 장소의 천재. https://synapse.bio/blog/ultimate-guide-to-genius-of-place

　　* 에드워드 윌슨, 『바이오필리아: 우리 유전자에는 생명 사랑의 본능이 새겨져 있다』, 안소연 옮김(서울: 사이언스북스, 2010)으로 번역 소개됨.

무한한 사용 가능성

- 교육 과정

  : 자연에서 영감을 받은 공학에 관한 중/고등학교 교육 과정에서 〈균사체의 조언 Counsel of Mycelium〉이라는 쓰레기와 생분해의 교육 계획을 찾을 수 있다[자연 학습 센터(www.LearningWithNature.org)].

- 무한히 유용한 생산물과 시스템의 훌륭한 사례

  : 마이코폼. https://ecovativedesign.com/

- 테드 강연도 참고할 것

  : https://www.ted.com/talks/eben_bayer_are_mushrooms_the_new_plastic

- 생분해되는 전자 장치

  : https://www.nature.com/news/biodegradable-electronics-here-today-gone-tomorrow-1.11497, https://bbc.com/news/health-19737125

- 다른 사례들

  : https://greenbiz.com/blog/2011/02/16/companies-learn-close-loop

- 산업 생태학에 관한 정보

  : 개별 생산물의 무한한 사용 가능성뿐만 아니라, 〈산업 생태학〉 측면의 전체 시스템에 관해서도 초점을 맞출 수 있다.

- 위키피디아 산업 생태학industrial ecology 항목

  : https://en.wikipedia.org/wiki/industrial_ecology

- 산업 생태학 관련 참고 도서

  : https://www.nap.edu/read/4982/chapter/4

- 이 주제에 관한 그린비즈의 기사

  : https://www.greenbiz.com/article/we-will-close-loop-waste-2030

- 엘렌 맥아더 재단 웹 사이트도 참고할 것

  : https://www.ellenmacarthurfoundation.org/circular-economy/concept

7장
군집의 선택:
자연에서 영감을 받은 컴퓨터 과학[192, 193]

> 그냥 쌓아 올린 더미가 아닌 한, 여러 부분으로 이루어진 모든 것
> 의 경우, 전체는 단순한 부분의 합 그 이상이다.[194]
>
> —— 아리스토텔레스Aristotle, 기원전 350년

광범위하게 적용할 수 있는 다른 모든 기술과 마찬가지로, 컴퓨터의
도래는 인류의 공학에 완전히 새로운 지평을 열어주었다. 컴퓨터는
사실 단순한 기술이 아니다. 그것은 기술의 플랫폼이다. 많은 과학 기
술이 컴퓨터에 기초하고 있으며, 쉴 새 없이 생겨나는 신기술도 마찬
가지이다. 컴퓨터가 우리에게 유용할 수밖에 없는 이유 중 하나는 컴
퓨터가 매우 많은 것을 계산해 준다는 점이다. 지금부터 25년 동안
러시아워에 가해지는 중량을 지탱하려면 교량에는 얼마나 많은 강철
이 필요할까? 몬태나주 미줄라에서 여름철에 야외 결혼식을 올린다

면 어느 주에 날씨가 가장 좋을까, 혹은 안 좋을까? 내 차는 지금 차로를 옮겨야 할까, 그러지 말아야 할까? 컴퓨터 활용 기술은 사람들이 묻는 매우 다양한 질문에 적용된다.

오늘날 우리가 컴퓨터를 사용하는 분야를 모두 생각해 보자. 날씨를 예측하고, 과학 연구 자료를 분석하고, 매장 재고를 파악하고, 온라인으로 데이트 상대를 찾고, 문서를 작성하고, 게임과 예능을 즐기고, 사람들과 의사소통하는 등 목록이 계속 이어질 것이다. 몇십 년 전이라면, 나는 이 책을 타자기로 쓰면서 나무 울타리에 페인트를 칠할 때처럼 수정액을 발라서 〈싫〉수를 수정하고 있을 것이다. 컴퓨터는 자동으로 실수를 찾아내고 설정한 대로 수정해 주기까지 한다. 우리 휴대 전화는 사실 주머니 속 컴퓨터다. 통화는 그 기능의 하나일 뿐이다. 인터넷에서 국제 우주 정거장에 이르기까지, 컴퓨터는 현대인의 삶에서 떼어낼 수 없는 부분이 되었다. 컴퓨터 하드웨어와 그것을 돌리는 프로그램을 만드는 엔지니어들도 마찬가지다. 컴퓨터가 발명되고 사람들의 생활에 확산해 들어가면서, 이 기계 장치를 설계하고 만들어 낼 수 있는 엔지니어는 물론, 컴퓨터가 할 수 있는 새로운 일들을 상상하고 컴퓨터 코드를 통해 이런 일을 실행하는 소프트웨어 개발자에 대한 수요는 계속 증가했다.

컴퓨터 과학은 공학과 설계에 새로 나타난 중요한 분야로, 현재 거의 모든 연령대 사람이 교육받고 있다. 컴퓨터는 자연으로부터 어떤 도움도 받지 않고 사람의 창의성으로만 만들어 낸 공학의 전형으로 보이고, 컴퓨터 과학이라는 주제는 자연에서 받은 영감과 관련해 가르칠 것이 많지 않아 보일 것이다. 그러나 사실을 알면 놀랄지도 모른다. 컴퓨터는 그 기원으로부터 가장 현대적인 형태에 이르기까지, 생물의 세계에서 영감을 받았기 때문이다.

컴퓨터의 발전 과정에는 길고 복잡한 역사가 있지만, 그 출발점에는 클로드 섀넌이 있다.[195] 1920년대에 미시간주 북부 지방에서 자란 섀넌은 매사추세츠 공과 대학교 대학원에 진학해서 석사 논문 주제를 생각해 내려고 애쓰고 있었다. 그는 연역 논리학을 수강한 지 얼마 되지 않은 상태였는데, 아리스토텔레스가 사람들이 추론 과정에서 은연중에 사용하는 논리 체계라고 말한 것이다. 예를 들어, 창밖으로 얼어붙은 도로가 보이면 우리는 차량 운행이 위험할 거라는 사실을 안다. 그날 차를 몰고 도로에 나서야만 아는 것이 아니다. 얼어붙은 도로는 **모두** 차량 운행에 위험하다는 점을 우리가 이미 알고 있기 때문이다. 논리적으로 추론한 것이다. 수학적으로, A=B 그리고 B=C라는 것을 알면 A=C라는 것도 알 수 있다. 이 역시 논리적 추론이다. 대학교에서 그 과목을 수강한 지 얼마 되지 않은 섀넌의 머릿속에는 연역 논리학이 계속 맴돌고 있었다. 한편 섀넌은, 학비를 대기 위해 지도 교수가 개발한 매우 커다란 기계 장치를 운영하고 있었다. 디지털 컴퓨터의 선행 모델인 거대한 계산기였다. 섀넌은 그 기계의 계전기 스위치에 흥미를 갖게 되었는데, 오늘날의 실리콘 트랜지스터에 해당하는 마그네틱 접극자로 기계를 통해 전류가 흐르도록 해서 가동하는 부품이다.

　어느 날, 섀넌은 놀랄 만한 것을 생각해냈다. 사람의 논리를 모방해서 계전기 스위치들을 배열하면 어떻게 될까?

　본질에 있어서, 컴퓨터는 논리 연산을 이용하여 정보를 변환하는 기계이다. 키보드의 대문자 키Caps Lock와 t를 누르면 스크린에 대문자 T가 나타난다. 오른쪽 시프트키나 왼쪽 시프트키를 누르고 숫자 5를 누르면 스크린에 % 표시가 생겨난다. 컴퓨터는 이런 지시를 간단한 전기 회로로 수행한다. 이 회로들은 단순하지만 사람의 추론 방식을 모형으로 설계되어 있어서 각 회로가 결합하고 다양해져 매우 복잡한 질문에 대한 답도 산출할 수 있다.

아리스토텔레스와 이후 철학자들이 말했듯이, 사람들은 암묵적인 규칙에 따라 정보의 작은 조각들을 취합함으로써 새로운 결론을 생각해 낸다. 사람의 사고 작용을 모방한 계전기 스위치의 이용에 관하여 석사 논문을 쓰는 순간, 섀넌은 컴퓨터 혁명의 불꽃을 당긴 엄청난 깨달음을 세상과 공유할 수 있었다. 섀넌의 연구는 모든 시대를 통틀어 가장 영향력 있는 석사 논문으로 평가받는다. 20대의 젊은 대학원생이었던 섀넌의 연구는 우리가 역학적으로 **추론**하는 기계를 설계할 수 있다는 점을 처음으로 입증했다. 오늘날 컴퓨터 중앙 처리 장치의 회로들을 가리켜 **논리 회로**라고 부르는 까닭이 바로 여기 있다. 컴퓨터는 문자 그대로 사람의 마음에서 일어나는 일을 표본으로 한 논리적 처리 과정을 수행한다. 핵심은 컴퓨터를 만든 영감의 원천이 생물학 현상이라는 것이다. 말의 수송을 자동화한 자동차, 재래 우편을 자동화한 이메일과 마찬가지로, 사람의 논리를 자동화한 것이 컴퓨터다. 즉, 컴퓨터는 사람의 회색질에서 추론 과정을 추출해 실리콘으로 수행하는 결과물이다.

오늘날에도, 하드웨어와 소프트웨어 엔지니어들은 생물계에서 영감을 받아 컴퓨터 활용 기술을 계속 혁신하고 있다. 예를 들어 인공 지능은, 과제 해결을 위해 단순히 소프트웨어 프로그램을 실행하는 게 아니라 **자기 자신의 프로그램을 작성**하는 컴퓨터를 만들어 냄으로써 크게 도약했다. 다시 말해 학습한다는 것이다. 기계 학습(머신 러닝), 딥 러닝 등으로 알려진, 인공 지능에 대한 이 새로운 접근법은 모두 우리 뇌의 신경 세포들이 정보를 처리하는 방식에서 영감을 받은 컴퓨터 소프트웨어에 의존한다. **인공 신경망**으로 알려진 이 새로운 소프트웨어 설계는 최근, 주식 시장의 운영에서부터 검색창 입력 내용에 따른 구글의 제안에 이르기까지 컴퓨터 활용이 확대되는 원인이다. 수십 년에 걸친 답보 상태를 끝내고, 최근 인공 지능이 비약적으로 발전한 까닭은 뇌에서 정보를 처리하는 신경 세포의 배열을 모방한 컴퓨터 과학 덕분이다.

군집 행동 모형

컴퓨터 과학자들이 개미나 벌 같은 사회성 곤충의 군집 행동에 대해 알게 되면서, 자연에서 영감을 받은 컴퓨팅에 매우 흥미로운 발전이 이루어졌다. 이 놀라운 변화는 변화무쌍한 초원/숲/아스팔트의 전경에서 날마다 먹이 찾기라는 어려운 문제를 풀어낸 곤충의 지혜에서 나온 것이다.

먹잇감 찾는 개미의 규칙

개미에 대해 생각해 보자. 그들은 어떻게 그렇게 소풍 바구니를 잘 찾는 걸까? 곤충학자 장루이 드뇌부르Jean-Louis Deneubourg는 개미들이 함께 일하는 방식이 열쇠임을 깨달았다.[196] 1980년대 말과 1990년대 초, 드뇌부르 등은 개미 같은 사회성 곤충이 수가 많다는 장점을 이용해서 매우 복잡한 문제를 해결한다는 것을 알아냈다. 드뇌부르와 동료들은 한 실험에서, 아르헨티나개미Linepithema humile 근처에 먹잇감을 두고, 그 사이를 다리로 이었다. 먹잇감까지 가는 도중에 다리는 두 갈래로 갈라졌다. A 경로의 길이는 B 경로의 두 배였다. 개미들은 어느 길을 이용했을까? 처음에는 둘 다 이용했다. 하지만 어느 정도 시간이 지난 뒤에는 거의 모든 개미가 매번 지름길인 B를 이용했다. 그들은 어떻게 어느 쪽이 더 짧은 길인지를 알게 되었을까?

　개미 군집이 먹잇감을 찾는 방법. 소풍 바구니, 꿀 한 방울, 또는 죽어가는 딱정벌레가 있는 현실에서는 개미의 도전 과제가 훨씬 더 어려워진다. 먹잇감까지 가는 길에는 두 갈래가 아니라, 무한히 많은 가능성이 있다. 더욱이, 개미는 어디 가면 먹잇감이 있을 거라는 사전 지식이 전혀 없다. 그들에게는 그곳으로 데려다줄 지도도, 군집 안에서 수색대를 조직해 모든 것을 파악하도록 해줄 지도자도 없다. 개미는 **무엇도** 찾아낼 자격이 없는 것 같다. 그럼에도 불구하고, 소풍 돗자리에는 개미가 출몰한다. 첫 번째 개미가 나타나고, 그 뒤 다른 개미가, 그리고 결국 군집의 절반쯤 되는 개미가 나타나는 것이다.

개미 군집은, 몇 가지 단순한 규칙을 이용해서 개미 한 마리 한 마리가 제공한 정보를 연관 지어, 날마다 먹잇감을 찾는 위업을 달성한다는 것이 밝혀졌다. 그 방법은 다음과 같다.

- 1단계: 개미 스카우트 대원들이 개별적으로 군집 밖으로 나와, 주위에서 먹잇감을 찾으면서 땅 위를 다소 무작위로 움직인다. 개미들은 이동하는 동안 **페로몬**이라는 화학 물질을 분비해서 냄새 길을 남긴다.
- 2단계: 먹잇감을 발견한 개미는 그 일부분을 가지고 집으로 가져간다. 이 복권 당첨자는 어떻게 다시 집을 찾아갈까? 이 개미는 재치 있게, 풀어둔 실타래를 되감듯이 자기가 만든 페로몬 길을 되짚어간다. 여기서 중요한 점은 이제 이 페로몬 길이 이전보다 거의 **두 배**로 강해졌다는 것이다. 개미가 그 길을 오가는 동안 계속 페로몬을 묻히기 때문이다.
- 3단계: 개미들은 단순한 규칙을 따른다. 자신이 만든 것보다 강한 페로몬 길을 발견하면 **그 길을 따른다.** 그래서 다소 무작위로 걸어 다니다가 이 두 배 강한 페로몬 길을 만난 다른 대원들은 자기가 만든 길을 버리고 새 길을 따라간다. 그 결과 다른 개미들은 첫 번째 개미에게서 아무 이야기도 듣지 못했지만, 결국 먹잇감

에 이르는 길을 찾는다. 페로몬의 세기와 단순한 규칙 하나가 필요한 의사소통을 모두 해내는 것이다.

- 4단계: 먹잇감이 있는 곳까지 왕복하면서 개미들은 같은 시간 동안 짧은 길을 더 자주 이동하게 된다. 그 결과 짧은 경로는 긴 경로에 비해 더 빠른 속도로 페로몬이 보강된다. 개미는 언제나 더 자극적인 길을 선택하므로, 시간이 가면서 점점 더 많은 개미가 긴 길이 아닌 짧은 길을 따른다. 따라서 개미들은 자연스럽게 먹잇감에 이르는 최적의 길에 모여든다.

이것이 전부다. 놀랄 만큼 단순하다. 무작위 탐색, 페로몬 길, 냄새의 세기, 그리고 많은 개미와 같은 손쉽게 구할 수 있는 자원을 사용한다는 것도 탁월한 점이다. 개미 군집은 이런 방식으로 사전 지식도, 지도도, 조직의 지도자도 없이 먹잇감에 모여든다. 그밖에 페로몬이 땅위에 아주 오래 남지 않는다는 점도 중요하다. 이 짧은 사슬의 탄화수소 분자는 몇 분 안에 분해되어 날아간다. 이런 특징도 짧은 경로(지나가는 개미들이 더 자주 페로몬을 내놓는)가 긴 경로보다 냄새가 강해지도록 해서 더 빠르게 최적 경로를 찾도록 돕는다. 페로몬 길은 끊임없이 증발하는 다리와 비슷하다. 이동량이 꾸준해서 계속 보강되는 길만이 그대로 남아, 나머지 구성원들이 뒤를 따르게 된다.

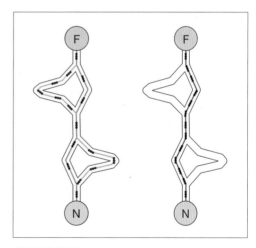

개미 길의 최적화.
방금 먹잇감(F)을 발견한 개미들이 여러 갈래 길을 따라 집(N)으로 자원을 운반하고 있다(왼쪽). 같은 시간 동안 짧은 경로를 더 자주 이동하므로, 긴 경로보다 세기가 커져서 점점 더 많은 개미가 짧은 경로를 선택한다(오른쪽). 자연에서 볼 수 있는 훌륭한 최적화 사례이다.

개미에서 영감을 받은 로봇. 1990년 여름, 공학 과정 대학원생 마르코 도리고Marco Dorigo는 독일 본에서 열린 컴퓨터 과학 학회에 청중으로 참석해서, 곤충학자 장루이 드뇌부르가 개미의 성공적인 먹잇감 찾기 전략을 설명하는 걸 들었다. 도리고는 강한 흥미를 느꼈다. 그는 가능한 최적의 방법으로 문제를 해결하도록 하는 로봇 프로그래밍을 하고 있었는데, 개별 〈요원〉, 즉 개미라고 하는 가장 적절하고도 새로운 접근 방식으로 문제를 해결하는 사례가 자연에 있었기 때문이다. 도리고가 아는 한, 〈이때 처음으로 개미의 행동과 컴퓨터 과학이 연결되었다.〉 서로의 정보를 학습하고, 그 정보에 관한 결정을 내리는 단순하고 명확한 규칙의 집합(컴퓨터 과학자들이 알고리즘이라고 부르는)을 따름으로써, 개미들은 복잡한 문제에 대해 상당히 훌륭한 해법을 찾아내고 효과적으로 실행한다. 개미들이 먹잇감까지 가기로 정한 길은, 가장 짧은 경로는 아닐 수 있지만 짧은 경로 중 하나이면서 빨리 발견할 수 있는 길이다. 마르코 도리고는 말했다. 「그래서 나는 즉시 이탈리아에 있는 대학으로 돌아가, 강연에서 들은 이

〈표 7.1〉 개미의 채집 행동을 제어하는 단순한 규칙들

조건	규칙
먹잇감이 없고, 페로몬 길을 따르지 않음.	무작위로 걸어 다니며 페로몬을 내놓는다.
먹잇감을 발견함.	먹잇감을 가지고 페로몬 길을 따라 집으로 돌아가면서 페로몬을 더 내놓는다.
먹잇감이 없고, 더 강한 페로몬 길을 발견함.	더 강한 페로몬 길을 따라간다.
먹잇감 없이 집에 도착함.	몸을 돌려, 반대쪽으로 가장 강한 페로몬 길을 따라간다.
먹잇감을 갖고 집에 도착함.	먹잇감을 저장하고, 몸을 돌려, 반대쪽으로 가장 강한 페로몬 길을 따라간다.

야기를 지도 교수에게 전했습니다. 그리고 그것을 이용해서 최적화 문제의 해법을 찾으면 재미있겠다고 말했습니다.」[197]

마르코 도리고가 생각하던 최적화 문제는 대단히 복잡한 것이었다. 컴퓨터 과학자들은 오랫동안 소위 〈여행하는 외판원 문제〉로 대표되는 최적화 해결에 매료되어 있었다. 여행하는 외판원이란 이론적 도전 과제는 여러 도시를 가장 효율적으로 순회할 경로를 찾는 것이다. 도시가 아주 많지 않을 때는 쉽게 찾아낼 수 있다. 예컨대 뉴욕, 로스앤젤레스LA, 댈러스 사이에서라면 여섯 개 경로만 비교하면 된다. 이 경로들은 머릿속으로도 쉽게 생각해낼 수 있다. 뉴욕→LA →댈러스, 뉴욕→댈러스→LA, LA→댈러스→뉴욕, LA→뉴욕→댈러스, 댈러스→뉴욕→LA, 댈러스→LA→뉴욕, 이상이다.

그러나 도시의 수가 늘어나면, 그 사이에서 가능한 조합이 기하급수로 증가한다. 네 도시를 늘려 뉴욕, LA, 댈러스, 시애틀, 루이빌, 볼티모어, 디트로이트가 되면, 여행하는 외판원이 고려할 경로는 여섯 가지에서 5,040가지로 늘어난다! 도시가 10개가 되면, 가능한 경로는 3백만 가지가 넘는다! 도시를 하나만 늘려도 가능한 경로가 훨씬 더 많아지기 때문이다. 한 도시를 추가하면 도시들 사이에 가능한 경로의 네트워크가 전체적으로 변화한다. 따라서 추가하는 도시의 수는 **선형**으로(즉, 산술급수로) 증가하는 반면, 그들 사이에 가능한 경로의 수는 기하급수로 증가한다. 선형 증가는 느리고 한결같지만, 기하급수적 증가는 점점 더 빨라진다.

컴퓨터 과학자들이 이와 같은 **조합 문제**에 고심하는 까닭은, 실생활에서 매우 흔히 볼 수 있는 문제이기 때문이다. 자전거 잠금장치 번호 키를 생각해 내고, 비밀번호를 기억하고, 한 대학교 전체 학생의 강의 시간표를 짜는 등의 조합 문제는 우리 주변 어디에나 있다. 그리고 가장 어려운 조합 문제의 해결은 컴퓨터의 몫이다. 이런 문제 중에는 어떻게든 해결 방법을 찾아낼 수 있다고 해도, 컴퓨터로 답을 찾는 데만 며칠에서 몇 주가 걸리는 것도 있다. 그래서 이 복잡한 조합 문제를 더 효율적으로 해결해 줄 완전히 새로운 방법이 있다면 분명 큰 뉴스가 될 것이다.

도리고는 인터뷰에서 이렇게 밝혔다. 「그래서 개미에서 얻은 아이디어를 확장해서, 더 복잡한 문제에 적용할 방법을 생각하기 시작했습니다. 그리고 이 알고리즘을 개발했습니다.」 이제는 수가 많아진 이 알고리즘을 가리켜 개미 군집 최적화 알고리즘이라고 한다. 도리고는 말했다. 「처음에는 너무 엉뚱한 생각 같았습니다.」 하지만 그는 여행하는 외판원 문제와 몇 가지 다른 조합 문제에 자신의 알고리즘을 시험하고 좋은 결과를 얻었다. 그 알고리즘을 좀 더 수정한 뒤에는 매우 좋은 결과를 얻었다. 컴퓨터가 그 방법으로 언제나 가장 좋은 해법을 찾아낸 것은 아니었다. 하지만 아주 짧은 시간 안에 좋은 해법 중 하나를 찾아냈다. 「그것은 개미에서 영감을 받은 접근법으로 어려운 수학 문제를 풀어낸 최초의 알고리즘이었습니다.」

도리고가 연구 결과를 발표하자, 곧 수백 명의 다른 엔지니어와 컴퓨터 과학자가 개미 군집 최적화 알고리즘을 조정하여 갖가지 도전 과제에 적용하기 시작했다. 응용 범위는 이론에서 실천으로, 컴퓨터에서 실생활로 옮겨갔다. 오늘날, 점점 더 많은 회사에서 물류 배송 등의 관리에 개미에서 영감을 받은 소프트웨어를 이용하고 있다.[198] 물류 관리는 엄청난 일이다. 예를 들어 국제적인 파스타 생산 기업 바릴라Barilla는 날마다, 끊임없이 변하는 배송 장소, 배송 물품의 양, 도로 조건, 동원 가능한 배송 기사와 트럭, 배송 시간대 등을 고려해 중심 허브에서 수많은 지역 소매업체까지 배송 계획을 세워야 한다. 과거 관리자들은 펜과 종이를 들고 최선의 배송 계획을 세웠는데, 가능한 선택지의 조합이 너무 많았다. 그들의 계획은 잘해야 차선에 지나지 않았고, 생각해 내는 데 너무 긴 시간이 걸렸으며, 조건이 변하면 바로 쓸 수 없는 것이었다. 현재 바릴라에서는 트럭이 출발하기 직전에 개미에서 영감을 받은 알고리즘을 실행하는 컴퓨터가 최적, 또는 차선의 배송 계획을 산출한다. 매일 아침 그 컴퓨터가, 천 대가 넘는 트럭을 저마다 다른 곳으로 보낼 계획을 세우는 데 걸리는 시간은 15분이면 충분하다.[199]

이런 접근 방식을 활용하면 기업체는 시간뿐만 아니라 비용도 아낄 수 있다. 또 다른 기업인 에어 리퀴드Air Liquide는 의료용 산소, 탄산음료 제조를 위한 이산화탄소 등 미국에서 15,000명이 넘는 사람이 이용하는 제품을 생산한다. 이 회사에서는 개미에서 영감을 받은 컴퓨터 프로그램을 이용해서 배송 계획을 세우고, 전국 각지의 어느 공장에서 어떤 제품을 얼마나 생산할 것인가를 계산했다. 에어 리퀴드는 개미에서 영감을 받은 소프트웨어를 사용함으로써 매년 약 2천만 달러를 절약할 수 있었다.[200]

디지털 캐릭터의 진화

학생들은 배송 계획이나 기업체가 시간과 돈을 아끼는 문제에는 별 관심이 없을 수 있다. 하지만 다행히, 자연에서 영감을 받은 컴퓨팅과 관련해서 청소년들이 좋아할 만한 적용 사례도 있다. 예를 들어, 내가 어릴 때 하던 비디오 게임들은 지금 보면 거의 사랑스럽다고까지 느껴지는 특징이 있었다. 그것들은 투박했다. 그래픽은 밋밋하고 뭉툭했으며, 액션은 뻣뻣하고 뻔했다. 기본 소프트웨어가 소수의 제한된 상황에서 각각 컴퓨터에 표시할 내용을 알려주는 코드에 기반해 있었기 때문이다. 탱크가 맞았다고? 폭발음을 넣고 자욱한 연기를 보여 준다. 쿼터백이 태클을 당했다고? 군중의 함성과 심판의 호각 소리를 넣는다. 액션은 매번 단 몇 가지 가능한 루틴으로 규격화되었다.

그 뒤 2000년대 초, 생물학과 대학원생 토스턴 라일Torsten Reil은 생물학과 컴퓨터 과학의 접점에 대해 생각하기 시작했다. 그는 특히 컴퓨터 프로그램을 작성하는 대신, 진화가 일어나도록 하면 어떤 일이 일어날지에 관심이 있었다. 라일은 말했다. 「독자적인 연구를 통해 우리는 진화가, 매우 복잡한 것을 창조하는 시스템이자 알고리즘으로서 얼마나 강력한지를 알게 되었습니다.」[201]

점균류.
점균류는 긴 시간 동안 혼자 지내는 단세포 생물이다. 하지만 때로는 여럿이 한꺼번에 모여 생식을 위한 변형체를 만들어 홀씨를 퍼트리거나(위), 먹을 것을 찾아 돌아다니기도 한다(가운데). 여럿이 모여 함께 일하는 점균류는 여러 가지 도전 과제를 해결할 수 있다.[202] 미로에서 길을 찾거나(아래), 도시 철도 노선의 최적화 네트워크 패턴을 알아내는 것 같은 일이다.

라일이 이런 결론에 도달한 것은, 보통은 엄청난 양의 컴퓨터 코드가 필요한 행동을 하는 디지털 캐릭터를 만든 뒤였다. 그가 창조한 것은 화면상에서 걷는 캐릭터였다. 그런데 라일은 이 걷는 디지털 캐릭터를 매우 특이한 방식으로 만들어 냈다. 디지털 캐릭터가 화면을 가로질러 걸어가도록 상세하고 단계별로 지시하는 대신, 불완전하게 지시하는 100개의 무작위 컴퓨터 프로그램을 만든 것이다. 이 프로그램은 말하자면 컴퓨터로 만든 인형을 제어하는, 제대로 발달하지 못한 〈뇌〉라고 할 수 있다. 그 뒤, 라일은 이 다양한 컴퓨터 프로그램들의 성과를 평가하는 마스터 컴퓨터 프로그램을 작성했다.

상대적으로 더 잘 걷는 디지털 캐릭터를 만든 프로그램들은 서로 〈짝짓기〉를 해서 새로운 컴퓨터 프로그램(〈자손〉)을 만든다. 그 뒤 새로 나온 것들을 평가해서 가장 성과가 좋은 것들을 다시 결합하는 과정을 계속 되풀이한다. 라일은 이렇게 설명한다. 「그 뒤 알고리즘은 가장 좋은 결과를 낸 개체들을 선택해서 자손을 낳도록 합니다.」 다시 말해, 각 세대에서 〈가장 적합한〉 컴퓨터 프로그램들이 다시 결합해서 다음 세대를 만들어 내는 것이다. 진화하면서 일어나는 일과 마찬가지로, 모든 차세대 컴퓨터 프로그램은 앞 세대와 조금씩 다르면서도 비슷하다.

단 20세대 동안 프로그램을 돌린 결과는 놀라웠다. 「마침내, 기적처럼, 제대로 작동하는 무언가를 얻었습니다……. 우리는 그것이 왜, 어떻게 작동하는지 알지 못합니다. 우리는 〈뇌〉를 보고, 실제로 무슨 일이 일어나는지 전혀 모릅니다. 진화가 그것을 저절로 최적화했기 때문입니다.」 그 과정은 결국, 스스로 정해진 목표가 인도하는 대로 따르는 최적의 컴퓨터 프로그램으로 끝이 났다. 그리고 그 목표는 걸을 수 있는 디지털 캐릭터였다.

그 뒤 라일은 목표를 바꾸기 시작했다. 공을 잡을 수 있는 디지털 캐릭터는 어떨까? 총알을 피하는 캐릭터는? 춤은? 진화에서 영감을 받은 마스터 컴퓨터 프로그램은 이 모든 일이 가능한 코드를 만들어 낼 수 있었다. 이윽고 라일의 회사, 내추럴모션NaturalMotion은 세계 어디에서도 볼 수 없던 비디오 게임을 창조했다. 라일은 생물학에서 더 많은 것을 배워, 전례를 찾아볼 수 없을 만큼 정확한 해부학 구조와 행동을 보이는 디지털 캐릭터를 만들었다. 이는 레오나르도 다빈치가 시체의 뼈와 근육을 자세히 연구함으로써, 전보다 더 생생하게 살아 있는 것 같은 인물을 그려낸 것과 같다.

이 놀랄 만큼 생생한 컴퓨터 캐릭터들은 이후 비디오 게임에 혁명을 일으켰다. 그들은 사람과 같은 생김새와 동작뿐만 아니라, 실제 상황에서 진짜 사람들이 할 법한 **행동**을 보여 주기까지 한다. 예측할 수 없는 행동을 하고, 배우기도 한다. 한 게임에서 태클을 당한 쿼터백은 다음 게임에서 더 빨리 공을 던지기도 하고, 다친 팔을 보호하기도 한다. 라일은 말했다. 「우리가 이 알고리즘을 개발하기는 했지만, 그 뒤 라이브 상황에서 실제로 일어날 일까지 통제하지는 않습니다. 알고리즘 프로그램이 스스로 움직이며 전혀 예상하지 못한 일이 벌어지는 것을 보면 매우 재미있습니다.」 이것이 소프트웨어 개발 과정에서 모방한 진화의 힘이다.

2014년, 세계 유수의 비디오 게임 회사 징가Zynga는 내추럴모션을 5억 2,700만 달러에 인수했다.

대규모 군중

비디오 게임을 좋아하지 않는다면? 자연에서 영감을 받은 컴퓨터 기술은 텔레비전이나 영화 장면에서 보는 얼굴들도 바꾸어 놓았다. 과거 영화사들은 전투나 스포츠 경기처럼 많은 군중이 나오는 장면을 찍으려면, 수백 수천의 단역 배우를 고용하고, 대규모 스튜디오나 야외 환경에서 복잡한 장면을 촬영해야 했다. 곤충과 새, 물고기의 무리 짓기 행동에 대한 이해는 이 모든 것을 변화시켰다. 이제 많은 군중이 등장하는 장면은 전적으로 컴퓨터 작업으로 구현되는데, 그 과정에서 사실성을 살려주는 것은, 가상 인물의 상호 작용 방식에 관한 단순한 규칙을 적용한 컴퓨터 프로그램이다.

이런 방식을 맨 처음 시도한 영화 중 하나가 피터 잭슨Peter Jackson이 감독한 「반지의 제왕Lord of the Rings」이다. 잭슨은 그래픽 디자이너

이자 컴퓨터 프로그래머인 스티븐 리질러스Stephen Regelous를 고용했다. 그는 자연계에서 새 떼 같은 군집의 행동 방식을 연구하고 컴퓨터 프로그램을 개발했던 사람이었다. 리질러스는 잭슨의 영화 장면을 위해 공격하는 오크 군단 캐릭터를 요정 캐릭터가 둘러싸서 대응하도록 프로그래밍했다. 하지만 일부 요정 캐릭터는 앞에 있는 요정 캐릭터 주변을 〈볼〉 수 없었으므로, 원을 만들지 못하고 우왕좌왕하고 있었다. 마침내 오크 캐릭터를 보고 자리를 잡을 때까지 어찌할 바를 몰라 안절부절못하는 것을 보면서 리질러스는 말했다. 「우리는 요정들이 그렇게 행동하도록 규칙을 정하지 않았습니다. 단순히 편자와 같은 대형을 이루어 오크에게 다가가도록 규칙을 정했을 뿐인데 그런 창발성이 나타난 겁니다. 하지만 그건 정말 멋졌습니다. 뭐랄까, 이런 거죠. 와, 저 녀석들 좀 봐!」[203]

생물학자들은 여전히 떼 지어 나는 새들의 신비를 풀고 있다. 그중에서도 흰점찌르레기*Sturnus vulgaris*가 떼 지어 날며 군무를 펼치는 모습은 경탄을 자아낸다. 이들은 수천 마리가 마치 짜기라도 한 것처럼 밀집한 채 서로 충돌하지 않고 대형을 바꾸어 가며 하늘을 난다. 이런 군무가 몇 가지 단순한 규칙을 이용하기 때문에 가능하다는 사실이 알려진 것은 불과 수십 년 전 일이다. 1986년, 컴퓨터 프로그래머 크레이그 레이놀즈Craig Reynolds는 이에 영감을 받은 컴퓨터 프로그램을 처음 만들었다.

리질러스는 설명한다. 「요점은 군중을 모형화하기 위해서는 많은 개체를 모형화해야 한다는 것입니다. 군중은 그 개체들이 함께 반응하면서 나타나는 창발성입니다.」 이런 접근 방식은 영화 산업에서 군중 장면을 만드는 방법을 완전히 바꾸어 놓았다. 「반지의 제왕」이후로도, 리질러스의 소프트웨어는 벤 스틸러Ben Stiller의 「박물관이 살아 있다Night at the Museum」 같은 영화와 혼다Honda, 버라이즌, 버드와

이저Budweiser 등의 광고 장면에 이용되었다.

자연에서 영감을 받은 컴퓨터 소프트웨어의 사례는 이 밖에도 매우 많다. 개미에서 영감을 받은 소프트웨어는 기업의 배송 계획뿐만 아니라, 네트워크에서 전화와 인터넷 신호의 가장 효율적인 경로를 잡는 데에도 적용되었다. 새 떼에서 영감을 받은 리질러스의 소프트웨어는 엔터테인먼트 산업에서 사용된 것은 물론, 토건 회사에서 건축가들이 구조를 안전하게 재설계할 수 있도록 건물에서 사람들을 대피시키는 방법(예를 들어, 화재 발생 시에)을 모형화하는 데도 이용되었다. 마르코 도리고는 현재 인명 구조와 우주 탐사를 위해 함께 일하는 로봇을 개발하고 있다.

자연에서 영감을 받은 컴퓨팅과 교육

자연에서 영감을 받은 컴퓨팅은 현대 소프트웨어 공학에 흥미롭고, 광범위하고, 효과적으로 접근하게 해줄 뿐만 아니라, 컴퓨터 과학 학습의 훌륭한 진입 지점이 되어준다. 이제는 자연에서 영감을 받은 컴퓨터 과학 프로그램(생물에서 영감을 받은 컴퓨팅이라고도 한다)이 미국과 전 세계 대학에서 나타나고 있다.

게다가, 이 접근법은 유치원 및 초·중·고교 교육 과정의 통합(특히 생명 과학과 나머지 STEM 요소의)에 도움이 된다. 이 접근법을 활용하면 고등학교뿐만 아니라 원하면 초등학교에서도 컴퓨터 과학을 배울 수 있다. 자연에서 영감을 받은 접근법은 또한, 학교에서 컴퓨터를 사용할 수 있든 없든, 모든 상황에서 청소년이 컴퓨터 과학을 배울 수 있도록 한다.

자연에서 영감을 받은 컴퓨팅 탐구에 관해서는 수많은 온라인 자료가 있다(이 장 끝부분의 참고 자료를 확인하라). 하지만 컴퓨터 과학을 가르치려면 컴퓨터가 필요하지 않을까? 상당 부분, 그렇지 않다. 마이클 R. 펠로즈Michael R. Fellows 박사(노르웨이 베르겐 대학교, 정보 과학과)와 이언 파베리Ian Parberry 박사(미국 노스 텍사스 대학교, 컴퓨터 과학 공학과)는 이 점을 잘 짚어 주었다. 〈천문학의 주제가 망원경이 아닌 것처럼, 컴퓨터 과학의 주제도 컴퓨터가 아니다.〉[204] 다시 말해, 컴퓨터 과학은, 그 사고파는 도구에 관한 어떤 것이기 전에 무엇보다, 생각하고 창조하는 방법이다. 이 과목을 처음 소개할 때는 특히, 이 부분이 가장 중요하다.

컴퓨터 코딩부터 시작해서 컴퓨터 과학을 소개하는 것은, 과학의 본질을 볼 수 없도록 해서 학생에게 피해를 주고, 그 과목에 대한 창의성과 흥미를 궁극적으로 제한할 수 있다. 빈센트 반 고흐Vincent Van Gogh는 그를 유명하게 만든 유화의 채색 물감을 사용하기 전에 오랫동안 연필로 소묘 작업을 했다. 시인들은 대체로, 펜과 종이를 손에 들려주기보다 밖에 나가 좀 걷고 오라고 할 때 시상이 잘 떠오른다. 앞에서 이야기한 도리고와 라일, 리즐러스, 그리고 다른 많은 특출한 컴퓨터 프로그래머는, 자연계가 어떻게 작동하는가를 탐구하면서 상당한 시간을 보낸 뒤 그것을 컴퓨터의 영역에 끌어들였다.

천문학의 주제가 망원경이 아닌 것처럼, 컴퓨터 과학의 주제도 컴퓨터가 아니다.

— 마이클 펠로즈Michael Fellows와 이언 파베리Ian Parberry

그래서 컴퓨터 과학을 탐구하기 위한 온라인 자료, 교육 과정, 컴퓨터

기반 프로그램이 많기는 하지만, 여기서는 컴퓨터 없이 자연에서 영감을 받은 컴퓨팅을 탐구하는 활동을 제시하려 한다. 개미가 먹잇감 찾는 방법에 관한 탐구는 가장 간단한 활동으로 시작하는 게 좋다. 우선 개미가 자주 지나다니는 빈 땅을 찾는다. 학생들에게 개미가 나타날 때마다 그 땅을 나타내는 종이에 개미가 지나간 길을 그리도록 한다. 학생들은 몇 분에 한 번씩, 개미별로 다른 색깔을 이용해서, 개미가 지나간 모든 길을 각자 종이에 그린다.

이번에는, 땅에 설탕물을 떨어뜨린다. 학생들은 각자 종이에 설탕물의 위치를 X로 표시한다. 학생들은 계속, 매번 개미가 지나간 길을 다른 색깔로 그린다. 이윽고 어떤 패턴이 나타날 것이다. 처음에는 느리다가 나중에는 더 빠르게, 설탕물까지 가는 길의 수가 늘어나기 시작할 것이다. 이런 식으로 학생들은 개미 군집 최적화가 작동하는 것을 관찰하고 종이 위에 타임랩스 영상을 기록할 수 있다.

활동 냄새로 길 찾기

학생들이 직접 냄새를 맡으면서 개미들이 자원을 발견하고 조직적으로 이용하는 방법을 알아보게 하면 어떨까? 여기서 제시할 활동은, 페로몬 길을 따라가는 개미들처럼 후각을 이용해서 길을 따라가 보는 것이다.

활동 준비는 간단하다. 몇 미터 길이의 가공하지 않은 면 끈을 톡 쏘는 냄새가 나는 정유(페퍼민트 오일이 적당하다)에 담근다. 학생들에게 눈가리개를 하도록 한 다음, 실외 또는 교실 바닥에 끈을 내려놓는다. 처음에는 거의 직선에 가깝게 놓기를 권한다. 완만한 곡선은 괜찮

지만, 너무 많이 휘지 않도록 한다(너무 많이 휘면 냄새를 놓치기 쉽다). 눈가리개를 한 학생들을 끈 한쪽 끝으로 데려가서 끈이 시작하는 곳이 두 손 사이에 오도록 팔을 벌리고 무릎을 꿇게 한다. 뭉친 티셔츠 같은 것을 손에 쥐도록 해서 우연히 끈을 만지지 않도록 한다. 이제 출발할 준비가 되었다. 목표는 후각을 이용해서 끝까지 끈을 따라가는 것이다.

이는 생각보다 어렵지만, 불가능하지는 않은 적절한 수준의 도전 과제이다. 많은 학생이 냄새 길 끝까지 가지는 못해도 일부분에서는 길을 찾을 것이다. 하지만 길 찾기는 쉽지 않고, 진행은 더디다. 나중에 진행 과정을 볼 수 있도록 동영상을 촬영해도 좋다. 학생들은 일종의 성취감을 느끼고 동시에, 개미들이 그렇게 빠르고 정확하게 냄새를 따라갈 수 있다는 데 감정 이입을 하고 감탄할 것이다.

단순한 규칙에서 복잡한 행동으로

〈자연에서 영감을 받은 컴퓨팅〉의 기저에 깔린 매우 중요한 개념은, 자연에서 매우 복잡해 보이는 것이어도 실제로는 상당히 단순한 것의 결과일 때가 많다는 것이다. 이는 자연의 가장 위대한 업적의 하나이다. 단순한 규칙들로 복잡한 문제를 풀어내는 것은 아름다워 보인다. 자연이 압박에 우아하게 대처하는 또 다른 방식이다. 생물학자들은 복잡한 생명 현상이 종종 상호 작용하는 단순한 규칙들에서 나온다는 것을 이해하고, 그것을 컴퓨터 과학자들에게 잘 전달함으로써, 지금과 같은 자연에서 영감을 받은 소프트웨어의 놀라운 발전을 이룩하게 했다. 따라서 자연이 어떻게 단순한 규칙을 이용해서 복잡한 행동을 하고 문제를 해결하는가를 알아보는 활동은 이 중요한 개념을 탐구하는 훌륭한 방법이 될 수 있다.

활동 단순한 규칙 게임

여러 가지 활동이 가능하지만, 자연에서 영감을 받은 컴퓨팅과 관련해서 내가 가장 좋아하는 활동은 학급 학생들과 주차장이나 운동장, 체육관 같은 넓은 공간만 있으면 쉽게 할 수 있는 것이다. 이 단순한 규칙 게임의 도전 과제는 학급의 모든 학생이 서로 얘기하지 않고 각자 배정된 특정한 두 학생과 같은 거리에 있도록 위치를 잡는 것이다.

한 가지 방법은 누군가를 지명해서 이 과제를 완수하도록 하는 것이다(《중앙 명령》). 지명된 학생은 다른 모든 학생을 과제에 맞게 배열을 이루도록 직접 이동시키거나, 학생들에게 어디 어디로 가라고 지시한다. 시간이 충분하면, 개미들의 방식을 실행하기 전에 이 방법을 시행해 보는 것이 좋다.

개미들은 이 도전 과제를 어떻게 해결할까? 그들은 물론 상호 작용하는 단순한 규칙들을 이용할 것이다. 학생들에게 개미들이 이 과제를 해결하는 방법을 보여 주기 위해, 우선 학생들에게 각각 다른 두 학생을 마음속으로(비밀리에) 선택하라고 한다. 여러분이 〈출발〉이라고 하면 미리 생각해 둔 두 학생과 거리가 같아지도록 정삼각형을 만들라고 한다. 삼각형 크기는 아무래도 상관없지만, 선택한 두 학생과 같은 거리에 있어야 한다. 정삼각형을 이룬 뒤에는 움직이는 걸 멈출 수 있다. 참, 활동을 진행하는 동안

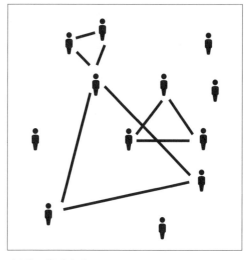

단순한 규칙 게임 개요도.
각 학생은 미리 생각해 둔 두 학생과 같은 거리에 있도록 위치를 잡는다.

에는 아무 말도 하지 않는다. 물론 소리 내어 웃는 것은 괜찮다.

이제 〈출발〉이라고 외치고 상황이 전개되는 것을 보면 된다. 학생들은 각자 미리 선택한 두 학생을 계속 지켜보면서 이리저리 조용히 움직이기 시작할 것이다. 그러다가 안정된 배열을 이루면 움직임을 멈출 것이다. 하지만, 학생들이 저마다 다른 학생들을 선택해서 삼각형을 만들려고 하므로, 배열이 쉽게 안정되지 않는다는 것을 알 수 있을 것이다. 이 활동의 재미는 많은 학생이 이리저리 조용히 움직이면서, 완전히 혼란스러워 보이던 것으로부터 안정된 배열을 만들어 내는 데 있다. 그 목표를 이루는 데에는 상당한 조정이 필요하다. 하지만 그 조정은 각 학생이 따르는 단순한 규칙으로 인해 〈저절로〉 일어난다.

학생 수가 많을수록 과제 달성에 걸리는 시간은 점점 길어진다. 하지만 결국, 모든 학생이 다른 두 학생과 같은 거리에 서게 될 것이다. 이는 많은 사람이 만들어 내기에는 복잡한 패턴이다. 하지만 학생

들이 각각 단순한 규칙에 따라 행동하기만 하면 순조롭게 달성할 수 있다. 〈중앙 명령〉은 필요 없다. 실제로, 중앙 명령 방식을 따르면 그 배열을 이루기가 훨씬 더 어렵고 비효율적이다.

억지 기법 대 개미 군집 최적화

마르코 도리고는 여행하는 외판원 문제를 풀거나, 배송 계획을 짜거나, 여러 서버를 통해 효율적으로 인터넷 신호를 라우팅 하는 등 수많은 가능성을 계산하기 위해 많은 시간과 비용이 들어가는 복잡한 조합 문제를 개미에서 영감을 받은 방식으로 효과적이고 편리하게 해결할 수 있다는 것을 알아냈다. 컴퓨터는 이론적으로, 여행하는 외판원 문제나 활용할 수 있는 서버들을 어떻게 조합하면 가장 빠르게 인터넷 신호를 라우팅할 수 있는가에 대해 가장 좋은 해답을 산출할 수 있다. 하지만 종종 그런 계산을 할 만한 시간이 없거나, 그만한 비용을 들일 만한 가치가 없을 때가 있다. 트럭들은 멈춰 있지 말고 출발해야 하고, 신호는 전송돼야 하지만 바로 출발하기 직전, 조건이 변해서 처음부터 계산을 다시 시작해야 할 수도 있다.

　컴퓨터 과학에서, 모든 이론적 가능성을 하나도 빼놓지 않고 철저하게 탐색해서 최선의 해법을 찾는 것을 **억지 기법**brute force approach 이라고 한다. 억지 기법 탐색에서, 컴퓨터는 문자 그대로 모든 이론적 가능성을 검토하고 가장 좋은 것(예를 들면, 가장 빠른 라우팅)을 찾아서 답을 내놓는다. 개미에게 억지 기법으로 먹잇감을 찾는다는 것은 먹잇감을 찾아낼 때까지 모든 땅을 샅샅이 걸어 다니고, 가능한 모든 경로로 집까지 돌아가는 거리를 계산해서 집과 먹잇감 사이의 가장 짧은 거리를 선택한다는 뜻이다. 그것은 확실히 가장 짧은 경로일 것이다. 하지만 이론상 가장 짧은 경로를 산출하기 한참 전에 먹잇감은 이미 사라져 버렸거나, 개미가 탈진해 죽었을 것이다.

이 점이 실제로 개미들의 문제 해결 방법이 그만큼 유용한 까닭이다. 꽤 괜찮은 해결책을 빠르게 도출하기 때문이다. 실제로 개미에게서 복잡한 문제를 해결하는 멋들어진 방법을 배우기 전까지, 컴퓨터 과학자들은 대부분 억지 기법으로 답을 산출할 수밖에 없었다.

(활동) 알고리즘 탐색 게임

개미에서 영감을 받은 방법과 억지 기법의 답을 찾는 과정을 비교하는 활동은 개미 군집 최적화 알고리즘의 가치를 정말 잘 드러내 준다. 물론, 컴퓨터를 사용해서 이 활동을 할 수도 있다. 컴퓨터가 필요 없는 또 다른 방법은 두 탐색 방법을 비교하는 물리적 모형을 만드는 것이다.

학교 운동장이나 체육관처럼 넓은 공간에서 배구 코트 정도 크기의 정사각형이나 직사각형을 마음속으로 그려보자.[205] 이 영역은 컴퓨터의 탐색 공간을 나타낸다. 그 영역 중간에 일정한 간격으로 가림판 5~7개를 세워 건너편 공간이 부분적으로 보이지 않도록 한다. 식당에서 사람들 다니는 곳에 세워두는 것 같은 판지나 자립형 게시판을 만들어 두거나 책걸상에 담요 같은 것을 덮어 사용하면 된다. 이 장벽의 높이는 영역의 크기에 따라 다른데, 학

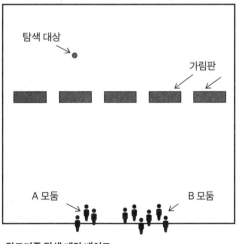

알고리즘 탐색 게임 배치도.

생들이 기준선에 서 있을 때 건너편 영역의 50~100퍼센트가 보이지 않도록 하는 것이 좋다.

학생들이 도착하기 전에 건너편 바닥에 동전 같은 작은 물체(〈탐색 대상〉)를 놓아둔다. 중요한 것은, 물건 반대편 기준선의 출발 지점에서는 학생들이 물체를 볼 수 없지만, 전체 영역을 이등분하는 가림판 사이를 지난 뒤에는 물체를 볼 수 있다는 것이다.

기준선을 따라 학생들을 줄 세우고, 두 모둠으로 나눈다. A 모둠(학생 3명으로 구성한)은 억지 기법 전략을, B 모둠은 개미 군집 최적화 전략을 이용해서 답을 산출하도록 한다. B 모둠의 학생 수는 자립형 가림판 사이와 양옆 틈을 더한 것과 같다(가림판이 5개 있으면, B 모둠 학생 수는 6명이 된다). 모둠에 들어가지 않은 학생들은 시간 기록원들이다.

학생들에게 그들이 지금 컴퓨터 안에 있으며, 컴퓨터의 한 부분이 되어, 억지 기법과 개미 군집 최적화라는 두 가지 방식으로 탐색을 수행할 거라고 설명한다. 학생들이 탐색을 수행하므로, 그들은 실제로 이 두 가지 탐색 전략이 어떻게 비교되는지 알 수 있을 것이다. A 모둠은 억지 기법의 탐색을 대표하고, B 모둠은 개미 군집 최적화 탐색을 대표한다는 것을 설명해 준다. 어느 모둠도 그들이 찾을 물체가 어디 있는지 모른다. 탐색 활동이기 때문이다.

억지 기법에 해당하는 A 모둠에는 줄자 하나를 주고, 탐색 공간을 이등분하는 장벽에 있는 틈을 하나하나 통과해서 기준선에서 탐색 대상까지의 경로를 측정하고 돌아오는 식으로, 탐색 대상으로 가는 가장 빠른 경로를 찾을 거라고 설명한다. 어느 경로가 가장 짧은지 입증하기 위해, A 모둠은 가능한 모든 경로(즉, 각 가림판 사이)를 측정하고 거리를 비교해야 한다. 가능한 모든 경로를 측정하기 전에 탐색 대상을 찾은 경우에도 마찬가지다. 이 모둠은 학생 세 명이면 충분하다. 한 명은 탐색하고, 나머지 두 명은 이동한 거리를 측정하고 기록한다.

개미에서 영감을 받은 알고리즘에 해당하는 B 모둠은, 모든 모둠원이 가능한 경로를 하나씩 맡아, 저마다 다른 틈을 통과해서, 동시에 탐색 대상이 있는 곳까지 걸어갔다가 같은 길을 되짚어 기준선의 출발 지점으로 돌아오는 식으로 가장 빠른 경로를 찾는다. 따라서 B 모둠 학생들은 저마다 다른 길을 통해, 다시 말해서, 각자 장벽에 있는 틈을 하나씩 통과해서 탐색 대상까지 갔다가, 온 길을 따라 출발 지점으

사회성 곤충에서 영감을 얻은 로봇.
마르코 도리고는 서로 의사소통하면서 같이 일하는 개별 유닛의 로봇 시스템을 만든다. 이런 시스템하에서 작동하는 로봇들은 유례가 없는 적응성으로, 개별 로봇은 해내기 어렵거나 해낼 수 없는 다양한 일을 완수한다.

로 돌아간다. 기준선에 가장 먼저 도착한 학생이 가장 빠른 경로를 발견한 사람이다.

우리는 각 〈알고리즘〉이 같은 속도로 작동하도록 해야 한다. 메트로놈이나 규칙적으로 소리 나는 장치를 사용해서(예를 들면, 시간 기록원 학생들이 일정하게 손뼉을 쳐서) A 모둠과 B 모둠의 모든 학생이 똑같은 속도로 걷게 할 수 있다. 좀 더 엄격한 규격을 적용하려면, 모든 학생의 양 발목을 같은 길이의 끈으로 묶고 그 보폭으로 걸으라고 하면 된다.

학생들과 A 모둠은 억지 기법을, B 모둠은 개미 군집 최적화 기법을 나타낸다는 것을 다시 확인한다. 모든 학생이 지시 사항을 분명히 이해했으면 시작한다. A 모둠과 B 모둠이 동시에 시작해야 한다.

B 모둠의 학생 중 적어도 한 명은, A 모둠이 탐색 대상으로 가는 모든 가능한 경로를 측정하기 전에 기준선에 돌아올 것이다. B 모둠의 첫 번째 학생이 돌아오면 B 모둠의 다른 학생들은 즉시 탐색을 중단한다. B 모둠의 첫 번째 학생이 돌아온 시간을 기록하고, A 모둠이 측정을 완료하고 어느 경로가 가장 짧은지 결정한 시간을 기록한다. 그 시간의 차이는 억지 기법과 개미 군집 최적화 탐색 전략 사이의 시간 효율의 차이라는 점을 강조해 준다.

두 모둠은 같은 답을 얻었는가? 학생들은 A 모둠과 B 모둠의 탐색 전략 사이에서 어떤 차이점을 알아챘는가? 여러분이 찾는 결론은 다음과 같다.

- B 모둠이 더 빨리 끝냈다.
- A 모둠의 분석이 단선적인 데 반해, B 모둠의 분석은 병렬적이다. 다시 말해, 동시에 출발하는 복수의 〈요원〉이 있다.
- A 모둠과 달리, B 모둠의 탐색 과정은 철저하지 않다. B 모둠 학생 대부분은 탐색을 완료하지도 않는다. 하지만 B 모둠은 모든 가능한 해법을 고려하려 한 것이 아니라, 비교적 빠른 해법을 찾아내려 했을 뿐이다.

이 밖에도 학생들에게 자연에서 영감을 받은 컴퓨팅의 개념을 소개할 방법은 많다. 첫째가는 목표는 생물의 세계가 컴퓨터 과학자들에게 영감을 불러일으킬 수 있다는 것을 학생들이 인식하도록 하는 것이다. 많은 학생이 이와 관련된 컴퓨터 과학의 동향을 전혀 알지 못하기 때문이다. 인류는 처음으로 검색창에 단어를 입력해서 정보를 탐색한 생물 종이지만, 처음으로 자연계에서 정보를 탐색한 생물 종은 아니다. 우리는 컴퓨터를 처음으로 개발했지만, 컴퓨터로 할 수 있는 일을 처음 하지는 않았다. 컴퓨터 과학은 20세기 중반에 발달하기 시작했다. 하지만 개미 같은 생물들은 이미 1억 년 동안 최적화 기법으로 답을 산출하고 있었다.

다양한 자연 현상이 작동하는 수많은 방식은 사람들이 필요로 하거나 바라는 일과 비슷할 때가 많다. 그리고 우리가 자연을 보고 거기서 찾아내는 해법은 종종 사람이 상상하거나 설계할 수 있는 것과는 완전히 다르다.

참고 자료

군집 지능에 관한 훌륭하고 이해하기 쉬운 도서

Miller, P. *The smart swarm: How understanding flocks, schools, and colonies can make us better at communicating, decision making, and getting things done*. (New York: Avery, 2010).[*]

컴퓨터 과학 교육에 관한 훌륭한 논문

Fellows, M. R., and Parberry, I. "SIGACT trying to get children excited about CS". *Computing Research News, 5*(1), 7. (1993)., http://archive.cra.org/CRN/issues/9301.pdf
Computer Science and Mathematics in the Elementary Schools.

내추럴모션의 자연에서 영감을 받은 비디오 게임 개발에 관한 더 많은 정보

• 토스턴 라일의 테드 강연
  : https://www.ted.com/talks/torsten_reil_animate_characters_by_evolving_them?language=ko
• 토스턴 라일의 작업에 관한 기사
  : https://www.wired.com/2004/01/stuntbots/
• 클럼지 닌자 게임
  : https://en.wikipedia.org/wiki/Clumsy_Ninja
• 인수 관련 기사
  : https://www.wired.com/2014/01/zynga-natural-motion/

수학 관련

• 새 떼의 행동
  : https://www.khanacademy.org/computer-programming/birds-flock-together/940061217

개미의 먹잇감 찾기 시뮬레이션

• 단순한 유형
  : https://www.searchamateur.com/Play-Free-Online-Games/3D-Ant-Farm-and-Pheromone-Simulation.htm

---

  [*] 피터 밀러, 『스마트 스웜*The Smart Swarm*』, 이한음 옮김(파주: 김영사, 2010)로 번역 소개됨.

- 복잡한 유형
  : https://users.sussex.ac.uk/~tn41/antAppletFull/war/AntAppletFull.html
- 매우 복잡한 유형
  : https://www.mathworks.com/matlabcentral/fileexchange/52859-ant-colony-optimization-aco

자연에서 영감을 받은 알고리즘에 관해 참고할 만한 웹 사이트

- 자연의 알고리즘
  : https://www.algorithmsinnature.org/, https://en.wikipedia.org/wiki/Natural_computing

8장
학생들, 발명하다!

어린이들은 사실상 인류 종의 연구 개발 부서다.[206]

— 앨리슨 고프닉Alison Gopnik

사람은 타고난 엔지니어다. 우리는 어릴 때부터 물건들이 어떻게 작동하는지 궁금해한다. 나무 블록이 여전히 전 세계 유아원과 유치원에서 가장 흔한 장난감이라는 사실에는 커다란 의미가 있다. 차세대 과학 기준과 같은 교육 기준이 있어서, 청소년들이 성장하는 동안 이런 본능과 능력을 계속 계발하기가 과거 어느 때보다도 쉬워졌다. 청소년이 교육받는 동안 꾸준히 공학을 배우도록 하면 미래 세대는 자연스럽고, 보람 있고, 꼭 필요한 능력을 함양할 수 있다.

인류의 과학 기술 역량은 우리 행성의 불가사의 중 하나이다. 시기적으로 거대한 기술 변화의 흐름이 일어나기 전과 후에 걸쳐서 살아가는 우리는 아마 다른 누구보다도 이 사실을 더 쉽게 인정할 수 있을 것이다. 나는 개인용 컴퓨터, 디지털 문서 작성, 그리고 인터넷 이전과 이후를 살고 있다. 우리 할머니는 페니실린과 텔레비전, 그리고 전자레인지가 없던 시절을 기억한다. 우리 아이들도 살아가는 동안 분명히, 인류의 놀라운 기술 혁신 이전과 이후 이야기를 갖게 될 것이다. 그들은 심지어 이런 이야기의 실현 과정에 참여할 수도 있다. 그것이 이 장의 주제다.

팅커tinker*라는 말은 중세 영어 단어 tinkere(〈주석을 지키는 사람〉)에서 유래한다.[207] 이는 과거 유럽에서 지방을 돌아다니면서 주석으로 만든 도구와 물건들을 고치는 사람들을 가리키는 말이다. 이 단어는 수선공이 금속을 두드리는 소리를 흉내 낸 의성어의 성격도 있다.

자연에서 영감을 받은 공학 교육의 구체적인 성과는 무엇일까? 그리고 그것은 언제 나타날까? 그것은 수업 차시, 단원, 또는 교육 과정이 끝을 향해 가는 동안 완전한 형태로 최고조에 이를 것이다. 하지만, 그 중간 과정에서도 내내 성과가 나타나도록 설계해야 한다. 자연에서 영감을 받은 공학은 학생들이 귀뚜라미에서 영감을 받아 〈귀뚤폴짝X4000〉 같은 것의 설계 계획이나 시제품을 내놓을 때만 나타나는 게 아니다. 그것은 그 최종 프로젝트에 도달하기까지의 여정 내내, 그리고 그 뒤에도 나타난다. 학생들이 마지막에 설계하거나 만드는 것보다는 인지 과정이 중요하기 때문이다. 자연은 어떻게 엔지니어의

* 땜장이, 임시변통으로 수선하다 등의 뜻이 있다. 피터 팬의 작가 J. M. 배리J. M. Barrie는 팅커벨을 냄비나 주전자를 수리하는 요정으로 묘사했다.

생각에 영감을 불러일으키는가? 엔지니어들은 어떻게 세계를 보고 연결하는가? 여러분은 선생님으로서, 이런 것들을 그들 안에 심어 주어야 한다.

하루를 마칠 즈음, 귀뚤폴짝X4000은 재활용품 배출함에 들어가거나 집안의 선반에 올라가 있을 것이다. 그래도 학생들이 배운 것만큼은 그대로 남는다. 어쩌면 평생 남을 수도 있다. 그것은 어떻게 혁신의 필요성과 기회를 인식하고, 자연의 능력을 발견하고, 자연계에서 영감을 얻어 더 좋은 세상을 설계하고 만들 것인가 하는 것들이다. 학생들이 자연에서 영감을 받은 공학 교육 과정을 통해 보여준 관찰력과 인지력, 그리고 모형화 능력이 그 성과이다. 그리고 그것들은 한 시간이든, 일주일이든, 한 학기든, 1년이든, 아니면 유치원 및 초·중·고교에 걸쳐서든 교육 활동에 참여하는 내내 길러진다.

앞에서는 학생들이 〈설계 과제〉, 〈자연의 다양한 능력〉, 그리고 〈자연에서 영감을 받아 설계에 활용할 방법〉에 관해 생각하고 배울 수 있도록 많은 기회를 제공하는 공학의 몇몇 주제와 활동을 알아보았다. 이 장에서는 자연에서 영감을 받은 공학의 설계 과정에 모든 관심을 집중할 것이다. 그 과정을 통해 여러분은, 학생들이 자연에서 영감을 받은 공학 프로젝트를 스스로 수행하도록 지도하는 데 필요한 이론 및 실천적 배경을 갖추게 된다. 엔지니어들은 실제로 어떤 과정을 거쳐 자연에서 배워 혁신을 이룰까?

유추의 사고

자연에서 영감을 받은 공학은 무엇보다도, 유비 추리, 즉 유추를 포함하는 인지 과정이다. 간단히 말해, 유추는 서로 다른 두 사물이 서로 비슷하다는 것을 근거로 둘 사이를 연관 짓는 일이다. 예를 들어, 「우리가 장미라고 부르는 저 꽃의 이름이 어떻게 바뀌든 향기는 변함이 없는 법이에요.」[208]로 시작하는 셰익스피어Shakespeare가 쓴 유명한 명대사에서 줄리엣Juliet은 꽃을 로미오Romeo에 비유한다. 셰익스피어는 꽃과 사람이라는 서로 다른 두 사물의 연관성을 유추하는데, 그 유비의 근거는 **아름다움**이다.

유추는 강력할 수 있다. 문자 그대로 그리고 비유적으로, 서로 다른 사과와 오렌지를 하나로 연관지어 생각하게 할 수 있기 때문이다. 유추는 또한 변화를 가져오는 힘이 있다. 유추는 우리가 이미 알고 있다고 생각하던 세계를 갑자기 다른 방식으로 이해하도록 한다. 전처럼 아무 관련 없이 서로 다른 두 사물로 보는 대신, **서로 연결된 방식으로** 보게끔 새로운 무언가를 드러내는 것이다. 사물들의 새로운 구도가 뚜렷해지고, 세계는 더 통합되고, 흥미롭고, 유의미해 보인다.

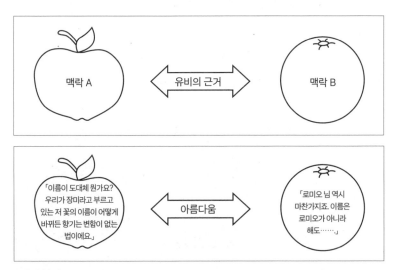

유추의 이해.
유추는 유사점을 바탕으로 해서 서로 다른 두 사물을 연관 짓는다(위). 셰익스피어의 「로미오와 줄리엣Romeo and Juliet」에서, 줄리엣은 아름다움을 근거로 장미와 로미오의 연관성을 유추한다(아래).

이 새 관점에서 사물을 이해하는 낡은 방식은 사라지고 전에 없던 가능성과 선택이 생길 수 있다.

예를 들어, 화학자 제임스 러브록James Lovelock과 미생물학자 린 마굴리스Lynn Margulis가 체계화한 **가이아 이론**은 행성 지구와 세포처럼 스스로 조절하는 생물 시스템 사이의 연관성을 유추한다. 가이아 이론에 따르면 유기체들은 양의 되먹임(=포지티브 피드백) 고리를 통해 지구를 생물에 더 좋은 곳으로 바꾸어 놓는다. 예를 들어, 식물은 대기 중 이산화탄소의 양을 조절함으로써, 지구 온도를 식물 생장에 도움이 되는 범위로 유지한다는 것이다. 이런 사고방식은 행성 지구와 생명의 작동 방식에 대해 전혀 다른 인식을 심어 줄 수 있다. 유추를 통해 우리는 지구를 새롭게 본다. 지구가 단순한 생명의 터전이 아니라, 스스로 살아 있는 생명체라는 것이다.

동물이 물을 터는 모습에서 영감을 받아 탄생한 세탁기.
자연에서 영감을 받은 공학의 재미있는 부분은 세계를 새로운 시각으로 보는 것이다. 자연에서 영감을 받은 엔지니어들은 유추를 통해 생물계와 기술의 세계를 연관 짓는다. 예컨대 동물들이 물을 터는 방식을 연구해서 효율이 높은 세탁기를 설계한 일이다.[209]

언어 장애가 있는 소년이 자기 방에서 혼자 긴 시간을 보내면서, 아버지의 개인 통신용 라디오와 무전기에서 불쑥불쑥 들려오는 소리나 단편적인 이야기에 흥미롭게 귀를 기울이는 장면을 상상해 보자. 그리고 억만장자 잭 도시Jack Dorsey가 발명한, 완전히 새로운 소통 수단인 트위터(현재 X)를 떠올려 보자. 이 둘 사이에 대한 유추는 트위터와도 개인 통신용 라디오와도 다른 무엇, 일반 대중의 방송을 통한 소통이라는 아이디어를 준다.[210]

유추는 모든 유형의 엔지니어가 사용하는 흔하고 효과적인 인지 수단이다. 하지만 자연에서 영감을 받은 공학에서는 유추가 특히 중요하다. 여기서는 공학의 실행이 특별히 자연계의 능력과 인류 기술의 목표 사이에서 만들어진 연관성에 의해 추동되기 때문이다. 우리는 어떻게 청소년들에게 이와 같은 유추의 사고를 촉진할 수 있을까?

귀납 추론

청소년에게 자연에서 영감을 받은 공학을 사용할 능력을 가르치기 위해서는, 우선 전문직 엔지니어들은 실제로 어떻게 그런 일을 하는지 알아야 한다. 하지만 어떻게 그것을 알아낸단 말인가? 이에 관한 어떤 설명서도 없다. 우리가 가진 것이라고는, 자연에서 영감을 받은 접근법으로 혁신을 이룬 수많은 개인의 사례뿐이다.

우리 아이들은 마오(또는 마우)라는 흥미로운 카드 게임을 한다. 카드를 모두 버리는 게 목표라는 것 이외에는 게임의 규칙을 들을 수 없다. 게임을 시작하기 전에 규칙을 말해주는 대신, 새 참가자는 게임 방법을 이미 알고 있는 참가자들의 게임을 지켜보다가 할 수 있으면 참가한다. 새 참가자가 실수하면 카드 한 장을 가져가야 한다. 제대로 하면 게임이 계속된다. 나는 그 게임이 제대로 되는 걸 볼 때마다 놀라지만, 시행착오를 통해 모든 참가자가 게임 방법을 배우는 데에는 그리 오랜 시간이 걸리지 않는다.

실제로, 우리는 이 방법으로 많은 것을 배운다. 모국어만 해도, 우리는 주로 다른 사람들이 그 언어를 어떻게 사용하는지 관찰하고 자기도 바르게 사용하려고 하는 과정을 통해 배운다. 아무도 우리에게 유리잔에서 물을 마시거나, 눈 덮인 언덕에서 썰매를 타거나, 리모컨 사용하는 방법을 대놓고 보여 주지 않는다. 이런 것들이 귀납 추론의 좋은 예이다. 이 경우, 사람들은 다른 사람들이 무언가 시도하는 것을 지켜보거나 스스로 시도하면서, 특정 사례나 경험에서 일반적인 규칙과 패턴을 끄집어낸다(반대로 **연역 추론**에서는 일반적인 규칙을 먼저 배운 뒤 그것을 특정 사례에 적용한다). 다음과 같은 수열 완성 문제는 귀납 추론에 기초한 것이다.

$$2, 4, 6, 8, ?$$

지금 우리 상황에는 귀납 추론이 가장 잘 맞을 것 같다. 자연에서 영감을 받은 공학을 사용하는 사람들의 개별 사례만 가지고 일반 지침을 끌어내려 하기 때문이다. 우리는 귀납 추론을 통해 자연에서 영감을 받은 공학을 수행하는 방법의 일반 원칙을 끌어낸 뒤에, 학생들에게 그것을 가르칠 방법을 발전시킬 수 있을 것이다.[211]

고요한 새들

1981년, 일본 국철에서 엔지니어로 일하던 나카츠 에이지Nakatsu Eiji는 길어지는 노사 협상에 정신적으로 지쳐 있었다. 긴장을 풀기 위해 그는 새들을 관찰하기 시작했다. 이 취미는 그를 레오나르도 다빈치와 라이트 형제(역시 조류를 관찰한 엔지니어들이다) 이후 자연에서 영감을 받은, 가장 유명한 엔지니어의 반열에 올려놓았다.

시간이 흘러 1989년, 나카츠는 세계에서 가장 빠른 열차인 탄환 열차를 보유한 서일본 여객 철도(JR West)의 책임 엔지니어로 일하고 있었다. 서일본 여객 철도는 열차의 앞 끝부분을 말뜻 그대로 탄환처럼 둥글린 고속 열차를 더 빠르게 개조하려 하고 있었다. 나카츠는 열차 속도를 올릴 때 가장 어려운 기술 문제가 소음이라는 것을 알고 있었다. 탄환 열차는 이미 야구의 최고 구속보다 빠르게 달리고 있었는데, 회사에서는 그 두 배 속도로 열차가 운행하기를 바랐다. 나카츠는 소음 문제로 이미 열차 노선 인근 주민들로부터 원성을 사고 있었기에 열차를 조용하게 만들어서 민원을 잠재울 방법을 찾기로 했다.

이때, 나카츠는 항공 엔지니어 야지마 세이치Yajima Seiichi가 일본 야생 조류 협회 오사카 지부에서 「야생 조류의 비행과 항공기」라는 제목의 한 강연을 들었다. 그곳에서 그는 올빼미가 얼마나 조용하게 나는지, 그리고 어떤 수단으로 그렇게 하는지 알게 되었다. 새의 능력에서 영감을 받은 나카츠는 열차의 주요 장치인 팬터그래프 집전장치의 재설계 과정을 이끌었다. 팬터그래프는 전기 기관차 지붕 위에 달아 전선에서 전기를 끌어들이는 장치로, 난류로 인해 가장 많은 소음이 발생하는 곳이다. 나카츠는 하늘을 나는 새의 모습으로 팬터그래프를 재설계하는 아이디어를 냈다.

사람들은 올빼미가 나는 소리를 거의 듣지 못한다. 중요한 것은, 올빼미가 노리는 먹잇감도 마찬가지라는 점이다. 새들이 나는 소리를 들을 수 있는 까닭은 날개를 지나는 공기가 난류를 만들기 때문이다. 그래서 휙, 또는 쉭 소리가 나는 것이다. 올빼미는 특이하게도 첫째날개깃 앞뒤 가장자리가 미세한 톱니 모양으로 되어 있다. 이 구조는 날개가 만드는 난류를 없애지는 않지만, 그것을 감싸서 우리 귀에 들리지 않는 작은 소용돌이로 만든다.[212] 나카츠는 이 아이디어를 이

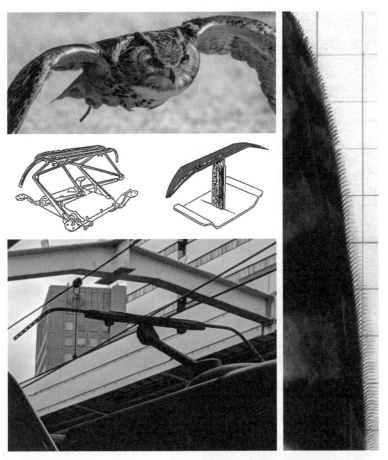

소음을 줄이는 톱니.
가장자리가 톱니 모양으로 된 올빼미 날개깃(오른쪽)은 공기 흐름을 작은 소용돌이들로 갈라서,
하늘을 나는 동안 소음을 줄인다. 엔지니어 나카츠 에이지는 이 아이디어와 올빼미 날개 모양(왼
쪽 위)을 빌려 와 기존 팬터그래프의 설계를 변경해서(왼쪽 가운데와 아래) 탄환 열차의 소음을
줄일 수 있었다.

용해서, 톱니가 있는 올빼미 날개깃처럼 아주 작은 돌기들이 있는 팬
터그래프를 만들었다. 그는 또한 팬터그래프를 지지하는 둥근 기둥
도 가다랑어(참다랑어 비슷한 물고기)의 가늘고 길쭉한 단면을 본뜬
모양으로 재설계했다. 이 아이디어는 놀랄 만큼 좋은 결과를 낳았다.
팬터그래프에서 나는 소음이 거의 사라진 것이다!

이 장치는 큰 도움이 되었지만, 소음을 완전히 없앤 것은 아니었다. 탄환 열차의 또 다른 문제는 열차가 터널을 빠져나갈 때 발생하는 엄청난 굉음이었다. 터널 안 공기는 열차 주위로 부드럽게 흐르지 않고, 눈삽 위의 눈처럼 열차 앞부분에 쌓인다. 그러다 그 공기는 풍선을 불었다가 갑자기 바늘로 터뜨릴 때처럼 터널 출구에서 폭발적으로 방출된다. 나카츠는 비슷한 일을 처리하는 새를 생각해냈다. 물총새는 물속으로 날아들어 물고기를 잡는다. 물고기는 매우 작은 동요에도 도망쳐 버리므로, 물총새는 아주 매끄럽게 물에 들어가야 한다.

자연의 아이디어를 반영한 열차 모형.
다양한 열차 모형을 터널 안으로 발사해서 열차의 형태가 소음에 미치는 영향을 평가했다(위). 가장 조용한 형태는 물총새 부리 모양에 수렴했다(아래, 열차 옆에 서 있는 사람이 나카츠 에이지다).

나카츠는 거의 물을 튀기지 않고 물에 들어가는 물총새 부리와 비슷한 형태로 열차 앞부분을 재설계하면, 터널 안 공기가 열차 주위로 부드럽게 흐르면서 공기 압력이 덜 올라갈 거라고 추측했다. 나카츠의 연구팀은 앞부분 형태가 다양한 열차 모형을 만들어 시험하기 시작했다. 그 결과 앞부분을 물총새 부리 비슷하게 쐐기 모양으로 만든 모형이 실제로 가장 조용한 것으로 드러났다. 열차의 앞부분은 그대로 재설계되었고, 엄청난 굉음은 사라졌다. 이번에는 올빼미와 팬터그래프처럼, 물총새를 직접 연구해서 열차 설계에 응용한 것은 아니었다. 그래도 가장 조용한

열차 모형의 앞부분 모양이 물총새 부리의 기하학 구조에 수렴한다
는 사실은 분명, 자연이 공학적 해법의 훌륭한 자원이라는 나카츠의
신념을 공고히 해주었다.

자연의 갈고리

벨크로(찍찍이) 테이프 이야기는 자연에서 영감을 받은 공학의 가장
유명한 사례일 것이다. 스위스의 전기 엔지니어 조르주 드 메스트랄
George de Mestral은 1941년 사냥을 나갔다가 사냥개 밀카의 몸에 달라

붙은 식물 열매를 살펴보고 찍찍
이를 생각해냈다. 여러분도 야외
활동을 하다가 바지에 식물 열매
나 씨가 붙어 있는 것을 보고 떼
어낸 적이 있을 것이다. 열매가
너무 잘 달라붙는다는 데에 호기
심을 느낀 드 메스트랄은 그것을
자세히 살펴보았다. 그리고 그
열매껍질의 끝이 갈고리 모양으
로 된 가시가 모든 방향으로 나
있어서, 지나가는 동물 털에 효
과적으로 달라붙는다는 사실을
알아냈다. 드 메스트랄은 오랜
시간을 바쳐 찍찍이 테이프의 단
점을 보완했고, 1955년 처음으
로 벨크로라는 상표명으로 특허
를 획득했다.

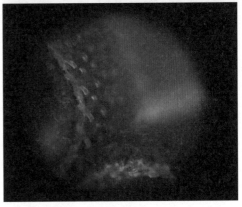

열매가 준 아이디어.
산우엉 열매는 자연에서 영감을 받은 공학의 가장 유명한 사
례인 찍찍이 테이프에 영감을 주었다.

　　　자연에서 영감을 받은 혁신

의 이 전형적 사례에서 배울 점은 무엇일까? 기억하라, 자연에서 영
감을 받은 공학은 유추의 통찰과 추론을 포함한다. 그리고 여기 많은
것이 있다. 나카츠 에이지는 올빼미의 비행과 물총새의 다이빙, 그리
고 공기와 터널을 통과하는 열차의 움직임 사이의 연관성을 유추했
다. 조르주 드 메스트랄은 산우엉 열매와 사람들이 원하는 단추 대용
품 사이의 연관성을 유추했다. 우리는 여기서 잠시 유추로 다시 돌아
갈 것이다.

도전 과제와 기회의 인식

무엇보다도 먼저 문제의식을 느끼는 것이 중요하다.[213]

—나카츠 에이지

지금까지 한 이야기에서 눈에 띄는 것은 나카츠 에이지와 조르주 드
메스트랄이 자연에서 해법을 찾기 전에 이미 **마음속으로 도전했다는**
점이다. 나카츠에게는 분명 탄환 열차를 조용하게 만들어야 한다는
과제가 있었다. 드 메스트랄은 사냥에 나서기 직전, 부인이 빡빡한 지
퍼 때문에 도움을 요청하는 일이 있었다. 드 메스트랄은 개의 털에 달
라붙은 산우엉 열매를 처음 관찰하고 자세히 살펴보다가, 은연중에
골칫거리 지퍼를 떠올렸을 것이다. 여기서 우리는 자연에서 영감을
받은 공학 과정으로 들어가게 해주는 첫 번째 중요한 통찰을 확인할
수 있다.

농담을 하나 더 소개하겠다. 엔지니어, 성직자, 범죄자가 기요

틴 처형을 선고받았다. 성직자가 가장 먼저 불려 나왔다. 그는 근위대에게 〈마지막 순간에 신을 마주할 수 있도록〉 얼굴을 위로 향한 채 기요틴에 눕게 해 달라고 부탁했다. 근위대는 그 부탁을 들어주고, 장치 안에 성직자의 머리를 넣었다. 사형 집행인은 지레를 잡아당겨 칼날을 떨어뜨렸다. 그런데 웬일인지, 칼날은 성직자 목 위로 몇 센티미터를 남기고 꼼짝도 하지 않았다. 이 일을 기이하게 여긴 근위대는 성직자를 풀어주었다. 다음은 범죄자 차례였다. 그는 「맙소사, 저게 통하다니! 저도 위를 보게 해주십시오.」라고 말했다. 근위대는 허락하고, 지레를 잡아당겼다. 칼날은 이번에도 범죄자의 목 몇 센티미터 위에서 멈췄다. 범죄자는 뛸 듯이 기뻐하며 사면되어 풀려났다. 다음 차례는 엔지니어였다. 「저도 위를 볼 수 있을까요?」 엔지니어가 물었다. 근위대는 한 번 더 허락하고 얼굴을 위로 향한 엔지니어를 장치에 눕혔다. 사형 집행인은 지레 손잡이를 잡았다. 하지만 그것을 잡아당기기 직전에 엔지니어가 소리 높여 말했다. 「아, 알려 드릴까요? 어디가 잘못됐는지 알 것 같아요.」[214]

엔지니어들은, 다른 무엇보다도, 우리가 사는 세계를 더 좋게 만들기 위해 주변의 설계 과제와 기회를 놓치지 않으려고 노력한다. 그들은 문이 삐걱거릴 때, 신발장 안 신발들을 더 효율적으로 배치할 방법이 있을 때, 그리고 전 세계에서 이산화탄소를 대기 중에 너무 많이 배출할 때 그것을 알아차린다. 또 다른 농담에 따르면, 엔지니어는 대부분 너무 내향적이어서 대화할 때 자기 신발만 쳐다본다. 하지만 간혹 외향적인 엔지니어가 있는데, 이들은 대화할 때 **상대방**의 신발만 쳐다본다. 귀여운 농담이다. 하지만 사실, 성공한 공학은 **외향성**을 특징으로 한다. 다시 말해서, 사람들의 삶을 개선하는 엔지니어들은 무엇을 설계할지는 물론, 어떻게 설계할지를 알기 위해 사람들을 관찰하고 그들과 교감한다.

그런 면에서, 공학은 일종의 공감을 통한 과학 기술 활동이다. 예를 들어, 저가 의족 디자인의 개선 연구를 진행하던 MIT 엔지니어들은 인도에 가서 다리를 절단한 환자들을 면담하고 그들이 실제로 의족을 어떻게 사용하는지 관찰했다. 이런 접근 방식에는 **반응형 디자인**이라는 이름까지 붙어 있다. 하지만 모든 효과적인 공학은 그것을 표명하지 않는다고 해도 실제로 반응성을 내포한다.

반응형 디자인에 관해서는, 일회용 기저귀부터 거꾸로 된 압착형 플라스틱 케첩 용기에 이르기까지, 수요와 그에 따른 개발에 얽힌 많은 이야기가 알려져 있다.[215] 도요타의 최고 인기 차종인 RAV4 스포츠 실용 차가 처음 미국에서 출시될 때는, 차 안에 컵 거치대가 없었다.[216] 미국 내 판매 업체에서는 그것이 치명적인 설계 결함임을 알고 있었다. 도요타의 책임 엔지니어가 미국을 방문하자, 판매업자는 RAV4에 그를 태우고 다니다가 지역 편의점 옆에 차를 세우고 커피를 샀다. 그는 책임 엔지니어에게 커피를 건넸고, 엔지니어는 전형적인 미국식 선물에 아주 즐거워했다. 그 뒤 판매업자는 RAV4로 돌아가 계속 차를 운전했다. 그는 아무 말도 할 필요가 없었다. 다른 사람의 상황에서 차를 한 번 타봄으로써, 도요타는 미국 시장을 위해 설계를 수정할 수 있었다.

지금은 많은 공학 및 설계 회사에서 사회학자를 직원으로 채용해서 사람들에게 필요한 것이 무엇인지, 그리고 그들이 제품에 어떤 기능을 기대하는지에 관심을 쏟고 있다. 후자이파 칼리드Huzaifah Khaled는 사회학을 독학했다.[217] 그는 법학도로서 긴 시간 동안 기차를 타고 통학하다가 기차역과 거리에서 지내는 몇몇 노숙인을 알게 되었다. 칼리드는 자신이 「근본적으로 그들에게 무엇이 필요한지 깊이 이해하게 되었다.」라고 설명했다. 그리고 그는 노숙인 쉼터의 위치와 운영 시간이 노숙인들이 이동 계획을 세우거나 일자리를 유지하기 어렵게 되어 있음을 깨달았다. 그래서 노숙인들이 물, 칫솔, 과일, 그리고 책에 이르는 필수품을 훨씬 더 간편하게 이용할 수 있도록 자판기를 설계, 개발했다. 칼리드는 현재 그 자판기들을 설치하고 관리하는 비영리 단체를 운영하고 있다.

설계 과제와 기회를 포착하는 능력을 기르는 것은 공학, 그리고 공학 교육의 기본이다. 이 점은 차세대 과학 기준의 유치원 및 초·중·고교 수행 기대에 잘 나타나 있다.

- 유치원~초등학교 2학년: 〈사람들이 바꾸고 싶어 하는 상황에 관해 질문하고 관찰하고 정보를 수집하여, 간단한 문제를 정의할 수 있다.〉
- 초등학교 3~5학년: 〈요구 사항을 반영한 간단한 설계 문제를 정의할 수 있다.〉
- 초등학교 6학년~중학교 2학년: 〈설계 문제의 기준과 제약 조건을 정의할 수 있다.〉
- 중학교 3학년~고등학교 3학년: 〈전 지구적으로 중요한 도전 과제를 분석할 수 있다.〉

중요한 것은, 이런 능력을 기르는 데 집중함으로써 세계는 더 흥미로워지고, 학생들은 더 적극적으로 교감하면서 활동에 참여하게 된다는 점이다. 정치의식이 사람들의 투표 참여율을 높이는 것처럼, 〈문제의식〉은 사람들이 문제를 더 잘 확인하고, 다른 이들의 필요에 더욱 공감하고, 문제 해결을 위해 노력하도록 한다.

건축가 윌리엄 맥도너William McDonough는 탁월했던 테드 강연에서, 인류가 바퀴를 발명한 뒤 여행 가방에 바퀴를 달기까지 5천 년이나 걸렸다고 재치 있게 말했다.[218] 이 말을 농담으로만 듣지 않고 진지하게 생각해 보면 불편이라는 문제가 보인다. 수천 년 전부터 무거운 짐에 바퀴가 달려 있었다면 편리했을 것이다. 하지만, 그 불편은 그냥 견뎌야 할 것이지, 고칠 수 있는 것이 아니었다.

어떤 사람들은 문제가 있을 때 귀찮다는 듯한 반응을 보이고 무시하거나 회피하려고만 한다. 엔지니어들은 문제가 있을 때 문자 그대로 도전받은 것처럼 반응하고, 나서서 해결하려고 한다. 이는 태도와 인식의 전환이다. 무거운 짐은 문제인 동시에 기회다. 이 점이 중요하다. 설계 과제에 대해 말할 때, 엔지니어에게는 설계 기회를 포착하는 능력도 중요하다는 점을 잊어서는 안 된다. 사실, 엔지니어들은 문제를 기회로 보는 경향이 있다.

언제나 필요가 발명의 어머니인 건 아니다. 때로는 기회가 발명의 어머니다. 도전 과제와 기회를 가르는 선은 옅을 수 있다. 혁신은 문제보다는 오히려 기회와 관련이 있을 때가 많다. 내용물이 흐르지 않는 컵을 만들겠다고 결심하기 전까지, 유아용 빨대 컵을 발명한 리샤르 벨랑제Richard Belanger의 공책에는 김이 서리지 않는 욕실 거울, 머리카락 자르는 기계 같은 다양한 발명 아이디어가 빼곡하게 채워져 있었다. 벨랑제가 빨대 컵에 집중하기로 마음을 굳힌 것은 자기 아이가 모든 걸 쏟고 흘리는 시기였지만, 이미 그는 자신의 발명 솜씨를 적용할 방법을 적극적으로 찾고 있었다.

세계적인 기업인 넷플릭스Netflix를 공동 창업하기 전에, 리드 헤이스팅스Reed Hastings와 마크 랜돌프Marc Randolph는 매일 같이 아침에 출근하는 사람들 무리에 속해 있었다. 하지만 그 둘은 곧 무리에서 사라졌는데, 더 큰 회사에서 그들의 고용사를 인수해서였다. 마지막으로 같이 출근하는 며칠 동안, 그들은 다음과 같은 질문을 주고받으면서 앞으로 할 일들을 검토했다.[219] 〈어떤 일이 성공할지 실패할지를 가르는 기준은 무엇일까?〉〈우리가 투자를 유치할 수 있는 사업 방향

은 무엇일까?) 그들에게는 어떤 문제도 **없었다**(임박한 실업 이외에
는). 그들은 그저 〈다음에 찾아올 큰 흐름〉을 포착하고자 노력했을 뿐
이다. 우리가 학생들에게 주어야 할 것은, 엔지니어들이 세계를 더 좋
게 만들기 위해 할 수 있는 모든 것을 스스로 인식하는 능력이다.

활동 **도전 과제와 기회에 관한 일지 작성**

학생들이 우리 주변에 있는 설계 과제와 기회를 잘 인식할 수 있도록
할 방법에는 어떤 것들이 있을까? 가장 좋은 출발점은 바로 내 주변
에 있는 설계 과제와 기회를 인식하기 위해 노력한 뒤 그 과정을 돌아
보는 것이다. 나는 직장에서 무엇이 더 잘 되기를 바라나? 집에서는?
며칠 전에 보니 냉장고에 아이스크림 남은 게 없었지……. 중요한 식
료품이 떨어져 간다고 경고해 주는 게 있으면 좋을 텐데! 식기세척기
를 식기장처럼 설계해서 세척이 끝난 접시를 치울 필요가 없다면? 냉
장고를 수직이 아니라 수평으로 설계해서 식기장처럼 눈높이에 설치
하면, 쪼그리고 앉아 물건을 찾는 불편이 사라지지 않을까? 노숙인에
게 실제로 도움이 되고 좋은 건 무엇일까? 어떻게 하면 직장 동료들
이 내 기획안을 잘 받아들이도록 소개할 수 있을까? 아직 캄캄한 겨
울 아침, 잠자리에서 더 쉽게 일어날 방법은? 밤에 빗소리, 천둥소리
를 꿈결로 들었을 때 창턱에 놓인 물건들이 젖을 걱정을 하지 않을 수
는 없을까?

도전 과제와 기회는 어디에나 있다. 그것들은 매 순간 우리 마음속을
흘러 다니고, 우리는 실바람처럼 그것들을 떠나보낸다. 하지만 의도
를 조금만 가미하면, 우리의 덧없는 의식을 통과하는 그것들을 알아

차리고, 흐름에서 끄집어내어, 더 충실하게 그것들을 의식하고 숙고하고 처리할 기회를 잡을 수 있다.

이런 목적으로 사용할 수 있는 간단하고 효과적인 방법이 학생들에게 설계 과제와 기회에 관한 일지를 적도록 하는 것이다. 이런 생각은 불쑥 우리를 찾아왔다가 금세 사라지곤 한다. 따라서 일지를 작성하면, 특히 교실 밖에 있는 동안, 학생들이 생각하고 관찰한 것들을 붙잡아 둘 수 있다. 일지 작성은 일찍 시작하도록 한다. 일주일, 한 달, 또는 한 학기 동안 공학 탐구 과정을 계획하고 있다면, 첫 시간부터 설계 과제와 기회에 관한 일지를 학생들이 관찰하고 생각한 것들로 꾸준히 채워 나가도록 한다. 하루 한 번, 적어도 일주일에 세 번은

설계가 필요한 자리 알아보기.
설계 과제와 기회를 포착하는 능력을 기르는 것은 공학과 공학 교육의 기본이다. 잘못 설계된 식수대는 바닥을 망친다(위 왼쪽). 장난기가 느껴지는 단순한 공원 벤치가 사람과 자연을 더 가깝게 해준다(위 오른쪽). 눈에 갇혀 버린 집이 창의성을 발휘할 기회를 주었다(아래).

적도록 과제를 준다. 적은 내용은 학급 친구들과 공유하도록 한다. 핵심은 학생들에게 설계 과제와 기회를 알아차리는 습관을 들이는 것이다. 어떤 사람들은 처음부터 설계 과제와 기회를 포착하는 성향이 있다. 반대로 어떤 사람들은 그것을 배워야 한다. 하지만 명심해야 할 것은 우리는 모두 그런 능력이 있다는 것이다.

우리는 매일 접하는 것들 속에 숨어 있는 패턴을 포착하는 것도 배울 수 있다. 나는 아이들과 함께 음악을 많이 듣는데, 때때로 그 음악 속에 있는 패턴을 지목하곤 한다. 나는 내가 좋아하는 노래 대부분에서 제7음을 사용한다는 걸 알게 되었다. 제7음은 음계의 으뜸음으로부터 7번째 음을 말한다. 느린 노래에 제7음을 사용하면 블루스 느낌이 나고, 빠른 노래에 사용하면 긴박한 느낌이 난다(자동차 경적은 종종 제7음을 포함한다).[220] 비틀스의 노래 「택스맨Taxman」의 스타카토 부분은 제7음을 포함한 7화음(세븐스 코드)으로 되어 있다. 50센트는 「인 다 클럽In Da Club」 거의 전곡을 제7음으로 노래하고, 밥 딜런도 「서브터레이니언 홈식 블루스Subterranean Homesick Blues」에서 그렇게 한다. 경험했다는 의미에서는, 내 아이들도 나와 노래를 같이 들을 때 제7음을 들었다. 하지만 아이들은 그것을 의식하지 못했다. 노래의 다른 부분에서 제7음을 가려내야 할 이유가 없었기 때문이다. 하지만 내가 제7음이 나오는 부분을 여러 번 지목하자, 아이들은 다른 노래에서도 그 음을 알아차리게 되었다.

일지와 같은 수단으로 학생이 **몸소** 설계 과제와 기회를 알아차림으로써 스스로 인식할 수 있는 능력을 경험하는 것은, 성향의 발달에 결정적인 영향을 미친다. 개인의 직접 관찰은 꼭 필요하다. 그렇지 않으면 여러분은, 학생들이 국제 분쟁이나 기후 변화 문제처럼 부모가 하는 말이나 뉴스에서 들은 이야기를 아무 생각 없이 앵무새처럼 따라 말하는 것을 보게 될 것이다. 그런 상황에서는 학생들 스스로 도전 과제와 기회를 확인할 수 있는 능력을 기를 수 없다.

(활동) 설계 과제

학생들에게 일정한 설계 과제를 제공하고 해결책을 찾아보게 하는 시간과 공간도 필요하다. 학생들에게 미리 정해진 설계 과제를 주고 자연에서 영감을 받은 공학의 다른 측면들에 집중하도록 하는 것이다. 예를 들면, 개미에서 영감을 받은 건축 양식(6장)을 근거로 학생들이 사는 도시를 재설계하도록 해서, 깊이를 더해 스프롤 현상과 비교하고 대조해 볼 기회를 주는 것이다. 학생들에게 도시 스프롤이라는 도전 과제를 주고, 영감을 불러일으키는 생물학 모형으로 개미를 제공하는 것만으로도, 개미에서 영감을 받은 도시 계획에 포함된 의미로 초점을 전환할 수 있다는 것이다.

학생들에게 미리 정해진 도전 과제를 주는 또 다른 까닭은, 자연에서 영감을 주는 모형을 발견하는 연습을 많이 할 수 있도록 하려는 것이다(앞으로 이어질 내용을 참고하라). 상상력만으로 자연에서 영감을 받은 접근법을 이용해서 탐구할 설계 과제를 만드는 데에는 한계가 있다. 여기 몇 가지 사례가 있다.

- **폭탄에도 끄떡없이.** 한 항공기 제작사에서는 여러분에게 신형 비행기를 위한 내폭 화물 적재실 설계를 의뢰했다.
- **옥상을 푸르게.** 여러분이 사는 도시에서 도시 전체의 옥상 녹화 사업을 위한 디자인 지침을 제출해 달라고 요청했다. 고려 사항은 옥상 녹지 공간의 무게를 최소한으로 유지하면서 건물의 온

도 상승을 막기 위한 단열이 필요하며, 침수 위험과 오염된 물의 유출을 줄이고, 지역 고유 야생 동식물 서식지의 활용 가능성을 개선하는 것이다.

- **유엔과 통행권.** 세계적으로 일곱 사람 중에서 한 명은 사계절 내내 통행이 가능한 도로망이 없어, 연중 상당 기간 시장이나 병원에 갈 수 없다. 유엔에서는 여러분 팀에 자연에서 영감을 받은 공학을 활용해서 이 문제를 처리할 것을 의뢰했다.

- **밖을 안에 들이다.** 재래식 방충망은 곤충들이 날아들지 못하도록 하는 데는 효과가 좋지만, 신선한 공기의 흐름을 방해하기도 한다. 한 대형 창호 제조업체에서는 환기가 잘 되는 새로운 방충망의 설계 제안 요청서를 내놓았다. 설계안을 제출하고 〈판매〉 전략을 제시하라.

- **행성 B를 위한 행성 A의 교훈.** 화성 식민지 건설에 관한 관심이 커지면서 자연에서 영감을 받은 공학을 통해 처리할 수 있는 많은 설계 과제가 제기되었다. 여기에는 운항 중 우주 비행사의 건강 문제, 화성에서 지속 가능한 산업 시스템(원료와 에너지), 지속 가능한 농경 시스템 등의 문제가 포함된다. 화성 식민지 건설 관련 도전 과제를 하나 이상 선택하여 자연에서 영감을 받은 공학을 이용하여 해결하라.

- **캠핑 가자.** 연구에 따르면 소유한 텐트의 품질이 캠핑 가는 횟수에 영향을 미친다고 한다. 한 주요 캠핑용품 공급업체에서는 여러분에게, 텐트의 탁월한 기능 때문에 더 많은 사람이 캠핑을 즐길 수 있도록, 자연에서 영감을 받은 공학을 이용하여 질 좋은 텐트를 설계해 달라고 요청했다.

- **밸러스트 문제.** 화물선들은 항해하는 동안 균형을 유지하기 위해 밸러스트 탱크에 바닷물을 싣고 가서 목적지에 도착하면 내

보낸다. 이로 인한 수중 생물의 이동으로 많은 지역에서 전에 볼 수 없었던 침입종이 발견되는 경우가 많아졌다. 한 대형 선박 회사에서는 이 문제를 해결하기 위해 신형 컨테이너선에 도입할 새로운 설계를 제시해 줄 것을 여러분에게 의뢰했다.

- **성장하는 패션.** 한 주요 아동복 제작업체에서는 착용자가 성장함에 따라 자라는 옷의 설계 제안 요청서를 내놓았다. 자연이라면 바지를 어떻게 설계할까? 외투는? 장갑은?

일정한 설계 과제를 제공하는 데에는 학생들에게 연습할 기회를 주는 의미도 있지만, 기후 변화와 같이 더 크고 잘 알려진 주제에 포함된 설계 과제들을 학생들이 더 세밀하게 살펴보도록 하는 의미도 있다. 이는 집중 범위를 좁혀서 더 광범위한 도전 과제 안에 있는 작은 문제들을 처리하는 중요한 역량을 기를 기회이다. 어렵고 큰 문제 상황에 효과적으로 대응하기 위해서는 이런 역량이 꼭 필요하다. 예를 들어 기후 변화 문제를 일거에 해결할 수는 없지만, 컴퓨터 냉각 팬의 효율을 개선하거나, 새로운 수소 연료 분리 기술을 개발하거나, 온수 탱크의 열 손실을 줄일 수는 있다.

학생들이 과학 기술과 사회 안에서 관심 영역을 확인하고 거기서 발견되는 다양한 도전 과제를 깊이 연구할 수 있도록 하라. 학생들에게 더 광범위한 문제 안에서 범위를 좁혀 도전 과제를 정의할 기회를 주면, 큰 그림을 이해하고 집중할 부분을 합리적으로 선택하는 데 도움이 된다. 그리고 그것은 학생들의 성공 가능성을 키운다. 궁극적으로 이런 과정은, 학생들이 불가항력의 복잡한 세계 속에서 더 힘 있게 행동할 수 있다고 느끼게 해준다.

저연령 학생들은 덜 세속적이면서도 사람들의 삶과 관련이 있는 도전 과제와 기회를 확인하고, 그 과정에서 〈문제의식〉을 가질 수 있도록 도와줄 필요가 있다. 가장 빨리 달릴 수 없어도 쉬는 시간에 술래한테 잡히지 않으려면 어떻게 해야 할까? 차멀미를 안 하는 방법은? 동생이 물건을 만지지 못하도록 하려면 어떻게 할까? 어떻게 하면 더 큰 힘을 실어 공을 던지거나 찰 수 있을까? 친구를 사귀거나 좋은 친구가 되려면 어떻게 해야 할까? 아침에 잠자리를 어떻게 빠져 나올까? 학생들이 관심을 기울이기만 하면, 도전 과제는 어디든지 있다.

우리가 목표로 하는 것은, 불편은 그냥 견뎌야 할 것이 아니라 고칠 수 있는 것이라고 보는 태도의 전환이다. 어떤 문제를 고칠 수 있다고 생각할 때, 또는 그 문제를 확인하고 해결 방법을 찾으려고 할 때, 우리는 그 문제에 대해 갑자기 전혀 다른 태도를 보이게 된다. 이와 비슷하게, 학생들에게 마음속에 이상을 그려보라고 한다면, 우리는 그들에게 세상이 어떻게 더 나아질 수 있는지 상상할 수 있는 변화를 주게 된다. 하지만 우리는 확실히, 학생들을 가르치는 동안 상상력을 충분히 발휘하지 못하게 한다. 우리는 눈을 들어 지평선을 바라볼 이유가 없다면, 그저 발 앞에 펼쳐진 오솔길만을 내려다보기 쉽다.

시도조차 하지 않은 샷은 100퍼센트 빗나간다.

— 웨인 그레츠키Wayne Gretzky

역사에서는 놓쳐버린 기회와 전망의 부재를 보여 주는 예를 얼마든지 찾아볼 수 있다. 20세기폭스사의 제작자, 대릴 재넉Darryl Zanuck은 1946년에 이렇게 말했다. 「6개월이 지나면 텔레비전은 그 어떤 시장도 붙잡을 수 없을 겁니다. 사람들이 머지않아 밤마다 합판 상자

를 뚫어져라 쳐다보는 데 지쳐버릴 테니까요.」IBMInternational Business Machines의 회장 토머스 왓슨Thomas Watson은 1943년에 이런 말을 했다. 「세계 시장의 컴퓨터 수요는 5대 정도라고 생각합니다.」 우리는 지금 세계가 어떤 기회를 놓치고, 전망을 붙잡지 못하고 있는지 알지 못한다. 우리 세계의 결함에 이골이 나 있기 때문이다. 어떤 의미에서, 지금 있는 그대로의 우리 세계와 더 이상적인 우리 세계의 차이는, 정확히 지금까지 우리가 붙잡지 못한 전망의 양이라고 할 수 있다. 학생들에게 세계를 더 좋은 곳으로 만들 수 있도록 도전 과제와 기회를 알아차리라고 요구하는 것은 단순하지만, 동시에 급진적인 일이다. 이런 일이 충분히 이루어지면, 망각과 안일은 비판적 의식과 포부에 자리를 내어줄 것이다. 학생들이 이 새로운 성향만 갖고 갈 수 있어도, 여러분은 변혁을 이룬 것이다.

자연의 천재성 발견하기

자기 세계에 틀어박혀 있지 말라.

—나카츠 에이지

자연에서 영감을 받은 공학이 선사하는 큰 기쁨은, 운 좋게도 우리가 지금 깃들여 사는, 무한히 호기심을 자극하는 자연계에 마음껏 집중할 수 있다는 것이다. 자연에서 영감을 받은 과학에서 자연은 아주 크고도 강력한, 영감의 보고이다. 세계에는 수백만 종의 생물이 있다. 어떤 것은 볼링 레인만큼 크고, 어떤 것은 모래알의 4만분의 1 정도로 작다. 어떤 것은 해저 지각을 뚫고 자욱하게 피어오르는 황화수소에서 에너지를 얻고, 어떤 것은 햇빛만 있어도 에너지를 얻는다. 모든 생물 종은 이론상 무한히 많은, 기술 혁신에 영감을 줄 수 있는 특질을 갖고 있다. 그들의 분자, 세포, 조직, 기관, 기관계의 특성, 그리고 그들이 주위 환경에 대해 특징적으로 나타내는 상호 작용들이 그것이다.

자연이 보여 주는 아이디어는 규모가 엄청날 뿐만 아니라 대단히 참신하다. 자연은 엔지니어를 위한 해법의 공간을 크게 확대한다. 생물들이 사람의 정신만으로는 생각해 내기 어려운 수많은 독창적 방식으로 많은 일을 해내고 있기 때문이다. 상어 피부의 기능을 알기 전까지 어느 누가 표면 구조만 변화시켜서 극히 위험한 세균의 위협을 무력화할 생각을 했겠는가? 아니면, 누가 고양이 발톱을 보기 전에 뾰족한 촉을 집어넣을 수 있는 압정을 만들겠다고 생각했겠는가? 어느 누가 해양 동물들이 몸의 윤곽을 희미하게 만들어 주는 반대 조명을 사용한다는 사실을 알기 전에 빛으로 서핑하는 사람을 숨길 생각을 할 수 있었겠는가? 영국 시인 윌리엄 블레이크William Blake(1757-1827)는 〈자연은 상상력 그 자체이다.〉라는 글에서 이 점을 가장 잘 표현했다.

생판 모르는 사람으로부터 느닷없이 포옹을 받은 더즐리 씨는 땅에 뿌리가 박힌 듯 그 자리에 꼼짝없이 서 있었다. 또 무슨 뜻인지 모르겠지만 자신이 〈머글〉로 불린 것에 대해 생각했다. 그는 혼란스러웠다. 주차해 놓았던 차로 달려가 집으로 운전해 가는 동안에도 그저 모든 게 다 상상 속의 일이기를 바랐다. 하지만 그는 전에는 한 번도 이런 식으로 생각해 본 적이 없었다. 상상이라는 것 자체를 좋게 생각하

지 않았기 때문이다.

—J. K. 롤링J. K. Rowling,

『해리 포터와 마법사의 돌Harry Potter and the Philosopher's Stone』에서

다행히 사람 마음은, 이렇듯 창의적인 세계를 잘 받아들일 수 있도록 특별히 설계된 것으로 보인다. 우리에게는 대단히 훌륭한 시각, 청각, 피부 감각, 그리고 후각과 미각이 있다. 우리는 자연계에 본능적으로 반응하고(예를 들면, 바이오필리아), 마음속에서 빠르게 연결을 형성한다. 어린이들은 특히 더 생물의 세계에 자연스럽게 이끌리고 마음을 여는 것 같다. 개미집 근처에 쪼그리고 앉은 어린아이들을 생각해 보라.

사실, 나이가 들면 많은 사람이 다른 필요와 관심사에 얽매여 자연의 세계에 잘 반응하지 않게 된다. 자연을 접하면서도 그 경험에 큰 영향을 받지 않는다. 우리는 물체가 반사한 빛이 망막을 자극한다는 의미에서 나무를 관찰한다. 우리가 일정 수준에서 그 물체를 〈나무〉로 등록하고 넘어가는 데에는 몇 밀리초밖에 걸리지 않는다. 그 상호작용은 지적으로 아무 가치도 없다. 우리는 어쨌든 나무들을 천 번은 보았다. 왜 멈춰 서서 그것에 대해 생각해야 한단 말인가?

우리 상황에서 이렇게 효율을 높이는 것은 지극히 정상이다. 건강하다고도 할 수 있다. 부질없이 이미 〈알고 있는〉 것을 뚫어져라 쳐다보면서 미적거리다니 말이 안 된다. 익숙한 사물은 빨리 이름을 붙이고 지나가야 시간을 아낄 수 있다. 그렇게 하지 않으면, 복도에 깔린 양탄자의 매력에 빠져 거의 문을 나서지도 못할 것이다. 하지만, 자연을 엔지니어처럼 보는 법을 배우는 문제에 관한 한, 이런 효율성은 중대한 함정이다. 그것이 일종의 실명 상태를 초래하기 때문이다.

책 한 페이지를 다 읽고 나서 방금 무엇을 읽었는지 하나도 모른다는 걸 깨닫는 것 같은 일이다. 눈으로는 단어를 훑었지만, 그 경험에서 아무 의미도 얻지 못한다. 아무 목적 없이, 책 읽는 동작을 하고 있을 뿐이다.

우리는 놀라움과 재능으로 가득한 세계에서 산다.
이곳에서는 매일 놀랄 만큼 규모가 크고 의미 있는 현상들이 눈치채지도 못하는 사이에 나타났다 사라진다.

　다음 두 사람의 차이는 무엇일까? 사람 A는 전에도 천 번은 지나간 앞마당 나무를 지나치면서 〈나무〉라고 생각하고 그대로 지나간다. 사람 B는 같은 나무를 보고 멈춰 서서 생각한다. 와! 나무는 어떻게 공기만을 가지고 자기 자신을 만들까? 이 물체는 어떻게 센 바람에도 쓰러지지 않을까? 나무껍질은 왜 갈라질까? 나뭇잎이 바람에 살랑거리는 소리를 흉내 낸 천장 선풍기가 있다면 얼마나 멋질까? 사람 A는 자연에 잠재된 가능성을 못 보고 그대로 지나쳤다. 반면 사람 B는 자연의 행간을 읽고 진기하고 의미 있는 것들, 영감의 원천을 발견했다. 두 시나리오의 차이는 나무가 아니다. 사람 A와 사람 B 모두 같은 나무가 실체적 대상이다. 차이는 사람 B가 나무의 관찰에 가져온 것에 있다.

자연 읽기

자연에 있는 무언가를 관찰할 때 우리가 실제로 거치는 과정은, 글 읽는 행동에 포함된 물리적 과정, 그리고 인지 과정과 여러모로 비슷하다. 예를 들어, 우리 시각계에는 고도로 집중된 시각 영역(망막 중앙에 있는 황반의 중심 오목fovea 부분, 원뿔 세포가 집중되어 있다)뿐만 아니라, 그 주변의 부중심 오목parafovea 영역, 그리고 좀 더 먼 중심 오목 주위 영역도 존재한다.[221] 여러분이 오솔길을 걷다가 뚜렷한 이유도 없이 멈춰 선 뒤, 불현듯 눈앞에서 햇볕을 쬐고 있는 뱀을 발견한 적이 있다면, 시각계의 부중심 오목 영역과 중심 오목 주위 영역에 고마워해야 한다. 그 부분은 우리 잠재의식의 눈으로서, 뱀, 날아오는 공, 카펫에 떨어져 있는 레고 조각처럼 일이 일어난 뒤에나 의식하게 되는 수많은 위험으로부터 우리를 지켜준다.

우리는 읽기 능력이 좋아지면 읽는 속도가 빨라진다. 앞에서 이 야기한 시각 영역을 이용해서 글줄을 따라 앞을 훑어보기 때문이다. 지금 여러분처럼, 글을 읽는 동안 우리는 의식적으로 집중한 곳 앞으로 14~15개 문자들을 보고 있다. 비록 의식하지는 못한다 해도, 이 일은 중심 오목으로 보기 전에 우리가 읽은 것을 이해하기 유리하도록 하는 언어 처리 과정이다. 자연 관찰과 글 읽기는 매우 비슷하다. 읽기는, 인류가 비교적 최근에 획득한 문화 능력이므로, 우리가 자연계를 관찰하도록 진화한 시각계와 인지 체계를 가져와서 사용할 수밖에 없기 때문이다.[222] 전에는 주로 흉포한 곰이나 영양가 있는 버섯 같은 것을 알아보기 위해 시각계를 사용했다면, 지금은 똑같은 방식으로 **흉포한 곰, 영양가 있는 버섯**이라는 단어를 알아본다.

물론 우리는 글을 읽을 때 단어만 알아보는 것이 아니다. 우리는 단어에서 의미를 읽는다. 마찬가지로, 자연에서 영감을 받은 엔지니어들은 그들이 살펴보는 자연계에서 의미를 읽는다. 이 엔지니어들이 집중하는 대상, 그리고 그들이 경험으로부터 끌어내는 의미는, 과연 그들이 생물의 세계에서 기술 혁신을 끌어내는 데 필요한 통찰을 얻을 수 있을 것인가를 결정한다.

어떻게 하면 자연에서 영감을 받은 엔지니어들과 같은 방식으로 자연 〈읽기〉를 배울 수 있을까? 이는 꼭 필요한 과정이다. 문맹인 사람에게 고양이라는 단어를 아무리 많이 보여줘도 그 사람 머릿속에는 털이 보송보송하고 가르랑거리는 고양잇과 동물이 떠오르지는 않을 것이다. 그 사람에게 보이는 것이라고는 아무 정보도 의미도 없는 검은 선뿐이다. 마찬가지로, 자연맹인 사람의 눈앞에서 나뭇잎을 아무리 많이 흔들어 보여도, 그 사람에게 새로운 태양 전지나 방향제, 교통망을 설계할 방법이 떠오르는 마법은 일어나지 않는다. 그 대신, 전에도 천 번은 보았던, 창조적인 뇌에 아무 영감도 불러일으키지 못하는, 평범한 나뭇잎 하나만 눈에 들어올 것이다.

우리가 자연을 본다는 것은, 대체로 무언가를 인식하고 이름을 확인하는 것과 관련된 의미론적 연습이라고 할 수 있다. 어린 시절, 부모님은 우리에게 〈나무〉, 〈고양이〉 같은 것들을 지목해서 알려 주었다. 좀 더 자라서는 조류 관찰 활동에 참여해서 새를 발견하고, 전문가에게 묻거나 도감을 참조해서 이름을 확인하는 식으로 자연을 봤다. 그러다 우리 집 모이통에 찾아온 새가 정수리는 검고, 얼굴 옆은 하얀 〈쇠박새〉라는 걸 알고 나면 호기심에 사형 선고가 내려진다. 여기서는 모든 것이 〈저게 뭐야?〉의 〈뭐〉, 즉 무엇에 관한 것이다. 이는 마음속으로 정확하게 발음하고 책을 읽으며 읽기 메커니즘을 할 수 있게 하지만, 그 활동에서 어떤 의미도 얻어내지 못하는 것과 같다.

비판적으로 사고하며 뜻을 새기며 글을 읽는 것이 종이 위 단어들을 그냥 보는 것과 전혀 다른 것처럼, 엔지니어처럼 자연 읽기는 그냥 자연을 보는 것과 전혀 다른 경험이다. 자연의 텍스트는 미세한 부분까지 걸쳐 있는 엄청난 신비, 예기치 못한 연관성, 반전의 연속으로 녹아내린다. 이런 식으로 자연을 읽는 엔지니어는 외계 우주선에 납치된 배관공과 같다. 배관공의 눈에 우주선은 〈내장〉을 다 드러내고 있지만, 파이프들은 정상이 아닌 것처럼 보이고, 파이프 끼우는 부분은 안 보이며, 밸브는 여러분이 도저히 알아볼 수 없는 전혀 밸브 같지 않은 어떤 것이다. 여러분이 그 배관공이라면 이 기이한 배관 시스템에 어떻게 반응할 것인가? 아마 몸을 기울이고, 눈앞에 보이는 것이 무엇인지 이해하려고 노력할 것이다. 궁금해하고 질문의 체계를 잡을 것이다.

자연에서 영감을 받은 엔지니어들은 자연계에 똑같은 반응을 보인다. 그들은 궁금해하고 종종 왜와 어떻게를 포함한 질문을 한다. 잎맥은 왜 이런 패턴으로 되어 있을까? 인체는 어떻게 종양을 찾아낼까? 풀 줄기는 왜 이리저리 흔들릴까? 모기는 빗속에서 어떻게 날까? 멜론 껍질에는 왜 그런 무늬가 있을까? 이런 질문에 〈무엇〉이 들어 있다면, 그것은 모두 무엇을 하는가와 관련이 있다. 사람 겉귀의 모양은 무엇을 할까? 우리 발가락은 무슨 용도로 쓰일까? 호박벌 몸을 덮은 털은 무엇을 할까? 정수리는 검고 얼굴 옆은 하얀 저 새는 우리 집 마당의 생태계에서 무슨 역할을 할까?

생물학자들은 생물의 많은 특징을 구조와 행동이라고 하고, 이 구조와 행동이 나타내는 것을 기능이라고 한다. 이때 기능은 목적의 의미보다는, 어떤 특징이 생물에 영향을 미치는 일에 가깝다. 생물의 구조와 행동은, 누군가 어떤 목적을 갖고 설계하는 식으로, 즉 〈의

도에 따라〉 생겨나지 않는다. 진화 과정에서 생물이 일정한 구조와 행동을 갖게 된 것은, 그런 특징이 그 생물에게 이롭기 때문이다. 다시 말해, 구조와 행동이 생물을 위해 일정한 기능을 수행하기 때문이다.

그러나 기능은 정말 건조한 단어다. 게다가 오해하기도 쉽다. 그래서 나는 학생들, 특히 저연령 학생들과 이야기를 나눌 때

면, 생물의 구조와 행동을 종종 자연의 **재주**, **능력**, 또는 **아이디어**라고 표현한다. 도마뱀붙이가 수직 벽에서 걸어 다니는 것은, 자연의 재주다. 자연의 능력은 좀 더 익숙한 적응의 개념도 포함한다. 하지만 적응의 주안점은 생물의 구조와 행동이 그 생물을 위해 하는 일, 즉 기능이다. 생물학적 **아이디어**의 주안점은 그 구조와 행동이 우리에게 무엇을 가르쳐줄 수 있는가다. 또한, 자연의 능력은 적응을 넘어선다. 우리는 보통 산호가 바닷물로 몸을 이룬다는 사실을 적응으로 간주하지 않는다. 하지만 그것은 대단한 생물학 아이디어다.

우리는 우리가 안다고 생각하는 것보다, 생물의 특징에 관해 실제로 훨씬 더 적은 것을 안다. 그리고 우리는 종종 자연에 실제로 있는 것보다 더 적은 설계를 상정한다. 지금은 꼭 필요한 장내 미생물의 저장고라고 생각되는 사람의 막창자꼬리*를 내가 자랄 때는 아무 쓸모없는 흔적 기관이라고 생각한 것이 한 예다.[223] 자연에서 실용적인 설계를 발견하는 여정은 마음을 연 탐구에서 시작한다. 예를 들어, 나는 이따금 가지와 잎이 달린 수관 부분이 왜 꼭대기까지 똑바로 뻗지 않고 굽어 도는지가 궁금했다. 엔지니어가 나무를 설계한다면, 우리가 흔히 보는 나뭇가지처럼 구불구불하고 뒤틀린 모양이 아니라 똑바로 뻗은 관을 연달아 이은 모양일 것이다. 필요할 때만 각도를 바꾸어 지면에서부터 가장 높은 곳까지 최대한 길이를 줄이는 것이 효율적이기 때문이다. 어느 날 나는 심하게 굽은 나뭇가지가 꼭대기까지 뻗은 나무 옆을 지나다가 여덟 살 난 아들에게 이 나뭇가지는 왜 이렇게 똑바르지 않고 구불구불할까 하고 물었다. 아이는 잠시 수관 쪽을 쳐다보다가 말했다. 「새들에게 더 많은 공간을 주려고요?」 나는 말문이 막혔다. 그 짧은 말은 전에는 느껴본 적 없는 큰 기쁨을 안겨주었다.

* 맹장, 즉 막창자 아래 끝에 붙어 있는 돌기, 충수라고도 한다.

자연에서 영감을 받은 혁신과 관련된 일을 하는 사람들은 때때로 생물학적 사실에 얽매인다. 하지만 놀랍게도, 기능 면에서 자연에서 실제로 일어나는 일은 가장 중요한 부분이 아니다. 자연에서 관찰한 특징이 무언가를 할 가능성이 있다면, 즉 어떤 기능을 할 수 있다면, 그것이야말로 여러분이 혁신을 일으키기 위해 찾고 있는 가장 중요한 것이다. 게다가 앞에서 살펴보았듯이, 과학자들은 자연의 여러 측면이 정확하게 어떤 기능적 역할을 하는지, 어떻게 그렇게 하는지 거의 확신하지 못한다.

찾아낼 수만 있다면 생물학적 정확성은 중요하다. 그러나 영감을 불러일으키는 것이 더 중요하다. 정확성을 위해 영감을 억누르면 절대 안 된다. 이것이 자연에서 영감을 받은 공학을 창조적으로 만든다. 중요한 것은 자연에서 무엇을 볼 수 있는가다. 그것은 전망에 이끌린다. 사실이 존재한다면, 그것은 장래의 전망에 영감을 불러일으키는 경우에만 유효하다. 하지만 사실의 결여, 또는 그것이 얼마나 명료한지가 창조 과정을 제약하게 해서는 안 된다.

두 가지 중요한 교훈

자연에서 영감을 받은 차세대 엔지니어들이 자연의 천재성을 발견할 때 자연에 관해 배워야 하는, 매우 중요한 두 가지 교훈이 있다.

- 첫째, 자연은 그 자체로서 무수한 도전 과제에 대한 해법으로 가득한, 가공할 엔지니어이다.
- 둘째, 자연이 해결하는 도전 과제들은 인류가 직면한 도전 과제들과 관련이 있다.

지금까지 이 책에서 다룬 모든 활동에는 자연 그 자체가 가공할 엔지니어라는 사실이 명시적, 또는 암묵적으로 표현되어 있다. 이는 한꺼번에 깨달을 수 있는 것이 아니다. 그것을 이해하고 확신하는 데에는 시간이 걸린다. 개인적으로 의미 있는 활동을 몇 번이고 반복해야만 이런 결론에 도달할 수 있다. 나카츠 에이지는, 올빼미에서 영감을 받아 탄환 열차의 팬터그래프에서 발생하는 소음을 줄일 수 있다는 것을 깨달았다. 그리고 그 뒤 열차 전체의 소음을 줄이는 데 물총새가 도움이 된다는 걸 알았을 때 그는 이해하고 확신했다. 자연에서 영감을 받은 공학 교육의 접근법이, 학생들 스스로 자연이 어떤 문제에 대한 훌륭한 해법을 제공할 수 있음을 확인하도록 해주는 수업을 많이 포함하는 까닭이 여기 있다.

그것은 이와 같은 교육 과정을 구성하는 기본 논리다. 이렇게 영속적이고 의미 있는, 자연에서 영감을 받은 공학이 실제로 효과를 발휘하는 방식으로. 학생들은 많은 공학의 주제를 탐구하는 동시에 발견하게 된다. 나무는 구조 공학과 재료의 인성을 위한 효과적 모형이다. 뼈는 경량화 설계의 좋은 표본이다. 산호는 완전히 다른 생산 과정의 영감을 불러일으키는 멘토이다. 개미 군집은 신선한 도시 계획의 아이디어와 효율적인 컴퓨터 알고리즘의 본보기를 보여 준다. 수업이 하나하나 진행되면서, 학생들은 자연이, 새롭고 우아한 최적의 전략으로 서로 다른 수많은 도전 과제를 다루고 있음을 깨닫는다. 자연이라는 경이롭고 위대한 엔지니어로부터 배우는 것이다.

활동 **자연 배움터**

지금까지 다룬 활동으로도 자연이 재주와 능력으로 가득하다는 기본 메시지를 전달할 수 있지만, 이 메시지를 더 직접적으로 전할 수도 있다. 예를 들어, 루이지애나 대학교에서는 예비 교사와 현직 교사들을 위한 단기 배움터를 만들어 초등학생들이 돌아다니며 활동할 수 있도록 하는 방법을 배운다. 각 배움터에서는 자연이 잘하는 일을 빠르고 재미있게 전달한다. 어떤 배움터에 들른 학생들은 북극곰이 한 번에 몇 시간, 또는 며칠 동안 얼음같이 차가운 물 속에서 있을 수 있다는 것을 배운 다음, 얼음물이 든 그릇에 손을 넣고 얼마나 오래 버틸 수 있는지 알아보는 활동을 한다. 다른 배움터에서는 메뚜기가 자기 몸길이의 20배만큼 뛸 수 있다는 것을 알려준 다음, 학생들은 얼마나 뛸 수 있는지 알아보는 활동을 한다. 이때 학생과 같은 몸길이의 메뚜기가 얼마나 뛰는지를 바닥에 표시해 놓도록 한다. 초등학생 크기의 메뚜기라면 약 20~30미터이다. 그리고 벼룩은 몸길이의 220배를 뛸 수 있다. 하지만 벼룩으로 같은 활동을 하려면, 200~300미터 떨어져 있는 야외 활동 장소가 필요할 것이다! 쇠똥구리는 뒷다리로 몸길이의 500배(15미터 이상)나 되는 거리를 똥을 굴려 이동한다. 밤에는 은하수로 방향을 잡기도 한다. 이 사실을 배운 다음, 학생들은 두 손을 바닥에 대고 밀면서 뒷다리로 운동용 공을 얼마나 멀리 굴릴

동물처럼 해보기.
간단한 신체 활동으로 자연과 교감하며 그 능력을 이해할 수 있다.

　알파 세대를 위한 공학 하는 교실

수 있는지 알아본다. 학생들은 이 밖에도, 홍학만큼 한 다리로 서서 오래 버티기(홍학은 20분 이상), 향유고래만큼 숨 오래 참기(향유고래는 두 시간), 박쥐만큼 심장 박동 늦추기(박쥐는 33퍼센트까지) 같은 활동을 하면서 자연에 얼마나 많은 놀라운 능력이 있는지 이해한다. 배운 내용과 관련한 신체 활동에 참여함으로써, 학생들은 그 개념들을 단순한 정보가 아닌 재미있는 사건으로 기억하고 강렬한 인상을 받게 된다. 예를 들어, 학생들은 북극곰 배움터에서 차가운 손가락보다 더 많은 것을 얻는다. 바로 공감과 존중이다.

활동 **자연에서 영감을 받은 연구**

고연령 학생들을 위해서는, 자연이 놀라운 기량과 창조적 천재성으로 가득하다는 것을 깊이 이해하도록 하는 다양한 접근 방법이 있다. 학생들에게 자연에서 발견되는 생물의 재능이나 기능적 능력에 관한 책을 읽고 그 주제에 관해 보고서를 쓰도록 하는 독후 활동도 도움이 된다.

내가 더 좋아하는 활동은 학생들 스스로 자연의 기능적 능력에 관한 연구 프로젝트를 수행해서 확실히 몰입할 수 있도록 하는 것이다. 활동은 다음 네 단계로 진행된다.

- 1단계. 학생들에게 흥미롭거나 신기하게 느껴지는 어떤 특징에 사로잡힐 때까지 자연계를 관찰하면서 시간을 보내라고 한다.
- 2단계. 이 생물학적 특징이 어떤 기능을 하는지 가설을 세워본

다. 왜 그럴까? 무슨 기능을 할까?

- 3단계. 그 특징이 정말 이 기능을 하는지 시험할 방법을 고안한다.
- 4단계. 시험을 하고 그 결과를 발표한다.

이 과정에 뒤이어, 또 다른 질문에 답하는 비슷한 과정을 진행할 수 있다. 어떻게 작동할까? 이는 자연에서 영감을 받은 엔지니어가 외는 또 다른 주문이다. 확실히 욕심을 부린 접근 방식이지만, 그만한 보상이 있다.

이런 접근법으로 자연의 천재성을 발견한 예를 하나 들어보자. 오랫동안, 사람들은 목욕물 속에 오래 있으면 손가락이 쭈글쭈글해지는 것을 보고 단순히 삼투 작용으로 부어올랐다고만 생각했다. 여기엔 아무 목적도 없다. 그러던 중 몇몇 사람이 손가락으로 가는 신경이 끊어지면 손가락이 쭈글쭈글해지지 않는다는 것을 알아챘다. 흠, 그렇다면, 손가락이 쭈글쭈글해지는 것이 스펀지가 물에 젖는 것 같은 단순한 물리 현상이 아니라는 건데…… 그 현상의 원인은 신경계의 반응이다. 우리 몸이 그 일을 통제한다는 뜻이다. 이제 일이 재미있어진다. 우리 몸은 왜 목욕물 속에서 손가락이 쭈글쭈글해지기를 바라는 것일까?

생물과 인지 구조 설계의 진화론적 기원을 연구하는 마크 챈기지Mark Changizi는, 이 행동이 미끄러운 물건을 잘 붙잡는 데 도움이 된다는 가설을 세웠다.[224] 이 흥미로운 생각을 검토하기 위해, 뉴캐슬 대학교의 키리아코스 카레클라스Kyriacos Kareklas와 동료들은, 한쪽 피험자들에게는 매끈한 손가락으로 젖은 구슬을 집어 원래 있던 그릇에서 다른 그릇으로 옮기라고 하고, 다른 피험자들에게는 물에 젖어 쭈글쭈글해진 손가락으로 구슬을 옮기는 실험을 고안했다.[225] 결과는? 손가락이 쭈글쭈글한 사람들이 매끈한 사람들보다 젖은 구슬을 훨씬 더 빨리 옮길 수 있었다. 우리 조상들은 물속에서 쭈글쭈글해지는 손가락 덕분에 물고기를 잡을 때 젖은 개울 바닥에서 미끄러지지 않았을 것이다. 마크 챈기지와 동료들의 연구에 따르면 젖은 손가락 특유의 굴곡은, 마치 홈이 파인 타이어 접지면이 빗길에 고인 물을 날려버리듯이, 손가락 끝에 물을 잘 털어서 환경에 적응하도록 한다.

이 연구는 모범적인 기능 생물학의 탐구 사례이다. 학생들은, 관찰에서 시작해서 가설과 실험 과정을 거쳐 실험 결과 보고에 이르는 비슷한 프로젝트를 수행하는 과정에 몰입해서, 자연의 독창성을 깊이 깨달을 수 있을 것이다. 그리고 이 과정에 따르는 이익도 많다. 직접적인 관찰과 질문 형성, 창의적이고 합리적인 사고, 연구 수행에 필요한 조심성 등을 기를 수 있기 때문이다. 과학과 공학을 융합하기에 이보다 더 좋은 방법은 없을 것이다.

활동 **자연에서 영감을 받은 플래시 카드**

몇몇 선생님들이 수업에 활용하는 그림 카드는 자연의 재능을 알아보는 능력을 길러 주는, 간단하고도 훌륭한 접근법이다. 각 카드에는 자연계에 존재하는 무언가의 그림이 하나씩 들어간다. 꿀벌 집, 바나나 한 송이, 혀를 앞으로 쑥 내민 카멜레온 같은 것들이다. 학생들은 모둠을 이루어 활동하는데, 처음에는 그림의 자연 요소가 무슨 일을 잘한다고 생각하는지, 각자 무엇이든 써 내려가게 한다. 흥미 요소를 위해, 학생들에게 그들은 생물 연구를 위해 다른 행성에서 지구로 파견된 외계인이라고 말해준다. 그 외계인의 임무는 자신이 발견한 생물의 능력을 보고서로 작성하는 것이다.

다른 상황이라면 그냥 지나쳤을 자연의 재능을 학생들이 알아볼 수 있도록 내용을 뒤섞어 제공하는 것이 요령이다. 카멜레온은 쉽다. 그들은 마치 총을 쏘듯 날렵한 혀를 재빨리 뻗어 먹잇감을 잡는다. 하지만 바나나 송이는 뭐에 좋을까? 음, 우선, 과일은 껍질 색깔을 바꾸어서 언제쯤 익는지를 알려준다.

나는 그 수업이 정말 대단히 흥미로웠다고 생각합니다. 인류의 문제에 어디까지 자연을 적용할 수 있는가를 배우는 과정은 즐거웠습니다. 나는 이 수업의 영향으로, 과학이 체계적이고 실험과 관련이 있는 만큼 독창적인 창조 과정임을 깨달을 수 있었습니다. 이 수업 전에 나는 보통 그러듯이 과학을 온갖 실험과 방정식, 아니면 발견에 관한 거라고만 생각했습니다. 생체 모방 기술은 내게 과학의 전혀 다른 면을 열어놓았습니다.

— 내털리Natalie(17세)

개인 활동을 끝낸 학생들은 자신의 목록을 모둠 친구들과 공유하고 토의한다. 잘 진척되지 않으면, 카드 뒷면의 도움말을 보고 자연물의 능력을 생각해 낼 수 있다. 물론 이 활동은 열대우림 속을 걷는 것과는 다르다. 학교 정원에서 뛰어다니며 탐구하는 활동과도 다르다. 하지만 카드를 사용하는 데에는 그 나름의 장점이 있다. 활동은 통제된다. 학생들은 여러분이 카드 그림에 배치한 모든 자연 요소를 고려할 수 있다. 그리고 카드라는 형식 때문에 게임처럼 느낀다. 이 활동은 거의 복잡한 상황을 만들지 않고, 학생들이 자연의 재능에 관해 생각하도록 하는 목표를 달성한다. 그리고 좋은 내용과 조언은 효과가 있다. 예를

들어, 우리 대부분은 바나나가 훌륭한 의사소통 수단이라는 걸 잘 알아채지 못한다!

활동 다른 감각 사용하기

훨씬 더 기초적인 수준에서도, 학생들은 자연물을 볼 때 느끼는 익숙한 감각에 저항할 필요가 있다. 우리에게는 〈나무구나!〉 생각하고 그냥 지나치지 않고, 마치 처음 경험하는 것처럼 멈춰 서서 자연을 볼 방법이 필요하다. 학생들이 다시 궁금해하도록 해야 한다. 이 일은 놀랄 만큼 쉽게 달성된다. 자연물에 대한 익숙한 느낌은 주로 눈이 매개한다. 부모님이 우리를 처음 데리고 다니면서 〈풀〉, 〈나무〉, 〈새〉 등을 지목했을 때부터, 우리는 줄곧 눈을 통해 이런 정보를 받아들였다. 시각을 빼앗기면, 사물들은 다시 낯설어진다.

학생들에게 눈가리개를 하게 하고 익숙한 자연물을 손에 들려준다 (3장에서 다룬 활동인, 물체의 형태 탐구). 여러분은 학생들이 갑자기 솔방울이나 깃털 같은 것을 생전 처음 접한 것처럼, 물체를 더듬어 살피느라 여념이 없는 장면을 볼 것이다. 아주 어린 학생들은 눈가리개를 하면 훔쳐보고 싶은 강렬한 유혹을 느낀다. 따라서 운동 양말 끝에

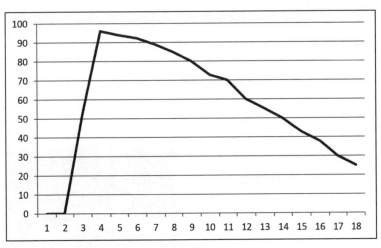

질문하는 아동 · 청소년의 백분율.
미국 〈바른 질문 연구소RQI〉에서 미 교육부가 2009년에 발표한 "국가 학업 성적표"의 자료를
바탕으로 나이에 따라 분석한 결과이다.

자연물을 넣어두고 손을 뻗어 만져 보도록 한다.

　이 주제는 무한히 변형할 수 있다. 내가 가장 좋아하는 것은, 조 코넬Joe Cornell이 『아이들과 자연 공유하기Sharing Nature With Children』라는 책에서 공유해 준, 〈당신의 나무를 찾아요〉 활동이다.[226] 이 활동은 하층 식생이 무성하지 않고 나무들이 있는 안전한 장소에서 진행해야 한다. 학생들은 두 명씩 짝을 이루고, 한 학생이 먼저 눈가리개를 한다. 눈가리개를 한 학생들은 제자리에서 몇 바퀴 돈 다음 짝이 된 학생의 안내를 받아 한 나무로 간다. 그들은 그 나무를 손으로 더듬고 코로 냄새 맡고 하면서 마음껏 탐구한다. 그러고는 다시 안내받아 출발한 곳으로 돌아가서 몇 바퀴 제자리 돌기를 하고 눈가리개를 벗는다. 도전 과제는 자기 나무를 찾는 것이다. 반드시 나무로 활동해야 하는 건 아니다. 학교 정원 식물들을 이용할 수도 있다. 심지어 눈가리개나 운동 양말을 이용해서, 실내에서 이 활동을 진행할 수도 있다. 학생들에게 눈을 쓰지 않고 솔방울 같은 자연물을 살펴도록 한 뒤, 비

숫하지만 다른 솔방울들과 섞어 놓는다. 그 뒤 눈가리개를 벗게 하고 학생들이 자기 것을 찾아내는지 확인한다.

활동 자연의 재능에 관한 일지 작성

자연을 알아채는 것이 첫 번째 단계라면, 알아챈 것에 관해 질문하는 것은 그다음 단계다. 어린아이들은 천성적으로 질문을 매우 잘한다. 연구 결과에 따르면, 어린아이들은 다섯 살이 될 때까지 약 4만 번 질문한다고 한다![227] 하지만 그 이후에 질문하는 아동·청소년의 수는 급격하게 줄어들기 시작한다. 훌륭한 합창단 단원들이 한 사람씩 조용해지는 것과 같다. 중학생 때에는, 질문하는 학생의 비율이 절반으로 줄고, 고등학교를 마칠 때쯤엔 네 명 중 한 명만 남는다.

자연은 자연에서 영감을 받은 엔지니어의 사용 설명서다. 기술자들이 발생할 수 있는 모든 유형의 문제를 해결할 방법을 알아내기 위해 설명서를 자세히 살펴보는 것처럼, 자연에서 영감을 받은 엔지니어들은 자연을 자세히 살핀다. 하지만 자연은 사용 설명서보다 한 다발의 암호 메시지 비슷하게 씌어 있다. 그리고 이런 점이 그것을 이해하려는 노력을 재미있게 만든다. 기술 설명서가 최대한 이해하기 쉽게 말뜻 그대로 씌어 있다면, 자연의 설명서는 암시적이고, 불가사의하고, 한없이 매혹적이다.

자연을 보고, 자연이 단순히 〈현실의 삶〉과 동떨어진 〈저기 밖〉의 보기 좋은 무언가가 아니라, 우리가 만들고 만들기를 꿈꾸는 것들과 밀접한 관련이 있다는 사실을 아는 것은, 자연에서 영감을 받은 엔지니어의 핵심 기량이다. 그리고 그 기량은 일생에 한 번 취득하는 것이 아니다. 자연에서 영감을 받은 엔지니어가 되기 위한 노력의 도정에는 그 어떤 이정표도 없다. 그것은 여러분이 시간을 두고 발전시킬 그 무엇, 노력하면 더 잘하게 되는 연습 같은 것이다.

그래서 도전 과제와 기회의 발견에서처럼, 교육 과정을 시작하자마자 학생들에게 자연의 재능을 주제로 일지를 쓰도록 하는 것이 좋다. 학생들은 그곳에 교실 안과 밖에서 교육 과정 내내 생각하고 관찰한 것들을 써 내려갈 수 있다. 자연의 무엇이 여러분에게 영감을 주는가? 자연 안의 무엇이 여러분을 놀라게 하는가? 매주 얼마간의 관찰, 질문, 그리고 생각을 적도록 과제를 준다.

이런 일을 위해 학생들이 국립 공원 근처에 살아야 하는 것은 아니다. 저 밖의 학교 정원에도 자연의 이상한 나라가 있다. 집과 학교 사이를 오가는 인도의 갈라진 틈에도 신비로운 수풀이 줄지어 자란다. 집안에서 식물을 기르는 화분 흙 속에도 동물원이 있다. 그것이 나카츠 에이지가 말한 「오감으로 실재하는 자연을 읽고 만지는」 것이다. 아니면, 조르주 드 메스트랄이 이렇게 말한 이유다. 「어떤 직원이든 사냥에 다녀오겠다고 2주일 휴가를 청하면, 승낙하라.」[228]

핵심은 자연을 새로운 시각으로, 단지 심미가 아닌 유익의 관점에서 보는 것이다. 그 첫 발자국은 자연이 예쁘기만 한 게 아니라고 보는 것이다. 도구적인 시각이다. 자연은 무언가를 한다. 저기 피어 있는 장미에는 아름다움뿐만 아니라 기계적 작동 장치도 있다. 감기에서 회복하는 데에도 외부 물질을 구별하는 훌륭한 시스템이 관여한다. 여러분 창밖에서는 철저하게 경제적인 시스템이 분주하게 움직이고, 자원을 집어삼키고, 물질을 만들어 내고, 거래하고, 버리고 하면서, 어떻게든 오랜 기간에 걸쳐 번성하고 있다.

그렇다. 생물학 개념에 익숙할수록, 설계 과제에 맞닥뜨렸을 때

도움이 되는 생물학적 영감을 생각해 낼 가능성이 커진다. 하지만 자연의 천재성을 발견하는 것에는 엔지니어의 도구적 가치를 뛰어넘는 더 큰 의미가 있다. 모든 학생이 엔지니어가 되는 것은 아니며, 그래야 하는 것도 아니라는 점을 기억하라. 학생들이 자연과 다시 친해지도록 하고, 거기서 발견한 것에 깊이 경탄할 기회를 주는 것만으로도, 여러분은 그들이 앞으로 사는 동안 삶을 더 풍부한 경험으로 채우게 해줄 수 있다. 보상은 평생 이어질 흥미와 호기심이다.

공학의 도전 과제를 생물학 아이디어에 연관 짓기

자연이 잘하는 수없이 많은 것을 모두 다 아는 사람은 없다. 엔지니어를 위한 질문으로 더 적당한 것은, 자연이 특정한 설계 과제에 대해 어떤 훌륭하고 새로운 해결책을 마련하고 있는가가 아니라, 엔지니어가 어떻게 이런 생물학 아이디어들에 **접근할지**를 생각해 낼 수 있는가다.

첫 번째 걸림돌은 대체로 해결책을 찾기 어렵다는 게 아니라, 해결책을 너무 빨리 찾으려 한다는 것이다. 학생들은 공학의 도전 과제를 정의하기만 하면, 자연의 다양한 선택 가능성을 충분히 고려하기도 전에, 머릿속에 떠오른 해결책으로 즉시 도약해 버린다. 하지만 학생들이 한 가지 해법으로 급히 쏠리지 않도록, 즉시즉시 떠오르는 해결책은 당분간 밀어 놓도록 지도해야 한다. 이는 대단히 중요하다. 사람들은 종종 어떤 문제에 대한 해결책을 매우 빨리 생각해 내지만, 자연에서 온 영감은 그 마법이 펼쳐내는 데 시간이 좀 필요하기 때문이다. 뇌는 전환이 느리다. 학생들은 성공적인 생물학 모형이 참신한 아이디어를 불러일으킬 만큼, 충분히 긴 시간 동안 문제 해결 방법에 관한 생각을 피하거나 보류해야 한다. 어떤 학생이 생물학적 영감을 탐구하기도 전에 해결 방안의 개념을 잡아 설계 과정을 단축한 다음, 〈뒷문〉으로 돌아가 별생각 없이 내놓은 해법을 합리화하는, 생물학 모형을 생각해 내려고 할 위험성은 항상 존재한다. 그런 일이 일어나도록 해서는 안 된다!

기억하라. 자연에서 영감을 받은 공학은 본질적으로 **유추를 그려 내는 활동**(이 말 자체가, 유추가 그림 그리는 것과 비슷한 창조적 활동이라는 사실을 보여 주는 멋진 유추이다)을 포함한다. 서로 다른 영역에 있는 두 사물을 연관 지음으로써, 우리는 한 가지 현상에 관해 생각하거나 이해하는 방식을 다른 현상에 이전할 수 있다. 그것이 유추의 힘이다. 지구를 생물 세포로 생각하는 가이아 이론처럼, 유추는 우리가 어떤 것에 대해 생각하는 방식을 바꿔 놓는다. 이 일은 종종 점진적이지 않고 비약적으로 일어나며, 그 과정에서 완전히 새롭고 극적인 가능성을 열어준다.

1632년, 갈릴레오 갈릴레이Galileo Galilei는 움직이는 큰 배의 선실 안에서 이리저리 날아다니는 나비를 묘사했다.[229] 그는 나비가 나는 것만 보아서는 배가 움직인다는 사실을 알 수 없을 거라는 점에 주목했다. 갈릴레이의 유추는 코페르니쿠스의 세계관에 반하는, 실제로 지구가 태양 주위를 돌고 있다면(그 반대가 아니라) 우리는 지구가 움직이는 것을 느낄 수밖에 없다는 주장을 재치 있게 불식시킨다. 평범한 경험(나비를 보는 것 같은)을 당대의 비범한 생각(태양 중심설)에 비유하고 연관 지음으로써, 갈릴레이는 불가능해 보이는 것이 어떻게 가능할 수도 있는가를 상상하도록 해주었다. 유추를 통한 통찰은 이렇듯 강력하고 매혹적이다.

유추의 도전

유추에 실제로 어떤 힘이 있는지 알아보자. 암 치료 과정에는 다음과 같은 문제가 흔히 나타난다.

방사선 전문의들은 심부에 있거나 뇌처럼 중요한 부위에 있는 종양을 어떻게 방사선으로 치료할 것인가 하는 문제로 고심한다. 이런 곳에는 방사선이 안전하게 닿기가 어렵거나 불가능하기 때문이다. 왜? 방사선이 표적이 되는 종양의 위치까지 환자의 몸을 거쳐 가면서 지나가는 길에 있는 건강한 조직도 죽이기 때문이다. 해결할 수 없는 상황으로 보인다.

잠시 방사선의 세계를 떠나 무시무시한 장수말벌*Vespa mandarina*에 관해 알아보자. 장수말벌은 세계에서 가장 큰 말벌로, 몸길이가 4.5센티미터에 이르고, 날개폭이 6센티미터가 넘는 것도 있다. 장수말벌은 양봉꿀벌*Apis mellifera*(서양 꿀벌이라고도 한다)의 벌집을 공격해서 단 1분 동안 40마리를 물어 죽일 수 있다. 한 줌밖에 안 되는 장수말벌이 몇 시간 만에 수만 마리로 이루어진 양봉꿀벌 군집을 모조리 파괴하기도 한다. 장수말벌은 심지어 꿀을 노리는 것도 아니다. 이들은 죽인 꿀벌의 몸에서 다리를 다 떼어내고 가슴 부분을 잘라낸 다음, 자기 집으로 가져가 애벌레들에게 먹인다.

하지만 재래 꿀벌*Apis cerana*(토종 꿀벌이라고도 한다)에게는 이 무서운 적에 대항할 수단이 있다. 서양에서 온 친척과 달리, 재래 꿀벌은 장수말벌과 함께 진화해 왔다. 장수말벌이 쳐들어오면 재래 꿀벌은 즉시 모든 방향에서 침입자를 빽빽이 에워싸서 공 모양을 형성한다. 이렇게 봉구를 만든 꿀벌들은 날개 근육을 빠르게 움직여 이산화탄소 농도와 온도를 높인다. 한 마리 꿀벌의 노력으로는 이산화탄소와 열을 조금밖에 못 내놓지만, 여러 꿀벌이 같이 노력하면 장수말벌이 있는 봉구 중앙에 이산화탄소와 열을 집중시킬 수 있다. 봉구

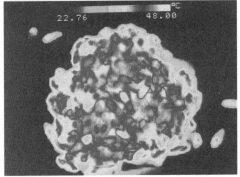

재래 꿀벌들이 모여서 만든 봉구.
가운데 있는 장수말벌은 열 때문에 죽음을 맞는다.

가운데 부분은 섭씨 46도까지 온도가 올라간다. 재래 꿀벌은 이런 효과적인 방법으로 침입자를 질식시키고 열로 죽인다.[230]

이제 방사선 치료 문제로 돌아가 보자. 환자 몸속 깊은 곳이나 민감 영역에 있는 종양에 방사선을 쬐어서, 종양만 괴사시키고 그 중간에 있는 조직은 살릴 방법을 생각해 낼 수 있는가? 아마 여러분에게도, 방사선 전문의들이 생각해 낸 접근법이 떠오르기 시작했을 것이다. 서로 다른 많은 방향에서 적은 세기의 방사선을 조사해서 그 모든 것이 종양에 집중되도록 하면 어떨까?[231] 그러면, 한 방향 한 방향의 방사선은 중간에 있는 조직에 안전한 수준으로 약하지만, 그 모든 것이 결합한 방사선은 종양을 괴사시킬 수 있을 정도로 강하게 만들 수 있다. 실제로, 방사선 전문의들은 표적으로 삼기 어려운 종양에 이런 접근 방법을 활용하기 시작했다.

유추의 힘을 보여 주는 사례다. 어떤 종양은 방사선을 조사해서 치료하기 어렵다는 이야기를 처음 들을 때, 그 문제는 해결할 가능성이 없어 보인다. 우리는 꼼짝달싹 못 하는 상황이라고 느끼고, 벗어나지 못한다. 크고 무시무시한 장수말벌이 군집에 쳐들어올 때 힘없는 꿀벌들이 어떤 느낌일지 상상해 보라! 하지만 재래 꿀벌들은 다른 반

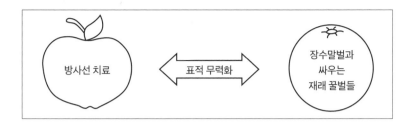

응을 발전시켰다. 그들은 혁신했다. 장수말벌을 맞닥뜨린 재래 꿀벌처럼, 우리도 풀 수 없어 보이는 문제들을 해결할 수 있다. 그리고 그렇게 하는 데에는 유추의 힘을 이용하는 게 도움이 된다.

재래 꿀벌이 장수말벌을 죽이는 방법과 종양 방사선 치료 전략의 연관성은 명확하게 개념화할 수 있다. 하지만 때로는 유추의 통찰에 추상적 사고가 거의 필요 없을 때도 있다. 1970년 아루바섬으로 가족 여행을 떠난 버나드 새도Bernard Sadow는 공항에서 여행 가방 두 개를 끙끙대며 운반하고 있었다. 그때 짐수레를 이용해서 육중한 기계를 슬슬 밀고 가는 한 작업자의 모습이 그의 눈에 들어왔다. 새도는 그때 자신이 통관 절차를 위해 줄을 서 있었다고 기억했다. 「나는 아내에게 말했습니다. 〈저기, 저게 바로 우리 짐에 필요한 거요.〉」 새도는 집에 돌아와 시제품을 만들었다. 그리고 같은 해에 세계 최초로 바퀴 달린 여행 가방의 특허를 신청했다.[232]

비슷하게, 아닉 바이Annick Bay 박사는 반딧불이에서 LED (발광 다이오드) 조명의 에너지 효율을 높일 수 있는 비밀을 찾을 수 있다고 생각했다.[233] 바이는 반딧불이 배의 발광기에 일정한 패턴으로 미세한 비늘이 포개져 있다는 점에 주목하고, 동료들과 함께 LED 조명 덮개에 비슷한 패턴을 새겼다. 결과는? 발광량이 무려 55퍼센트나 증가했다. 이런 덮개로 감싼 LED는 훨씬 더 적은 전력으로 같은 밝기의 빛을 얻을 수 있다는 뜻이다. 반딧불이에서 조명 기술을 발전시킬 아이디어를 얻을 수 있을 거라는 생각은 대단한 수준의 추상화를 요구하지 않는다. 그런데도 그 생각을 통해 매우 참신하고 극적인 혁신이 이루어질 수 있었다.

꿀벌의 경우에서 보듯, 때로는 유추의 통찰이 더 추상적인 사고의 전환을 요구한다. 나카츠 에이지가 물총새의 다이빙을 터널을 빠져나가는 열차의 굉음에 연관 지었을 때, 분명 효과적인 유추가 이루어졌다. 거기에는 굉장히 절묘한 부분이 있다. 물총새는 거의 물을 튀기지 않고 밀도가 낮은 매질(공기)에서 밀도가 높은 매질(물)로 이동한다. 이와 비슷하게, 탄환 열차는 밀도가 낮은 매질(터널에 들어가기 전의 공기)에서 밀도가 높은 매질(터널 내부의 공기)로 이동한다. 나카츠가 정확하게 예측한 것처럼, 열차는 물총새와 형태가 비슷할수록 밀도가 더 높은 매질로 더 부드럽게 이동해서 맞은편 끝에서 음파 교란을 덜 일으켰다. 그런데 나카츠는 이런 연관성을 만들기 위해, 새와 열차의 차이는 말할 것도 없고, 물과 공기 사이의 차이가 피상적임을 알아야 했다.

그렇다면 자연에서 영감을 받은 엔지니어는 문제 해결에 도움이 될 생물학 모형에 대한 유추를 어떻게 찾아낼까? 어떤 질서 정연한 과정이 있는 걸까, 아니면 순전히 직관과 행운뿐일까? 그 과정에는 얼마간, 행운과 직관이 개입한다. 그리고 이런 점 때문에 자연에서 영감을 받은 공학의 경험은 더 재미있고 놀라울 수 있다. 나카츠의 시끄러운 열차처럼 의식으로든, 아니면 드 메스트랄 아내의 빡빡한 지퍼처럼 잠재의식으로든, 이미 마음속에 어떤 문제의식이 있는 상태에서는 유용한 생물학 모형을 발견할 가능성이 확실히 더 크다. 그리고 다른 모든 조건이 같다면, 더 많은 생물의 구조, 행동, 과정, 시스템에 익숙할수록 생물학 모형을 공학의 도전 과제에 연결할 가능성이 더 커진다. 이런 생물학적 영감이 시간적, 공간적으로 공학의 도전 과제에 가까울 때, 특히 더 그렇다. 하지만 뜻밖의 행운보다는 노력으로 승산을 더 높일 수는 없을까? 그러기 위해서는, 번뜩이는 유추의 통찰을 촉진하는 과정으로부터, 흔들림 없는 유추 추리의 과정으로 옮겨갈 필요가 있다.

포도주와 피자

상상해 보자. 집에서 친구와 함께 포도주를 마시면서 피자를 만들려고 하다가 나무 밀방망이가 싱크대 서랍에 없다는 사실을 알았다. 밀방망이는 아무 데서도 보이지 않는다. 손가락으로 밀가루 반죽을 펴려고 하지만, 잘 안된다. 아무래도 뚱뚱한 불가사리 같은 피자를 만들게 될 것 같다. 친구가 고개를 젓는다. 친구는 포도주 병을 잡고 밀가루를 묻혀 옆으로 돌린 다음, 밀가루 반죽을 밀어서 평평한 원을 만든다. 친구가 설명한다.「넌 기능적 고착에 빠진 거야.」

그날 저녁, 샐러드를 만들면서 조리대에 남은 공간이 없어진 것을 본 친구는 서랍 하나를 열고 그 위에 도마를 올려놓는다. 짠! 조리대가 넓어진 것이다. 그날 저녁 늦은 시간, 훌륭한 식사를 멋지게 마

주유기 손잡이.
주유기 손잡이가 다른 용도의 장치 때문에 당겨진 상태로 고정되었다. 물건의 용도를 미리 정해두면 창의적 사고를 제한할 수 있다.

무리해 줄 쿠키를 만들던 당신은 친구에게 버터를 건넨다. 「버터를 부드럽게 만드는 너만의 방법도 있겠지?」 친구는 잠시 생각하더니, 식기 건조대에서 치즈 강판을 가져와 놀랄 만큼 빠른 동작으로 버터를 갈아 가루로 만든다.

기능적 고착은 1945년 칼 던커Karl Duncker가 만든 말이다.[234] 이는 어떤 사물을 볼 때 그 사물이 가장 많이 쓰이는 용도로만 지각해서, 달리 볼 필요가 있는 상황에서 문제 해결을 어렵게 하는 현상을 가리키는 말이다. 던커는 한 실험에서, 피험자들에게 양초 한 개, 성냥 한 갑, 압정 한 상자를 주고, 밑에 있는 탁자에 촛농이 떨어지지 않도록 벽에 양초를 붙이고 불을 켜라는 과제를 부과했다. 던커는 거의 모든 사람이 압정으로 벽에 양초를 직접 붙이려고 하다가 실패하고 지쳐버리는 것을 보았다. 어쨌든, 압정은 무언가를 붙이는 **용도**로 쓰이지 않는가. 극소수만이 압정 상자를 비운 다음 양초를 올려놓을 받침대로 활용해서 문제를 쉽게 해결했다. 던커는 사람들이 압정 상자의 물건을 담는 기능에 너무 익숙해 있어서 받침대로 기능을 전환해서 문제를 해결하기 어렵다고 설명했다.

자연에서 영감을 받은 공학에서는, 우리에게 익숙하지 않은 자연계 내의 다양한 기능을 포착해야 한다. 누가 물총새에게 열차를 조용하게 만들 능력이 있다고 생각하겠는가? 또 누가 개미들에서 컴퓨터 문제의 해결책을 구하겠는가? 산호초가 새로운 생산 방식을 제공할 수 있다는 생각은 또 어떤가? 우리는 자연계에 인류의 문제에 대한 해답이 있을 거라는 생각을 잘 하지 않는다. 자연은 보기 좋다. 자연은 〈저기 밖〉에 있는 삶의 배경일 뿐이다. 그것은 인류의 문제와는 아무 상관도 없다. 자연을 이런 식으로 생각하기 때문에, 우리는 그 영역에서 해결책을 찾지 못한다.

이제 우리는 자연을 문제 해결을 위한 자산으로 생각해야 한다.

학생들은 장미를 보고 아름다움을 감상할 뿐만 아니라, 우주 공간에서 위성이나 우주선을 추진하는 태양광 돛(솔라 세일)을 접어 넣거나 펼칠 때 사용할 수 있는 규칙을 알아낼 수도 있어야 한다. 그것이 자연에서 영감을 받은 엔지니어들의 사고방식이다. 왜 안 그러겠는가? 식물들은 수백 수천만 년 동안 수없이 많은 시행착오를 거치며 잎과 꽃을 잎눈, 꽃눈 안에 집어넣는 가장 적당한 방법을 찾아냈다. 하지만 우리는 장미를 보면서 흔히 효율적인 포장을 떠올리지는 않는다. 그리고 그런 생각은 아무래도 밸런타인데이에 어울리지 않는다.

학생들이 자연에서 영감을 받은 공학의 기법을 배우려면, 자연경관에서 답을 보아야 한다. 그렇게 하기에 자연에 질문을 가져가는 것만큼 효과가 좋은 것도 없다. 때로는 기존의 도전 과제에서 그런 질문이 나온다. 자연에 있는 것 중에서, 넓은 표면적을 작은 공간에 꾸려 집어넣는 것은 무엇일까? 자연이라면 신발을 어떻게 설계할까? 이런 것들이다. 그리고 때로는 자연의 능력을 알고 싶어서 그런 질문이 나오기도 한다. 잎 아랫면이 윗면보다 희끄무레한 경우가 많은 까닭은 무엇일까? 우리 손의 지문에는 무슨 용도가 있을까?

자연에서 영감을 받은 엔지니어들은 자연이 매일 해결하는 도전 과제들, 즉 어떻게 재료, 에너지, 정보를 얻을까 하는 것이, 인류가 직면한 도전 과제들과 관련이 있음을 잘 알고 있다. 사람들은 도마뱀붙이가 수직 벽을 타고 오르는 것을 보고 쉽게 감탄하고 지나칠 수 있다. 하지만 자연에서 영감을 받은 엔지니어들은 그 특별한 능력을 사람들의 필요와 욕구에 결부시킨다. 바로 이런 점이 자연에서 영감을 받은 엔지니어의 특별한 능력이라고 할 수 있다. 자연에서 영감을 받은 엔지니어에게는 〈문제의식〉이 있다는 것을, 그래서 그들은 벽을 기어오르는 도마뱀붙이를 보고 그 능력과 사람의 문제와 기회를 연관 지을 수 있다는 것을 기억해야 한다. 도마뱀붙이가 완성한 기술인, 강력하지만 떼어낼 수 있는 접착제는 의료용 붕대, 신속한 분리가 가능한 스키 바인딩, 그림 걸이, 타일형 카펫, 광고판 포스터, 그리고 쉽게 부품을 분해해서 재활용할 수 있는 전자 장치 등을 만드는 데 유용하게 쓰일 수 있다. 이것이 자연에서 영감을 받은 과학자들의 사고방식이다.

사람들에게 중요한 일에 대한 해답을 다른 생물 종에서 찾을 수 있다는 것은 매우 타당하다. 물론, 다른 종들은 휴대 전화로 통화하지도, 차를 몰지도, 탄산음료를 마시지도 않는다. 이런 관점에서 사람들은 우리 행성의 다른 모든 종과 매우 다르다. 하지만 우리의 필요와 욕구는 인도 위를 지나가고 있는 나방 애벌레의 그것들과 그리 다르지 않다. 우리 모두 깨끗한 물이 필요하다. 우리 모두 먹을 것과 쉴 곳이 필요하다. 우리 모두 물질을 사용하고 버린다. 우리 모두 친구들과 안전을 얻으려 노력한다. 우리 모두 오랫동안 지구에서 살아남고 번영할 방법을 찾아야 한다. 우리의 유사점들은 우리가 집중하는 경향이 있는 얄팍한 차이보다 훨씬 더 큰 의의가 있다.

사람만이 접착제, 세균 감염으로부터의 보호, 비행에서 이익을 얻는 것은 아니다. 진화는 오랜 시간에 걸쳐, 다양한 종에서 이런 일들을 비롯한 많은 도전 과제의 해답을 꾸준히 얻어냈다. 자연에서 영감을 받은 엔지니어들이 자연의 무수한 재능이 인류의 기회와 도전 과제들을 다루기에 적절하다고 보는 까닭이 여기 있다. 더욱이, 자연에는 한 가지 문제에 대해 한 가지 이상의 해법이 있다. 자연에는 다양한 접착 방법과 세균에 대항하는 여러 전략이 있다. 자연에는 액체를 튕겨내고, 열을 발산하고, 이산화탄소를 격리하고, 물을 정화하고, 색깔을 내고, 소리를 걸러내는 등의 일에 대한 수많은 접근법이 있다.

우리는 사람의 욕구와 필요를 생물계의 명백한 성취에 연관 지어, 학생들이 자연의 능력을 제대로 이해하게 할 수 있다. 예를 들어, 위험한 뱀의 독소에 효과적인 항독 혈청이 개발된다면 많은 사람이 반길 것이다. 주머니쥐에게는 이런 항독 혈청이 있다. 방울뱀의 독소와 결합해서 독성을 없애는 특별한 펩타이드가 혈액에 들어 있다는 뜻이다. 실제로 공작, 닭, 숲쥐, 그리고 심지어 다른 뱀 등 뱀독에 적응성을 나타내는 많은 종이 평소 독뱀을 만나기 쉬운 것들이다.[235] 사람들은 이산화탄소를 포집할 방법을 간절히 필요로 한다. 나는 지금 그 일에 통달한 장치, 폐로 숨을 쉬고 있다. 얼음 위에서 미끄러지지 않는 신발은 어떤가? 북극곰, 북극여우, 펭귄에게는 이런 문제를 확실히 처리하는 전략이 있다. 요점은 우리가 대체로, 인류가 알아내려 하고 그럴 필요가 있는 것과 자연을 연관 지어 생각하도록 배우지 않는다는 것이다. 중요한 것은, 많은 엔지니어가 정확히 어떻게 우리가 자연을 **생각해야 하는가**를 알아내는가 하는 점이다. 재료 과학자 크리스토퍼 바이니Christopher Viney에 따르면, 「자연은 해결할 문제를 찾고 있는 해결책으로 가득 차 있다.」 우리는 자연계를, 바삐 돌아가는 우리 인생과는 아무 상관 없는 저기 창밖의 어떤 것으로 볼 것이 아니라, 주방의 어수선한 서랍을 뒤져 병 따는 일을 도와줄 도구를 찾는 식으로 보는 법을 배울 필요가 있다. 답은 거기 있다. 그것이 자연에서 영감을 받은 엔지니어들이 우리 주위의 생물계를 보는 법이다.

이제는 이런 질문을 할 차례다. 자연에서 영감을 받은 엔지니어들은 이렇게 새로운 방식으로 자연을 보는 법을 어떻게 배울까?

활동 **기능 연결하기**

교정에서 할 수 있는 이 간단하고 효과적이며, 재미있는 활동을 통해 학생들은 엔지니어의 시각으로 자연을 볼 수 있다. 종이쪽지 한 장에 하나씩 일반 기능 특성을 적는다. 〈안정적이다〉, 〈공기 역학적 특성〉, 〈잘 붙는다〉, 〈탐지한다〉, 〈특정 방향을 향한다〉, 〈의사소통〉, 〈작은 공간에 꾸려진다〉, 〈유연하지만 강하다〉, 〈생명에 유리한 조건을 만든다〉 같은 것들로, 학생의 연령대에 알맞은 것을 선택해서 사용할 수 있다. 종이쪽지를 모자에 집어넣고, 학생들에게 모둠별로 3~5장을 뽑도록 한다. 학생들에게 학교 정원에 가서 쪽지에 쓰인 기능 특성을 나타내는 사례들을 찾아보게 한다.

예를 들어, 새들은 〈공기 역학적 특성〉을 전형적으로 보여 준다. 새들과는 방식이 사뭇 다르지만, 공중을 떠도는 민들레 씨도 마찬가지다. 넓은 의미에서 포자를 날려 보내는 버섯도 마찬가지라고 할 수 있다. 〈의사소통〉은 페로몬 길에서 동료의 냄새를 맡는 개미들은 물론, 학교 정원의 흙 속에 뻗어 있는 풀뿌리 사이에서도 볼 수 있다. 심지어 바깥의 나무들과 잠재의식으로 그 존재를 즐기는 어린 학생들 사이에도 의사소통이 일어나고 있다.

학생들이 자연에서 각 기능을 보여 주는 사례들을 이리저리 찾아다니게 한 뒤에는, 작은 〈수학여행〉을 떠나보자. 그 과정에서 발표자들은 나머지 학생들을 데리고 다니면서, 자신들이 무엇을 찾았고 그것이 어떻게 종이쪽지에 쓰인 기능 특성을 나타내는가를 모두에게 설명해 준다. 좀 더 신경을 써서, 각 모둠의 쪽지 더미에 괄호가 있는 종이쪽지를 하나씩 집어넣을 수도 있다. 이렇게 하면 학생들은, 받은 쪽지에는 들어 있지 않지만 학교 정원에서 발견한 능력을 괄호 안에 적어 넣을 수 있다. 『자연에서 멀어진 아이들Last Child in the Woods』*의 저자 리처드 루브와 택시를 타고 가면서 이 활동에 관해 설명하자, 그는 여기에 〈아이디어 수렵 채집〉이라는 이름을 지어주었다.

* 리처드 루브, 『자연에서 멀어진 아이들』, 김주희 옮김(서울: 즐거운상상, 2007)으로 번역 소개됨.

번역의 중요성

우리는 물건들을 부착하고, 의사소통하고, 어떤 것을 작은 공간에 집어넣는 것 같은, 사람의 필요와 욕구를 자연물에 연결하는 일이 사실 그리 어렵지 않다는 데에 주목할 필요가 있다. 생물학과 공학 사이의 유추가 어려운 까닭은, 그 각각이 다루는 주제가 다르기 때문이 아니라(그것들은 놀랄 만큼 비슷하다), 각 영역에서 우리가 매우 다른 언어를 사용하기 때문이다.

예컨대 전력 손실 문제를 생각해 보자. 이는 우리가 보는 풍경을 가로지르는 송전선의 특징이다. 전기가 송전선을 통해 멀리 흐를수록 송전선의 저항으로 인해 에너지 손실이 커지는데, 이를 전력 손실, 또는 선로 손실이라고 한다. 필요한 곳까지 충분한 전력을 보내기 위해, 발전소에서는 전력 손실을 고려해 더 많은 에너지를 생산해야 한다. 석탄 화력 발전소라면 더 많은 석탄을 태워야 한다는 뜻이다. 이 문제에 대한 새로운 접근법과 관련된 생물학 정보에는 어떻게 접근할 수 있을까? 자연에는 아마 도움이 되는 모형이 있을 것이다. 하지만 마음속에 **전력 손실**이라는 단어를 염두에 두고 있으면 그것을 생각해 내기 어렵다. 생물학자들이 이런 용어를 사용하는 자연 현상은 없기 때문이다.

언어는 중요하다. 누군가가 자신을 사랑할 수 있는, 하지만 그리스어만 쓰는 사람에게 중국어로 사랑을 고백한다면, 가엾은 두 영혼은 함께할 수 없을 것이다. 따라서, 자연에서 영감을 받은 엔지니어는 우리의 도전 과제를 생물학 아이디어가 더 쉽게 흐를 수 있는 용어로, 자연이 활용할 수 있는 언어로 잘 **번역**해야 한다. 〈전력 손실〉이라는 말을 〈전기 저항을 관리〉하는 도전 과제로 번역하면, 갑자기 생물학 모형이 나타나기 시작한다. 자연은 어떻게 전기 저항을 관리할까?

예를 들어, 우리 신경 세포에는 전기 에너지를 전도하는 섬유가 있다. 이 섬유는 말이집이라는 지방성 물질 층으로 싸여 있는 말이집 신경과, 말이집으로 싸여 있지 않은 민말이집 신경으로 구분된다. 이것은 송전선을 통해 전기를 효율적으로 보낼 방법의 아이디어를 줄 수 있는 생물학 모형이라고 할 수 있다. 한 연구 논문에서 간결하게 표현했듯이, 〈지름 0.5밀리미터인 오징어 거대 축삭의 민말이집 신경은 지름 0.012밀리미터인 개구리의 말이집 신경보다 5,000배 많은 에너지가 필요하고, 1,500배 많은 공간을 차지한다.〉[236] 흥미롭게도, 말이집은 한 신경 세포 내의 전기 저항을 증가시키지만, 그 결과는 전반적인 성능 개선이다. 언어를 조금 바꾸자 갑자기 송전선에서 일어나는 전력 손실 문제를 매우 다른 식으로 생각할 수 있게 하는 모형이 자연계에 있다는 게 보인다.

이런 번역 단계는 필수적일 때가 많다. 그리고 어렵지 않다. 잊지 않고 하기만 하면 된다. 우리 아이들은 운동화를 최대한 빨리 신으려고, 끈을 풀지도 않고 발을 밀어 넣는다. 그래서 아이들 운동화에서 가장 먼저 찢어지는 곳은 언제나, 한때 가장 딱딱했던 뒤꿈치 부분이

기능 연결하기.
학생들은 학교 정원에서 하는 이 간단한 활동을 통해 자연에서 해결을 지향하는 설계를 만나볼 수 있다.

알파 세대를 위한 공학 하는 교실

다. 자연은 어떻게 운동화 디자인을 개선해서 더는 이런 일이 일어나지 않도록 해줄까? 자연은 운동화를 신지 않는데 말이다! 하지만 내 도전 과제를 〈신축성 있고 강한〉 재료를 찾는다고 번역하면, 갑자기 자연은 도움이 되는 모형, 즉 거미줄, 심장근, 해파리의 미세한 자사, 개구리의 울음주머니 등으로 가득 찬다.

시가 그렇듯이, 좋은 번역도 중요하다. 중요한 건 뉘앙스다. 약 천 년 동안, 말 그대로 새처럼 날고 싶었던 사람들은 깃털을 매단 팔을 거세게 펄럭이며 탑에서 뛰어내려 죽음을 맞았다. 그들이 다루려고 한 과제의 의미를 함축한 번역문은 〈자연은 어떻게 나는가?〉였다. 그러나 그것은 너무 광범위하다. 그리고 그것은 이 불운한 이단아들에게 생물 모형의 잘못된 측면에 집중하도록 한다. 그러던 중 조지 케일리는 사람은 날갯짓으로는 충분한 힘을 낼 수 없다는 사실을 깨닫고 이 질문을 다듬었다. 그는 물었다. 공기보다 무거운 물체가 어떻게 날개를 퍼덕이지 않고 공중에 떠 있는 걸까?

케일리는 더 정교한 도전 과제의 번역문을 마음에 품고 새들을 보고 천 년 동안 비행을 꿈꾼 선구자들이 놓친 것을 확인했다. 많은 새가 전혀 날개를 치지 않으면서 공중에 머문다는 것이다. 활공하는 새들에서 생물학적 영감을 받은 케일리는 새들이 날개를 움직이지 않고 하늘을 나는 방법을 연구해서 귀중한 통찰을 얻을 수 있었다. 현대 항공기의 고정익은 케일리가 인류에게 사람의 비행에 관한 진정한 도전 과제를 이해할 길을 열어줌으로써 출현할 수 있었다. 케일리가 문제를 이렇게 번역함으로써, 라이트 형제는 계속 연구를 진행해 마침내 인류를 하늘에 띄워 올릴 수 있었다.

반대로, 도전 과제를 너무 협소하게 정의할 때도 있다. 어떤 세탁 회사에서 여러분에게 옷을 깨끗하게 하는 더 좋은 세제에 관한 아이디어를 묻는다. 여러분이 그 도전 과제를 곧이곧대로 받아들인다면, 더 좋은 세제를 만들어 내는 데 골몰할 것이다. 하지만 도전 과제가 정말 좋은 세제를 만드는 것일까, 아니면 옷을 깨끗하게 유지하는 더 나은 방법을 만드는 것일까? 작은 차이라고 생각할 수 있지만, 그렇지 않다. 도전 과제가 실은 옷을 깨끗하게 유지할 방법을 찾는 것이라면, 전에는 그냥 지나쳤을 생물학 모형을 갑자기 고려하게 된다. 예를 들어 소수성을 띠는 식물 잎(5장에서 다룬)은 세제가 없어도 물이 달라붙지 않는 미세한 표면 구조 덕분에 늘 깨끗하다. 새로운 세제를 개발해야 한다고만 생각하면, 직물을 변형해서 소수성을 띠도록 하는 아이디어는 떠오르지 않을 것이다. 핵심은, **진짜** 도전 과제, 즉 수단만이 아닌, 이루고 싶은 실제 최종 목표를 명확히 해서 모든 활용 가능한 생물학의 영감을 검토하는 것이다. 우리는 기본 도전 과제를 다루면서도, 설계상의 해결 방법을 찾을 공간을 최대한 넓게 열어 두어야 한다.

활동 **번역 연습**

학생들이 공학의 도전 과제에 관해 충분히 생각하고, 관련 정황을 학습하고, 토의한 뒤에, 해결책에 대한 영감을 주는 생물학 모형 발견에 뛰어들도록 하라. 도전 과제를 신중하게 정의하고, 다양한 해석 가능성을 모색하는 것은, 시간을 들일 충분한 가치가 있다. 요점은 도전 과제의 본질을 확인한 뒤, 그것을 일반 기능의 용어로 번역하는 것이다. 유명한 교육 철학자 존 듀이 John Dewey (1859-1952)는 그 일을 이렇게 간결한 말로 정리했다. 〈제대로 낸 문제는 이미 반은 풀린 것이다.〉[237]

〈표 8.1〉 학생들이 일반 기능의 용어로 번역할 수 있는 설계 과제의 사례

공학의 도전 과제	기능의 용어로 번역한 생물학 질문
너무 짜증이 나! 스카치테이프 끝부분을 도저히 못 찾겠어.	찢어지거나 갑자기 공기와 접촉할 때 모습을 드러내는 자연물에는 어떤 것들이 있을까?
우리 아파트의 코일형 라디에이터는 많은 양의 뜨거운 물이 통과하는데도 집안을 데워주지 못하는 것 같아.	어떤 자연물의 표면적이 매우 클까?
조깅을 할 때 처음에는 너무 춥고 나중에는 너무 더워.	자연은 어떻게 능동적으로 온도를 조절할까?

학생들에게 도전 과제를 10개 정도 주고 그 본질을 파악해서 일반 기능의 용어로 번역하는 연습을 시키면 도움이 된다. 〈표 8.1〉은 이런 활동이 어떻게 진행되는지 보여 주는 사례들이다. 자연은 조깅하지도 않고, 아파트에 살지도 않으며, 배송 트럭을 몰지도 않지만, 표면적이 매우 큰 것도, 역동적으로 온도를 조절하는 것도, 덩치가 아주 크면서 공기 역학적 특성이 있는 것도 만들 수 있다.

공학의 도전 과제를 처음 설명한 데서 특정 상황과 관련한 모든 용어와 피상적인 정황을 제거하면, 기능적 고착을 지탱하는 연상 작용을 제거할 수 있다. 그 설명에서 남은 것이 가장 본질적인 물리적 형태의 도전 과제뿐일 때, 우리는 마침내 생물학의 세계와 공통 언어로 말하게 된다. 생물의 세계(이룰 수 있는 것)와 기술의 세계(이루고 싶은 것) 사이에 다리를 놓기 위해서는 이런 일반 기능의 용어가 꼭 필요하다. 그 다리가 있어야 도움이 되는 유추들이 자유롭게 건너다닐 수 있다.

학생들이 공학의 도전 과제의 본질을 정의하고 일반 기능의 용어로 번역했다면, 적절한 생물학 모형 찾기에 들어간다! 이 시점에서 생물학 모형이 그냥 생각날 때도 많다. 유추가 가능할 만큼 많은 걸림

돌을 제거해 놓았기 때문이다. 어떤 자연물이 부피에 비해 표면적이 매우 클까? 잎이 무성한 수관부, 식물 뿌리, 균류의 균사체, 잎의 표피, 코끼리 피부, 위와 장의 내막 등 많은 것이 그렇다. 예를 들어 다람쥐 꼬리는 놀라우리만큼 표면적이 큰 구조로 되어 있다. 몇몇 다람쥐 종은 이런 꼬리를 살무사를 유인하는 바람잡이로 사용한다는 것이 밝혀졌다. 이 다람쥐들은, 특수한 열 감지기로 어둠 속에서도 먹잇감을 찾을 수 있는 뱀을 만나면 즉시 꼬리에 더 많은 피를 보낸다. 이렇게 데워진 꼬리는 밤에도 감지되는 열 신호를 방출하는 기발한 방법으로 뱀을 혼란에 빠뜨린다.

학생들이 기능적 도전 과제를 단단히 마음에 새겼으면 그대로 야외 활동을 할 수도 있다. 이제 자연은 갑자기 한없이 펼쳐진 압도적인 광경이 아니라, 주방 서랍에 가까운 것이다. 이제 그 서랍을 샅샅이 뒤져 표면적이 매우 큰 것을, 또는 다른 원하는 사례를 찾도록 한다. 특정한 목적으로 무장하고 나선 학생들은 갑자기 훨씬 더 효과적으로 아이디어를 수렴하고 채집할 것이다. 독창적인 통찰을 얻기 위

혈액에 포함된 헤모글로빈 분자를 표현한 공공 조형물.
헤모글로빈은 산소와 접촉하면 형태가 변하는데, 그 결과 빛의 반사에도 영향을 미쳐 색깔도 변한다. 이는 롤에서 끝부분을 쉽게 찾을 수 있는 투명 테이프를 설계하기 위한 좋은 모형이 될 수 있다. 사진은 산소에 노출된 뒤 조형물을 이루는 금속의 색깔이 변하는 과정을 보여 준다. 설치 직후(왼쪽)와 10일 후(가운데), 1개월 후(오른쪽)의 모습이다.

해 어떤 이국적인 곳으로 여행을 떠나야 하는 것도 아니다. 콘티넨탈 Continental 타이어 회사에서는 고양이가 급제동에 탁월한 능력이 있음을 깨달았다. 고양이 발은 급히 멈춰야 할 때 넓게 펼쳐진다. 콘티넨탈사는 이 단순한 전략으로, 제동을 걸 때 타이어가 더 넓게 펼쳐져 정확히 필요한 순간에 도로에 고무가 더 많이 접촉하도록 타이어를 재설계했고, 시장에서 높은 평가를 받을 수 있었다.[238]

물론, 직접 발견하는 것만이 생물학에서 영감을 얻는 길은 아니다. 다른 사람들이 자연에서 발견한 것에서 배울 수도 있다. 지금 우리는 과거 어느 때보다도 다른 사람들이 발견한 생물학 정보를 손쉽게 탐구할 수 있는 세상에서 살고 있다. 학생들도 인터넷 검색창에 적절한 단어를 입력하기만 하면(예를 들어, 〈온도〉와 〈조절〉과 〈생물〉), 식당에서 주문한 음식을 받을 때처럼 편리하게, 가만히 앉아서 관련 정보의 세계가 눈 앞에 펼쳐지는 것을 볼 수 있다. 여러분은, 전체 인터넷에서도, 더 좁은 데이터베이스에서 정보를 찾을 수 있다(이 장 끝부분의 참고 자료를 확인하라).

활동 사람에게 배우기

많은 사람이 놓치는 생물학 영감의 또 다른 원천이 활동하는 생물학자들이다. 그들은 인터넷에서 찾아볼 수 없고, 과학 논문에 들어가지도 않는 수많은 정보를 갖고 있다. 학생들이 도전 과제를 정확하게 정의하고 잘 번역해서 모든 준비가 되었다 싶으면, 관련 주제를 연구하는 자연사 연구자와 생물학자들을 찾아보게 한다. 그리고 연구자들에게 이메일로 자신들의 프로젝트를 설명하고 그 도전 과제에 대해 고려할 만한 생물학 모형의 아이디어가 있는지 질문해 보게 한다. 눈에 띄는 성과가 없다고 해도, 학생들은 적어도 그 과정에서 다른 사람

들과 알아듣기 쉽게, 예의 바르게, 그리고 전략적으로 의사소통하는
능력을 기를 수 있을 것이다.

번역에서 적용으로

몇 가지 생물학 모형을 염두에 두었으면, 학생들은 이 모형들의 작동
방식을 분명히 하는 구조, 행동, 과정, 그리고/또는 시스템을 연구할
수 있다. 자연에서 어떤 특성이 작용하는가만 알아도 혁신적인 해법
의 영감을 얻기 쉽다. 예를 들어, 〈덩치가 아주 크면서도 공기 역학적
인 형태〉라는 말에 나는 즉각 고래를 떠올린다. 인터넷에서 고래 사
진들을 보고 있자니, 한 쌍의 이미지가 특히 눈길을 끈다. 바로 고래
상어, 고래가 아니라 몸집이 크고 체형이 고래를 닮은 상어다. 한 장
의 사진은 고래사냥이 입을 넓게 벌리고 몸을 크고 둥글게 만들어서
먹잇감을 빨아들이는 모습이다. 다른 사진은 고래상어가 아무것도
먹지 않으면서 물속을 이동하는 모습이다. 이때 고래상어의 몸은 눈
에 띄게 납작하다. 곧바로 상업용 배송 차량의 에너지 효율을 개선하
기 위해, 팝업 캠핑카처럼 재설계해서, 하는 일에 따라 **형태를 바꾸도**
록 하면 되겠다는 아이디어가 떠오른다. 배송 차량에 화물이 가득 들
어 있을 때는 지금처럼 커지지만, 배송을 완료하고 차고로 돌아갈 때
는 압축해서 높이를 줄여 공기 역학적 특성을 개선하는 것이다. 자연
에서 영감을 받은 이 한 가지 변화가 도로 위를 달리는 수백만 대의
배송 차량에 적용될 때 얻을 수 있는 비용 절감과 공기 청정 효과를
생각해 보라.

평생 의사로 일한 켄 필립스Ken Phillips는 은퇴한 뒤, 기원전 900년
병정들이 처음 사용한 이래로 많은 변화를 겪지 않은 물건을 근본적

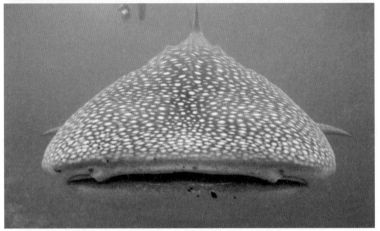

으로 뜯어고치는 일에 착수했다. 바로 헬멧이다. 오토바이 잡지사에서 기자로 일하던 켄 필립스의 아들은 그에게, 헬멧은 징을 박은 몽둥이 같은 물체의 타격이나 100킬로그램을 훨씬 넘는 선수의 태클 같은 직접 충격에는 도움이 되지만, 회전 충격에는 거의 도움이 되지 않아서 뇌진탕이나 심각한 뇌 손상이 자주 일어난다고 이야기해 주었다.[239]

머리가 회전 충격을 받고 우리 몸이 움직임을 멈출 때, 머리뼈 속의 뇌는 계속 회전하면서 젖은 스파게티처럼 정맥 혈관이 끊어진다. 그리고 뇌 조직이 찢어져 뇌 손상과 출혈이 일어난다. 자동차 방송을 진행하는 제러미 클라크슨은 말했다. 「속도는 아무도 죽이지 않는다. 갑작스러운 정지, 그것이 당신을 잡는다.」 아들이 말한 산이나 들판을 달리는 오토바이 경주에서 회전에 의한 뇌 손상이 자주 일어난다는 이야기를 듣고, 필립스는 이렇게 자문했다. 〈사람 머리는 어떻게 회전 손상을 막을까?〉 그 답은 잘 보이는 곳에 숨어 있는 완벽한 생물학 모형이었다.

필립스는 혼자 생각했다. 〈두피는 온갖 종류의 보호 장치를 갖춘 매우 복잡한 기관이다. 두피는 조밀하고, 섬유가 많고, 안으로 혈관이 지나게 되어 있다. 그리고 15~20밀리미터까지 움직인다. 따라서 머리뼈나 뇌에 회전력을 전달하지 않고 마찰 없이 15~20밀리미터를 움직일 수 있는 것이다.〉 필립스는 왜 아무도 움직이는 피막이 있는 헬멧을 만들지 않는 걸까 하고 생각했다. 그는 나와 통화하면서 이렇게 말했다. 「우리는 단순한 재료로 시제품을 만들었습니다. 그리고 즉시 회전 운동에 대한 보호 기능이 60퍼센트 개선되는 것을 확인했습니다.」

토머스 에디슨Thomas Edison의 유명한 말이 있다. 「천재는 1퍼센트의 영감과 99퍼센트의 노력으로 이루어진다.」 이 이야기는, 해결책의 개념을 발전시킬 때 구상 단계는 그리 중요하지 않다는 식으로 잘못 받아들여질 수도 있다. 하지만 이는 틀린 생각이다. 생각해 보라. 그 1퍼센트가 없으면 99퍼센트의 노력은 허비된다. 여러분이 애초에 나침반의 방향을 잘못 잡으면, 걸어가는 내내 정말 가야 할 곳과 점점 멀어질 것이다. 해야 할 일이 아직 많이 남아 있기는 하지만, 그 1퍼센트는 성공한 혁신에 없어서는 안 될 부분이다.

생물학에서 도전 과제로

이 장, 사실, 이 책의 내용 대부분은 공학의 도전 과제에서 출발한 다음, 생물의 세계에서 해결 아이디어의 영감을 얻는 것으로 이루어져 있다. 하지만 순서를 뒤집을 수도 있다. 생물의 세계에서 인상적인 능력을 확인하는 데서 출발해서, 그 뒤 이 영감을 불러일으키는 재능으로 기술 혁신을 이룰 방법을 찾을 수 있다는 뜻이다. 존 크로John Crowe의 곰벌레 연구는 이 일을 보여 주는 완벽한 표본이다. 고등학교 학생 시절 크로는 현미경을 통해 곰벌레를 처음 접하고 거의 신화에 가까운 그들의 능력에 관해 배웠다. 그 뒤 존 크로는, 그 동물의 놀라운 능력과 그것을 사람들의 삶을 개선하는 데 어떻게 적용할 것인가를 연구하며 일생을 보냈다.

곰벌레류는 현미경을 써야 보이는 작은 동물이다. 이들의 뭉툭한 몸에 붙어 있는 여덟 개 다리 끝에는 갈고리처럼 굽은 발톱이 몇 개씩 달려 있는데, 전체적인 모습이 곰을 연상시켜서 곰벌레라는 이름이 붙었다. 현미경을 사용하면, 곰벌레가 느긋하게 개헤엄을 치며 이리저리 돌아다니다가 이끼에 올라가 빨대처럼 생긴 입을 그 속에 찔러 넣는 것을 볼 수 있다. 그리고 곰벌레가 식물의 즙을 조금씩 마실 때마다 그 반투명한 몸으로 초록색 엽록체가 빨려 들어가는 것을 볼 수 있을 것이다.

곰벌레류는 전 세계에 수백 종이 있다. 이들은 산꼭대기와 바다 밑, 그리고 그 사이에 있는 모든 곳에서 발견된다. 이들은 너무 흔해서, 누구나 살면서 한 번은 물을 마시면서 이 동물을 같이 삼킨 적이 있을 것이다. 곰벌레를 직접 보는 즐거움을 맛보려면 밖에 나가 이끼를 조금 모아 온다. 여기에 증류수(즉, 염소로 소독하지 않은 물)를 조금 뿌린 다음, 점안기로 그 액체를 조금 빨아올려 현미경 받침 유리에 떨어뜨린다. 이제 즐길 일만 남았다.

호기심이라는 이름으로, 연구자들은 곰벌레를 적잖이 괴롭혔다. 그들은 이 경이로운 작은 동물이 극한의 온도(절대 영도에 가까운 섭씨 영하 273도부터 피자를 구울 수 있는 섭씨 151도까지), 사람이 견딜 수 있는 최고 수준의 천 배가 넘는 방사선량, 그리고 모든 바다에서 가장 깊은 해구 바닥에 가해지는 수압의 여섯 배나 되는 압력을 견딜 수 있음[240]을 알게 되었다. 참, 우주 공간의 진공 상태까지 견딜 수 있다. 환경이 좋지 않을 때 곰벌레들은 휴면 상태에 들어간다. 이 상태에서 곰벌레는 체내 수분을 거의 다 잃고 주름진 점 같은 것으로 수축해 알아보기조차 힘들다. 하지만, 이들은 휴면 상태로 몇 년을 보낸 뒤 비 한 방울에 완전히 소생하는 기적을 펼친다. 존 크로는 곰벌레가 휴면 상태에서 돌아온 것을 처음 본 순간을 이렇게 기억했다. 「그것은 조금 신비로운 경험이었습니다. 이 동물은 완전히 말라서, 어떤 의미론 죽어 있었습니다. 그런데 물을 주어 생명을 창조한 겁니다.」[241]

만일 탈수로 죽지 않는다고 해도, 대다수 생물은 재수화 과정에서 죽는다. 물이 들어가 조직이 팽창하면서 서로 문질러지고 달라붙고 하면서 이리저리 찢어지기 때문이다. 크로가 말했듯이, 「냉동된 몸을 다시 살리려는 노력은 햄버거로 소를 만들려는 노력과 같다.」 크로는 궁금했다. 완보동물은 왜 소생한 뒤에도 멀쩡할까? 그는 곰벌레들이 스스로 탈수 상태로 들어가면서 체내의 수분을 당으로 치환한다는 것을 알아냈다. 무언가에서 말라붙은 설탕을 떼어 내려고 한 적이 있다면, 그게 얼마나 단단한지 알고 있을 것이다. 탈수된 완보동물의 몸에서는 당이, 마치 체내 깁스라도 한 것처럼 모든 세포와 조직을 제자리에 고정한다. 그 뒤에 빗방울을 맞으면, 그 당은 따끈한 찻물에 들어가기라도 한 것처럼 녹아버린다. 곰벌레의 몸은 조금도 다치지 않고, 곰벌레는 아무 일 없다는 듯 다시 느릿느릿 걷기 시작한다.

존 크로는 곰벌레가 사용하는 트레할로스라는 특수한 당이 다른 곳에도 쓰일 수 있으리라는 것을 깨달았다. 트레할로스가 곰벌레를 잘 보존할 수 있다면, 다른 생물 조직도 보존할 수 있을 것이다. 크로와 그의 동료들은 포유류 세포에 트레할로스를 집어넣는 방법을 알아내기 위한 연구를 계속했다. 그리고 몇 년 뒤 이 일에 성공했을 때, 크로는 인류가 드디어 곰벌레의 비범한 능력을 획득했음을 깨달았다.

예를 들어, 병원 내 혈소판의 유통 기한은 3~5일이다. 병원과 적십자사에서 거의 쉼 없이 헌혈 캠페인을 벌이는 까닭이 여기 있다. 하지만 트레할로스로 보존한 혈소판은 몇 달을 간다. 크로는 한 학회에서 이렇게 말했다. 〈누군가 교통사고를 당하면, 구급대원들이 조수석 사물함을 열고 《본인의》 혈소판이 보존된 붕대를 꺼내서 상처가 난 모든 곳에 붙일 수 있을 겁니다.〉 현재 몇 개 회사가 이 기술에 공을 들이고 있다. 이 모든 일이 아주 작은 동물의 능력에 대한 경탄에서 출발했다. 그리고 이 모든 것은 고등학교에서 시작되었다.

활동 기회 의식의 확대

생물학에서 도전 과제로 가는 순서는, 염두에 둔 특정한 공학의 도전 과제 없이, 〈기회 의식〉이 있을 때 잘 작동한다. 또한 저연령 학생들과 진행할 때 특히 효과적이다. 어린 학생들은 대체로 인류가 직면한 도전 과제에 대해 감각이 덜 발달했기 때문이다. 예를 들어, 아주 어린 학생들은 흥미를 끌거나 깊은 인상을 받은 생물에서 영감을 받아, 슈퍼 히어로의 장비, 차량, 은신처 등이 이런 능력을 갖추도록 설계한다. 스파이더맨 풍이다. 아니면, 적용 범위를 넓혀서, 학생들에게 가장 좋아하는 생물과 활동을 하나씩 고르게 한 다음, 선택한 생물의 능력이 활동을 어떻게 개선할 수 있을지 상상해 보도록 할 수도 있다.

한 선생님은 자연에서 영감을 받은 엔지니어처럼 생각하는 데 어려움을 겪는 한 학생과 이 활동을 했다. 학생은 첫 번째 질문에 낙타, 두 번째 질문에는 미식축구라고 답했다. 그러고는 갑자기 좋은 생각이 떠오른 듯 미소를 띠고, 세 번째 질문에 미식축구 선수들이 경기장에서 목마를 때 마실 물을 담은 헬멧이라고 답했다. 생물학에서 도전 과제로 가는 접근법의 전체적 구성은, 우선 자연의 천재성을 발견하고 (말했던 것처럼), 두 번째로, 사람들은 언제 X를 할 필요가 있는지 자문하는 것이다. 이어지는 내용의 초등학교 5학년생과 고양이는 이런 접근법의 완벽한 사례를 제공한다.

아이디어의 설계와 발표

학생들이 자연에서 영감을 받아 스스로 아이디어를 구상하기 시작하면, 완전히 새로운 방식으로 혁신에 접근하라고 요구하라. 인간 정신의 힘과 생물학 아이디어의 세계, 지구상에서 가장 창조적인 이 두 힘을 결합하는 것보다 효과적인 접근법은 없다.

활동 아이디어의 설계
학생들은 영감을 주는 생물학 모형을 파악하기도 전에 빨리 해결책으로 도약할 수 있었듯이, 이제 그 모형들이 있으니 해결책으로 빨리 도약하려 할 것이다. 이때 시간과 노력이 많이 드는 작업을 하면 생물에서 영감을 받은 디자인 개념이 거의 저절로 만들어질 수 있다.

학생들에게 자신의 첫 디자인 개념을 그림으로 나타내라고 한다. 때로는 그것이 여러분 학생들이 할 수 있는 최선일 수도 있지만, 이 일은 꽤 인상적이다. 그리고 자연에서 영감을 받은 공학의 핵심인 유추를 드러낼 수 있다. 그것이 다른 무엇보다 당신이 정말로 보고 싶어 하는 인지 과정임을 기억하라.

예를 들어, 뉴욕주의 초등학교 3학년생 일라이자 H.Eliza H.의 그림은 알츠하이머병이 있는 할머니가 집안에서 움직이는 모습을 보여준다. 일라이자는 재치를 발휘해, 할머니가 민달팽이처럼 뒤에 흔적을 남기는 슬리퍼를 신었다고 상상했다. 할머니는 그것을 이용해 침실이나 부엌으로 돌아갈 길을 찾을 수 있을 것이다. 그 단순한 그림은 매우 많은 것을 드러낸다. 도전 과제에 관한 관심, 자연의 독창성, 유추의 통찰을 통한 과제 해결, 여기에 더해 마음 따뜻해지는 공감 능력까지.

생물의 전략을 더 깊이 연구해서 자연이 어떻게 일하는지 더 많이 알아내려고 노력하는 것은 종종 도움이 된다. 이 일은 훨씬 더 폭넓고 깊이 있는 해결 가능성을 고려하도록 학생들에게 영감을 줄 수 있다. 식물 잎에서 영감을 받은 태양 전지는 여러 개가 겹친 엽록체의 틸라코이드 막처럼 커다란 표면적을 갖도록 재설계하기 전까지는 상업 측면에서 경쟁력이 없었다.

하지만 때로는, 생물학 모형 하나만으로도 충분히 바른길로 나아갈 수 있다. 나는 켄 필립스에게 두피의 해부학 구조와 기능이 헬멧의 실제 디자인을 잡는 데 도움이 되었느냐고 물었다. 「방해가 되었지요.」그는 단호히 말했다. 필립스는 그 원인이, 두피의 해부학 구조를 더 연구하자 두피 섬유 조직은 신축성이 없음이 드러났기 때문이라고 설명했다. 그래서 한동안 그들은 이런 구조를 본떠서 신축성 없는 피막을 만들려고 노력했지만, 그것은 효과적이지 않았다. 좀 더 연구하자 신축성이 있는 부분은 얼굴에 붙어 있는 근육이라는 사실이 드러났다. 하지만 물론, 이런 구조는 헬멧에서 실제로 구현할 수 없었다. 결국 그들은 처음으로 돌아가 신축성 있는 피막을 포함하는 디자인을 만들었다.

요점은 자연의 모형이 사람의 설계를 완전히 정의하는 게 아니라, **영감을 주는 것**이다. 아이디어는 자연에서 복사해 붙여 넣는 게 아니라, 추출하는 것이다. 사람의 과학 기술에 적용하는 과정에서, 사물들은 종종 생물계의 원형과 약간, 또는 매우 다른 방식으로 일하게 된다. 윌버 라이트는, 날개를 비틀어 옆에서 부는 바람에 맞서 안정을 유지하는 터키콘도르를 통해 비행기 개발을 위한 중요한 통찰을 얻었다. 현재 그 일은 주익에 붙어 있는 보조익이라는 작은 날개를 통해 이루어진다. 그리고 보조익은 비틀어지는 게 아니라 위아래로 움직인다. 때로는 자연물의 가장 일반적인 아이디어만 기술적인 적용으로 이어진다. 개미들을 통해 수직 건축의 가치를 이해하는 것이 좋은 사례다. 공학에 대한 이런 접근을 **자연을 바탕으로 하는** 것이 아니라 **자연에서 영감을 받은** 방식이라고 하는 까닭이 여기 있다. 그 과정에 사람의 창조성과 재치가 꼭 필요한 까닭이기도 하다.

활동 시제품 만들기

학생들이 그림을 그리는 것에서 나아가, 자기 디자인의 시제품이나 일부분의 모형을 만들어 본다면 정말 좋을 것이다. 시제품을 만드는 동안, 완전히 새로운 기량, 인지 능력, 그리고 보상이 작동하기 시작한다. 판지로 형태나 작동 구조를 사려 깊게 재현한 실물 입체 모형은 디자인 개념을 매우 정교하게 보여 준다. 사출 성형 폴리카보네이트도, 3D 프린팅도 필요 없다.

예컨대 프랑스의 한 고등학교 학생 모임에서는 날씨가 나빠질 때 피난처로 쓸 수 있는 극지방 탐험용 썰매의 개념을 구상했다. 그들은 놀랍게도, 화단에서 종종 발견되는 공벌레*Armadillidium vulgare*(콩벌레라고도 한다)에서 영감을 얻었다. 공벌레는 곤충이 아니라 갑각류인 쥐며느리의 일종으로, 딱정벌레보다 가재와 더 가까운 친척이다. 공벌레는 위협을 받으면 몸을 동그랗게 말아서 안쪽 부분을 보호한다. 이는 판판한 물체를 빠르게 피난처로 변형하기에 꼭 알맞은 특징이다. 학생들은 죽은 공벌레의 비늘 크기, 그리고 비늘들이 서로 얼마나 겹치는지를 정밀하게 측정해서, 판지와 알루미늄 포일로 제대

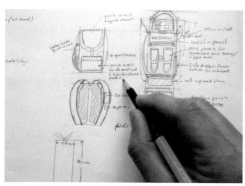

스케치와 시제품.
스케치와 시제품 제작은 공학의 과정상, 아이디어를 명확히 하고 그것에 대해 다른 사람들과 의사소통하는 능력을 길러준다는 면에서 고유한 가치가 있다. 그것은 화려할 필요가 없다. 두꺼운 종이와 테이프로도 충분한 효과를 거둘 수 있다.

inflation/deflation
tube or pump

기능을 갖춘 시제품은 시험해 볼 수 있다.
고양이에서 영감을 받아 웃옷을 발명한 학생은 공기 주입/방출 튜브 또는 펌프를 사용한 단순한
시제품(비닐 소재로 공기를 채울 수 있게 만든 공간)을 이용해서 다른 단열재와 공기의 성능을
대조해 볼 수 있었다.

로 작동하는 썰매 모형을 만들어 냈다. 일정한 비율로 축소한 모형이
둥글게 말리는 것을 보여 주면, 그 디자인 고유의 우수성과 유효성을 제
대로 전달할 수 있다. 시제품 제작의 중요성을 확실히 보여 주는 사례다.

시제품의 또 다른 훌륭한 점은 시험해 볼 수 있다는 것이다. 텍
사스주의 초등학교 5학년생 숀Sean은 자기 고양이가 추운 날 아침마
다 털을 세우는 것을 알아차렸다. 그리고 고양이가 이 방법으로 털 사
이에 제 몸의 열을 더 많이 붙잡아 둬서 몸을 더 따뜻하게 한다는 사
실을 알게 되었다. 그 뒤 숀은 영리한 고양이에서 영감을 받아 특별한
웃옷을 설계했다. 추운 날에는 공기를 더 많이 집어넣고, 따뜻한 날에
는 공기를 뺄 수 있는 디자인이었다. 너무 간단한 디자인 개념이라서,
그전에 아무도 생각하지 못했다는 게 신기할 정도다! 그것은 또한 생
물학에서 도전 과제로 향하는 설계의 훌륭한 사례이기도 하다. 숀은
열 전구와 온도계, 그리고 공기를 주입한 비닐 막으로 된 간단한 시제
품을 이용해서, 폴리에스터 섬유 충전재 같은 다른 단열재와 공기의
성능을 대조 시험했다. 시험 결과 모든 단열재 중 공기의 성능이 가장
좋았다.[242] 고양이에서 영감을 받은 웃옷이라는 숀의 독창적 개념은
최근 상업화에 성공했다.

활동 지속 가능성을 위한 설계

고연령 학생들에게는, 번성의 다섯 가지 요소 분석 틀(6장을 참고하라)을 이용해서 자신의 디자인이 지속 가능한지 생각해 보고 평가하게 한다. 그들의 새로운 물건을 만드는 재료는 어디서 오는가? 이 재료들을 가공하는 데 필요한 에너지와 화학 작용은 어떤가? 그리고 사람들이 사용을 끝내면 그 모든 것은 어디로 가는가? 이런 질문을 반영한 평가는 엔지니어를 위한 훌륭한 활동으로, 겸손한 태도와 함께, 아마도 다시 자연의 도움을 받아, 디자인을 개선하려는 열망을 불러일으킬 것이다.

활동 설계 발표

학생들에게 학급 급우 앞에서 각자 디자인을 발표하면서, 공학의 도전 과제를 펼쳐 보이고, 배경 상황을 제공한 다음, 설계 과정을 설명하도록 한다. 그리고 그림과 시제품을 사용해서 아이디어의 용례를 보여 주도록 한다. 학생들은 이 방법으로 모든 활동을 종합하고, 작업한 내용을 처음부터 끝까지 보여줄 수 있다.

이 아이디어 발표 활동의 청중은 가족, 학교의 다른 학생들, 상공 회의소, 시의회 등으로 넓힐 수 있다. 학생들이 알아보고 적용한 영감으로부터 이익을 얻을 수 있는 집단이면 어디든 좋다.

　　여러분은 심지어 설계 과정에서, 자연에서 영감을 받은 아이디어를 활용한 디자인 과제를 다루는 화상 회의를 통해, 여러분 학급 학생들이 세계 다른 지역 학생들과 협력하도록 활동 범위를 넓힐 수도 있다. 이런 활동을 통해 학생들은 세계 다른 지역, 그 지역 사람들이 직면한 문제들, 설계상의 해결 방법들에 관해 배우고, 그것들을 공유함으로써, 생물학과 설계를 연결하고 지역 사회와 지역 사회를 연결할 수 있다. 또한 발표 내용에 이런 국제적인 시각을 포함하여 청중의 인식을 확장할 수도 있다. 가능성은 끝이 없다. 그 보상도 마찬가지다.

자연에서 영감을 받은 설계 단계의 요약

자연에서 영감을 받은 공학을 활용한 학생 주도 프로젝트의 활동 단계들을 소개하면서 내용을 끝맺으려 한다.

- 1단계. 공학의 도전 과제와 기회를 확인한다.
- 2단계. 기본적인 기능의 용어로 번역한다.
- 3단계. 흥미로운 생물학 모형을 발견한다.
- 4단계. 설계하고, 시험하고, 최적화한다.

그 과정의 기본 틀은 매우 간단하다. 그리고 생물학에서 출발해서 자연의 아이디어를 공학의 기회에 적용하는 경우는(존 크로의 곰벌레, 슌의 고양이 웃옷처럼), 1단계와 3단계를 맞바꾸면 된다. 학생들은 흥미로운 생물학 모형(고양이의 털을 세우는 습성)에서 시작해서, 그 능력을 단순한 기능의 용어로 번역하고(공기의 부피로 온도를 조절한다), 공학의 도전 과제를 확인하고(온도를 조절하는 의류), 설계하고, 시험하고, 최적화할 수 있다(부풀어 오르는 웃옷).

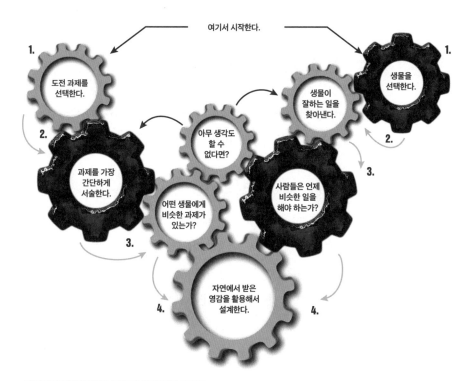

여기서 시작한다.

1. 도전 과제를 선택한다.

1. 생물을 선택한다.

2. 과제를 가장 간단하게 서술한다.

2.

생물이 잘하는 일을 찾아낸다.

아무 생각도 할 수 없다면?

3. 사람들은 언제 비슷한 일을 해야 하는가?

어떤 생물에게 비슷한 과제가 있는가?

3.

4. 자연에서 받은 영감을 활용해서 설계한다.

4.

자연에서 영감을 받은 공학의 설계 과정 개념도

　　이 장에서는 이 설계 과정의 단계들에 관한 많은 이론적 아이디어를 다루었다. 하지만 학생들에게는 초기에 기본 틀을 보여 주기만 하고, 그 뒤 각 단계에서 필요하면 도움을 받도록 한다. 다음은 지금까지 논의한, 설계 과정의 각 단계를 뒷받침하는 몇 가지 활동과 접근 방식들이다.

- 공학의 도전 과제와 기회를 확인한다.
  - 도전 과제와 기회에 관한 일지 작성
- 도전 과제를 기본적인 기능의 용어로 번역한다.
  - 간단한 번역 연습
- 유망한 생물학 모형을 발견한다.

- 자연의 재능에 관한 일지 작성
- 자연의 기능적 능력에 관한 독후 활동 보고서 작성
- 자연의 기능적 능력에 관한 독창적 연구 프로젝트 수행
- 도전 과제를 생각하고 밖에 나가기(즉, 기능 연결하기)
- 생물학자들과 아이디어에 관해 의사소통하기

한 학기, 아니 단 한 시간 동안이라도, 자연에서 영감을 받은 공학을 다루는 모든 활동은 학생들의 설계 프로젝트로 막을 내려야 한다. 배운 것을 적용해서 자기 주도 활동을 할 수 있는가는, 처음부터 학습한 모든 것을 평가하는 중요한 시험대다.

더욱이, 완벽한 성공을 거두지 못할지라도, 그 노력만큼은 여러 측면에서 중요한 경험이다. 우선, 학생들이 노력하면서 느끼는 자신감은 그 자체가 보상이다. 또한 그 과정에서 겪는 어려움은 학생들에게 어떤 도움이 필요한지, 교육 과정의 어느 부분을 더 고려하고 개선해야 하는지를 낱낱이 드러낸다.

여러분은 마침내, 학생들이 자연에서 영감을 받은 엔지니어가 되는 과정의 첫걸음을 떼면서, 배운 모든 것을 취합할 기회를 제공할 것이다. 더 중요한 것은, 학생들이 인류의 과학 기술에 대한 열망을 키우고, 우리가 속한 매혹적인 생물계의 진가를 알아보게 한다는 점이다. 자연에서 영감을 받은 공학과 관련한 자기 주도 프로젝트에 학생들을 참여시키는 일은 커다란 변화를 불러일으킬 수 있다. 텍사스주의 초등학교 5학년생 숀이, 고양이에서 영감을 받은 웃옷을 만들어 낸 설계 대회에 참가한 뒤 무어라고 했는지 읽어보시라.

고등학교를 졸업한 뒤에는 공학 학위를 따고 싶습니다. 내 목표는 고등학교를 마치기 전에 전 지구적 문제 몇 가지를 해결하는

것입니다. 예를 들어, 텍사스주에 처음 정착한 사람들은 나무와 들소 똥을 연료로 썼습니다. 그들은 발밑에 석유가 있다는 사실을 몰랐습니다. 바로 지금 우리가 그럴지도 모릅니다. 주변에 우리가 깨닫지 못한 에너지원이 잠재해 있을 수 있습니다. 찾아보면, 우리 주위에 38억 년을 이어온 자연의 해법을 이용해서 환경을 해치지 않을 에너지에 대한 답이 있을 것입니다. 나는 계속 찾아볼 계획입니다.

맺는말

결국 우리는 이 책을 연 질문으로 다시 돌아간다. 청소년에게 어떻게 공학을 가르칠까? 나는 자연에서 영감을 받은 접근법이 교육자들에게 분명 가치 있는 선택지임을 입증하려 노력했다. 나 자신은 교육자로서 이 일을 시작하지 않았다. 나는 원래 생태학을 전공했고, 필리핀에서 평화 봉사단으로 일하는 동안 수행한 황금볏과일박쥐 보호의 필요성에 관한 연구로 석사 학위를 받았다. 나는 지역 청소년에게 생물 다양성을 주제로 강연하고 생태학 캠프를 이끄는 동안, 이 세상의 온갖 과학 지식으로도 자연계에 끼치는 인류의 부정적인 영향을 바로잡을 수 없으리라는 것을 깨닫기 시작했다.

미국으로 돌아온 직후, 나는 자연에서 영감을 받은 기술 혁신이 폭발적으로 발전한 것을 처음 알았다. 나는 당황했다. 내가 여기서 생태학 연구에 빠져든 것은, 자연을 사랑하고 인간이 지배하는 세계를 벗어나고 싶기 때문이었다. 그런데 이번에는 자연이 나를 다시 희망 가득한, 인간 세계로 인도한 것이다. 나는 깨달았다. 교육자로서, 우리가 인류를 위해 할 수 있는 가장 훌륭한 일은, 세계를 개선하고 더 충만한 삶을 살기 위한 열정과 기량을 북돋울 정보와 경험을 학생들에게 제공하는 것임을. 자연에서 영감을 받은 공학 교육의 접근법은 이런 목표를 추구하기에 더할 나위 없이 좋은 수단이다.

우선, 자연에서 영감을 받은 접근법으로 청소년에게 공학을 가르치는 것은, 평생 지속할 수 있는 강력한 방법으로 그들을 자연에 다시 연결해 줄 기회이다. 여기에는 두 가지 까닭이 있다. 첫째, 자연에서 영감을 받은 공학이 자연계의 경이를 매우 흥미롭게 탐구하는 방법이기 때문이다. 둘째, 학교 환경에서 정규 교육 과정의 한 부분으로, 다시 말해 제한적이고 값비싼 수학여행에 기대지 않고 그 활동을 수행할 수 있기 때문이다. 학교는 대다수 청소년이 대부분의 교육 시간을 보내는 곳이다. 따라서 여러분은 아스팔트로 덮인 곳에서든, 다른 이유로 혜택을 받기 힘든 환경에서든, 이 방법으로 거의 모든 청소년에게 다가갈 수 있다. 자연에서 영감을 받은 공학 교육이 모든 청소년에게 닿을 수 있다는 뜻이다.

이와 동시에, 자연에서 영감을 받은 공학의 접근법은 청소년들이 관련 분야로 나아가도록 장려하는 효과가 있다. 우선, 오늘날의 엔지니어들은 자연에서 영감을 받은 공학의 접근법을 대학에서 교육받고 있다. 그것은 또한 기업들이 이런 학생들을 선호하는 배경이 된다. 공학이나 여타 STEM 분야 진로를 염두에 둔 청소년에게는, 자연에서 영감을 받은 접근법이 진학과 진로를 준비하는 유망한 경로가 될 수 있다.

똑같이 중요한 또 다른 이유는, 자연에서 영감을 받은 공학에는 학생뿐만 아니라 교사까지 사로잡는 매력이 있다는 것이다. 내가 만나본 많은 선생님은 전형적인 〈학습자〉, 즉 흥미롭고 새로운 것을 배우는 데서 삶의 보람을 찾는 사람들이었다. 자연에서 영감을 받은 혁신을 거의 15년 동안 연구하고 있지만, 나는 지금도 끊임없이 매혹적인 것들을 새로 배우고 있다. 자연과 과학 기술의 **창조적 결합**보다 큰 게 뭐가 있으랴? 공학에 대한 이 접근법은 절대 여러분을 지치게 하지도, 구식이 되지도 않을 것이다. 그것은 여러분을 계속 의욕과 열정으로 충만하게 할 것이다. 여러분의 삶의 질은 물론, 여러분 학생의 성공에도 지극히 중요한 부분이다.

지금은, 열 살 어린이도 식탁에 앉아 간식을 먹으면서, 무료 온라인 데이터베이스에서 수천 년에 걸쳐 기록된 인류의 생각에 대한 종합적인 정보를 검색할 수 있다. 그리고 같은 열 살 어린이는 1980년대 나사 과학자들이 꿈꾼 것보다 세련되고 강력한 컴퓨터 모델링 도구를 활용해서 새로운 무언가를 발명할 수도 있다. 이 어린이가 만든 새롭고 쓸모 있는 장치의 설계 정보는 전선, 위성, 전파를 통해 지구 반대편까지 전달될 수 있다. 그곳에서 그 장치를 3D 프린터로 대량 생산한 다음 전 세계 소비자에게 보내주면, 소비자들은 물품 대금을 원격으로 치러서, 그 어린이의 학비 계좌를 채울 수 있다. 과학 기술 분야의 작가, 파간 케네디Pagan Kennedy가 말했듯이, 〈우리는 발명의 장벽이 전에 없이 무너지고 있는 역사적 시점에 와 있다.〉[243]

그런데 이 모든 과학 기술의 잠재력은 우리를 어디로 데려가는 걸까? 정말 중요한 질문이다. 엔지니어, 디자이너, 그리고 건축가 들은 상상력과 열망의 힘으로 우리 세계에 영향을 준다. 지금까지 자연에서 영감을 받은 공학이 이룬 성공은, 자연이 일하는 방식이 인류를 지속적인 혁신이란 목적지로 가장 잘 인도하리라는 것을 논리적으로 강력히 시사한다. 자연은 우리가 아는 한, 영구히 번성하는 세계의 유일한 표본이다. 한편, 우리는 무한히 호기심을 자극하는 자연 현상에서 아름다움, 의미, 그리고 동기를 찾도록 설계되었다. 기술에 대한 자연의 현명한 조언이 없다면, 자연의 독창성과 효용성, 마법이 없다면, 인류는 가고 싶지 않은 기술의 종착지에 도달하고 말 것이다.

하지만 자연의 도움이 있으면 우리는, 자연계를 거스르는 대신 자연계와 함께 일하도록 설계하고, 〈상상력 그 자체〉를 구현하며, 모든 인류가 최대한 잠재력을 발휘하며 살도록 하는 인간 세계를 만들 수 있다. 이런 세계는 미래 세대에 영구히 심어 놓은 열망의 씨앗을 통해서만 나타난다.

선생님들은 그 과정의 가장 중요한 부분이다. 여러분의 작업이 없으면, 불티도 없고, 불꽃도 없다. 오직 어둠뿐이다. 자연에서 영감을 받은 공학 교육의 접근법은 청소년에게 인류의 과학 기술을 비판적으로 이해하고, 자연계를 소중히 여기고, 인류를 위해 건강하고 영속적인 공학을 실행하는 데 꼭 필요한 기량과 열망을 얻을 수 있게 해 준다.

나는 소망한다, 이 책을 덮은 다음 여러분이 바로 저 밖으로 나가기를, 인류 과학 기술의 꿈이 실현되어 우리를 기다리는 그곳으로 가기를.

참고 자료

자연에서 영감을 받은 공학 설계 교육 과정

• 자연 학습 센터
: 모든 〈자연에서 영감을 받은 공학〉 교육 과정의 마지막 수업을 참고할 것, 대상 학생의 연령대에 맞는 교육 과정을 선택한다. https://www.learningwithnature.org/
• 생물 모방 연구소의 자료
: https://toolbox.biomimicry.org/

청소년을 위한 설계 과제

기존의 설계 대회에 참가하는 것은 학생들의 흥미를 유발하는 좋은 방법이다. 인터넷 검색으로 다양한 것을 찾을 수 있다. 다음에 소개한 것들을 참고하라.
• 퍼스트 레고 리그
: https://firstlegoleague.or.kr/
• 생물 모방 연구소의 청소년 설계 과제
: https://youthchallenge.biomimicry.org/
• 구글 과학 박람회
: https://www.competitionsciences.org/competitions/google-science-fair/
• 미국 국립 공학 아카데미
: http://www.engineeringchallenges.org/

학생 작품 게시 공간

학생들은 종종 자신의 작품을 교실 밖 사람들이 볼 거라는 사실을 알고 있을 때 최선을 다한다. 학생들이 자신의 작품을 널리 발표하도록 하고, 자연 학습 센터 사이트에도 올릴 수 있다.
: https://www.learningwithnature.org/engineering-curricula/earth-innovators-gallery/

자연에서 영감을 받은 공학에 대해 자신만의 접근법을 만들기 위한 자료

• 자연 학습 센터
: www.LearningWithNature.org
• 생물 모방 연구소의 자료
: https://asknature.org/resources/sharing-biomimicry-with-young-people/#.W_xtfDhKipo, https://asknature.org/?s=&page=2&hFR%5Bpost_type_label%5D%5BO%5D=Resources&is_v=1#.W_xwdThKipq

주

1 벼룩 삽화는 1665년 로버트 훅Robert Hooke이 펴낸 혁신적인 저서
『마이크로그라피아』에서 가져왔다. 훅은 그 책(54장)에서 머릿니를 다음과 같이
묘사한다.

이 피조물은 누구나 한 번쯤은 접했을 만큼 주제넘게 나서기를 잘하고, 모든 사람의
모임에 마음대로 끼어들 만큼 부지런하고 뻔뻔하며, 서슴지 않고 가장 좋은 것을 짓밟고
왕이라도 된 것처럼 자신만만하고 열정이 넘친다. 이들은 매우 사치스럽게 먹고 사는데,
그래서인지 걸리적거리면 누구 귀라도 잡아당길 수 있을 만큼 건방지고, 피를 얻기까지는
절대 얌전해지지 않는다. 이들은 사람이 머리를 긁어도 그가 자신에 어떤 짓을 하려고
하는지 안다는 듯이 불안해하지 않는다. 그리고 그럴 때면 비록 자연스럽지 않지만, 더
누추하고 낮은 곳으로 살금살금 기어 사람 등 뒤로 달리기도 한다. 내 충직한 현미경,
머큐리가 이들에 대해 다른 정보를 가져다주지 않았다면, 이들은 나쁜 상태로 너무 잘
알려져 있으므로 내가 더 설명할 필요도 없었을 것이다(원문은 다음 웹 사이트에서
확인할 수 있다. https://en.wikisource.org/wiki/Micrographia/Chapter_54). 과학과
예술을 융합하기 어렵다고 생각한다면, 혹이 교훈이 되어 줄 것이다!

2 월트 휘트먼의 1865년 시, 『풀잎Leaves of Grass』, 허현숙 옮김(파주: 열린책들,
2011)로 번역 소개됨.

3 John Muir, 『*John of the Mountains: The Unpublished Journals of John Muir*』.
(Madison: University of Wisconsin Press, 1938).

머리말

4 Helms, M. E., Vattam, S., and Goel, A. "Compound analogical design, or how
to make a surfboard disappear", *Proceedings of the Annual Meeting of the Cognitive
Science Society, 30*(30), 781–786. 2008년 1월.

5 Claes, J. M., Aksnes, D. L., and Mallefet, J. "Phantom hunter of the fjords:
Camouflage by counterillumination in a shark(*Etmopterus spinax*)". *Journal of
Experimental Marine Biology and Ecology, 388*(1–2), 28–32. 2010.

6 Harper, R. D., and Case, J. F. "Disruptive counterillumination and its anti-
predatory value in the plainfish midshipman *Porichthys notatus*". *Marine Biology,
134*(3), 529–540. 1999.

1장

7 월터 아이작슨, 『스티브 잡스*Steve Jobs*』, 안진환 옮김(서울: 민음사, 2015)로 번역 소개됨.

8 나는 진화론의 전통과 이해를 바탕으로 이런 말을 하지만, 창조론자도 자연에서 영감을 받은 공학이 모든 면에서 교육과 혁신에 대한 귀중한 접근법임을 발견한다. 일부 매우 유명한 자연에서 영감을 받은 엔지니어들이 창조론자이며, 창조론인 많은 교육자가 자연에서 영감을 받은 공학 교육 과정을 교실에서 활용한다. 요점은, 자연의 독창적 설계가 진화 과정을 통해 이루어졌다고 믿든, 초지성 존재에 의해 나타났다고 믿든 중요치 않다는 것이다. 어느 경우든, 자연계의 독창적 설계에서 공학의 영감을 찾는 근거는 똑같이 유효하다.

9 DiLonardo, M. J. "Eleven beautiful examples of art inspired by science". (MNN.com, 2015). https://www.mnn.com/lifestyle/arts-culture/photos/11-beautiful-examples-of-art-inspired-by-science/leonardo-da-vinci. (2019년 6월에 검색).

10 Bell, A. G. "The Bell telephone: The deposition of Alexander Graham Bell, in the suit brought by the United States to annul the Bell patents". *American Bell Telephone Company*, 29. 1908. 참조.

Bell, A. G. "The telephone. A lecture entitled Researches in Electric Telephony". (delivered before the Society of Telegraph Engineers, October 31st, 1878). Edited by Frank Bolton and William Edward Langdon. (London: E. & F. N. Spon. 1877). 참조.

11 Fleming, A. "On the antibacterial action of cultures of a penicillium, with special reference to their use in the isolation of B. influenzae". *British Journal of Experimental Pathology, 10*(3), 226. 1929.

12 공학에 흥미를 느낀다고 답한 학생의 비율 자료 출처:
캘리포니아주 로너트 파크, 크레도 고등학교 교사 티파니 로버츠Tiffany Roberts가 2014년에 시행한 조사.

전국 평균 자료 출처:
https://www.dailyherald.com/assets/PDF/DA127758822.pdf. (2019년 6월 5일 검색).

13 캘리포니아주 로너트 파크, 크레도 고등학교 학생 평가. 2014년.

14 몬태나주 미줄라 카운티 헬게이트 고등학교 기술 설계 교사, 브라이언 후버의 허락을 받아 인용함.

15 Gallup Student Poll. "Engaged today—ready for tomorrow". (2015년 가을 설문 조사 결과, 2016). https://www.gallup.com/file/services/189863/GSP_2015KeyFindings.pdf. (2019년 6월 5일 검색).

16 Martinko, Katherine. "Children spend less time outside than prison inmates. Treehugger" (blog, 2016년 5월 25일). https://www.treehugger.com/culture/

children-spend-less-time-outside-prison-inmates.html (2019년 6월 7일 검색).

17 NGSS Lead States. "Next Generation Science Standards: For states, by states". National Academies Press. 2013. https://www.nextgenscience.org/.

18 Dhingra, Sonia. "What High School Engineering Taught Me, and How It Can Empower Other Girls". (Scientific American Online 2018). https://blogs.scientificamerican.com/voices/what-high-school-engineering-taught-me-and-how-it-can-empower-other-girls/?redirect=1 (2019년 5월 29일 검색).

19 예를 들어 다음을 보라.

Ryan, R. M. and Deci, E. L., "Self-determination theory and the facilitation of intrinsic motivation, social development, and well-being". *American psychologist*, 55(1), p. 68. 2000.

20 Heiden, E. O., Cornish, D. L., Lutz, G. M., Kemis, M., and Avery, M. "Iowa STEM Monitoring Project: 2012–2013 summary report". (University of Northern Iowa, Center for Social and Behavioral Research. 2013).

21 Munce, R., and Fraser, E. "Where are the STEM students? MyCollege Options and STEMconnector". (STEMconnector, 2013). https://www.dailyherald.com/assets/PDF/DA127758822.pdf. (2019년 6월 5일 검색).

22 Crawford, Mark. "Engineering Still Needs More Women. American Society for Mechanical Engineers". (2012). https://www.asme.org/career-education/articles/undergraduate-students/engineering-still-needs-more-women. (2019년 6월 5일 검색).

2장

23 토머스 에디슨 인용문 출처:

Thomas Edison. Wikiquote. https://en.wikiquote.org/wiki/Thomas_Edison (2019년 6월 5일 검색).

24 옥스퍼드 영어 사전, 위키피디아의 "Engineering" 항목(게시일 불명)에서 인용, https://en.wikipedia.org/wiki/History_of_engineering. (2019년 6월 5일 검색).

25 Knight, M., and Cunningham, C. "Draw an engineer test (DAET): Development of a tool to investigate students' ideas about engineers and engineering". *ASEE Annual Conference and Exposition, 2004*, Session 2530. 2004.

26 이것과 관련된 흥미로운 연구 사례:

Nakai, T., Nakatani, H., Hosoda, C., Nonaka, Y., and Okanoya, K. "Sense of accomplishment is modulated by a proper level of instruction and represented in the brain reward system". PloS One, 12(1), e0168661. 2017. https://journals.plos.org/plosone/article?id=10.1371/journal.pone.0168661.

27 Original Design Challenge. "Peter Skillman marshmallow design challenge". (유튜브, 2014). https://www.youtube.com/watch?v=1p5sBzMtB3Q. 2014년 1월 27일.

28 Johnson, S. *Where good ideas come from: The seven patterns of innovation* (London: Penguin UK. 2011).

29 제임스 고든 또한 다음과 같이 이 주제를 강조하고 있다.

산업 혁명을 특징짓는 과거와의 단절은 진보에 필수 불가결하다고 여겨졌다. 따라서 대다수 엔지니어는 지적으로 자급자족하는 세계에 살았다. 의학이나 생물학 같은 여타 현대 과학 분야에서 영감을 얻거나 경고받는 일은 거의 일어나지 않았다. 식물과 동물은 진화의 투쟁에서 실로 성공을 거두었지만, 엔지니어들은 그들에게 어떤 배울 점이 있다고 생각지 않았다.

30 Poverty Bay Herald, Volume X1vii, Issue 15302, (25 August 1920). https://paperspast.natlib.govt.nz/newspapers/PBH19200825.2.42. (2019년 6월 5일 검색).

Skeptics Stack Exchange. https://skeptics.stackexchange.com/questions/9423/did-charlie-chaplin-lose-a-charlie-chaplin-look-alike-contest. (2019년 6월 5일 검색). 참조하라.

또 다른 좋은 사례: 가장 크게 소리를 지른 세계 기록은 한 여성이 〈조용히!〉라고 외친 것이다. 학교 교사였던 이 여성의 고함은 121.7데시벨을 이르렀는데, 이는 제트 엔진이나 록 콘서트의 소음과 같은 수준이다.

Belfast Telegraph Digital. https://www.belfasttelegraph.co.uk/news/northern-ireland/worlds-loudest-shout-belongs-to-northern-ireland-teacher-28559417.html. (2019년 6월 5일 검색).

31 토시 후카야 인용문:
개인 서신, 2018년 8월 1일.

32 Irschick. D. J., Austin, C. C., Petren, K., Fisher, R. N., Losos, J. B., and Ellers, O. "A comparative analysis of clinging ability among pad-bearing lizards". *Biological Journal of the Linnean Society, 59*, 21–35. 1996.

33 이런 등치는 수학식으로 찾아냈다. 이론적으로 토케이 도마뱀붙이 한 마리는 약 133킬로그램의 무게를 지탱할 수 있다.

Scientific American. "How do gecko lizards unstick themselves as they move across a surface?". https://www.scientificamerican.com/article/how-do-gecko-lizards-unst/. (2019년 6월 5일 검색).

그리고 이 도마뱀붙이 발의 표면적은 227제곱밀리미터이다.

Sun, W., Neuzil, P., Kustandi, T.S., Oh, S. and Samper, V.D., "The nature of the gecko lizard adhesive force". *Biophysical Journal, 89*(2), pp. L14–L17. 2005. https://www.ncbi.nlm.nih.gov/pmc/articles/PMC1366649/.

평균적인 성인 남자에게 이런 능력이 있다면 손과 발의 표면적

120,000제곱밀리미터로 약 70,000킬로그램이 넘는 무게를 지탱할 수 있다.

Kaye, R., and Konz, S. "Volume and surface area of the hand". *Proceedings of the Human Factors Society Annual Meeting, 30*(4), 382–384. 1986. Birtane, M., and Tuna, H. "The evaluation of plantar pressure distribution in obese and non-obese adults". *Clinical Biomechanics, 19*(10): 1055–1059. 2004.

이는 대략 우주 왕복선의 무게와 같다.

The Measure of Things. http://www.bluebulbprojects.com/MeasureOfThings/res ults.php?comp=weight&unit=lbs&amt=150000&sort=pr&p=1). (2019년 6월 5일 검색).

34 이 분야에 관해서는 활발한 연구와 논쟁이 진행 중이다(다음 단락을 참고하라). 나는 이런 이유로 관련 메커니즘을 일반화했다. 여러분이 고려하는 원자 사이의 힘이 무엇이든, 도마뱀붙이 발을 이루는 원자들(좀 더 구체적으로 말하면 전자들)은 그들이 걷고 있는 표면의 원자들과 〈결합한다.〉(상호작용, 또는 이동을 통해서) 유의할 점은 이 결합이 화학적인 이온 결합이나 공유 결합이 아닌 물리적 결합이라는 것이다.

Izadi, H., Stewart, K. M. E., and Penlidis, A. "Role of contact electrification and electrostatic interactions in gecko adhesion". *Journal of the Royal Society Interface, 11*(98): 20140371. 2014.

Autumn, K., Sitti, M., Liang, Y. A., Peattie, A. M., Hansen, W. R., Sponberg, S., Kenny, T. W., Fearing, R., Israelachvili, J. N., and Full, R. J. "Evidence for van der Waals adhesion in gecko setae". *Proceedings of the National Academy of Sciences, 99*(19), 12252–12256. 2002.

35 Sun, W., Neuzil, P., Kustandi, T. S., Oh, S., and Samper, V. D. "The nature of the gecko lizard adhesive force". *Biophysical Journal, 89*(2), L14–L17. 2005.

36 이에 관한 훌륭한 동영상:

Autumn, K., Niewiarowski, P. and Puthoff, J. B. "Gecko Adhesion as a Model System for Integrative Biology, Interdisciplinary Science, and Bioinspired Engineering: Video 3". *Annual Review of Ecology, Evolution, and Systematics*. 2014. Vimeo. https://vimeo.com/105308288. (2019년 6월 5일 검색).

37 Jay Boreham. "Dye spill stains Auckland harbour". (2013). http:// www.stuff.co.nz/national/8868412/Dye-spill-stains-Auckland-harbour. (2019년 6월 5일 검색).

38 NBC2 News. "Dye spill turns Fort Myers waterway red". http://www.nbc-2.com/story/34504528/dye-spill-turns-fort-myers-waterway-red. (2019년 6월 5일 검색).

39 Alexander Nazaryan, "A Town Plagued by Water". *New Yorker Magazine*. 2013. https://www.newyorker.com/tech/elements/a-town-plagued-by-water. (2019년 6월 5일 검색).

40 Danielle LaRose. "To Dye For: Textile Processing's Global Impact". 2017. https://www.carmenbusquets.com/journal/post/fashion-dye-pollution. (2019년 6월 5일 검색).

41 위의 책.

42 David Suzuki Foundation. "The Dirty Dozen: Coal Tar Dyes". https:// davidsuzuki.org/queen-of-green/the-dirty-dozen-coal-tar-dyes/. (2019년 6월 5일 검색).

43 Halimoon, N., and Yin, R. G. S. "Removal of heavy metals from textile wastewater using zeolite". *Environment Asia, 3*, 124–130. 2010.

44 Luke, S.M. and Vukusic, P., "An introduction to biomimetic photonic design". *Europhysics news, 42*(3), pp. 20–23. 2011. https://www.europhysicsnews.org/ articles/epn/pdf/2011/03/epn2011423p20.pdf.

45 Transmaterial. (2010). http://transmaterial.net/morphotex/. (2019년 6월 5일 검색).

46 Keller, M., Neumann, K., and Fischer, H. E. "Teacher enthusiasm and student learning". 247–249 in Hattie, J. and Anderman, E.M. eds., 2013. *International guide to student achievement*. (Milton Park, Abingdon-on-Thames: Routledge, 2013).

Patrick, B. C., Hisley, J., and Kempler, T. "<What's everybody so excited about?>: The effects of teacher enthusiasm on student intrinsic motivation and vitality". *Journal of Experimental Educational, 68*(3): 217–236. 2000.

3장

47 이 멋진 비유의 출처는 로마 아그라왈의 책이다.

Roma Agrawal, *Built: The Hidden Stories Behind our Structures*. (New York: Bloomsbury. 2018).

48 이 멋진 활동의 출처는 마리오 살바도리의 책이다.

Salvadori, M. *Why buildings stand up: The strength of architecture*. (New York: W. W. Norton & Company, 1990).

49 예를 들어, 유치원부터 초등학교 2학년에서 NGSS는 형태와 기능의 관계 탐구를 명시한다. 이 시기의 수행 기대에는 3차원 지지 구조에 많은 연결을 추가해서 〈간단한 그림을 그리거나 물리적 모형을 만들어서 사물의 형태가 문제 해결을 위해 필요한 기능에 어떤 도움을 주는지 설명할 수 있다〉는 것이 포함된다.

50 2017 Infrastructure Report Card. "American Society of Civil Engineers". https://www.infrastructurereportcard.org/cat-item/bridges/. (2019년 6월 5일 검색).

51 Sun, C. J., Chen, S. R., Xu, G. Y., Liu, X. M., and Yang, N. "Global variation and uniformity of eggshell thickness for chicken eggs". Poultry Science, 91(10), 2718–

2721. 2012.

달걀의 강도:

Ruth Milne, The Royal Society. (2017). The strength of eggs. https://phys.org/news/2017-01-strong-egg.html. (2019년 6월 5일 검색).

52 계산 자료 출처:

Monk, C. D., Child, G. I., and Nicholson, S. A. "Biomass, litter and leaf surface area estimates of an oak-hickory forest". *Oikos*, 1: 138–141. 1970년 1월.

53 제임스 E. 고든의 인용문 출처:

Delta Willis, "Naturally Inspired". (Natural History Magazine, 1996). https://www.questia.com/magazine/1P3-9284713/naturally-inspired. (2019년 6월 5일 검색).

54 Mattheck, C., Kappel, R., and Sauer, A. "Shape optimization the easy way: the ⟨method of tensile triangles⟩". *International Journal of Design and Nature and Ecodynamics, 2*(4), 301–309. 2007. https://www.witpress.com/Secure/ejournals/papers/JDN0204001f.pdf.

Mattheck, C., Kappel, R., and Kraft, O. "Meaning of the 45-angle in mechanical design according to nature". *WIT Transactions on Ecology and the Environment, 114*. 2008. edited by C. A. Brebbis and A. Carpi. *Design and nature IV: Comparing design in nature with science and engineering*. WIT Press, Vol. 4, p. 139. 2010. 재인쇄. https://www.witpress.com/Secure/elibrary/papers/DN08/DN08015FU1.pdf.

Mattheck, C., and Bethge, K. "The structural optimization of trees". *Naturwissenschaften, 85*(1), 1–10. 1998.

Mattheck, C. "Teacher tree: The evolution of notch shape optimization from complex to simple". *Engineering Fracture Mechanics, 73*(12), 1732–1742. 2006.

55 Mattheck, C., and Kubler, H. *Wood—The internal optimization of trees*. (Berlin: Springer, 1997), 37.

4장

56 생텍쥐페리의 인용문 출처:

Antoine Marie Roger De Saint Exupery. *Terre des Hommes*. (Scotts Valley: CreateSpace Independent Publishing Platform, 1939), p. 60.

57 폰 마이어의 인용문 출처:

von Meyer, G. H. "The classic: The architecture of the trabecular bone(tenth contribution on the mechanics of the human skeletal framework)". *Clinical Orthopaedics and Related Research, 469*(11), 3080. 2011.

58 뼈잔기둥의 구조가 쿨만의 공학적 접근법에 영향을 미친 것은, 폰 마이어 박사가

사람 뼈를 절단하는 동안 쿨만이 그를 방문하면서 이루어졌다. 쿨만은 뼈잔기둥을 보자마자 말했다. 「저게 내 크레인이에요!」

Thompson, D. W. *On growth and form*. (Cambridge: Cambridge University Press, 1942). p. 977.

폰 마이어 박사는 〈쿨만 교수의 감독하에 넙다리뼈 윗부분의 조직을 거의 모방한, 구부러진 변형 크레인의 드로잉 초안이 작성되었다.〉라고 썼다. 내 생각에 폰 마이어 박사는 쿨만이 넙다리뼈를 일부러 모방했다는 뜻이 아니라, 쿨만이 그린 응력 선이 우연히 넙다리뼈를 모방했다는 뜻에서 이런 말을 했을 것이다.

von Meyer, G. H. The classic: "The architecture of the trabecular bone (tenth contribution on the mechanics of the human skeletal framework)". *Clinical Orthopaedics and Related Research, 469*(11), 3079. 2011.

Skedros, J.G. and Brand, R.A., "Biographical sketch: Georg Hermann von Meyer (1815–1892)". Clinical Orthopaedics and Related Research®, *469*(11), p. 3072. 2011. https://www.ncbi.nlm.nih.gov/pmc/articles/PMC3183195/.

59 에펠탑의 무게와 재료 분석은 아티시 바티아의 훌륭한 기사 내용을 변용한 것이다.

Bhatia, Aatish. "What Your Bones Have In Common With The Eiffel Tower". Wired. 2015. https://www.wired.com/2015/03/empzeal-eiffel-tower/. (2019년 6월 5일 검색).

60 레오나르도 다빈치의 인용문 출처:

Da Vinci, Leonardo. *The Notebooks of Leonardo Da Vinci*, Vol. 2. (Mineola: Dover Publications, 1970), 126.

61 1990년대 미시간대학교 대학원생 제프 브레넌Jeff Brennan은 기쿠치 노보루Kikuchi Noboru 밑에서 의학 생물 공학을 전공하고 있었다. 그들은 뼈에서 관찰한 성장 패턴을 수학식으로 변환하는 일에 착수했다. 현재 브레넌이 경영자로 재직 중인, 미시간주에 본사를 둔 알테어 엔지니어링에서는 유명한 캐드 프로그램 옵티스트럭트에 이 알고리즘을 적용하고 있다.

62 알테어 웹 사이트에서 훌륭한 사례 연구들을 확인할 수 있다.

Altair. (게시일 불명), https://www.altair.com/optimization/ (2019년 6월 5일 검색).

63 Tom McKeag. "The Biomimicry Column". 2014. https://www.greenbiz.com/ blog/2014/08/05/how-nature-inspires-us-save-resources-shape-optimization. (2019년 6월 5일 검색).

64 Altair. (게시일 불명) https://www.altair.com/optimization/. (2019년 6월 5일 검색).

65 Altair. 2009. https://www.altair.com/NewsDetail.aspx?news_id=10331. (2019년 6월 5일 검색).

66 GreenBiz. 2014. https://www.greenbiz.com/blog/2014/08/05/how-nature-

inspires-us-save-resources-shape-optimization. (2019년 6월 5일 검색).

67 Nikolsky, E., Gruberg, L., Pechersky, S., Kapeliovich, M., Grenadier, E., Amikam, S., Boulos, M., Suleiman, M., Markiewicz, W., and Beyar, R. "Stent deployment failure: Reasons, implications, and short- and long-term outcomes". *Catheterization and Cardiovascular Interventions, 59*(3), 324–328. 2003.

68 Reducing Medical Stent Stress by 71%. (게시일 불명) https://www.altair.com/pd/customer-story/medtronic%2freducing-medical-stent-stress-by-71%25. (2019년 6월 5일 검색).

69 테이프 디스펜서 그림은 자연 학습 센터의 교사 연수 중에 교사 시모네 퍼디낸드Simone Ferdinand가 제출한 과제물이다.

5장

70 엘리자베스 토바 베일리의 인용문 출처:
엘리자베스 토바 베일리, 『달팽이 안단테*The Sound of a Wild Snail Eating*』. 김병순 옮김(파주: 돌베개, 2011년)으로 번역 소개됨.

71 Ng, T., Saltin, S. H., Davies, M. S., Johannesson, K., Stafford, R., and Williams, G. A. "Snails and their trails: The multiple functions of trail=following in gastropods". *Biological Reviews, 88*(3), 683–700. 2013.

72 찰스 다윈의 인용문은 베일리의 책에서 재인용함:
Bailey, E. T. *The sound of a wild snail eating.* (New York: Algonquin. 2016), pp. 98–99.

73 Lai, J. H., del Alamo, J. C., Rodriguez-Rodriguez, J., and Lasheras, J. C. "The mechanics of the adhesive locomotion of terrestrial gastropods". *Journal of Experimental Biology, 213*(22), 3920–3933. 2010. http://jeb.biologists.org/content/jexbio/213/22/3920.full.pdf.

74 Lang, N., Pereira, M. J., Lee, Y., Friehs, I., Vasilyev, N. V., Feins, E. N., Ablasser, K., O'Cearbhaill, E. D., Xu, C., Fabozzo, A., and Padera, R. A. "blood-resistant surgical glue for minimally invasive repair of vessels and heart defects". *Science Translational Medicine, 6*(218), 218ra6–218ra6. 2014.
Wikipedia. (게시일 불명). https://en.wikipedia.org/wiki/Dilatant#Applications. (2019년 6월 5일 검색).

75 Lee, Y. S., Wetzel, E. D., and Wagner, N. J. "The ballistic impact characteristics of Kevlar® woven fabrics impregnated with a colloidal shear thickening fluid". *Journal of Materials Science, 38*(13), 2832 (Table 3). 2003.

76 E. E. 커밍스의 인용문(밥 슈워츠의 1938년 시집 서문 일부) 출처:
Bob Schwartz. Always the beautiful answer. (2018). https://

bobmschwartz.com/2018/05/10/always-the-beautiful-answer/.

77 표면 구조로 인한 발수 현상은 연꽃의 연구 과정에서 처음 발견되었다. 다음은 중요한 초기 논문들이다.

Barthlott, W., and Neinhuis, C. "Purity of the sacred lotus, or escape from contamination in biological surfaces". *Planta, 202*(1), 1–8. 1997.

Neinhuis, C., and Barthlott, W. "Characterization and distribution of waterrepellent, self- cleaning plant surfaces". *Annals of Botany, 79*(6), 667–677. 1997.

78 Webster, G. Potential human health effects of perfluorinated chemicals(PFCs). National Collaborating Centre for Environmental Health. 2010년 10월. http://www.ncceh.ca/sites/default/files/Health_effects_PFCs_Oct_2010.pdf.

79 민들레 씨의 무게 계산 자료 출처:

Hale, A. N., Imfeld, S. M., Hart, C. E., Gribbins, K. M., Yoder, J. A., and Collier, M. H. "Reduced seed germination after pappus removal in the North American dandelion" (Taraxacum officinale; Asteraceae). *Weed Science, 58*(4), 420–425. 2010.

80 Tackenberg, O., Poschlod, P., and Kahmen, S. "Dandelion seed dispersal: The horizontal wind speed does not matter for long-distance dispersal—it is updraft!". *Plant Biology, 5*(5), 451–454. 2003.

이런 상승 기류가 없다면 민들레 씨는 초속 0.4~0.65미터로 땅에 내려앉을 것이다.

Andersen, M. C. "Diaspore morphology and seed dispersal in several wind dispersed Asteraceae". *American Journal of Botany, 80*(5), 487–492. 1993.

Azuma, A. "Flight of seeds, flying fish, squid, mammals, amphibians and reptiles". *Flow Phenomena in Nature, 1*, 88. 2007.

81 Wikipedia. (게시일 불명). https://en.wikipedia.org/wiki/Bernoulli%27s_principle. (2019년 6월 9일 검색).

82 John S. Denker. "See How It Flies". (게시일 불명) http://www.av8n.com/how/htm/airfoils.html. (2019년 6월 5일 검색)

83 Azuma, A., and Okuno, Y. "Flight of a samara, *Alsomitra macrocarpa*". *Journal of Theoretical Biology, 129*(3), 263–274. 1987.

84 하강 속도는 1초에 0.3~0.7미터이다.

Azuma, A. "Flight of seeds, flying fish, squid, mammals, amphibians and reptiles". *Flow Phenomena in Nature, 1*, 88. 2007.

85 Quora. 2016. https://www.quora.com/How-does-sweepback-improve-lateral-stability-of-an-aircraft. (2019년 6월 5일 검색).

Stack Exchange Aviation. (게시일 불명). https://aviation.stackexchange.com/questions/9287/how-does-wing-sweep-increase-aircraft-stability. (2019년 6월 5일 검색).

86 Bio-aerial locomotion. 2011. http://blogs.bu.edu/
biolocomotion/2011/09/25/gliding-vine-seeds/. (2019년 6월 5일 검색).

Azuma, A. "Flight of seeds, flying fish, squid, mammals, amphibians and reptiles".
Flow Phenomena in Nature, 1, 88. 2007. 참조하라.

Alexander, D. E. *Nature's flyers: Birds, insects, and the biomechanics of flight*.
(Baltimore: JHU Press), 50–51. 2004. 참조하라.

87 Cayley, G. "On aerial navigation". *Nicholson's Journal of Natural Philosophy*,
1810년 3월 10일.

88 Lentink, D., Dickson, W. B., Van Leeuwen, J. L., and Dickinson, M. H.
"Leadingedge vortices elevate lift of autorotating plant seeds". *Science, 324*(5933),
1438–1440. 2009.

6장

89 뮐러 외의 인용문 출처:
Moeller, C., Sauerborn, J., de Voil, P., Manschadi, A. M., Pala, M., and Meinke,
H. "Assessing the sustainability of wheatbased cropping systems using simulation
modelling: sustainability". *Sustainability Science, 9*(1), 1–16. 2014.

90 사용 중인 광산의 수:
The National Institute for Occupational Safety and Health. Statistics: All Mining.
(게시일 불명). https://www.cdc.gov/niosh/mining/statistics/allmining.html.
(2019년 6월 5일 검색).

인류는 매년 약 170억 톤의 광물을 채굴하는데, 여기에는 모든 화석 연료가 포함된다.
Reichl, C., Schatz, M., and Zsak, G. 2014. "World mining data". *Minerals
Production Inter-national Organizing Committee for the World Mining Congresses,
32*(1), 24.

이 양은 보크사이트나 콘크리트 구성 요소(자갈, 모래, 탄산칼슘)를 포함하지 않는다.
우리는 여기에 3억 톤의 보크사이트를 더할 수 있다.
Wikipedia. (게시일 불명). https://en.wikipedia.org/wiki/List_of_countries_by_bau
xite_production. (2019년 6월 5일 검색).

그리고 442억 톤의 콘크리트를 더할 수 있는데, 그중 400억 톤은 골재다.
http://www.freedoniagroup.com/World-Construction-Aggregates.html.
42억 톤은 시멘트(탄산칼슘)이다.
Freedonia. (2015). http://www.freedoniagroup.com/World-Cement.html.
(2019년 6월 5일 검색).

이 모든 양을 더한 값이 615억 톤이다.
91 매년 지각에서 680억 톤의 원료 물질이 채취되는데, 이는 136조 파운드에

해당한다. 그중 가장 많은 양을 차지하는 것은 콘크리트 골재로 사용하기 위해 분쇄한 암석이다. 콘크리트 골재의 무게는 1세제곱피트에 약 100파운드이다.

Kamran Nemati. (2015). http://courses.washington.edu/cm425/aggregate.pdf. (2019년 6월 5일 검색).

136조 파운드를 100파운드로 나누면, 1,360,000,000,000세제곱피트의 공간을 차지하는데, 이는 390억 세제곱미터, 즉 약 40세제곱킬로미터와 같다. 1세제곱킬로미터는 기자의 대피라미드 약 400개이다.

The Measure of Things. (게시일 불명). http://www.bluebulbprojects.com/MeasureOfThings/results.php?amt=1&comp=volume&unit=ckm&searchTerm=1+cubic+ki. (2019년 6월 5일 검색).

결국 지구에서는 매년 기자의 대피라미드 16,000개에 해당하는 물질이 채굴된다.

92 2017년 세계 전체 이산화탄소 배출량은 450억 톤이었다.

USA Today. "Global carbon dioxide emissions reach record high". (2017). https://www.usatoday.com/story/news/world/2017/11/13/global-carbon-dioxide-emissions-reach-record-high/859659001/. (2019년 6월 5일 검색).

그리고 세계 전체 온실 기체 배출량의 21퍼센트가 제조 과정에서 유래한다(따라서 제조업에서 95억 톤이 배출된다).

Environmental Protection Agency. "Greenhouse Gas Emissions". (게시일 불명). https://www.epa.gov/ghgemissions/global-greenhouse-gas-emissions-data. (2018년 11월 15일 검색).

매년 약 1,000만 톤의 독성 화학 물질이 주위 환경에 폐기된다.

Worldometers. (게시일 불명). http://www.worldometers.info/view/toxchem/. (2018년 11월 15일 검색).

93 CNN. "WHO: Imminent global cancer 〈disaster〉 reflects aging, lifestyle factors". (2014). https://www.cnn.com/2014/02/04/health/who-world-cancer-report/index.html. (2018년 11월 15일 검색).

94 The Guardian. "Biologists think 50% of species will be facing extinction by the end of the century". 2017. https://www.theguardian.com/environment/2017/feb/25/half-all-species-extinct-end-century-vatican-conference. (2019년 6월 5일 검색).

95 United Nations. (게시일 불명). https://www.unenvironment.org/interactive/beat-plastic-pollution/. (2018년 11월 15일 검색).

96 National Geographic. "Planet or Plastic?". (2017). https://news.nationalgeographic.com/2017/07/plastic-produced-recycling-waste-ocean-trash-debris-environment/. (2019년 6월 5일 검색).

97 Neufeld, L., Stassen, F., Sheppard, R., and Gilman, T. "The new plastics economy: Rethinking the future of plastics". In *World Economic Forum.*, 7. 2016.

2

8 Rochman, C. M., Tahir, A., Williams, S. L., Baxa, D. V., Lam, R., Miller, J. T., Teh, F. C., Werorilangi, S., and Teh, S. J. "Anthropogenic debris in seafood: Plastic debris and fibers from textiles in fish and bivalves sold for human consumption". *Scientific Reports*, 5, 14340. 2015.

99 Dr. Mariappan Jawaharlal. "professor of mechanical engineering", (California State Polytechnic University, Pomona, personal communication, 2014).

100 나무로 둘러싼 흑연은 석탄의 일종으로, 오랜 세월 동안 가열되고 압축된 고대 식물에서 온 것이다. 따라서 연필 단면은 지질학적 힘의 작용 〈전〉과 〈후〉를 보여준다고 할 수 있다.

연필 제작 과정의 포토 에세이:

General Pencil Company. (게시일 불명). https://www.generalpencil.com/how-a-pencil-is-made.html. (2019년 6월 5일 검색).

The Library of Economics and Liberty. "A deep exploration of the pencil making process". Read. L. E. I, *pencil*. (Irvington-on-Hudson, NY: The Foundation for Economic Education, Inc. 1958). https://www.econlib.org/library/Essays/rdPncl.html. (2019년 6월 5일 검색).

다음 웹 사이트에서 더 많은 연필 관련 자료를 볼 수 있다.

Stationery Wiki. (게시일 불명). https://stationery.wiki/Pencil#cite_note-Petroski-33. (2019년 6월 5일 검색).

Chemical and Engineering News. (2001). http://pubs.acs.org/cen/whatstuff/stuff/7942sci4.html. (2019년 6월 5일 검색).

Jonathan Schifman. "The Write Stuff: How the Humble Pencil Conquered the World". (Popular Mechanics, 2016). https://www.popularmechanics.com/technology/a21567/history-of-the-pencil/. (2019년 6월 5일 검색).

101 Pencils.com. "The History of the Pencil". (게시일 불명). https://pencils.com/pages/the-history-of-the-pencil. (2019년 6월 5일 검색).

How Products Are Made. (게시일 불명). http://www.madehow.com/Volume-5/Eraser.html. (2019년 6월 5일 검색).

연필의 역사에 관한 훌륭한 동영상:

Ted.com. Caroline Weaver. Why the pencil is perfect. (게시일 불명). https://www.ted.com/talks/caroline_weaver_why_the_pencil_is_perfect/transcript?language=en. (2019년 6월 5일 검색).

102 Worldwatch Institute. "Life-Cycle Studies: Pencils". (게시일 불명). http://www.worldwatch.org/node/6422. (2019년 6월 5일 검색).

William Harris. "How Stuff Works. Manufacturing of aluminum". (게시일 불명) https://science.howstuffworks.com/aluminum2.htm. (2019년 6월 5일 검색).

103 Wikipedia. (게시일 불명). https://en.wikipedia.org/wiki/Eraser#History.

주　　385

(2019년 6월 5일 검색).

연필 페인트 관련 자료:

Carey Brothers. (On the house, 2015). http://onthehouse.com/three-main-ingredients-in-paint/. (2019년 6월 5일 검색).

Gabrielle Hick. (Artsy.net, 2017). https://www.artsy.net/article/artsy-editorial-little-known-reason-pencils-yellow. (2019년 6월 5일 검색).

연필 래커에 사용되는 아세트산에틸은 곤충을 효과적으로 질식시키므로 곤충학 연구에도 이용된다.

Wikipedia. (게시일 불명). https://en.wikipedia.org/wiki/Ethyl_acetate. (2019년 6월 5일 검색).

104 How products are made. (게시일 불명). http://www.madehow.com/Volume-5/Eraser.html. (2019년 6월 5일 검색).

105 토머스 페인의 인용문 출처:

토머스 페인, 『이성의 시대 *Age of Reason*』, 정귀영 옮김(경기: 돈을새김, 2018년)으로 번역 소개됨.

106 Wikipedia. (게시일 불명). https://en.wikipedia.org/wiki/I_%3D_PAT. (2019년 6월 5일 검색).

107 번성의 다섯 가지 요소 분석 틀은 필자가 개발했다. 다음 자료를 참고하라.

Green Teacher. "Concrete Without Quarries" (2013). https://greenteacher.com/concrete-without-quarries/. (2019년 6월 5일 검색).

Engineering Inspired by Nature curriculum (middle/high school version), at The Center for Learning with Nature: www.LearningWithNature.org.

108 이 장의 〈채굴 없는 원료〉 부분은 자연에서 영감을 받은 공학 교육 과정의 〈똑똑한 산호〉에 의거한 것이다. ©Sam Stier.

109 자연은 매년 탄소 기반 생산물로 약 1,050억 톤의 탄소를 생산한다.

이 수는 탄소만 측정한 것이므로 다른 원소까지 포함한 실제 톤 수는 훨씬 더 크다. 식물의 무게에서 약 50%는 탄소, 나머지는 다른 원소들(주로 수소와 산소)이 차지한다. 따라서 1차 생산물은 이 수의 두 배인 약 2,100억 톤이다.

이 수가 총량이 아닌 1차 생산물이라는 점에도 유의하라. 또한, 이는 1차 생산량일 뿐, 고정된 탄소로 만든 2차, 3차…… 생산량(예를 들어, 초식 동물, 육식 동물, 분해자 등)을 모두 포함하지는 않는다.

110 〈건조 목재는 약 48~50%의 탄소, 38~42%의 산소, 6~7%의 수소, 그리고 소량의 질소, 황 등의 원소를 포함한다.〉 이 수치는 무게의 백분율이다.

Jeff Howe. "What do Trees and People have in Common? - Lots!." (Minneapolis: Dovetail Partners,. 2011). http://www.dovetailinc.org/reports/Commentary+What+do+Trees+and+People+have+in+Common+-+Lots%21++_n358. (2019년 6월 5일 검색).

111 Quora. "How far apart are air molecules at standard temperature and pressure (on average)?". (게시일 불명). https://www.quora.com/How-far-apart-are-air-molecules-at-standard-temperature-and-pressure-on-average. (2019년 6월 5일 검색).

Cell biology by the numbers. (게시일 불명). http://book.bionumbers.org/how-big-are-biochemical-nuts-and-bolts/. (2019년 6월 5일 검색).

포도당과 그 전체적 중요성에 관한 더 많은 자료:

Wikipedia. (게시일 불명). https://en.wikipedia.org/wiki/Glucose. (2019년 6월 5일 검색).

112 Physics.org. (게시일 불명). http://www.physics.org/facts/air-really.asp. (2019년 6월 5일 검색).

113 Physlink.com. (게시일 불명). http://www.physlink.com/Education/AskExperts/ae328.cfm. (2019년 6월 5일 검색).

114 햇빛이 아니라 능동적으로 분해한 광물에서 에너지를 얻어 조직을 만드는 미생물(주로 세균), 즉 리소오토트로프와 그들을 먹고 사는 생물들은 예외이다. 생물량의 면에서, 이 먹이 사슬은 식물을 기반으로 한 먹이 사슬보다 작다. 사례는 다음 자료를 참고하라.

Ramos, J. L. "Lessons from the genome of a lithoautotroph: Making biomass from almost nothing". *Journal of Bacteriology, 185*(9), 2690–2691. 2003.

115 Wikipedia. (게시일 불명). https://en.wikipedia.org/wiki/Composition_of_the_human_body. (2019년 6월 5일 검색).

116 N. J. 베릴의 인용문 출처:

Berrill, N. J. *You and the universe.* (New York: Dodd, Mead, 1958), pp. 18–19.

탄소가 자연에서 물질을 만드는 데 그토록 좋은 원소인 까닭:

Dan Berger, Faculty Chemistry/Science Bluffton College. (MadSci Network, 2011). http://www.madsci.org/posts/archives/2001-06/993247450.Ch.r.html. (2019년 6월 5일 검색).

Socratic. (게시일 불명). https://socratic.org/questions/why-is-carbon-important-for-forming-complicated-molecules. (2019년 6월 5일 검색).

S. E. Gould. "Shine on you crazy diamond". (Scientific American, 2012). https://blogs.scientificamerican.com/lab-rat/shine-on-you-crazy-diamond-why-humans-are-carbon-based-lifeforms/. (2019년 6월 5일 검색).

117 Ouellette, R. J., and Rawn, J. D. *Organic chemistry: Structure, mechanism, and synthesis.* (Amsterdam: Elsevier, 2014), p. 31.

118 자연이 만들어 내는 새로운 물질 대부분은 이산화탄소에서 유래한다. 하지만 바닷물에서 이산화규소를 침전시켜 골편을 만들어 내는 해면동물 같은 소수의 종은 다른 화합물로 새 물질을 만든다. 나아가, 몇몇 종은 지구 표면에서 물질을 대량 추출해서 토끼

굴이나 흰개미 집 같은 것을 만든다. 그러나 전자의 경우, 실제로 새로운 물질을 구성하는 것은 아니다. 그리고 흙으로 벽을 만드는 후자의 경우, 새로운 물질이라고 해야 침을 더해서 토양의 기계적 거동을 변화시키는 정도이다. 결국, 자연이 만들어 내는 새로운 물질 대부분은 공기에서 유래한다.

119 Henckens, M. L. C. M., Van Ierland, E. C., Driessen, P. P. J., and Worrell, E. "Mineral resources: Geological scarcity, market price trends, and future generations". *Resources Policy, 49*, 102–111. 2016.

Prior, T., Giurco, D., Mudd, G., Mason, L., and Behrisch, J. "Resource depletion, peak minerals and the implications for sustainable resource management". *Global Environmental Change, 22*(3), 577–587. 2012.

Alao, A. *Natural resources and conflict in Africa: The tragedy of endowment.* (Rochester: University Rochester Press, 2007).

Dinar, S. ed. *Beyond resource wars: Scarcity, environmental degradation, and international cooperation.* (Cambridge: MIT Press, 2011).

Shields, D., and Šlar, S. "Responses to alternative forms of mineral scarcity: Conflict and cooperation". In S. Dinar, ed. *Rethinking environmental conflict: Scarcity, degradation and the development of international cooperation*, 239–285. (Cambridge: MIT Press, 2011).

120 Warhurst, A., "Environmental management in mining and mineral processing in developing countries". In *Natural Resources Forum* Vol. 16, No. 1. (Oxford, UK: Blackwell Publishing Ltd., 1992년 2월), pp. 39–48.

Young, J. E. *Worldwatch Paper 109: Mining the earth.* (Washington DC: Worldwatch Institute, 1992).

Kitula, A. G. N. "The environmental and socio-economic impacts of mining on local livelihoods in Tanzania: A case study of Geita District". *Journal of Cleaner Production, 14*(3–4), pp. 405–414. 2006.

Palmer, M. A., Bernhardt, E. S., Schlesinger, W. H., Eshleman, K. N., Foufoula-Georgiou, E., Hendryx, M. S., Lemly, A. D., Likens, G. E., Loucks, O. L., Power, M. E., and White, P. S. "Mountaintop mining consequences". *Science, 327*(5962), pp. 148–149. 2010.

Saviour, M. N. "Environmental impact of soil and sand mining: A review". *International Journal of Science, Environment and Technology, 1*(3), 125–134. 2012.

Dudka, S., and Adriano, D. C. "Environmental impacts of metal ore mining and processing: A review". *Journal of Environmental Quality, 26*(3), pp. 590–602. 1997.

Müezzinog ̆lu, A. "A review of environmental considerations on gold mining and production". *Critical Reviews in Environmental Science and Technology. 33*, 45–71. 2003.

Ochieng, G. M., Seanego, E. S., and Nkwonta, O. I. "Impacts of mining on water resources in South Africa: A review". *Scientific Research and Essays, 5*(22), 3351–3357. 2010.

121 British Plastics Foundation. "Oil Consumption". (2014). http://www.bpf.co.uk/press/oil_consumption.aspx. (2019년 6월 5일 검색).

Wassener, B. "Raising Awareness of Plastic Waste". (New York Times, 2011). https://www.nytimes.com/2011/08/15/business/energy-environment/raising-awareness-of-plastic-waste.html. (2019년 6월 5일 검색).

122 마크 헤레마의 인용문 출처:

Zhou, L. "Creating Plastic From Greenhouse Gases". (Smithsonian Magazine, 2015). https://www.smithsonianmag.com/innovation/creating-plastic-from-greenhouse-gases-180954540/. (2019년 6월 5일 검색).

뉴라이트 테크놀로지사에 관한 더 많은 자료:

Barnes, G. "5 Green Startups Working To Make Our World A Better Place". (2017). https://www.snapmunk.com/5-green-startups-working-to-make-our-world-a-better-place/. (2019년 6월 5일 검색).

뉴라이트 테크놀로지사에서 만드는 플라스틱의 또 다른 훌륭한 점은, 온실 기체인 이산화탄소(CO2) 이외에, 메탄(CH4)으로도 만들 수 있다는 것이다. 메탄은 이산화탄소보다 23배 더 강력하게 열을 가두어 둘 수 있다. 따라서 메탄으로 플라스틱을 만들면, 대기에서 매우 강력한 온실 기체가 제거된다. 나아가, 메탄을 만든 플라스틱은 분해될 때 메탄이 아닌 이산화탄소로 돌아간다. 따라서 메탄은 영구히 훨씬 덜 위험한 온실 기체로 전환된다.

123 Freedonia Group. (게시일 불명). http://www.freedoniagroup.com/World-Cement.html. (2019년 6월 5일 검색).

124 Cement Production. (Science Direct, 게시일 불명). https://www.sciencedirect.com/topics/engineering/cement-production. (2019년 6월 5일 검색).

125 Cement Industry Federation. (게시일 불명). http://www.cement.org.au/SustainabilityNew/ClimateChange/CementEmissions.aspx. (2019년 6월 5일 검색).

126 Calera.com. (게시일 불명). http://www.calera.com/beneficial-reuse-of-co2/process.html. (2019년 6월 5일 검색).

California Air Resources Board. (게시일 불명). https://www.arb.ca.gov/cc/etaac/meetings/102909pubmeet/mtgmaterials102909/basicsofcaleraprocess.pdf. (2019년 6월 5일 검색).

127 도나 보그스가 산호가 바닷물에서 탄산칼슘을 침전시키는 방법에 관해 읽은 논문:

Cohen, A. L., and McConnaughey, T. A. "Geochemical perspectives on coral mineralization". *Reviews in Mineralogy and Geochemistry, 54*(1), 151–187. 2003.

128 Madin, K. Ocean Acidification. (Woods Hole Oceanographic Institute, 2009). https://www.whoi.edu/oceanus/feature/ocean-acidification-a-risky-shell-game/. (2019년 6월 5일 검색).

129 이 장의 〈오염 없는 동력〉 부분은 자연에서 영감을 받은 공학 교육 과정의 〈아낌없이 주는 잎〉에 의거한 것이다. ⓒ Sam Stier.

130 Wikipedia. (게시일 불명). https://en.wikipedia.org/wiki/Control_of_fire_by_early_humans. (2019년 6월 5일 검색).

131 Science Daily. "Oldest pigment factory dates back 100,000 years". (2011). https://www.sciencedaily.com/releases/2011/10/111019154507.htm. (2019년 6월 5일 검색).

Chodosh, S. "Popular Science". (2018). https://www.popsci.com/oldest-pigments-colors. (2019년 6월 5일 검색).

Science Daily. "How Neanderthals made the very first glue". (2017). https://www.sciencedaily.com/releases/2017/08/170831093424.htm. (2019년 6월 5일 검색).

132 Wikipedia. (게시일 불명). https://en.wikipedia.org/wiki/World_energy_consumption. (2019년 6월 5일 검색).

133 Peterson, T. C., Connolley, W. M., and Fleck, J. "The myth of the 1970s global cooling scientific consensus". *Bulletin of the American Meteorological Society, 89*(9), 1325–1338. 2008.

134 Union of Concerned Scientists. "The Hidden Costs of Fossil Fuels". (게시일 불명). https://www.ucsusa.org/clean-energy/coal-and-other-fossil-fuels/hidden-cost-of-fossils. (2019년 6월 5일 검색).

135 ClimateNexus. "The Localized Health Impacts of Fossil Fuels". (게시일 불명). https://climatenexus.org/climate-issues/health/the-localized-health-impacts-of-fossil-fuels/. (2019년 6월 5일 검색).

136 Burger, J., and Gochfeld, M. "Mercury and selenium levels in 19 species of saltwater fish from New Jersey as a function of species, size, and season". *Science of the Total Environment, 409*(8), 1418–1429. 2011.

137 Minogue, K. "Critical Ocean Organisms Are Disappearing". (Science, 2010). https://www.sciencemag.org/news/2010/07/critical-ocean-organisms-are-disappearing. (2019년 6월 5일 검색).

138 Wikipedia. (게시일 불명). https://en.wikipedia.org/wiki/Runaway_greenhouse_effect. (2019년 6월 5일 검색).

139 EarthSky. "How much do oceans add to world's oxygen?". (2015). http://earthsky.org/earth/how-much-do-oceans-add-to-worlds-oxygen. (2019년 6월

5일 검색).

Stier, S. "Seeing the devastation of climate change in the ruins of Aleppo". (Los Angeles Times, 2017년 1월 6일). https://www.latimes.com/opinion/op-ed/la-oe-stier-climate-change-and-syrian-civil-war-20170106-story.html 참조하라.

140 Adesina, O., Anzai, I. A., Avalos, J. L., and Barstow, B. "Embracing biological solutions to the sustainable energy challenge". *Chem, 2*(1), 20–51. 2017.

141 Sherbrooke, W. C., Scardino, A. J., de Nys, R., and Schwarzkopf, L. "Functional morphology of scale hinges used to transport water: Convergent drinking adaptations in desert lizards (*Moloch horridus* and *Phrynosoma* cornutum)". *Zoomorphology, 126*(2), 89–102. 2007.

Sherbrooke, W. C. "Rain-drinking behaviors of the Australian thorny devil(Sauria: Agamidae)". Journal of Herpetology, Sept 1: 270–275. 1993.

142 Dawson, C., Vincent, J. F., and Rocca, A. M. "How pine cones open". *Nature, 390*(6661), 668. 1997.

143 Delaware Online. (2014). https://www.delawareonline.com/story/delawareinc/2014/03/06/dupont-agriculture-sustainability-procter—gamble-enzyme-technology/6119485/. (2019년 6월 5일 검색).

Mars, C. (2016). https://www.cleaninginstitute.org/assets/1/Page/Cold-Water-Wash-Technical-Brief.pdf. (2019년 6월 5일 검색).

Reed, S. "Fighting Climate Change, One Laundry Load at a Time". (The New York Times, 2018). https://www.nytimes.com/2018/01/01/business/energy-environment/climate-change-enzymes-laundry.html. (2019년 6월 5일 검색).

프랜시스 아널드 박사의 효소와 유도 진화를 이용한 재생 가능한 연료에 관한 연구:

Woo, M. "Researcher tries directed evolution to craft better biofuels". (NASA, 2012). https://climate.nasa.gov/news/659/researcher-tries-directed-evolution-to-craft-better-biofuels/. (2019년 6월 5일 검색).

Chang, K. "Use of Evolution to Design Molecules Nets Nobel Prize in Chemistry for 3 Scientists". (The New York Times, 2018). https://www.nytimes.com/2018/10/03/science/chemistry-nobel-prize.html. (2019년 6월 5일 검색).

144 Howle, L. E. "Whalepower Wenvor blade: A report on the efficiency of a whalepower corp. 5 meter prototype wind turbine blade". (BelleQuant, LLC., 2009). http://www.whalepower.com/drupal/files/PDFs/Dr_Lauren_Howles_Analysis_of_WEICan_Report.pdf.

145 Dewar, S. "WhalePower Computer Cooling Fan". (Tech Briefs, 2011). https://contest.techbriefs.com/2011/entries/electronics/1736. (2019년 6월 5일 검색).

146 컴퓨터와 인터넷이 세계 전력량의 약 5~10%를 사용한다.

Science Daily. "World should consider limits to future internet expansion to control energy consumption". (2016). https://www.sciencedaily.com/releases/2016/08/160811090046.htm. (2019년 6월 5일 검색).

Mills, M. "The Cloud Begins with Coal". (2013). https://www.tech-pundit.com/wp-content/uploads/2013/07/Cloud_Begins_With_Coal.pdf?c761ac. (2019년 6월 5일 검색).

냉각 시스템은 컴퓨터가 사용하는 전체 에너지의 약 60%를 사용한다.

Dewar, S. "WhalePower Computer Cooling Fan" (Tech Briefs, 2011). https://contest.techbriefs.com/2011/entries/electronics/1736. (2019년 6월 5일 검색).

147 McMahon, J. "Small Turbines Can Outperform Conventional Wind Farms, Stanford Prof Says, With No Bird Kill". (2016). https://www.forbes.com/sites/jeffmcmahon/2016/04/29/stanford-small-wind-arrays-can-outperform-conventional-wind-farms-with-no-bird-kill/#735ba86f592a. (2019년 6월 5일 검색).

148 Nocera, D. G. "The artificial leaf". *Accounts of Chemical Research, 45*(5), 767-776. 2012.

149 Science Daily. "Scale model WWII craft takes flight with fuel from the sea concept". (2014). https://www.sciencedaily.com/releases/2014/04/140409075907.htm. (2019년 6월 5일 검색).

Science Daily. "Proven one-step process to convert CO2 and water directly into liquid hydrocarbon fuel". (2016). https://www.sciencedaily.com/releases/2016/02/160222220828.htm. (2019년 6월 5일 검색).

Al Sadat, W. I., and Archer, L. A. "The O2- assisted Al/CO2 electrochemical cell: A system for CO2 capture/conversion and electric power generation". *Science Advances, 2*(7), e1600968. 2016.

150 Xakalashe, B.S. and Tangstad, M., "Silicon processing: from quartz to crystalline silicon solar cells". (Chem Technol, 2012년 3월), pp. 6-9. https://pyrometallurgy.co.za/Pyro2011/Papers/083-Xakalashe.pdf. (2019년 6월 5일 검색).

151 Mother Nature Network. "How much CO2 does one solar panel create?". (게시일 불명). https://www.mnn.com/green-tech/research-innovations/blogs/how-much-co2-does-one-solar-panel-create.

152 Silicon Valley Toxics Coalition. "Toward a Just and Sustainable Solar Energy Industry". http://svtc.org/wp-content/uploads/Silicon_Valley_Toxics_Coalition_-_Toward_a_Just_and_Sust.pdf/. (2019년 6월 5일 검색).

153 Gerischer, H., Michel-Beyerle, M. E., Rebentrost, F., and Tributsch, H. "Sensitization of charge injection into semiconductors with large band gap".

Electrochimica Acta, 13(6), 1509–1515. 1968.

Tributsch, H., and Calvin, M. "Electrochemistry of excited molecules: Photoelectrochemical reactions of chlorophylls". *Photochemistry and Photobiology, 14*(2), 95–112. 1971.

Tributsch, H. "Reaction of excited chlorophyll molecules at electrodes and in photosynthesis". *Photochemistry and Photobiology, 16*(4), 261–269. 1972.

154 O'Regan, B., and Gratzel, M. A "low-cost, high-efficiency solar cell based on dyesensitized colloidal TiO2 films". *Nature, 353*(6346), 737. 1991.

155 Smestad, G. P., and Gratzel, M. "Demonstrating electron transfer and nanotechnology: A natural dye-sensitized nanocrystalline energy converter". *Journal of Chemical Education, 75*(6), 752. 1998.

156 이 장의 〈무해한 설계〉 부분은 자연에서 영감을 받은 공학 교육 과정의 〈떠오르는 도시〉에 의거한 것이다.ⓒSam Stier.

157 Wikipedia. (게시일 불명). https://en.wikipedia.org/wiki/Bhopal_disaster.

Broughton, E. "The Bhopal disaster and its aftermath: A review". *Environmental Health, 4*(1), 6. 2005. https://www.ncbi.nlm.nih.gov/pmc/articles/PMC1142333/. (2019년 6월 9일 검색).

158 Binetti, R., Costamagna, F. M., and Marcello, I. "Exponential growth of new chemicals and evolution of information relevant to risk control". *Annali-Istituto Superiore di Sanita, 44*(1), 13. 2008. http://www.hepatitis.iss.it/binary/publ/cont/ANN_08_04%20Binetti.1209032191.pdf

159 필립 그랑장과 필립 랜드리건의 인용문 출처:

Grandjean, P. and Landrigan, P.J., "Neurobehavioural effects of developmental toxicity". *The lancet neurology, 13*(3), 330–338. 2014.

다음 자료에서 일반적인 인공 화학물질과 아동에 미치는 영향의 관련성에 관한 두 사람의 연구에 대해 더 많은 정보를 확인할 수 있다.

Martinko, K. "Treehugger". (2015). https://www.treehugger.com/health/children-have-become-unwitting-chemical-sentinels-us.html. (2019년 6월 5일 검색).

Hamblin, J. "The Toxins That Threaten Our Brains. The Atlantic". (2014). https://www.theatlantic.com/health/archive/2014/03/the-toxins-that-threaten-our-brains/284466/. (2019년 6월 5일 검색).

Grandjean, P., and Landrigan, P. J. "Developmental neurotoxicity of industrial chemicals". *Lancet, 368*(9553), 2167–2178. 2006.

160 The Washington Post. "How many years do we lose to the air we breathe?" (게시일 불명). https://www.washingtonpost.com/graphics/2018/national/health-science/lost-years/?utm_term=.a049bacae5ca. (2019년 6월 5일 검색).

Air Quality Life Index. (게시일 불명). https://aqli.epic.uchicago.edu/

reports/?fbclid=IwAR19IL-b7ZNtwL_DEm3EpPx1UQaMPlV5gQ8tkDuRNqPp
DgmYo3inbARDC70. (2019년 6월 5일 검색).

161 Wilcox, C. *Venomous: How Earth's deadliest creatures mastered biochemistry*. (Scientific American/Farrar, Straus and Giroux. 2016).

162 Description of Dr. Kaichang Li's work can be found at Huang, J., and Li, K. "Development and characterization of a formaldehyde-free adhesive from lupine flour, glycerol, and a novel curing agent for particleboard (PB) production". *Holzforschung, 70*(10), 927–935. 2016.

163 PureBond Plywood. (게시일 불명). http://purebondplywood.com/. (2019년 6월 5일 검색).

Biomimicry Case Study. The Biomimicry Institute. (게시일 불명). http://toolbox.biomimicry.org/wp-content/uploads/2016/03/ CS_PureBond_TBI_Toolbox-2.pdf. (2019년 6월 5일 검색).

164 Swenson, J. J., and Franklin, J. "The effects of future urban development on habitat fragmentation in the Santa Monica Mountains". *Landscape Ecology, 15*(8), 713–730. 2000.

Dickman, C. R. "Habitat fragmentation and vertebrate species richness in an urban environment". *Journal of Applied Ecology*, 337–351. 1987.

165 A terrific resource to explore related to this: Wildife Conservation Society. (게시일 불명). https://welikia.org/. (2019년 6월 5일 검색).

166 Wikipedia. (게시일 불명). https://en.wikipedia.org/wiki/American_bison#/ media/File:Extermination_of_bison_to_1889.svg. (2019년 6월 5일 검색).

167 Wikipedia. (게시일 불명). https://en.wikipedia.org/wiki/Grizzly_bear#/ media/File:Ursus_arctos_horribilis_map.svg. (2019년 6월 5일 검색).

168 Radeloff, V. C., Hammer, R. B., and Stewart, S. I. "Rural and suburban sprawl in the US Midwest from 1940 to 2000 and its relation to forest fragmentation". *Conservation Biology, 19*(3), 793–805. 2005.

Miller, M. D. "The impacts of Atlanta's urban sprawl on forest cover and fragmentation". *Applied Geography, 34*, 171–179. 2012.

Robinson, L., Newell, J. P., and Marzluff, J. M. "Twenty- five years of sprawl in the Seattle region: Growth management responses and implications for conservation". *Landscape and Urban Planning, 71*(1), 51–72. 2005.

Poon, L. "Mapping the 〈Conflict Zones〉 Between Sprawl and Biodiversity". (2018). https://www.citylab.com/environment/2018/02/mapping-the-conflict-zones-between-sprawl-and-biodiversity/553301/. (2019년 6월 5일 검색) 참조

The Dirt. "New Maps Show How Urban Sprawl Threatens the World's Remaining Biodiversity". (2018). https://dirt.asla.org/2018/02/06/new-maps-show-howurban-sprawl-threatens-the-worlds-remaining-biodiversity/. (2019년 6월 5일 검색).

169 Holldobler, B., and Wilson, E. O. *Journey to the ants: A story of scientific exploration.* (Cambridge: Belknap Press: 1994).

개미에 관한 이 서술은 다소 불확실한 데가 있다. 주원인은 지구상 개미의 수에 관한 정확한 추정치가 없기 때문이다. 하지만 그것은 사실 핵심에서 벗어나 있다. 인류는 지구상의 다른 종들보다 생물량이 낮은 수준이다. 그런데도 개미와 같은 규모가 많은 종들의 존재는 대체로 지구에 좋은 것으로 여겨진다. 다시 말해, 인류가 지구에 끼치는 부정적인 영향에 직접적 책임이 있는 것은 인구 규모가 아니다.

170 Florida State University. (게시일 불명). https://www.bio.fsu.edu/faculty.php?faculty-id=tschinkel. (2019년 6월 5일 검색).

171 Civil and structural engineering media. (2014). https://csengineermag.com/article/standing-tall-with-very-good-posture/. (2019년 6월 5일 검색).

12,000명이 살 수 있다고도 한다:

Pierre Tristam. "Quick Facts on Burj Dubai/Burj Khalifa". (Thought Co., 게시일 불명). https://www.thoughtco.com/facts-on-burj-dubai-burj-khalifa-2353671. (2019년 6월 5일 검색).

172 Lyons, G., and Chatterjee, K. "A human perspective on the daily commute: costs, benefits and trade-offs". *Transport Reviews, 28*(2), 181–198. 2008.

Christian, T. J. "Trade-offs between commuting time and health-related activities". *Journal of Urban Health, 89*(5), 746–757. 2012.

173 Barrett, M. E., Zuber, R. D., Collins, E. R., Malina, J. F., Charbeneau, R. J., and Ward, G. H. A. "review and evaluation of literature pertaining to the quantity and control of pollution from highway runoff and construction". CRWR Online Report 95-5. 1995. file:///C:/Users/samstier/Documents/crwr_onlinereport95-5.pdf. (2019년 6월 5일 검색).

Revitt, D. M., Lundy, L., Coulon, F., and Fairley, M. "The sources, impact and management of car park runoff pollution: A review". *Journal of Environmental Management, 146*, 552–567. 2014.

174 Despommier, D. "The vertical farm: Controlled environment agriculture carried out in tall buildings would create greater food safety and security for large urban populations". *Journal für Verbraucherschutz und Lebensmittelsicherheit, 6*(2), 233–236. 2011.

Besthorn, F. H. "Vertical farming: Social work and sustainable urban agriculture in an age of global food crises". *Australian Social Work, 66*(2), 187–203. 2013.

175 이 주제에 관해서는 수많은 훌륭한 연구가 있다. 예를 들면 다음과 같은 것들이다.

Maller, C., Townsend, M., Brown, P., and St Leger, L. "Healthy parks, healthy people: The health benefits of contact with nature in a park context: A review of current literature". Parks Victoria, Deakin University Faculty of Health and Behavioural Sciences. 2002.

Hartig, T., van den Berg, A. E., Hagerhall, C. M., Tomalak, M., Bauer, N., Hansmann, R., Ojala, A., Syngollitou, E., Carrus, G., van Herzele, A., and Bell, S. Health benefits of nature experience: Psychological, social and cultural processes. (2011). In *Forests, trees and human health*. Nilsson, K., Sangster, M., Gallis, C., Hartig, T., De Vries, S., Seeland, K., & Schipperijn, J. (Eds.). (Berlin: Springer, 2010), 127–168.

176 de Chant, T. "If the world's population lived in one city……." (2011). https://persquaremile.com/2011/01/18/if-the-worlds-population-lived-in-one-city/. (2019년 6월 5일 검색).

177 Jonkers, H. M. "Self healing concrete: A biological approach". In *Self healing materials*. R. Hull R. M. Osgood, Jr. J. Parisi H. Warlimont, eds. (Berlin: Springer, 2007), 195–204.

178 Levy, S. B., and Marshall, B. "Antibacterial resistance worldwide: Causes, challenges and responses". *Nature Medicine, 10*(12s), S122. 2004.

Chung, K. K., Schumacher, J. F., Sampson, E. M., Burne, R. A., Antonelli, P. J., and Brennan, A. B. "Impact of engineered surface microtopography on biofilm formation of *Staphylococcus aureus*". *Biointerphases, 2*(2), 89–94. 2007.

Sharklet Technologies. (게시일 불명). https://www.sharklet.com/. (2019년 6월 5일 검색) 참조하라.

179 Cellphire. (게시일 불명). www.cellphire.com을 보라. (2019년 6월 5일 검색).

Kanojia, G., Have, R. T., Soema, P. C., Frijlink, H., Amorij, J. P., and Kersten, G. "Developments in the formulation and delivery of spray dried vaccines". *Human Vaccines and Immunotherapeutics, 13*(10), 2364–2378. 2017.

Iwai, S., Kikuchi, T., Kasahara, N., Teratani, T., Yokoo, T., Sakonju, I., Okano, S., and Kobayashi, E. "Impact of normothermic preservation with extracellular type solution containing trehalose on rat kidney grafting from a cardiac death donor". *PLoS One, 7*(3),e33157. 2012.

180 Sustainable Stanford. "Room Temperature Biological Sample Storage". (2009). https://www.sigmaaldrich.com/content/dam/sigma-aldrich/docs/Sigma-Aldrich/General_Information/1/biomatrica-and-stanford.pdf. (2019년 6월 5일 검색).

181 Fromm, E. *The anatomy of human destructiveness*. (New York: Holt, Rinehart and Winston, 1973).

Wilson, E. O. *Biophilia*. (Cambridge: Harvard University Press, 1992).

182 Sporrle, M., and Stich, J. "Sleeping in safe places: An experimental investigation of human sleeping place preferences from an evolutionary perspective". *Evolutionary Psychology, 8*(3), 147470491000800308. 2010.

Hooker, G. "the Genius of Place". (2017). https://asknature.org/collections/genius-of-place/#.XPhjHBZKipo. (2019년 6월 5일 검색). 참고하라.

183 Kellert, S. R., Heerwagen, J., and Mador, M. *Biophilic design: The theory, science and practice of bringing buildings to life.* (Hoboken: Wiley, 2011).

Hall, E. T. *The hidden dimension.* (New York: Doubleday, 1966).

Lindenmeyr, R. "Biophilic Design Is Coming to a Building Near You". (2017). https://www.ecolandscaping.org/04/sustainability/biophilic-design-coming-building-near/. (2019년 6월 5일 검색).

184 다음 사례를 참조하라:

Anthony Howe. (게시일 불명). https://www.howeart.net/. (2019년 6월 5일 검색).

185 이 장의 〈무한한 사용 가능성〉 부분은 자연에서 영감을 받은 공학 교육 과정의 〈균사체의 조언〉에 의거한 것이다. ⓒ Sam Stier.

186 Jung, Y. H., Chang, T. H., Zhang, H., Yao, C., Zheng, Q., Yang, V. W., Mi, H., Kim, M., Cho, S. J., Park, D. W., and Jiang, H. "High-performance green flexible electronics based on biodegradable cellulose nanofibril paper". *Nature Communications, 6*, 7170. 2015.

Sanandiya, N. D., Vijay, Y., Dimopoulou, M., Dritsas, S., and Fernandez, J. G. "Large-scale additive manufacturing with bioinspired cellulosic materials". *Scientific Reports, 8*(1), 8642. 2018.

Irimia-Vladu, M., Głwacki, E. D., Voss, G., Bauer, S., and Sariciftci, N. S. "Green and biodegradable electronics". *Materials Today, 15*(7–8), 340–346. 2012. https://www.sciencedirect.com/science/article/pii/S1369702112701396.

Tan, M. J., Owh, C., Chee, P. L., Kyaw, A. K. K., Kai, D., and Loh, X. J. "Biodegradable electronics: Cornerstone for sustainable electronics and transient applications". *Journal of Materials Chemistry C, 4*(24), 5531–5558. 2016.

The Verge. (게시일 불명). https://www.theverge.com/2016/4/6/11380818/toyota-setsuna-wood-concept-car-family-heirloom. (2019년 6월 5일 검색).

187 Environmental Protection Agency. Municipal Waste. (게시일 불명). https://archive.epa.gov/epawaste/nonhaz/municipal/web/html/. (2019년 6월 5일 검색).

188 World Bank. Solid Waste Management. (2019). http://www.worldbank.org/en/topic/urbandevelopment/brief/solid-waste-management. (2019년 6월 5일 검색).

189 Weinberger, H. "Biodegradable Plastics: Too Good to Be True?". (KQED Science, 2014). http://ww2.kqed.org/quest/2014/06/12/biodegradable-plastics-

too-good-to-be-true/. (2019년 6월 5일 검색).

190 유튜브에서 릴리안 반 달의 작업을 담은 동영상을 볼 수 있다:

YouTube. https://www.youtube.com/watch?v=Z5NvIT_oIN8. 2017. (2019년 6월 5일 검색).

191 마무리 활동의 개념을 잡도록 영감을 준 셰리 리터에게 큰 감사 인사를 전한다.

7장

192 이 장의 내용은 자연에서 영감을 받은 공학 교육 과정의 〈개미의 통찰력〉에 의거한 것이다. ⓒSam Stier.

193 이 장의 제목은 다음 기사에서 영감을 받았다:

The Economist. "Riders on a swarm". (2010년 8월 12일). https://www.economist.com/science-and-technology/2010/08/12/riders-on-a-swarm

194 아리스토텔레스의 인용문 출처:

Metaphysics, bk. 8, pt. 6. http://classics.mit.edu/Aristotle/metaphysics.8.viii.html.

195 사례 참조:

Waldrop, M. M. *The dream machine: JCR Licklider and the revolution that made computing personal.* (New York: Viking Penguin, 2001).

196 Verhaeghe, J. C., and Deneubourg, J. L. "Experimental study and modelling of food recruitment in the ant *Tetramorium impurum* (Hym. Form.)". *Insectes Sociaux, 30*(3), 347–360. 1983.

Deneubourg, J. L., Pasteels, J. M., and Verhaeghe, J. C. "Probabilistic behaviour in ants: A strategy of errors?". *Journal of Theoretical Biology, 105*(2), 259–271. 1983.

Classic article by Jean- Louis Deneubourg and colleagues on ants self organization. Goss, S., Aron, S., Deneubourg, J. L., and Pasteels, J. M. "Self- organized shortcuts in the Argentine ant". *Naturwissenschaften, 76*(12), 579–581. 1989.

197 마르코 도리고의 인용문 출처:

Miller. *The smart swarm: How understanding flocks, schools, and colonies can make us better at communicating, decision making, and getting things done.* (New York: Avery, 2010), 13.

198 Stier, S. *Engineering inspired by Nature: A high school engineering curriculum.* (The Center for Learning with Nature, 2014).

199 바릴라의 개미에서 영감을 받은 소프트웨어 이용에 관한 더 자세한 설명은 다음 자료를 참고하라.

The Economist. "Riders on a swarm". (2010년 8월 12일). https://

www.economist.com/science-and-technology/2010/08/12/riders-on-a-swarm.

200 에어 리퀴드의 개미에서 영감을 받은 소프트웨어 이용에 관한 더 자세한 설명은 다음 자료를 참고하라.

Miller, P. *The smart swarm: How understanding flocks, schools, and colonies can make us better at communicating, decision making, and getting things done.* (New York: Avery, 2010). 20–26.

201 토스턴 라일의 인용문 출처:

Stacey, Nic, dir. The secret life of chaos. Documentary. (2010). https://www.dailymotion.com/video/xv1j0n. (인용문은 52:00에 시작함, 2019년 6월 5일 검색).

202 Sanders, L. Wired. (2010). https://www.wired.com/2010/01/slime-mold-grows-network-just-like-tokyo-rail-system/. (2019년 6월 5일 검색).

Slime mold solves maze: Nakagaki, T., Yamada, H., and Toth, A. "Intelligence: Maze- solving by an amoeboid organism". *Nature, 407*(6803), 2000. 470. https://www.researchgate.net/profile/Toshiyuki_Nakagaki/publication/238823756_Intelligence_Maze-Solving_by_an_Amoeboid_Organism/links/5481d4550cf2e5f7ceaa5a0f/Intelligence-Maze-Solving-by-an-Amoeboid-Organism.pdf.

203 스티븐 리질러스의 인용문 출처:

Miller, P. *The smart swarm: How understanding flocks, schools, and colonies can make us better at communicating, decision making, and getting things done.* (New York: Avery, 2010). 182.

204 마이클 펠로즈와 이언 파베리의 인용문 출처:

Fellows, Michael R., and Parberry, I. "SIGACT trying to get children excited about CS". Computing Research News, 5(1), 7. 1993. http://archive.cra.org/CRN/issues/9301.pdf.

205 Stier, S. *Engineering inspired by Nature: A high school engineering curriculum.* (The Center for Learning with Nature, 2014).

8장

206 앨리슨 고프닉의 인용문 출처:

Berger, W. *A more beautiful question: The power of inquiry to spark breakthrough ideas.* (New York: Bloomsbury, 2014). 43.

207 팅커의 어원:

Wikipedia. (게시일 불명). https://en.wikipedia.org/wiki/Tinker. (2019년 6월 5일 검색).

208 「로미오와 줄리엣」의 인용문 출처:

2막, 2장, 33–49줄

209 Dickerson, A. K., Mills, Z. G., and Hu, D. L. "Wet mammals shake at tuned frequencies to dry". *Journal of the Royal Society Interface, 9*(77), 3208–3218. 2012. https://pdfs.semanticscholar.org/d87e/7e00a5416c7d948961a5f69230b357c1335c.pdf.

210 Elliott, T. "It's hip to be Square: What Twitter CEO Jack Dorsey did next". (The Sydney Herald, 2016). https://www.smh.com.au/lifestyle/its-hip-to-be-square-what-twitter-ceo-jack-dorsey-did-next-20160308-gnd5sd.html. (2019년 6월 5일 검색).

211 이는 일반적인 과정이다. 예를 들어,

암 치료, 물총, 연기 탐지기의 역사를 자세히 들여다보면, 그것들이 나타난 방식이 놀라우리만치 비슷하다는 것을 알게 될 것이다. 따라서 많은 발명가를 성공으로 이끈 기술들을 관찰할 수 있다면, 우리는 어떤 방식이 가장 효과적인지 추정할 수 있을 것이다. [Kennedy, P. Inventology: How we dream up things that change the world. (Boston: Mariner Books, 2016). x.]

발명 아이디어를 구상하는 단계에 관한 많은 글이 있다. 사례는 다음 자료를 참고하라.

Ashton, K. *How to fly a horse: The secret history of creation, invention, and discovery.* (Anchor, 2015).

Kennedy, P. *Inventology: How we dream up things that change the world.* (Boston: Mariner Books, 2016). Weber, R. J., Moder, C. L., and Solie, J. B. "Invention heuristics and mental processes underlying the development of a patent for the application of herbicides". *New Ideas in Psychology, 8*(3), 321–336. 1990.

212 R. R. Graham. "The silent flight of owls". *Journal of the Royal Aeronautical Society, 286*, 837–843. 1934.

Sarradj, E., Fritzsche, C., and Geyer, T. Silent owl flight: Bird flyover noise measurements. *AIAA Journal, 49*(4), 769–779. 2011.

213 나카츠 에이지의 인용문 출처:

개인 서신. 나는 2016년부터 에이지와 이메일로 서신을 교환해 왔다. 인용문은 에이지가 써서 나와 공유한 내용들이다. 에이지는 2017년 오티스 미술 대학을 방문해서 내가 강의한 생물에서 영감을 받은 디자인 수업을 참관했다.

214 이 책에서 다룬 공학에 관한 농담은 다음과 같은 인터넷 사이트에서 찾은 것이다. 예를 들어, "What's your favorite engineering joke?". Reddit.r/EngineeringStudents. https://www.reddit.com/r/EngineeringStudents/comments/1y730h/whatsyourfavorite_engineering_joke/. (2019년 6월 5일 검색).

215 Madhavan, G. *Think like an engineer.* (London: Oneworld, 2015). 159–160.

216 Liker, J. K., Hoseus, M., and Center for Quality People and Organizations.

Toyota culture. (New York: McGraw- Hill, 2008).

217 Hui, M. "A vending machine for the homeless just launched in the U.K., and will soon debut in U.S. cities". (The Washington Post, 2017). https://www.washingtonpost.com/news/inspired-life/wp/2017/12/30/a-vending-machine-for-the-homeless-just-launched-in-the-u-k-and-will-soon-debut-in-u-s-cities/?utm_term=.373bffdef50a. (2019년 6월 5일 검색).

218 Ted.com. (2005). https://www.ted.com/talks/william_mcdonough_on_cradle _to_cradle_design?language=en. (2019년 6월 5일 검색).

219 Xavier, J. (2014). https://www.bizjournals.com/sanjose/news/2014/01/08/netflixs-first-ceo-on-reed-hastings.html. (2019년 6월 5일 검색).

220 TalkBass.com. (2015). https://www.talkbass.com/threads/car-horns-in-the-key-of-f.1142036/. (2019년 6월 5일 검색).

221 Wolf, M., and Stoodley, C. J. *Proust and the squid: The story and science of the reading brain*. (New York: Harper Perennial, 2008). 147–148.

222 Dehaene, S. *Reading in the brain: The new science of how we read*. (New York: Penguin, 2009).

223 예를 들어, 다음을 참조하라.
https://www.sciencealert.com/your-appendix-might-serve-an-important-biological-function-after-all-2.

224 Changizi, M., Weber, R., Kotecha, R., and Palazzo, J. "Are wet-induced wrinkled fingers primate rain treads?". *Brain, Behavior and Evolution, 77*(4), 286–290. 2011.
"Fast motion of fingers pruning". (YouTube, 2014). https://www.youtube.com/watch?v=1H-J_j0ae00. (2019년 6월 4일 검색).

225 Kareklas, K., Nettle, D., and Smulders, T. V. "Water-induced finger wrinkles improve handling of wet objects". *Biology Letters, 9*(2), 20120999. 2013.

226 Cornell, J. *Sharing nature with children*. (Nevada City, CA.: Dawn Publications, 2009).

227 Harris, P. L. *Trusting what you're told: How children learn from others*. (Cambridge: Harvard University Press, 2012).

228 C. H. *Bio-inspired engineering*. (Momentum Press, 2011). 000.

229 Galileo. *Dialogue concerning the two chief world systems*. (1632). Translated by Stillman Drake. Repr., (downtown Oakland, CA: University of California Press, 1953). 186–187.
유추, 상상력, 교육에 대한 훌륭한 관련 기사(알베르트 아인슈타인에 관하여):
Isaacson, W. "The Light-Beam Rider". (The New York Times, 2015). https://www.nytimes.com/2015/11/01/opinion/sunday/the-light-beam-rider.html.

(2019년 6월 5일 검색).

230 장수말벌과 재래 꿀벌에 관한 내용:

Wikipedia. (게시일 불명). https://en.wikipedia.org/wiki/Japanese_giant_hornet. (2019년 6월 5일 검색).

231 재래 꿀벌의 이용은 다음 출처의 유명한 유추를 자연에서 영감을 받아 고쳐 쓴 것이다.

Gick, M. L., and Holyoak, K. J. "Analogical problem solving". *Cognitive Psychology, 12*(3), 306–355. 1980.

232 버나드 새도가 바퀴 달린 여행 가방의 영감을 받은 이야기 출처:

Sharkey, J. "Reinventing the Suitcase by Adding the Wheel". (2010). https://www.nytimes.com/2010/10/05/business/05road.html. (2019년 6월 5일 검색).

233 Bay, A., Andre, N., Sarrazin, M., Belarouci, A., Aimez, V., Francis, L. A., and Vigneron, J. P. "Optimal overlayer inspired by Photuris firefly improves lightextraction efficiency of existing light- emitting diodes". *Optics Express*, 21(101), A179–A189. 2013.

234 Duncker, K., and Lees, L. S. "On problem-solving". *Psychological Monographs, 58*(5), I. 1945.

235 Domont, G. B., Perales, J., and Moussatche, H. "Natural anti- snake venom proteins". *Toxicon, 29*(10), 1183–1194. 1991.

236 오징어 거대 축삭에 관한 논문의 인용문 출처:

Morell P, Quarles RH. The Myelin Sheath. In: Siegel GJ, Agranoff BW, Albers RW, et al., editors. Basic Neurochemistry: Molecular, Cellular and Medical Aspects. 6th edition. (Philadelphia: Lippincott-Raven; 1999). https://www.ncbi.nlm.nih.gov/books/NBK27954/.

237 존 듀이의 인용문 출처:

Dewey, J. *Logic—The theory of inquiry*. (Read Books, 1938). 108.

238 "Continental tire safety information from Consumer Reports". (2012). https://www.bostonglobe.com/business/2012/12/30/consumer-reports-michelin-and-continental-tires-top-ratings/DZKLJZqrRFNySIyZNiqIbM/story.html. (2019년 6월 5일 검색).

239 Kleiven S. "Why Most Traumatic Brain Injuries are Not Caused by Linear Acceleration but Skull Fractures are". (Front Bioeng Biotechnol: 2013). 1:15. https://www.ncbi.nlm.nih.gov/pmc/articles/PMC4090913/.

켄 필립스의 헬멧에 관한 더 많은 자료:

YouTube. (2009). https://www.youtube.com/watch?v=GZIE2XoxaFE. (2019년 6월 5일 검색).

240 Dean, C. "The Tardigrade: Practically Invisible, Indestructible 'Water Bears'".

(2015). https://www.nytimes.com/2015/09/08/science/the-tardigrade-water-bear.html. (2019년 6월 5일 검색).

Wikipedia. (게시일 불명). https://en.wikipedia.org/wiki/Tardigrade. (2019년 6월 5일 검색).

241 존 크로의 인용문 출처:

Holder, K. "Just add water". *UC Davis Magazine 22*(1). 2004. http://magazinearchive.ucdavis.edu/issues/fall04/feature_1.html.

242 nudown. (게시일 불명). https://www.nudown.com/technology/. (2019년 6월 5일 검색).

243 파간 케네디의 인용문 출처:

Kennedy, P. *Inventology: How we dream up things that change the world.* (Boston: Mariner Books. 2016), xiii.

이미지 출처

Illustration of flea feet. Robert Hooke. 1665. *Micrographia*. Public domain image from the National Library of Wales: https://commons.wikimedia.org/wiki/File:HookeFlea01.jpg.

Alfred Smee. 1872. *My Garden, Its Plan and Culture Together With a General Description of Its Geology, Botany, and Natural History*, 426. Public domain image from Internet Book Archive Images:https://www.flickr.com/photos/internetarchive bookimages/20131359843/

머리말

Gulper eel (*Eurypharynx pelecanoides*). M. L. Valliant. 1883. A Wonder from the Deep-Sea. Popular Science Monthly, 23, 76. Public domain image from https://commons.wikimedia.org/wiki/File:PSM_V23_D086_The_deep_sea_fish_eurypharynx_pelecanoides.jpg.

Illustration of porcupine. *Zoological Lectures Delivered at the Royal Institution in the Years 1806–7*, illustrated by George Shaw. Public domain image. Acquired from rawpixel.com. CC BY 4.0. https://www.rawpixel.com/image/378074/illustration-porcupine-zoologicallectures-delivered-royal-institution-years-1806-7-illustrated

1장

Ladybug. © Power & Syred. Used with permission.

Julian Stier looking at an inchworm. © Sam Stier.

Chapter numbers and opening letters by Kimberly Geswein.

Leonardo da Vinci sketches. Courtesy Вера Мошегова. Public domain image. https://pixabay.com/en/collage-leonard-da-vinci-2231082/

Airplane. Public domain image. https://pixabay.com/en/a380-span-aileron-wing-gross-66217/

Turkey vulture courtesy of Stale Freyer. Public domain image. https://pixabay.com/photos/turkey-vulture-turkey-buzzard-1805821/

Images of researchers (clockwise from top left):

Dr. Frank Fish, courtesy of Frank Fish and West Chester University

Dr. Paula Hammond, courtesy of Paula Hammond and © Len Rubenstein, photographer.

Dr. Zhenan Bao courtesy of Zhenan Bao and Linda A. Cicero/Stanford News Service

Dr. John Dabiri, courtesy of John Dabiri and Robert Whittlesey, photographer.

Lilian van Daal courtesy of Lilian van Daal and Luna Maurer.

Dr. Kaichang Li, courtesy of Kaichang Li and Oliver Day.

Figure 1.11. National averages from Munce, R., and Fraser, E. 2013. Where are the STEM

students? MyCollege Options and STEMconnector. Local school data collected by Tiffany

Roberts. Graph by author.

Spear point. Used with permission from Vincent Mourre/Inrap.

Cell phone. Courtesy of Jan Vašek. Public domain image. https://www.maxpixel.net/ Apps-Iphone-Smartphone-Mobile-Phone-Apple-Inc-410311

Spolia Atlantica. Bidrag til Kundskab om Klump- eller Maanefiskene (Molidae). 1898.

Steenstrup, J. Japetus Sm. (Johannes Japetus Sm.), 1813 – 1897 Lutken, Chr. Fr. (Christian Frederik), 1827 – 1901.

2장

Scanning electron micrograph of gecko foot (*Tarentola mauritanica*). © Power & Syred. Used with permission.

Gecko. Public domain image. https://pixabay.com/en/gecko-lizard-tokhe-reptile-247316/

Person climbing skyscraper. Used with permission from Elliot Hawkes and Eric Eason, Biomimetic and Dexterous Manipulation Lab.

Students deconstructing copy machine. Used with permission from Elizabeth Collins-Adam.

Deconstructed typewriter. © Sam Stier.

Children making spaghetti tower. Used with permission from Diane Bradford.

Bison. Public domain image. Courtesy of National Park Service/Jacob W. Frank.

Mangrove trees. Public domain image. https://pixabay.com/en/australia-mangroves-plant-695197/

Student teachers making spaghetti tower. Used with permission from Dr. Douglas Williams.

Cat claws. Public domain image. https://commons.wikimedia.org/wiki/File:Claw.jpg

Cat-inspired thumb tack images. Used with permission from Toshi Fukaya.

Stickbot robot. Used with permission from Mark Cutkosky, Stanford University.

Butterfly images (left to right, top to bottom):

Images 1 – 4 used with permission from Jan Graser.

Image 5, © Sam Stier.

Image 6, Used with permission from Radislav A. Potyrailo, GE Research, Niskayuna, NY, USA.

Cosmetics. Public domain image. https://www.pexels.com/photo/woman-makeup-beauty-lipstick-3123/

Watch and structural color screen illustration. © Sam Stier. Thank you to Qualcomm for providing the watch.

Sun icon. Public domain image. http://www.publicdomainfiles.com/show_file.php?id=13488928811745

Cell phone icon. Public domain image. https://www.goodfreephotos.com/vector-images/mobile-cellphone-vector-clipart.png.php

Sao Paolo skyline. Public domain image. https://www.maxpixel.net/Urban-Brazil-Land scape-City-Sao-Paulo-Metropolis-903974

Coral reef. Jim Maragos/U.S. Fish and Wildlife Service. Public domain image. https://digitalmedia.fws.gov/digital/collection/natdiglib/id/12445/rec/6

Nested figures. © Sam Stier

Plant illustration Palm drawing. *Rhapis excelsa*, 1892, author unknown. Public domain image. https://commons.wikimedia.org/wiki/File:Rhapis_excelsa_drawing.jpg

3장

Person in tree courtesy of Rob Mulally. Public domain image. http://www.peakpx.com/594270/man-laying-on-brown-wooden-tree-branch.

Tree. Used with permission from Robert Couse-Baker.

Children experiencing tensile force. © Sam Stier.

Sponge "beam." © Sam Stier.

I-beam illustration. © Sam Stier.

Dandelion. © Sam Stier.

Building. Used with permission from Andrew Leonard.

Fig tree. Used with permission from Peter Woodard.

Student with hand in sock. © Sam Stier.

Scallop shell illustration, 1896. Public domain image. https://commons.wikimedia.org/wiki/File:PSM_V49_D563_Scallop_shell.jpg

Corrugated paper holding up book. © Sam Stier.

Collapsed bridge. Kevin Rofidal/U.S. Coast Guard. Public domain image. https://
commons.wikimedia.org/wiki/File:Image-I35W_Collapse_-_Day_4_-Operations_%2
6_Scene_(95)_edit.jpg

Author's son standing on eggs. © Sam Stier.

Author's son demonstrating the setup for using the photoelastic effect. © Sam Stier.

Plastic showing force lines. © Sam Stier.

Plastic model of notch, with photoelasticity. © Sam Stier

Cracks in sidewalk. © Sam Stier.

De Havilland aircraft. Public domain image. https://commons.wikimedia.org/wiki/Fil
e:Comet_Prototype_at_Hatfield.jpg

Making a quarter-circle fillet in plastic. © Sam Stier.

Quarter-circle fillet in plastic. © Sam Stier.

Base of tree. Karen Arnold. Public domain image. https://
www.publicdomainpictures.net/en/view-image.php?image=54319&picture=tr
ee-trunk.

Method of tensile triangles, drawn from Claus Mattheck. © Sam Stier.

Base of tree. Karen Arnold. Public domain image. Modified with tensile triangles by
Sam

Stier.

Tree curve fillet modeled in plastic. © Sam Stier.

Snake illustration. Sibon argus, from E. D. Cope. 1875. *On the batrachia and reptilia
of Costa Rica: With notes on the herpetology and ichthyology of Nicaragua and
Peru.* Public domain image. https://commons.wikimedia.org/wiki/
File:Sibon_argus.jpg

4장

X-ray. By Nick Veasey. Used with permission.

Broken glass. Public domain image courtesy of Paul Barlow.

Spiderweb. Used with permission from Chen-Pan Liao.

Julian Stier listening to bones © Sam Stier

Trabecular bone structure. Science Photo Library/Alamy Stock Photo. Used with
permission.

Eiffel Tower. Public domain image.

Illustrations using the Eiffel Tower by Sam Stier, adapted from Aatish Bhatia. You're
your Bones Have In Common With The Eiffel Tower. Wired Magazine. 2015.

Skateboard images. Used with permission from Seth Astle. sethastle.com

Tape dispenser illustrations. Used with permission from Simone Ferdinand.

Tape dispenser with photoelastic effect. © Sam Stier.

5장

Seed. Used with permission from T. R. Shankar Raman. Creative Commons
    Attribution-Share Alike 4.0 International. https://commons.wikimedia.org/wiki/
    File:Spinning

Sal.jpg

Duck illustration. Public domain image. https://commons.wikimedia.org/wiki/
    File:Duck_of_Vaucanson.jpg

Snail on carpet. Used with permission from Thales Carvalho.

Snail with trail. Used with permission from Dan Alcantara.

Street paving. Public Domain Image courtesy of National Park Service.

Viscosity versus shear graphic. © Sam Stier.

Snail poem in the shape of a snail. © Sam Stier

Small snail on hand. Public domain image by Maria Godfrida.

Silly Putty. © Sam Stier

Snail climbing grass. Public domain image by Tanja Richter. https://pixabay.com/
    photos/slug-snail-grass-molluscs-animal-412694/

Underside of snail. Used with permission from Jak O'Dowd. Illustrations added by
    author.

Snail on tire. Public domain image.

Astronaut suit. Public domain image. https://pixabay.com/photos/space-suit-astro
    naut-isolated-nasa-1848839/

Lotus. Public domain image. https://pixabay.com/en/gorgeous-beautiful-lotus-
    huashan-2352806/

Water drops on wax paper. © Sam Stier.

Sunita Williams with water droplet in space. Public domain image. NASA. Still from
  You

Tube.com video.

Student placing drop on plant. Used with permission from Diane Bradford.

Water drops on leaf. Public domain image. https://pixabay.com/en/dew-pearl-rain-
    leaf-drop-of-water-3284680/

Mars Rover images. Public domain image. NASA. https://en.wikipedia.org/wiki/
    Cleaning_event

Sandpaper and glass with water drops. © Sam Stier

Drop contact angles illustration. © Sam Stier.

Drop on rough surface illustration. © Sam Stier.

Computer graphic of drops, close-up on leaf surface. Used with permission from
William

Thielicke.

Cotton fabric treated and untreated. © Sam Stier.

Wilber (left) and Orville Wright investigating aviation with a kite. 1901. Public domain
image. https://wright.nasa.gov/airplane/kite00.html

Collapsing building. Public domain image by Joe Kniesek. https://pixabay.com/
photos/house-trash-ruin-concrete-3466731/

Dandelion. Public domain image. https://pixabay.com/en/dandelion-floating-flower-
nature-1931080/

Airplane sketch. Public domain image by Sierra Papa; adapted by author. https://
pixabay.com/vectors/airplane-jet-turbine-high-flight-2098593/

Car with streamlines. Used with permission from Rob Bulmahn.

Javan cucumber seed soaring over jungle. Used with permission from Adrian Davies.

Javan cucumber seed. Used with permission from Scott Zona.

Flying wing. Public domain image. https://commons.wikimedia.org/wiki/File:B-
2_first_flight_071201-F-9999J-034.jpg

Sycamore Maple seed. Used with permission from Helmut Kobelrausch.

Falling sycamore seed. Used with permission from Adrian Davies.

Student testing glider. Used with permission from Diane Bradford.

Flying squirrel. Used with permission from Dr. Angela Freeman.

People gliding. Used with permission from Graham Hall.

Turtle illustration. *Chelus fimbriatus*, courtesy of R. Mintern, 1885. Public domain
image. https://commons.wikimedia.org/wiki/File:Chelus_fimbriatus.jpg

6장

Bird nest. Public domain image by Fran Urquhart.

Composite city/leaf image. Leaf. Public domain image by Alan Cabello. https://
www.pexels.com/photo/shallow-focus-photography-of-person-holding-green-
leaf-990349/.City. Public domain image. https://pxhere.com/en/photo/655644

Paddle wheel bucket mining. Public domain image. https://pixabay.com/en/paddle-
wheel-bucket-wheel-excavators-1051962/

Smokestacks. Public domain image by Nikola Belopitov. https://pixabay.com/en/

pollution-smoke-environment-smog-2043666/

Shopping. Public domain image by Senior Airman Nichelle Anderson.

Landfill. Used with permission from Michelle Cortens.

Linear production image. © Sam Stier.

Icons in linear production image. Used with permission by Anastasia Grebneva,
Community Manager (icons8.com).

Linear production image font. KG HAPPY used with permission from Kimberly
Geswein.

Five to Thrive graphic © Sam Stier.

Icons in Five to Thrive graphic. Used with permission by Anastasia Grebneva,
Community Manager (icons8.com).

Arrows in Five to Thrive graphic. Used with permission from Ralph Hogaboom.

Five to Thrive image font. KG HAPPY used with permission from Kimberly Geswein.

Origins of the atoms in a glucose molecule. © Sam Stier.

Quarry blast. Courtesy of CSIRO. Creative Commons Attribution 3.0 Unported.
https://commons.wikimedia.org/wiki/File:CSIRO_ScienceImage_2878_Blasting_in_
an_open_cut_mine.jpg

Quarry in the landscape. Used with permission from Christina Belton.

Los Angeles. Courtesy of Alina. Public domain image. https://www.pexels.com/
photo/architecture-blooming-california-city-420744/

Coral reef. Used with permission from Malcolm Browne.

Students gathering car exhaust and conducting lab. Used with permission from
Elizabeth Collins-Adams, Dona Boggs, and Tiffany Roberts.

Glass sea sponge. Courtesy of NOAA. Public domain image. https://
oceanexplorer.noaa.gov/okeanos/explorations/ex1708/dailyupdates/media/
sept10-3.html

Cavemen diorama. Courtesy of Nathan McCord/U.S. Marine Corps. Public domain
image. https://commons.wikimedia.org/wiki/File:Diorama,_cavemen_-_National_M
useum_of_Mongolian_History.jpg

Steel making. Public domain image. https://nara.getarchive.net/media/molder-1st
-class-deem-e -ott-skims-slag-from- a-pot- of-molten- steel-as- molders-
ce5459

Thorny lizard. Used with permission from Stuart Phillips.

Trees in sunlight. Public domain image. https://pixabay.com/en/redwoods-tree-sun
light-california-1455738/

WhalePower Tubercle Wind Turbine. Used with permission by Frank Fish and
WhalePower.

Fish school. Courtesy of NOAA. Public domain image. https://toolkit.climate.gov/
tool/
oceanadapt

Flexible dye-sensitized solar cell. Used with permission from Armin Kubelbeck.

Swiss Tech Convention Center. Used with permission from Michel Megard. Wikimedia
Commons, MHM55 [CC BY-SA 4.0 (https://creativecommons.org/licenses/by-
sa/4.0)]

Teachers assembling a dye-sensitized solar cell. © Sam Stier.

Dye-sensitized solar cell diagram. © Sam Stier.

Spider with prey. Public domain image. https://pixabay.com/en/spider-jumping-
spider-outdoor -2743549/

Toxic waste. Public domain image. https://commons.wikimedia.org/wiki/File:Pollutio
n_of_the_Snohomish_river,_Everett,_Washington_State._-NARA_-_552248.jpg

PureBond plywood with mussel-inspired adhesives. © Sam Stier

Urban sprawl: suburban Honolulu. Public domain image.

Anthill. Used with permission from Luke Jones.

Ant nest. Used with permission from Dr. Walter Tschinkel and Charles Badland,
Florida State University.

Forest with skyscrapers. Public domain image. Adapted by Sam Stier.

If humans lived at the density of Paris graphic. © Sam Stier, adapted from the work of
Tim De Chant Mapping program from mapchart.net: https://mapchart.net/usa.html

Shark skin scanning electron micrograph. Used with permission from Pascal Deynat.

Bacteria on shark-inspired surface. Reproduced from Chung, K. K., Schumacher, J. F.,
Sampson, E. M., Burne, R. A., Antonelli, P. J., and Brennan, A. B. 2007. Impact of
engineered surface microtopography on biofilm formation of *Staphylococcus aureus*.
Biointerphases, 2(2), 89–94, Figure 5. With the permission of the American
Vacuum Society.

Water bear. Used with permission from Willow Gabriel and Bob Goldstein, UNC
Chapel
Hill.

Wooden car. Public domain image. https://commons.wikimedia.org/wiki/File:Wooden
_roadster_Susiandjames._Spielvogel.JPG

Biodegradable electric circuit. Used with permission from Dr. Shaoqin Sarah Gong

Biodegraders on leaf. Used with permission from Dr. Simon Park. https://exploringthe
invisible.com/

Styrofoam mountain. With permission from Shanti Hess.

Teachers at workshop doing egg drop activity. © Sam Stier.

Conifer. © Sam Stier.

Chair. Lilian van Daal. Used with permission.

Setup for "Closing the Loop" activity. © Sam Stier.

Mushroom illustration. *The Illustrated Dictionary of Gardening—A Practical and Scientific Encyclopaedia of Horticulture*, edited by George Nicholson, circa 1885. Public domain image. https://olddesignshop.com/2013/07/free-vintage-image-mushrooms-page-and-clip-art/

7장

Leaf. Public domain image by Antonio Doumas. https://pixabay.com/en/ply-black-and-white-nature-natural-3810946/

Flock of birds. Public domain image. https://pixabay.com/en/birds-swarm-flock-of-birds-sky-2189476/

Ant trail diagram. Courtesy of Johann Dréo. Creative Commons Attribution-Share Alike 3.0 Unported. https://commons.wikimedia.org/wiki/File:Aco_branches.svg

Slime mold (*Stemonitis sporangia*) close-up. Public domain image. https://www.flickr.com/photos/usgsbiml/14531373586

Slime mold on log. Used with permission from Bjorn Sothmann.

Slime mold solving maze. Public domain image. https://commons.wikimedia.org/wiki/File:Slime_mold_solves_maze.png

Following a string with smell alone. © Sam Stier.

"Simple Rules Game" schematic. © Sam Stier.

Setup for "Algorithm Search Game." © Sam Stier.

Collective robots. Used with permission from Marco Dorigo, IRIDIA, Universite Libre de Bruxelles.

Fish. Public domain. https://pixabay.com/en/america-american-animal-fish-ocean-2028122/

8장

Macaca silenus illustration from The Natural History Museum of London, c. 1862. Hardwicke Collection, image taken by author.

Students drawing. © Sam Stier

Dog shedding water. Public domain image. https://pixabay.com/en/dog-shaking-image-sch%C3%BCttelnder-dog-672845/

Laundry machine. Public domain image.

pixabay.com/en/whale-shark-maldives-sea-363623/

Drawing of slug slippers. © Sam Stier, adapted from drawing by Eliza H.

Sketch of backpack. Used with permission from Hannah Perner-Wilson.

Prototype of backpack. Used with permission from Hannah Perner-Wilson.

Cat in snow. Public domain image. https://pixabay.com/en/black-cat-dacha-
animals-2233386/

Jacket. © Sam Stier, adapted from drawing by Sean D.

Design process graphic. © Sam Stier.

Gear style 1 (smooth). Public domain image. https://pixabay.com/en/sprocket-gear-
gear-wheel-machine-153306/

Gear style 2 (metal). Courtesy of gadgetscode. Commercial free. https://
openclipart.org/detail/168010/gear

Spiderweb. Johannes Plenio. Public domain image. https://pixabay.com/en/nature-
cob web-spider-dew-grid-3102765/

감사의 말

필시 책을 쓰는 것보다 쉬운 일들이 있으리라. 이 일을 할 때까지 내 컴퓨터는 말 그대로 포장 테이프로 묶여 있었다. 많은 사람과 기관의 지원이 없었다면 이 책은 완성할 수 없었을 것이다. 특히 에이전트 그레이스 프리드슨Grace Freedson, 편집자 캐럴 콜린스Carol Collins, 그리고 W. W. 노턴 출판사 팀의 도움이 컸다. 생기발랄한 아이들, 줄리오 Julio와 케스트럴Kestrel, 그리고 아내 태미Tammy에게 고마움을 전한다. 자연계, 그리고 인류의 지속 가능한 생활 방식에 관한 시각을 영원히 바꾸어 준 재닌 베니어스Janine Benyus에게도 감사 인사를 전한다. 여기서 모두 언급할 수는 없지만, 수년간 함께 작업해 온 많은 교육자에도 감사를 전한다. 공간 정보 과학 및 시스템 공학 센터(조지 메이슨 대학교)의 쯔헝 쑨Ziheng Sun 박사에게는 특별히 감사 인사를 전하고 싶다. 그는 나와 전혀 교류가 없었던 사이임에도, 봐주기 힘든 수준이었던 이 원고를 너그러이 수정해 주었다. 쑨 박사의 큰마음이 없었다면, 내 머리에는 흰 머리카락이 훨씬 더 늘었을 것이다. 마지막으로, 교육 과정 개발과 이 책에서 논의한 교육 이론에 대해 도움을 아끼지 않은, 자연 학습 센터The Center for Learning with Nature 이사진, 딘 위터Dean Witter 재단의 켄 블럼Ken Blum, 칼리오페이아Kalliopeia 재단의 신시아 로빅 Cynthia Loebig, 클리프 바Clif Bar 재단, 유나이티드 공학United Engineering 재단, 그리고 유럽 연합 집행 위원회European Commission에 감사드린다.

추천의 말

인류가 직면한 대다수의 문제를 해결할 수 있는 건 엔지니어들의 손에 달려 있을 것이다. 하지만 공학 분야 진로에 관심을 가진 미국 청소년은 많지 않은 것 같다. 어떻게 된 일일까? 솔직히 대부분의 학교에서 배우는 기초 공학이 〈따분하다는〉 것이 한 이유다. 새뮤얼 스티어는 우리 주위 세계에 있는 생물의 흥미로운 특징들을 이용해서 공학을 가르치는, 완전히 새롭고 직접적인 접근법을 제안한다. 그리고 그 주제를 실체가 있는 것으로 만들어 버린다. 그냥 흥미를 끄는 정도가 아니라 야단법석이 나게 한다. 유치원부터 고등학교까지 나를 가르친 선생님 중 몇 분이라도 이 놀라운 책을 읽었다면 얼마나 좋았을까.

— 노먼 R. 어거스틴Norman R. Augustine
록히드 마틴 전 회장 겸 최고 경영자

이 책, 『알파 세대를 위한 공학 하는 교실』은 내가 30년 동안 STEM 교육을 해오며 접한 것 중 가장 훌륭한 자료로 꼽을 수 있다. 이 책은 미국이 미래를 위해 새롭게 세운 교육 체계인 〈차세대 과학 기준〉의 주요 관심 분야인 공학을, 현대 사회에서 점점 더 많은 관심을 요구하는 지속 가능성과 결합한다. 나아가, 생물 모방을 통해 학생을 자연과 친해지게 하고, 유추하고 창의적으로 생각하는 법을 가르치며, 학습자로서 흥미와 자신감을 느끼게 한다.

— 브렛 크리스웰Brett Criswell
웨스트 체스터 대학교 중등 교육 과학과 조교수

새뮤얼 스티어의 책은, 오랫동안 자연을 멀리한 관계가 만든 냉엄한 현실을 물려받은 세대에게 반가운 위안을 제공한다. 생물 모방은 우리가 얼마나 서로 연결되어 있고 균형을 잡고 있는지, 그리고 많은 가능성이 있는지를 일깨워 준다. 스티어의 노력 덕분에 우리 학생들은 자연의 경이를 지렛대 삼아 앞으로 닥칠 엄청난 도전 과제에 맞설 야망과 실천력을 얻는다. 스티어는 견고한 과학에 무한한 가능성을 융합해서, 우리에게 여전히 발전 가능성이 남아 있음을 일깨운다.

— 로버트 길슨Robert Gilson
교육학 석사, 뉴욕시 블루스쿨, STEAM 교육 전문가

이 책, 『알파 세대를 위한 공학 하는 교실』은 세계를 변화시킨 공학의 위업과 그것을 물려받을 학생들을 위한 교육 계획이 교차하는 지점을 조명한다. 스티어는 자연이 어떻게 혁신가와 발명가에게 영감을 주는가를 보여줌으로써, STEAM 교육자들에게 왜 자연에서 영감을 받은 사례를 활용하여 학생들이 공학 과정을 조사하고 공학을 경험하도록 해야 하는가에 관한 설득력 있는 사례를 제공한다.

— 크리스틴 앤 로이스Christine Anne Royce 박사
시펜스버그 대학교 과학 교육과 교수, 전 미국 과학 교원 협회 회장

내가 이 놀라운 책의 내용에 그대로 뛰어들 수 있는 유치원 및 초·중·고교 교사라면 얼마나 좋을까. 이는 놀라운 영감을 주는, 사실에 입각한 책이다. 새뮤얼 스티어는 수많은 진전된 개념을 가져다 능수능란하게 다룬다. 구조 공학에 관한 장은 우리가 공대 2학년 학생들에게 가르치는 내용이다. 책을 읽기 시작할 때, 나는 생각했다. 이 주제를 유치원 및 초·중·고교 학생들에게 그렇게 일찍 소개할 이유

가 있나? 책을 다 읽은 뒤, 그 생각은 〈해보자〉로 바뀌었다.

— 마리아판 자와할랄Mariappan Jawaharlal

캘리포니아 폴리테크닉 주립 대학교 기계 공학과 교수,

생물 모방 연구소 연구원

찾아보기

*기울임꼴은 그림을, t가 붙은 것은 표를, n이 붙은 것은 주석을 나타낸다.

징가 274

옮긴이 **윤소영** 산동네에서 태어나 나무줄기, 꽃잎, 풀잎, 산, 별을 좋아하는 어린 시절을 보내고, 서울대학교에서 생물교육학을 전공했다. 과학 도서 여러 권을 기획하고 쓰고 옮겼다. 지은 책으로 『생명에게 배운다: 살아 있다는 것』, 『여보세요, 생태계 씨! 안녕하신가요?』, 『잠이 안 오니?』 들이 있으며, 옮긴 책으로 『시턴 동물 이야기』, 『나무는 두 번 살아요』, 『갈라파고스』, 『팡스워스 교수의 생물학 강의』 들이 있다. 2005년 〈제6회 대한민국 과학문화상〉을 수상했다.

알파 세대를 위한 공학 하는 교실

발행일 2024년 12월 30일 초판 1쇄

지은이 새뮤얼 코드 스티어
옮긴이 윤소영
발행인 홍예빈
발행처 주식회사 열린책들

경기도 파주시 문발로 253 파주출판도시
전화 031-955-4000 팩스 031-955-4004
홈페이지 www.openbooks.co.kr 이메일 humanity@openbooks.co.kr